HISTOIRE GÉNÉRALE

DE LA GUERRE

FRANCO-ALLEMANDE

—

ARMÉE FRANÇAISE — Garde mobile des départements.

IV. 1

HISTOIRE GÉNÉRALE

DE

LA GUERRE

FRANCO-ALLEMANDE

(1870-7

PAR

Le Lᵀ-Colonel ROUSSET

DE L'ÉCOLE SUPÉRIEURE DE GUERRE

TOME QUATRIÈME

LES ARMÉES DE PROVINCE

★

Nouvelle édition, revue et corrigée

PARIS

LIBRAIRIE ILLUSTRÉE, J. TALLANDIER, ÉDITEUR

8, RUE SAINT-JOSEPH, 8 (2ᵉ ARRᵗ)

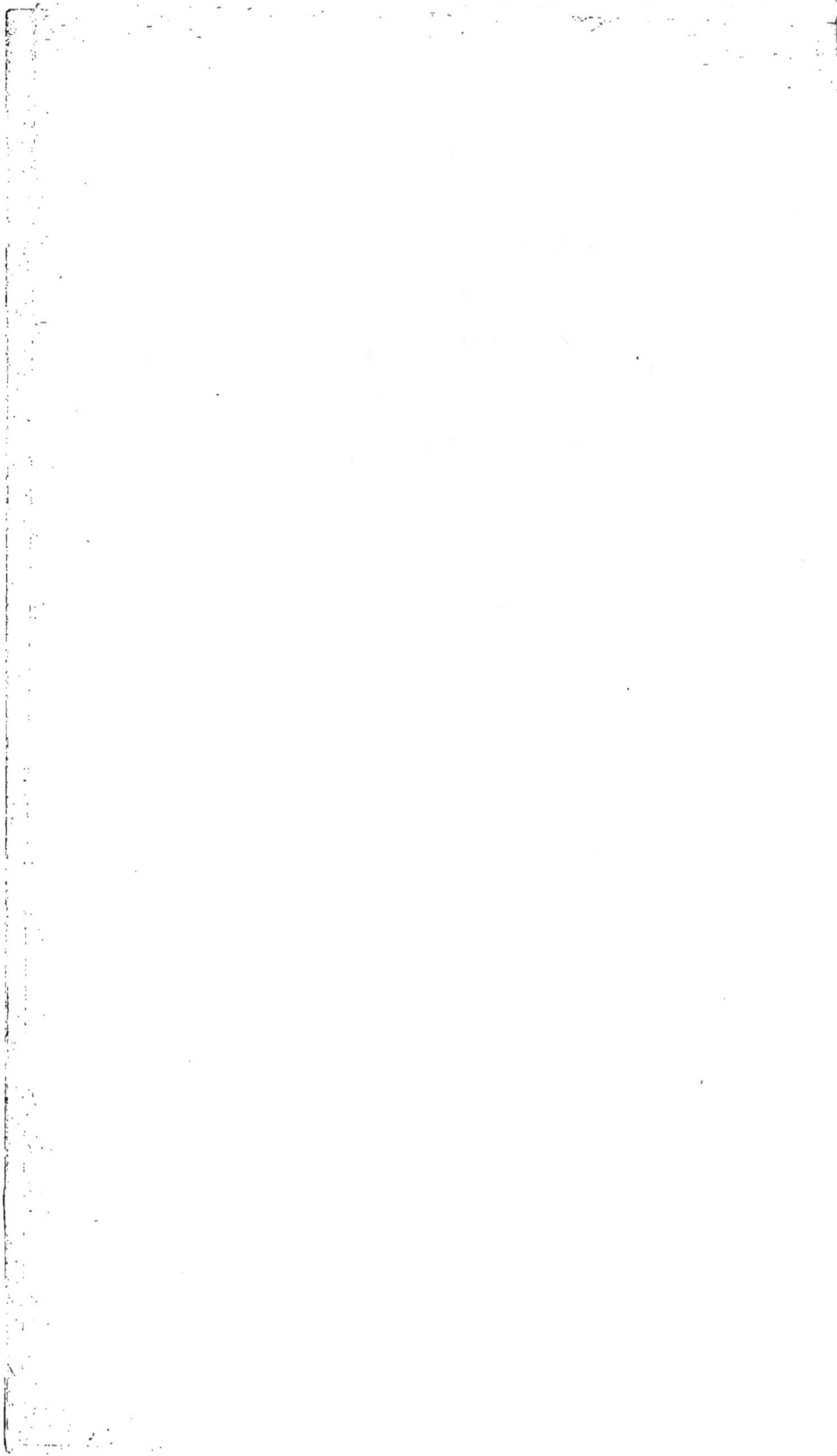

HISTOIRE GÉNÉRALE

DE LA GUERRE

FRANCO-ALLEMANDE

(1870-1871)

LES ARMÉES DE PROVINCE*

LIVRE PREMIER

LA PREMIÈRE ARMÉE DE LA LOIRE

CHAPITRE PREMIER

LA GUERRE DANS LA BEAUCE

I. — Situation de la province au mois de septembre 1870

Le 19 septembre 1870, jour où, par le combat de Châtillon, les armées allemandes terminaient l'investissement de Paris, *seize* départements français étaient envahis, en totalité ou en partie. De nos places fortes, les unes étaient déjà prises, les autres assiégées, masquées ou sur le point de l'être. 813,000 ennemis foulaient le sol du territoire, et, derrière eux, 350,000 hommes exercés et encadrés, sans compter ni l'arrière-ban de la landwehr, ni le landsturm, étaient prêts, soit à combler les vides des forces belligérantes, soit à renforcer au besoin celles-ci.

Pour refouler hors de son territoire des masses aussi

IV.   1

redoutables, quelles étaient les ressources dont la France pouvait encore disposer? L'armée de Metz, véritable noyau de notre ancienne puissance militaire, ne comptait déjà plus, et celle de Sedan avait disparu tout entière. Les 13e et 14e corps, seules épaves échappées au désastre, étaient venus s'enfermer dans Paris, d'où il était à prévoir qu'ils ne sortiraient pas de sitôt ; les garnisons des places fortes, composées en majorité de gardes mobiles, étaient bloquées et vouées à un sort que l'état d'infériorité de nos forteresses et de leur armement ne faisait que trop pressentir. Il restait en tout, pour tenir la campagne et garder l'Algérie, *une fraction de la garde mobile de province, cinq régiments d'infanterie, six de cavalerie et une batterie montée.*

C'est en face d'une situation aussi lamentable que se trouva, en arrivant à Tours, le 16 septembre, le vice-amiral Fourichon, délégué au ministère de la marine et à celui de la guerre par intérim. Il ne disposait au surplus que d'un personnel restreint, le ministère de la guerre n'ayant, par suite d'une conception peu judicieuse des exigences de la situation, envoyé en province que le quart de ses employés[1]. Néanmoins, on se mit immédiatement en devoir de remplir les instructions qu'avait données, au départ de Paris, le général Le Flô, et on parvint à mettre sur pied, en quelques jours, un corps d'armée complet, le 15e, dont le général de la Motte-Rouge[2] reçut le commandement.

Quand on songe, pendant les loisirs de la paix, à la somme prodigieuse d'efforts qu'il a fallu dépenser pour arriver, en aussi peu de temps et avec les éléments éparpillés dont on disposait, à former non seulement

---

1. L'amiral Fourichon avait auprès de lui deux directeurs seulement : le général Lefort (cavalerie) et le général Véronique (génie), plus quelques chefs de bureau dont un, le colonel Thoumas (artillerie), ne devait pas tarder à devenir directeur et à assumer la tâche presque surhumaine de doter nos armées de leur armement et de leur matériel.

2. Le général de la Motte-Rouge, brillant soldat de Malakoff et de Magenta, venait d'être rappelé du cadre de réserve, où la limite d'âge l'avait placé depuis peu de temps.

le 15ᵉ corps d'armée, mais successivement tous ceux qui ont constitué les armées de la Loire et de l'Est; quand on se reporte aux difficultés de toutes sortes qui, en présence de masses victorieuses arrivées jusqu'au cœur du territoire, entravaient la mise en œuvre des services, les mouvements et la création du matériel, la fabrication des armes et des engins de guerre ; quand on réfléchit à la tâche écrasante qu'ont assumée et accomplie, en ces jours de troubles et de deuil, quelques hommes soutenus seulement par leur dévouement et leur patriotisme, on ne peut se défendre d'une émotion consolante et d'un patriotique orgueil. L'improvisation des armées de province est un des plus étonnants tours de force dont l'histoire fasse mention, et qui laisse loin derrière lui, quoi qu'on en ait dit, l'effort national de 1793. Nos ennemis étonnés ont avoué eux-mêmes, par la bouche d'un de leurs écrivains les plus autorisés, le général von der Goltz, que, seule en Europe, la France, grâce à son unité, sa richesse et sa puissante vitalité, était capable de l'accomplir ; et nous pouvons ajouter, nous, que si le succès n'a pas répondu à tant d'ardeur généreuse, du moins celle-ci a-t-elle eu pour conséquences le réveil de la confiance et des courages, l'exaltation des passions les plus nobles, la fusion dans une ardente communion d'amour pour la patrie d'hommes appartenant à toutes les croyances et à toutes les opinions. N'eût-elle produit que ce résultat, sans compter la conservation de Belfort et la sauvegarde de l'honneur national, l'œuvre de relèvement dont, quelques semaines plus tard, Gambetta allait devenir l'âme et la personnification même, devrait laisser dans tous les cœurs français un souvenir plein de fierté.

Ressources existant en personnel. — On ne saurait se rendre un compte exact de l'énorme travail de production auquel ont dû se livrer les organisateurs de la défense en province, ni porter sur leur œuvre un jugement équitable, sans examiner avec quelque détail les ressources qu'ils ont trouvées et celles qu'ils ont créées. Il est donc indispensable de faire l'énumération complète des unes et des autres; leur simple comparaison sera le plus éloquent des commentaires et le plus décisif des arguments [1].

LES TROUPES DE CAMPAGNE comprenaient, nous l'avons dit, cinq *régiments de ligne* [2], stationnés en Algérie, et trois bataillons d'infanterie légère d'Afrique, comptant au total un effectif de 429 officiers et 13,427 hommes. La situation de notre colonie ne donnant pas, pour le moment, d'inquiétude, ces corps furent appelés en France, et, au milieu de septembre, ils étaient déjà en route pour la plupart. On dirigea également sur la Loire les trois compagnies de discipline, qui comptaient ensemble, 18 officiers et 1,167 soldats.

La *cavalerie* se composait des 6 régiments de la division Reyau, laquelle, primitivement affectée au 13ᵉ corps, avait été, dès le 15 septembre, distraite de ce corps, à Paris, et envoyée à Orléans [3]. Elle était forte de 200 officiers, 2,300 hommes et 2,700 chevaux [4].

L'*artillerie* n'avait, comme troupe organisée, qu'une seule batterie montée (3ᵉ du 12ᵉ), ayant également appartenu au 13ᵉ corps, et laissée par lui à Mézières ; encore l'existence de cette batterie ne fut-elle connue à Tours qu'au mois de décembre [5]. Restaient seulement, pour être utilisés immédiatement, les débris de 7 batteries échappées de Sedan et en train de se reformer à Lyon, Valence et Grenoble. Il existait également 5 batteries (54 officiers, 1,807 hommes et 572 chevaux), laissées en Afrique, et 2 compagnies de pontonniers avec leurs équipages de pont attelés. Cet ensemble donnait à peu près 1,500 hommes et 1,800 chevaux.

1. Les chiffres qui suivent ont été puisés d'abord aux sources officielles (*documents parlementaires, enquêtes sur les marchés*, etc.); puis, partie dans un travail inédit de M. le lieutenant-colonel Cordier, attaché au ministère de la guerre, et partie dans l'ouvrage du général Thoumas : *Paris, Tours, Bordeaux.*
2. 16ᵉ, 38ᵉ, 39ᵉ, 92ᵉ et régiment étranger
3. 9ᵉ cuirassiers, 6ᵉ dragons, 2ᵉ et 5ᵉ lanciers, 11ᵉ chasseurs et 5ᵉ hussards.
4. En Algérie restaient le 8ᵉ hussards (45 officiers, 1,000 hommes et 950 chevaux) et les trois régiments de spahis (180 officiers, 3,100 hommes et 3,143 chevaux). Ces derniers envoyèrent cependant en France quelques détachements,
5. Général THOUMAS, *Paris, Tours, Bordeaux : Souvenirs de la guerre de* 1870-1871, Paris, Librairie illustrée, 1893, page 61.

Le *génie* comptait 18 officiers et 653 hommes, tous en Algérie.

Si donc l'on totalise les forces de campagne, on arrive à l'effectif misérable de 15,000 fantassins, 6,800 cavaliers, 1,500 artilleurs et moins de 700 sapeurs. C'est là tout ce qu'on possédait de troupes actives. Fort heureusement, il existait encore dans les dépôts une réserve assez imposante, qu'il était possible d'encadrer plus ou moins vite[1].

Ces TROUPES DE DÉPOT se décomposaient comme suit :

Pour l'*infanterie*, 91 dépôts de régiments, 14 de bataillons de chasseurs, 3 de zouaves, 3 de tirailleurs, donnant un effectif total de 1,274 officiers et 100,472 hommes.

Pour la *cavalerie*, 9 dépôts de cuirassiers, 11 de dragons, 8 de lanciers, 9 de chasseurs, 7 de hussards, 4 de chasseurs d'Afrique, donnant un effectif total de 772 officiers [2], 27,237 hommes. 13,359 chevaux, dont 1,440 de trait[3].

Pour l'*artillerie*, 11 dépôts de régiments montés, 2 de régiments à cheval, 1 de pontonniers, 2 du train d'artillerie, auxquels il faut ajouter 7 compagnies d'ouvriers, 7 compagnies d'artificiers, et 1 compagnie d'armuriers, donnant un total général de 288 officiers, 15,592 hommes et 9,370 chevaux.

Enfin, pour le *génie*, 2 dépôts, comprenant 39 officiers et 2,012 sapeurs, mineurs ou conducteurs.

En somme, les dépôts comprenaient une force totale de 2,373 officiers et 145,333 hommes de troupe, plus

1. Plusieurs dépôts étaient enfermés dans les places investies. Il est facile de calculer leur nombre en comparant les chiffres donnés ci-dessus avec ceux des corps existant au début de la guerre, et indiqués dans le tome Iᵉʳ de cet ouvrage, livre Iᵉʳ, chapitre II.

2. Ce chiffre d'officiers restés ainsi, après la mobilisation, dans 48 dépôts, est exhorbitant, surtout si on le compare à celui (465) des officiers *actifs*, *de réserve* et *de landwehr* que les Allemands employaient dans les dépôts de leurs 93 régiments de cavalerie. D'ailleurs, un régiment de cavalerie allemande compte 25 officiers en tout; les nôtres en ont 40.

3. Certains de ces dépôts (7 de dragons et 3 de lanciers) fournirent des détachements à l'armée de Paris, en nombre qu'il n'a pas été possible d'évaluer rigoureusement, mais qui ne paraissent pas dépasser le dixième des effectifs donnés ci-dessus.

ou moins exercés. Nous disons plus ou moins exercés, car si l'on décompose par catégories les soldats des dépôts, on est frappé de la minime proportion qui s'y trouvait d'hommes ayant reçu une instruction militaire complète. Voici du reste cette décomposition, instructive à plus d'un titre :

	Anciens soldats.	Ouvriers hors rang.	Recrues de la classe 1869	Totaux.
Infanterie. . .	14,827	8,725	76,920	100,472
Cavalerie . . .	20,488	3,249	3,520	27,257
Artillerie . . .	10,306	1,286	4,000	15,592
Génie	1,805	207	»	2,012
	47,426	13,467	84,440	145,333

On voit qu'il n'y avait guère là que 47,000 hommes sur lesquels on pût immédiatement compter. En les ajoutant aux 22,500 hommes de troupes de campagne, c'était une armée de 70,000 hommes, tout au plus, dont on pouvait disposer. Encore faut-il ne pas oublier que nous avons compris, dans ce chiffre de 47,426 anciens soldats, la deuxième portion du contingent, les malades et les absents temporaires.

Les deux dépôts du *Train des équipages* comptaient d'autre part 37 officiers, 4,976 hommes et 4,383 chevaux, plus 15 officiers et 831 hommes classés comme ouvriers constructeurs ; et l'Algérie conservait à sa disposition 96 officiers, 3,923 hommes et 2,010 chevaux[1].

Enfin, il existait 198 médecins militaires disponibles, dont 39 seulement en France et 159 en Algérie.

Ainsi les forces totales constituant au milieu de septembre 1870, tant en France qu'en Algérie, l'armée régulière française, *y compris toutes les non-valeurs*,

---

[1]. Sur ses 9,730 hommes de troupe, le train ne comptait que 246 ouvriers hors rang, et 500 recrues. Les 8,934 hommes restant, qui étaient tous des soldats de trois et quatre ans, ne furent cependant pas utilisés comme combattants et servirent uniquement de convoyeurs.

se montaient au chiffre rond de . 180,000 hommes.

Il convient d'y ajouter :

1° Les troupes de la garde nationale mobile, soit	225,000 —
2° La portion de la classe 1869 incorporée dans cette même garde mobile, soit.	140,000 —
3° La classe de 1870 (mise en route au mois d'octobre), soit. .	160,000 —
4° Les corps francs, les engagés volontaires pour la durée de la guerre, etc., environ.	30,000 —
5° Les hommes âgés de moins de 35 ans, célibataires ou veufs sans enfants, appelés par la loi du 10 août.	170,000 —
6° Les célibataires ou veufs sans enfants des classes 1865 et 1866, incorporés dans la garde mobile par la loi du 13 août. . .	10,000 —

Total. . . . . . 915,000 hommes.

Tels sont les éléments, plus ou moins bons, avec lesquels purent être organisées les armées qui allaient chercher à refouler l'envahisseur [1].

Ressources existant en matériel. — Mais ce n'était pas seulement des hommes qu'il fallait; c'était des canons, des fusils, des munitions, des harnachements, du matériel, en un mot. Or, ce matériel était presque entièrement à créer. En ce qui concerne l'artillerie, on possédait en magasin un nombre de pièces rayées suf-

---

1. Nous n'avons pas compris dans cette énumération la gendarmerie départementale, forte de 500 officiers et de 16,000 hommes. Une partie de ces soldats d'élite fut laissée dans les brigades ; une autre, trop considérable, fut affectée au service de la prévôté ; enfin, les gendarmes des pays envahis furent organisés en régiment d'infanterie ou de cavalerie. Nous ne pouvons que rappeler à ce sujet ce que nous avons déjà dit à propos du siège de Paris. On a gaspillé là une pépinière de sous-officiers excellents, dont la pénurie dans nos régiments improvisés devait se faire cruellement sentir.

fisant pour armer 296 batteries; mais, sur ce chiffre, 48 seulement de ces batteries pouvaient être constituées; les autres auraient manqué soit de chariots de batterie (144), soit même de caissons et de forge (104). Outre que tout ce matériel était épars dans les différents établissements de l'armé, où les pièces ne se trouvaient même pas avec leurs affûts, on avait attendu pour le mettre sur roues, suivant la détestable habitude de l'époque, que le moment soit arrivé de s'en servir; jusque-là, il restait engerbé, ce qui, en cas de besoin urgent, compliquait singulièrement les manipulations. Enfin, pour atteler ces batteries, il fallait à peu près 26,000 chevaux (nous avons vu qu'il en restait 1,800), et environ 14,000 selles (il en existait juste 3,091 en magasin) [1].

Au point de vue de l'armement, la situation n'était pas plus prospère. « Au moment de l'investissement de Paris, il n'y avait dans les départements que 350,000 fusils modèle 1866 (chassepot), dont 120,000 en magasin, pour suffire à l'armement de tous les hommes qui devaient être appelés sous les drapeaux [2]. » Il est vrai qu'on possédait un assez grand nombre de fusils dits à tabatière (130,000), qui, au point de vue balistique, valaient à peu près le Dreyse des Allemands; mais ils n'inspiraient confiance ni au public, ni aux soldats [3]. Or, les manufactures d'armes ne pouvant livrer plus de 20,000 chassepots par mois, force fut bien de s'adresser encore à l'étranger, qui écoula des armes de toute espèce, en sorte qu'on en arriva, à la fin de la guerre, à avoir en service des armes de *89 modèles différents !*

Quant à l'approvisionnement en munitions d'infanterie, il révélait une misère bien plus grande encore.

---

1. Les besoins impérieux auxquels il fallait satisfaire sans délai obligèrent à s'adresser, pour la confection d'une grande partie des harnachements, à l'industrie étrangère. Celle-ci n'exécuta ses livraisons qu'en janvier; encore étaient-elles le plus souvent de qualité détestable.

2. Général THOUMAS, *Paris, Tours, Bordeaux*, page 61.

3. *Dépêche adressée le 29 septembre par le préfet de la Haute-Savoie au ministère de la Guerre.*

Sur 100 millions de cartouches existant au début de la guerre, il n'en restait plus en magasin, à la date du 17 septembre, que 2 millions, la différence ayant été distribuée aux troupes, ou enfermée dans les places de Paris, Metz et Strasbourg. Le plus fâcheux, c'est que les moyens de·fabrication manquaient presque totalement. La cartouche modèle 1866 était des plus compliquées ; cette cartouche comprenait plusieurs modèles de papiers découpés, *exclusivement confectionnés jusque-là par une maison de Paris*, et pour lesquels il fallait installer des ateliers en province. De plus, les ateliers existant pour la fabrication des cartouches elles-mêmes ne pouvaient en produire qu'environ 3 millions par mois, chiffre ridiculement insuffisant ; il fallait donc de toute nécessité installer de nouveaux ateliers et les pourvoir d'un outillage compliqué, jusque-là fourni par l'atelier de précision établi à Paris [1]. » La fabrication des aiguilles présentait aussi des difficultés considérables, tant en raison de la délicatesse de cet organe que de la centralisation des commandes, antérieurement faites, comme pour le papier à cartouches, à une seule maison de Paris. « Pour donner aux hommes qu'on armait, a écrit le général Thoumas, non pas trois aiguilles de rechange [2], mais *une seule*, nous fûmes obligés d'enlever celles de 20,000 fusils des magasins de Toulouse, que nous ne pouvions distribuer aux troupes faute de cartouches. Enfin, nous trouvâmes au Tréport une fabrique d'éléments d'horlogerie qui nous fournit à peu près autant d'aiguilles que nous le désirions [3]. »

Pour l'équipement, l'habillement et le campement, même pénurie ; les ateliers des corps de troupe, institués dans les dépôts, n'étaient organisés que pour le temps de paix, et pouvaient à peine faire face aux nécessités du passage sur le pied de guerre, quand on rappelait quelques centaines de réservistes par régiment et qu'on incorporait par anticipation *une* classe de

1. Général Thoumas, *Paris, Tours, Bordeaux*, page 62.
2. Chiffre fixé par une décision ministérielle de 1867.
3. Général Thoumas, *loc cit.*, page 83.

recrutement. On ne pouvait donc leur demander aucune production extraordinaire. En ce qui concerne la
garde mobile en particulier, ces ateliers n'existaient
pas; en sorte qu'au début, les mobiles ne reçurent
qu'un képi et une blouse de toile bleue, ornée d'un collet et de pattes d'épaule écarlates; certains bataillons
avaient pour toute chaussure des sabots. Ce fut seulement vers la mi-octobre qu'on commença à distribuer
des pantalons d'uniforme et des vareuses en laine. De
même les havresacs faisaient presque complètement
défaut; beaucoup de soldats durent porter leurs vivres,
leurs effets, leurs cartouches dans des récipients improvisés, retenus aux épaules par des courroies; certains n'avaient pas de baïonnettes[1]; d'autres les atta-
chaient au ceinturon par des ficelles...

OEuvre de la Délégation de Tours. — Si l'on ajoute
à tant d'insuffisance matérielle le désordre provenant
de conflits d'attributions entre les autorités civiles
improvisées et les représentants de l'administration
militaire[2], l'absence d'inventaires exacts et complets
et d'états de situation à jour, conséquence de l'excessive centralisation de tous les rouages de l'organisme
militaire entre les mains du ministre[3], enfin les difficultés de transport et les craintes provoquées par les
coureurs allemands, on se rend compte de la somme
considérable des efforts à faire pour arriver à constituer quelque chose de sérieux avec si peu d'éléments
disponibles. Cependant, les résultats sont là pour montrer, comme l'a dit un ministre de la guerre, que « tout
ce qu'il était matériellement possible de faire, la Délégation de Tours l'a fait[4] ». Du 10 octobre au 2 février,

1. Général Thoumas, *loc. cit.*, page 75.
2. Voir *ibid.*, pages 69 et 70.
3. A cette époque, en effet, la répartition du territoire en régions
de corps d'armée n'existant pas, c'est au ministère qu'aboutissaient
toutes les questions relatives à l'organisation, à l'instruction, à la
constitution des forces, comme au passage sur le pied de guerre.
La délégation aux commandants de corps d'armée d'une grande
partie de ces attributions facilite singulièrement aujourd'hui la
rapide exécution de la mobilisation et la préparation à la guerre.
4. *Commission d'enquête parlementaire sur les actes du gouvernement de la Défense nationale*, déposition du général Borel.

elle a jeté devant l'ennemi plus de 600,000 hommes, avec 1,400 bouches à feu. Elle a formé 12 corps d'armée, trouvé 1,500,000 fusils, mis sur pied 238 batteries, avec 31 réserves divisionnaires et 10 parcs de corps d'armée ; elle s'est procuré 41,758 chevaux et 874 millions [1] ! Certes, sa direction, pas plus que son administration, ne sont à l'abri de tout reproche, et nous trouverons souvent, dans le cours de ce récit, des erreurs graves à signaler, ou des restrictions à faire sur des actes qui auraient dû être évités. Il n'en est pas moins vrai que, en dépit de certaines fautes, la page que le gouvernement de Tours a écrite dans notre histoire restera comme le monument honorable d'une énergie féconde, par laquelle a été sauvé l'honneur de notre pays.

Il y a lieu de distinguer, dans cette organisation rapide et presque improvisée de forces respectables, la part qui revient à l'administration de l'amiral Fourichon, et celle qui revient à Gambetta. De celle-ci, il sera question à son heure. Disons dès maintenant que, aussitôt arrivé à Tours, le général Lefort, continuant l'œuvre commencée à Paris, se mit en devoir de constituer tout de suite deux corps d'armée. Les dépôts fournirent des compagnies et des escadrons qu'on réunissait en régiments de marche, au fur et à mesure qu'hommes et chevaux étaient prêts ; il en fut de même pour les batteries. Les bataillons de garde mobile furent également réunis en régiments. Quant à l'organisation des deux corps (15ᵉ et 16ᵉ), elle était semblable à celle

---

1. Il faut ajouter à cela la création d'un *bureau topographique*. destiné à photographier et à autographier les cartes nécessaires aux généraux et aux états-majors, cartes dont on n'avait pas emporté une seule de Paris ; celle d'un *bureau de reconnaissance*, destiné à donner des renseignements sur l'ennemi et à organiser l'espionnage, chose toujours délicate parce qu'elle répugne au tempérament français ; enfin, celle d'un *service télégraphique* entre le siège du gouvernement et les différents quartiers généraux d'opérations.

Chose étrange, les cuivres de la carte de France avaient été envoyés à Brest, sans qu'on le sût. Il fallut que la veuve d'un officier d'état-major prêtât un album qui contenait ces cartes, pour que la reproduction pût en être faite photographiquement. (CH. DE FREYCINET, *La Guerre en province*, Paris, Michel Lévy, 1871, pages 19 et suivantes.)

des corps précédemment formés ; chacun d'eux comptait trois divisions d'infanterie, une de cavalerie et une réserve d'artillerie [1] ; ils ne purent d'ailleurs être prêts que l'un après l'autre. Les brigades d'infanterie comprenaient généralement un régiment de ligne ou de marche et un régiment de mobiles ; mais cette constitution de début fut assez souvent modifiée, comme on le verra. Le 15ᵉ corps s'organisa à Nevers (1ʳᵉ division), à Bourges (2ᵉ) et à Vierzon (3ᵉ). Le 16ᵉ corps s'organisa à Blois.

II. — Premières opérations.

Les instructions données, avant le départ de Paris, aux généraux Lefort et de la Motte-Rouge, relativement au rôle destiné au 15ᵉ corps, étaient multiples et tellement complexes, qu'il y avait beaucoup de chances pour qu'elles devinssent inexécutables. Aussitôt qu'il serait formé, ce corps devait se porter sur la Haute-Saône, menacer les flancs de l'ennemi et chercher à couper ses communications [2]. Mais il était chargé en même temps de couvrir la Délégation de Tours, en occupant Orléans avec une division, d'inquiéter au moyen de troupes prises dans cette division les derrières des forces ennemies occupées à l'investissement de Paris, et d'entraver le plus possible les réquisitions faites par les détachements allemands dans la zone avoisinant ce côté de la capitale. Il s'en fallait de beaucoup qu'en septembre, et même en octobre, le 15ᵉ corps, qui ne s'organisait qu'avec peine, fût en état de s'acquitter d'une tâche aussi compliquée. Incapable de l'accomplir, soit en entier, soit même en partie, il demeura, ce qui était plus simple, dans l'inaction.

C'était le temps où les IIIᵉ et IVᵉ armées allemandes, installées depuis quelques jours à peine sur leurs positions d'investissement, s'occupaient à établir le blocus

---

1. Deux ou trois batteries seulement étaient attachées à chaque division ; c'était tout ce qu'on pouvait faire pour le moment.
2. On pouvait encore, à cette date, compter que l'armée de Metz forcerait le blocus, et que, par suite, le 15ᵉ corps pourrait la joindre.

hermétique de la capitale, et l'on pouvait craindre que, se
rendant bien vite un compte exact de la faiblesse numérique des forces de la défense[1], elles comprissent qu'un si
grand déploiement de troupes n'était pas indispensable
pour les contenir. A coup sûr, si, laissant devant Paris
un simple cordon protégé par des ouvrages rapidement
construits et soutenu par quelques réserves judicieusement disposées, l'état-major ennemi avait vivement
poussé deux ou trois de ses corps sur Orléans, Amiens,
Rouen, ce mouvement n'aurait pas beaucoup augmenté
les risques courus devant la capitale, mais aurait apporté à la défense nationale des entraves telles que
celle-ci eût été gravement compromise, et que le gouvernement de Tours lui-même se fût trouvé sérieusement exposé[2]. Fort heureusement, M. de Moltke n'en a
rien fait, et s'est borné à concentrer prudemment ses
troupes sous des murailles qu'il n'a, du reste, pu entamer. Comme il n'a pas jugé à propos d'exposer les motifs de sa réserve, nous ne pouvons que la constater,
sans pour cela admettre qu'elle ait été justifiée.

De fait, l'armée d'investissement demeurait immobile derrière ses tranchées ; seule la cavalerie, comme
il a déjà été dit, patrouillait dans la campagne, à une
distance moyenne de 20 à 30 kilomètres[3], beaucoup
plus pour assurer le ravitaillement des troupes du blocus que pour faire de l'exploration véritable. Ce n'était
pas chose facile, en effet, que d'assurer la subsistance
des 200,000 hommes qui entouraient la capitale, étant
donné que le libre fonctionnement de la ligne de l'Est
n'existait pas. A cette époque, le tunnel de Nanteuil
détruit, la résistance encore invaincue de Toul et de

---

1. Ces forces, on s'en souvient, se composaient seulement, pour
l'instant, des 13e et 14e corps.

2. Ceci démontre que le point de Tours n'était pas très heureusement choisi, et qu'il eût été préférable, dès le début, d'installer la
Délégation dans une ville telle que Bordeaux, par exemple, où elle
eût été moins à portée de l'ennemi. Elle a bien été obligée, par la
suite, d'y chercher un refuge, quand les progrès des Allemands
furent devenus trop pressants.

3. Voir tome III, livre Ier, chapitre III. — Vers la fin de septembre,
cette cavalerie poussa même des pointes jusqu'à une centaine de
kilomètres dans la direction d'Orléans.

Soissons empêchaient l'arrivée de trains d'approvisionnements directs ; les villages de la banlieue ne contenaient plus qu'une quantité insignifiante de vivres,
tout ayant été ramené dans Paris ; enfin, l'intendance
allemande ne trouvait pas encore les déplorables faci-
lités qui lui ont été faites plus tard de se procurer à
prix d'argent les denrées nécessaires. Il fallait donc
recourir à la seule réquisition, laquelle ne pouvait donner un rendement suffisant qu'à une distance assez
considérable des localités occupées par les troupes de
blocus ; il fallait aussi former des magasins pour ali-
menter celles-ci au jour le jour[1].

Le système employé dans ce but par nos ennemis
était fort simple, et d'ailleurs renouvelé en partie des
procédés usités autrefois dans les armées de la République et par Napoléon. Ils envoyaient dans le pays à
exploiter une certaine force de cavalerie soutenue par
un peu d'infanterie. La première inondait la région,
vidait les villages en commençant par les plus éloignés,
réquisitionnait voitures et conducteurs, et faisait ainsi
transporter les denrées, sous escorte, jusqu'aux magasins. La réquisition s'exécutait de façon méthodique,
par zones concentriques, en ménageant de préférence les
localités situées sur les grandes routes qu'on pouvait
avoir à utiliser plus tard. Quand il s'agissait de pays déjà
occupés, le procédé était encore plus simple : on s'adressait aux municipalités, qui prenaient telles dispositions
à leur convenance pour se procurer et amener les denrées demandées au lieu et dans le délai fixés, sous peine
de voir exécuter le village *manu militari*. Enfin, si l'on
se trouvait dans des pays déjà ravagés et épuisés, les

---

1. L'habitude des Allemands est de faire nourrir leurs soldats par
l'habitant, toutes les fois que cela est possible. En pays ami, l'État
rembourse ; en territoire ennemi, la nourriture du soldat devient une
sorte d'impôt de guerre, dont les autorités militaires fixent elles-
mêmes le taux. Beaucoup de nos concitoyens se souviennent encore
que les cigares, et même parfois le vin de champagne (à Reims et
Epernay, après la bataille de Sedan), faisaient partie de la ration. Il
avait bien fallu, devant Paris, renoncer à cette façon commode et
avantageuse de faire vivre la troupe, et soldats et officiers ont dû le
regretter souvent ; mais, ainsi que dit le proverbe, *où il n'y a rien
le roi perd ses droits*.

Allemands n'hésitaient pas à payer. L'essentiel pour eux était que leurs soldats fussent toujours pourvus du nécessaire, et dans les meilleures conditions de bien-être possibles. Certes, cette sollicitude nous a coûté cher, elle s'est traduite par bien des procédés violents et des mesures vexatoires. Il n'y a pas à nier cependant qu'elle ne découle d'une conception logique de la guerre, et de ce principe absolu que la conservation du soldat est, de toutes les nécessités, celle qui s'impose avec le plus de rigueur. Les Allemands ne ménageaient point les leurs à l'occasion ; mais ils n'hésitaient pas à employer tous les moyens possibles pour les maintenir dans un état constant de vigueur physique, quitte à pressurer jusqu'à ses dernières ressources le pays envahi. Quels que soient les souvenirs douloureux que nous rappellent leurs exigences à cet égard, il y aurait donc de notre part erreur et faiblesse à les leur reprocher. La guerre traîne avec elle un cortège de tristesses inévitables, qu'il faut savoir subir quand on n'a pas su les éviter. Récriminer ne sert à rien, si ce n'est à grandir la satisfaction du vainqueur ; mieux vaut faire son profit de leçons durement payées, et comprendre que l'exploitation de l'ennemi par l'ennemi n'est, après tout, qu'une méthode de guerre, qui a pour objet la sauvegarde d'existences précieuses et de moyens d'action puissants. Cette méthode, qui n'est d'ailleurs point exclusive d'humanité et de tempéraments, permet seule de conserver à l'homme ses forces matérielles et morales ; par suite, elle doit toujours être adoptée sans hésitation. Quand on compare l'état misérable de nos soldats, mal nourris, plus mal vêtus et bivouaquant, par la neige et la pluie, sous un mauvais morceau de toile, à celui de leurs adversaires, abrités dans les maisons, et presque toujours très suffisamment pourvus du nécessaire, on ne peut se défendre d'un sentiment pénible, auquel s'ajoute le regret de tant de ressources, dédaignées par les premiers et si largement utilisées par les seconds!

C'est seulement à la fin de septembre que les divisions de cavalerie allemande commencèrent leurs operations extérieures. Elles occupaient à ce moment les emplacements suivants : 5ᵉ *division* (général de Rheinbaben), à Saint-Germain ; 6ᵉ *division* (général de Schmidt), à Chevreuse ; 4ᵉ *division* (prince Albrecht père[1]), à Pithiviers ; 2ᵉ *division* (général de Stolberg), à Epinay-sur-Orge.

Devant elles, c'est-à-dire dans les régions où elles allaient se porter, il n'existait encore aucune force organisée. Des francs-tireurs, des bataillons de mobiles, livrés à eux-mêmes et agissant à peu près au hasard, formaient un mince et long rideau masquant les premiers préparatifs de défense. Quelques compagnies de garde nationale sédentaire, assez pauvrement armées, complétaient ces éléments de résistance, qui n'étaient pas bien redoutables assurément, et s'éparpillaient des Vosges à l'Eure, par le sud, et de l'Eure à l'Oise. Plus tard, comme on le verra, une certaine organisation fut apportée à la défense locale, et on chercha à donner à toutes les troupes disséminées un semblant de cohésion. Pour l'instant, il n'y avait encore rien de fait en ce sens, et les escarmouches survenues entre francs-tireurs et patrouilles allemandes n'étaient que des incidents isolés.

Reconnaissance de la 4ᵉ division vers Orléans. — La 4ᵉ division de cavalerie avait été spécialement chargée d'éclairer dans la direction d'Orléans, et de détruire les voies ferrées aboutissan à cette ville[2]. C'était le seul côté où nous eussions quelques forces véritablement dignes de ce nom. D'abord la division Reyau, campée en partie en avant de la forêt ; puis, plusieurs bataillons de la mobile, aux ordres du général Peytavin, commandant la subdivision du Loiret. La forêt d'Orléans avait été mise en état de défense, et aux abords mêmes de la ville, où arrivaient les premières troupes destinées au 15ᵉ corps, des retranchements barraient les différents débouchés. Le général de Polhès, commandant supérieur de la région du centre, disposait, au total, aux environs

---

1. .Frère du roi Guillaume de Prusse.
2. *La Guerre franco-allemande*, 2ᵉ partie, page 218.

d'Orléans, de forces se montant à 18,000 hommes environ, mais la plupart sans instruction et aussi mal armées que mal équipées[1]. Il les avait réparties de la façon suivante :

La brigade de cavalerie du Coulombier, établie aux environs d'Artenay, couvrait Orléans au nord. Elle avait ses avant-postes à Toury, Neuville-aux-Bois et Bazoches, et était soutenue en arrière, dans la partie nord de la forêt, par trois bataillons d'infanterie.

Le général Bertrand, avec huit bataillons et une batterie, était chargé de défendre la forêt. Il avait son quartier général à Châteauneuf-sur-Loire.

Le général de Polhès était en réserve à Orléans avec cinq bataillons.

Enfin, le général Reyau, avec deux régiments de cavalerie, était posté entre Orléans et Blois, tandis que le général Michel, avec deux autres régiments de cavalerie, occupait Gien.

Le 20 septembre, les avant-postes de la 4e division allemande ayant eu quelques escarmouches avec les grand'gardes de la brigade du Coulombier[2], celle-ci se replia sur Orléans. Elle fut ramenée en avant, dès le 22, par le général Reyau, accouru avec le 1er cuirassiers de marche ; mais, assez vivement pressée par des partis ennemis en reconnaissance vers Bazoches-lès-Gallerande, elle rétrograda jusqu'à Cercottes, dans la journée du 24. Cependant, comme, le lendemain 25, les Allemands, ayant appuyé à droite, se dirigeaient sur Orléans par la grande route[3], ils furent tout à coup assaillis, au sud d'Artenay, par nos cavaliers. L'avant-garde du 10e uhlans fut chargée, près de Briquet, par un escadron du 6e dra-

1. Ces forces étaient les suivantes :
Brigade du Coulombier (5e hussards et 6e dragons) ;
29e de marche (3 bataillons à 7 compagnies) — 2 bataillons de tirailleurs algériens — 2 compagnies de chasseurs à pied — 12e mobiles (Nievre) — 19e mobiles (Cher) — 1er bataillon et 3 compagnies de mobiles du Loiret — 3e bataillon de mobiles de la Savoie — 2 bataillons de mobiles du Lot — 2 batteries de 4.
2. Le général du Coulombier, malade, fut remplacé dans le commandement de sa brigade, le 22 septembre, par le colonel Tillion, du 6e dragons.
3. La Guerre franco-allemande, 2e partie, page 217.

IV.   2

gons, tandis qu'une compagnie de mobiles, embusquée près de la voie ferrée, la criblait de feux, et qu'un peloton du 6ᵉ dragons, pied à terre, fusillait à bonne distance le 5ᵉ cuirassiers prussien occupé, de l'autre côté du chemin de fer, à chercher un passage. Les Allemands rétrogradèrent sur Artenay avec des pertes assez sensibles[1] ; de son côté, la cavalerie française, n'osant pas poursuivre son petit avantage, rentrait à Cercottes.

Le 26 septembre, les Allemands envoyèrent reconnaître toute la lisière nord de la forêt. Voyant que celle-ci était occupée par de l'infanterie, le général prince Albrecht *jugea imprudent d'engager des masses isolées de cavalerie dans une région aussi couverte*[2], et ordonna à ses cavaliers de se replier, le lendemain 27 ; deux brigades sur Toury, une sur Pithiviers. Or, le prince Albrecht disposait de 24 escadrons, de 12 pièces de canon et de trois bataillons bavarois. On se demande ce que, dans de pareilles conditions, il pouvait avoir à redouter des forces improvisées et encore incohérentes qui formaient rideau devant lui. Il a montré là une mollesse et une timidité excessives, dont la cavalerie allemande, tant vantée, n'a assurément pas à tirer vanité.

Première évacuation d'Orléans. — Malheureusement, de notre côté, on ne montrait guère plus d'assurance. La pointe exécutée sur Artenay par la 4ᵉ division de cavalerie avait jeté l'alarme dans Orléans, où l'on prétendait que 40,000 Allemands allaient arriver, par Pithiviers, Malesherbes et Beaune-la-Rolande. Le général de Polhès, effrayé de sa responsabilité, et trop peu au courant des méthodes de guerre de l'ennemi pour se rendre compte que, chez celui-ci, les coureurs de cavalerie précédaient de loin les colonnes, réunit dans un conseil de guerre tous ses chefs de corps ou de service, ainsi que le préfet du Loiret. Là, à l'unanimité, on décida que la résistance était impossible (déclaration tout au moins prématurée, puisqu'on n'avait aucune

1. *La Guerre franco-allemande,* 2ᵉ partie, page 217.
2. *Ibid.*

donnée précise sur la force de l'assaillant présumé), et on se résolut à évacuer au plus tôt Orléans, ce qui fut fait le 27. Les troupes se retirèrent partie sur Blois, en deux colonnes qui longeaient les rives de la Loire, partie sur la Ferté-Saint-Aubin. Toutefois, les troupes postées dans la forêt d'Orléans y furent laissées, et le général de Polhès alla établir à Châteauneuf-sur-Loire son quartier général.

Cependant on ne tarda pas à se convaincre que ce mouvement de retraite avait été trop hâtif, car l'ennemi, occupé seulement à faire des réquisitions au sud-ouest de Toury et à couper les voies ferrées conduisant à Tours, auprès de Châteaudun et de Beaugency [1], ne paraissait pas. Le général de Polhès réoccupa donc Orléans, où vinrent le renforcer cinq bataillons de mobiles. Pour donner à son commandement plus de consistance, l'amiral Fourichon plaça en même temps sous ses ordres la division Reyau et la brigade Michel [2]. Cette dernière fut remplacée à Gien par la brigade de Nansouty (du 15ᵉ corps) et quelques bataillons de mobiles. Par suite, à la date du 1ᵉʳ octobre, le général de Polhès eut à sa disposition, tant à Orléans que dans la forêt, 15 bataillons et demi et 6 régiments de cavalerie [3].

Reprise de l'offensive. — Ainsi renforcé, le général de Polhès se décida à marcher de l'avant. Le 2 octobre, il fit porter à Chevilly la brigade de Longuerue (ancienne du Coulombier), et à Meung la brigade Michel. Cette dernière arriva juste après que la voie ferrée venait d'être coupée par les cavaliers allemands. Puis,

1. *La Guerre franco-allemande*, 2ᵉ partie, page 217.
2. La division Reyau, arrivée de Mézières avec six régiments, n'en comptait plus que quatre, les 5ᵉ hussards et 6ᵉ dragons (brigade du Coulombier, puis Tillon, puis de Longuerue), le 1ᵉʳ cuirassiers de marche et le 9ᵉ cuirassiers (brigade de Brémont d'Ars). — La brigade Michel se composait des 2ᵉ et 5ᵉ lanciers, pris à la division Reyau, et du 3ᵉ régiment de marche de dragons. — La brigade de Nansouty était formée du 1ᵉʳ chasseurs de marche et du 11ᵉ chasseurs.
3. Cette nouvelle disposition des troupes mettait enfin un peu d'unité dans le commandement. Jusque-là, les troupes avaient dépendu des généraux Peytavin, de Polhès, Reyau et de la Motte-Rouge (dont le quartier général était à Bourges.) Certaines dépendaient à la fois de deux ou trois de ces officiers généraux.

dans la nuit du 4 au 5, la division Reyau se mit en marche sur Toury en trois colonnes, une sur la grande route, les deux autres à droite et à gauche, à une distance de 2 kilomètres au maximum ; timide tentative d'essaimage, qui marquait déjà un léger progrès sur les errements antérieurs. La forêt était toujours tenue par 6 bataillons, aux ordres du général de Morandy, remplaçant le général Bertrand.

Le général Reyau, ayant sous ses ordres la brigade de Longuerue et 4 bataillons et demi, disposait donc de 4,600 fusils et de 2,200 sabres ; il avait en plus 9 pièces de 4. Ces forces étaient un peu supérieures à celles du prince Albrecht, installé à Toury avec deux brigades, deux bataillons bavarois et 10 pièces, soit 1,600 fantassins et 2,000 cavaliers. Le 5, à sept heures du matin, les deux troupes se trouvèrent en présence, au sud de Toury, mais ne s'abordèrent pas. L'action se borna à une canonnade sans grande importance, et bientôt les Allemands, se croyant menacés d'être débordés [1], reculèrent, puis se replièrent sur Angerville et de là sur Étampes, le 6 ; c'est là que le prince Albrecht fut rejoint par la brigade laissée à Pithiviers. Le lendemain 7, le général de Morandy entrait dans cette dernière ville, avec la majeure partie de la division Reyau, dont le reste s'établissait autour de Toury, et la brigade de Nansouty [2] poussait dans la direction de Malesherbes. Nos avant-gardes n'étaient plus qu'à une cinquantaine de kilomètres des avant-postes parisiens de Choisy-le-Roi et des Hautes-Bruyères.

Ce résultat était dû à trois facteurs principaux. D'abord, une direction plus ferme que celle que pouvait

---

1. La *Relation allemande* (2ᵉ partie, page 218) parle de forces *très supérieures* qui auraient cherché à déborder les ailes de la cavalerie allemande. On a vu à quoi se réduisait cette supériorité. La vérité est que le prince Albrecht était fort inquiet de la nouvelle qu'il venait de recevoir de l'entrée d'un parti français à Châteaudun, et de l'échec d'une reconnaissance de sa cavalerie, rejetée par nous d'Orgères sur Allaines. Il aurait cependant pu et dû savoir que nos forces n'étaient pas encore bien redoutables, au regard de celles dont il disposait lui-même.

2. Le général de Nansouty, qui n'avait pas encore rejoint, était provisoirement remplacé par le colonel d'Astugue, du 11ᵉ chasseurs.

exercer le commandement décousu de début; ensuite, l'énergie déployée par nos jeunes troupes, énergie qui avait étonné l'adversaire au point de le décontenancer, enfin, la mollesse extraordinaire de la cavalerie allemande, qui semble avoir perdu à ce moment toutes les qualités offensives, et tout esprit de résolution.

Opérations des 5° et 6° divisions de cavalerie. — Pendant que ces événements se déroulaient dans les plaines de l'Orléanais, les 5° et 6° divisions de cavalerie opéraient pour leur compte, à l'ouest de Paris, contre le rideau de francs-tireurs, de gardes mobiles et de gardes nationaux dont nous avons plus haut signalé l'existence.

Dès la fin de septembre des patrouilles de la 5° division avaient maille à partir aux Alluets, avec des *Eclaireurs de la Seine*, venus d'Evreux sur Mantes et Maule. A la suite de cet incident, on fit partir de Saint-Germain, le 30, une colonne de 10 escadrons, 2 bataillons bavarois et 2 batteries à cheval, le tout sous les ordres du général de Bredow [1]. Après une série d'escarmouches aux Alluets, à Herbeville, à Mareuil et à Maule, cette colonne arriva à Mantes, où elle détruisit le chemin de fer, puis se dirigea sur Bonnières, et enfin sur Evreux. Devant elle, le général Delarue, chargé de la défense locale, n'avait que des mobiles ou des gardes nationaux sans artillerie, que les Prussiens n'eurent pas beaucoup de peine à déloger à coups de canon des villages qu'ils occupaient, et à refouler au delà d'Evreux, sur Serquigny. Sans les faire poursuivre, le général de Bredow se rabattit sur Houdan, où il arriva le 8 ; de là, il envoya sur Chérisy une reconnaissance, forte de 1 compagnie, 3 escadrons et 2 pièces ; mais celle-ci fut chassée par des gardes mobiles et quelques francs-tireurs.

Très mécontent de cet échec, le général de Bredow se porta, le 10, sur Chérisy, avec toutes ses forces, et fit brûler par son artillerie le village, que nous dûmes

---

1. Le même qui avait conduit, à Rezonville, la charge fameuse à travers les batteries du 6° corps français.

évacuer ; mais il ne put forcer le passage de l'Eure. Il reprit alors la route de Saint-Germain, laissant à Neauphlc-le-Château une forte arrière-garde[1]. De leur côté, les Français, se croyant insuffisamment en forces, évacuaient Dreux ; quelques jours plus tard, cependant, disposant de quelques pièces de canon, ils y rentrèrent, ainsi qu'à Evreux, Pacy et Vernon. La pointe du général de Bredow n'avait donc eu d'autre résultat que d'élargir légèrement la zone soumise aux réquisitions ; en tout cas, son expédition de douze jours, qui lui coûtait 20 hommes (dont 15 disparus) et 14 chevaux, s'était effectuée avec une mollesse au moins égale à celle que montrait, dans le même temps, la cavalerie du prince Albrecht[2].

De son côté, « afin de se couvrir contre les francs-tireurs qui infestaient les forêts en avant de son front[3] », la 6e division de cavalerie avait dirigé sur Rambouillet, dès le 28 septembre, un régiment de hussards et un bataillon bavarois. Ces troupes eurent affaire au Buissonnet, puis successivement à Gozeron, Saint-Hilarion, Epernon et Hanches, à des groupes de mobiles et de francs-tireurs dépourvus d'artillerie. Pour elles, c'était toujours le même système : emploi à outrance du canon. Toutefois, en avant d'Epernon, elles durent soutenir avec nos soldats une lutte assez vigoureuse, dont il a été précédemment parlé. Elles rentrèrent ensuite à Rambouillet ; elles avaient perdu une cinquantaine d'hommes et 25 chevaux.

Les Allemands constituent un détachement d'armée. — Cependant l'état-major allemand, inquiet des résultats négatifs de toutes ces expéditions, et assez mal renseigné sur la situation exacte, par suite de l'échec du prince Albrecht, l'état-major allemand commençait à craindre un sérieux mouvement offensif de la part des

1. Un régiment de cavalerie, une batterie et quatre compagnies bavaroises.
2. Nous avons eu déjà l'occasion de parler, en quelques mots, de ces divers épisodes, et de ceux qui concernent la 6e division, à propos de l'investissement de Paris (2e partie, livre Ier, chapitre III).
3. *La Guerre franco-allemande*, 2e partie, page 215.

corps français, en formation sur la Loire, et jugeait urgent de prendre certaines dispositions préservatrices contre des éventualités qui semblaient menaçantes. En conséquence, le 6 octobre, la III° armée dut constituer un détachement destiné à résister à nos forces d'Orléans. L'ordre suivant, donné par le Prince royal, en fixait la force et le rôle, au moins pour le moment.

Le Ier corps bavarois[1] rompra aujourd'hui même sur Arpajon et y prendra position. Il se fera précéder par une petite avant-garde. Les convois resteront à Longjumeau.

La 22° division (XI° corps) se portera, dès aujourd'hui, par Villeneuve-Saint-Georges et Épinay, sur Montlhéry; elle s'y établira comme réserve du général von der Tann, qui lui communiquera ses ordres relativement aux mouvements à exécuter ultérieurement.

La 2° division de cavalerie[2] se concentrera autour de Villemoisson, dans la matinée du 7, et s'avancera par le Plessis-Pâté dans la direction de Marolles, pour couvrir le flanc gauche du général von der Tann, avec lequel elle se maintiendra constamment en communication.

La 4° division de cavalerie, si elle vient à être pressée vivement par l'ennemi, se repliera le long de la grande route de Paris, par Boissy sur Egly, et prendra position à l'aile droite du général von der Tann, sous les ordres duquel elle se placera dans le cas d'un engagement.

La 6° division de cavalerie s'inspirera des circonstances, et fera en sorte d'empêcher l'ennemi de pousser à l'ouest d'Arpajon. Elle aura constamment l'œil sur la route de Dourdan à Limours et adressera tous ses rapports au général von der Tann.

Il n'est pas nécessaire que les détachements envoyés en requisition rallient leurs divisions; autant que possible, ils devront, au contraire, continuer leur mission. On fera en sorte de prolonger la ligne télégraphique jusqu'à Arpajon[3].

En examinant de près ces prescriptions, on voit que le détachement d'armée confié au général von der Tann, et fort de un corps d'armée, une division d'infanterie et deux de cavalerie, avait pour mission, non pas de se porter vers l'ennemi, mais de l'attendre sur des positions choisies, très rapprochées des lignes d'investis-

1. Le Ier corps bavarois et le XI° corps étaient arrivés devant Paris, on s'en souvient, le 23 septembre. Le Ier corps bavarois était à Longjumeau; le XI° corps, aux environs de Boissy-Saint-Léger.
2. La 2° division de cavalerie était à Orsay.
3. *La Guerre franco-allemande*, 2° partie, supplément **LXXV.**

sement. Son attitude était donc purement défensive,
comme, du reste, l'ensemble des mesures adoptées à
cette époque, par les Allemands, autour de Paris.
L'ordre en question démontre au surplus que l'état-
major ennemi ne possédait que des renseignements très
vagues sur la situation des forces françaises. Sa cavalerie ne lui avait rien appris ; seuls, les journaux et les
espions avaient fait connaître que des formations s'effectuaient en province et qu'en particulier un corps
d'armée se constituait à Bourges. La division du prince
Albrecht, dans son recul précipité, ne pouvait évidemment préciser davantage ces données, bien au contraire [1], et on s'explique parfaitement que, en le voyant
battre en retraite si rapidement, l'état-major ait pris
pour une manifestation d'offensive générale la pointe
assez peu dangereuse de la division Reyau, soutenue
par quelques bataillons seulement. Il n'en fallait pas
beaucoup, décidément, pour tuer la hardiesse des cavaliers prussiens !

Le danger n'était cependant pas aussi immédiat que
nos adversaires paraissaient le craindre, car c'est
seulement à la date du 7 octobre, c'est-à-dire le jour
même où von der Tann achevait sa concentration
autour d'Arpajon, que le général de la Motte-Rouge,
ayant enfin son corps d'armée prêt à marcher, le mettait en mouvement et transférait à Orléans son quartier général. Son intention était de concentrer dans
cette ville ses 2e et 3e divisions, venant de Bourges et
de Vierzon, tandis que la 1re, venant de Nevers, se porterait, d'abord sur Gien, puis ensuite sur Montargis
et de là sur Fontainebleau. Il s'agissait, on le voit,
d'une tentative pour débloquer Paris, tout uniment ;
elle ne sera malheureusement pas la dernière, car, dès
lors, Paris va devenir l'objectif obstiné de tous nos
efforts.

Cependant, le général von der Tann avait exécuté
les ordres du Prince royal ; devant lui, la 4e division

---

1. Le prince Albrecht ne s'était pas aperçu de l'évacuation d'Orléans par nos troupes, le 27 septembre.

de cavalerie, s'apercevant enfin qu'elle n'avait affaire
qu'à des forces insignifiantes, reprenait une certaine
énergie et poussait ses patrouilles vers Authon, Angerville et Malesherbes ; comme, chemin faisant, elle avait
appris que des troupes françaises étaient campées
auprès d'Artenay, elle demandait, pour les attaquer, un
soutien d'infanterie. Ceci se passait le 7, et dans la
nuit même, le Prince royal, averti de la situation,
envoyait au Ier corps l'ordre de se porter sur Etampes.
Pendant cette même journée, la 2e division de cavalerie, avait, en s'avançant sur Marolles, aidé de ses
canons des troupes d'étapes de la IIIe armée, qui, établies depuis quelques jours à Corbeil, refoulaient des
avant-postes français installés devant les défilés de
Saclas et de Saint-Cyr. Enfin, la 6e division de cavalerie patrouillait en avant de Rambouillet et de Limours,
et son exploration donnait lieu à l'un des incidents les
plus tristes de la guerre, la barbare exécution du
village d'Ablis.

Affaire d'Ablis. — Dans la soirée du 7, un escadron
du 16e hussards prussien et une compagnie bavaroise
étaient venus occuper le bourg d'Ablis. Le 8, entre
quatre et cinq heures du matin, des francs-tireurs,
venant de Denouville, à 15 kilomètres dans le sud,
surprirent le village, bousculèrent des postes allemands
qui se gardaient mal et les refoulèrent en désordre, en
leur capturant 68 hommes et 99 chevaux. Laissons
maintenant la parole a la *Relation allemande :*

« Le commandant de la 6e division de cavalerie, **y**
est-il dit, général-major von Schmidt [1], prévenu de
cette surprise par quelques hussards qui s'étaient
échappés à cheval, marcha aussitôt sur Ablis avec
ses deux brigades; mais les francs-tireurs en étaient
déjà repartis. Comme la participation des habitants au
combat ne faisait aucun doute, le bourg était frappé

---

1. Le général von Schmidt, qui a laissé une réputation d'écrivain
militaire, remplaçait le duc Guillaume de Mecklembourg, parti, le
6 octobre, pour Versailles, « afin, dit la *Relation allemande, de rétablir sa santé.* » On sait qu'il avait été blessé dans l'explosion de la
citadelle de Laon.

d'une contribution de guerre, et *réduit en cendres* [1]. »

Voici qui est déjà singulièrement excessif; mais ce n'est pas tout. Le général von Schmidt (ici la *Relation allemande* est muette) emmena 14 habitants et réclama au préfet d'Eure-et-Loir ses hussards prisonniers, menaçant, si ön ne les lui rendait pas, de faire fusiller sur-le-champ les otages.

Que dire d'une semblable manière de comprendre la guerre? Certes, nous ne sommes pas de ceux, le lecteur a dû déjà s'en apercevoir, qui proscrivent la rigueur et l'énergie, si dures que puissent être leurs conséquences, quand il s'agit de sauvegarder l'existence des troupes dont on a la charge, ou simplement d'assurer leur bien-être et leur sécurité; nous pensons au contraire que rigueur et énergie sont aussi indispensables que légitimes dans toutes les circonstances où il faut exercer le métier de soldat, et que, tant que dure la lutte, tout ce qui n'est pas rigueur est faiblesse. Mais c'est se mettre en dehors de la civilisation et du droit des gens que de tirer vengeance de ses propres erreurs sur des populations qui, en se défendant, n'ont fait qu'accomplir strictement leur devoir. Ceci dit, non pour récriminer, ou pour imprimer à de véritables atrocités une flétrissure qui resterait absolument dénuée de sanction, mais pour établir purement et simplement un fait. Les Allemands, qui, en 1813, avaient dû le plus clair de leurs succès à des corps irréguliers de partisans, ne voulurent, pendant la guerre de 1870-1871, reconnaître le caractère de belligérant ni à nos francs-tireurs ni à nos gardes nationaux, et brûlèrent impitoyablement tout village où ils s'étaient laissé surprendre. Cette constatation doit être faite, parce qu'elle peut avoir son utilité.

III. — COMBAT D'ARTENAY (10 octobre).

Arrivé à Étampes avec le Ier corps bavarois le 8 octobre [2], le général von der Tann venait à peine de s'y

---

1. *La Guerre franco-allemande*, 2ᵉ partie, page 220
2. Ce jour-là, la 22ᵉ division cantonna à Étréchy

installer, lorsqu'il reçut du Prince royal des instructions nouvelles. Il s'agissait maintenant, pour le détachement sous ses ordres, « de dégager complètement le pays, à l'ouest jusqu'à Chartres, au sud jusqu'à Orléans, d'occuper cette ville, et, si les circonstances le comportaient, de poursuivre dans la direction de Tours ; les 2e et 4e divisions de cavalerie flanqueraient le mouvement sur les deux ailes [1] ». L'état-major allemand venait de recevoir des renseignements exacts sur la situation des forces françaises, et savait maintenant ce que le général von der Tann avait devant lui.

Le 9, à six heures du matin, celui-ci se mit en mouvement pour aller, tout d'abord, débusquer les troupes françaises d'Artenay [2]. Ses forces marchaient dans l'ordre suivant : la colonne principale sur la route de Paris à Orléans ; deux colonnes d'une brigade chacune, sur les flancs, à une distance variant entre 3 et 5 kilomètres. Plus loin, à une distance de 5 à 10 kilomètres, également sur les flancs, les 2e et 4e divisions de cavalerie (cette dernière avec la brigade de cuirassiers

---

1. *La Guerre franco-allemande*, 2e partie, page 222.
2. Les forces dont disposait le général von der Tann, beaucoup plus considérables que les nôtres, se décomposaient ainsi qu'il suit :
Ier corps bavarois : (*a*) quatre brigades d'infanterie ayant chacune, outre ses deux régiments, un bataillon de chasseurs (la 1re division avait en plus un second bataillon de chasseurs. Chaque division avait avec elle un régiment de cavalerie et six batteries).
(*b*) Une réserve d'artillerie de corps d'armée qui comptait dix batteries, plus une batterie de mitrailleuses (4 pièces).
(*c*) Une brigade de cuirassiers avec une batterie à cheval.
22e division : deux brigades, un régiment de cavalerie, six batteries montées.
2e division de cavalerie : trois brigades à deux régiments et deux batteries à cheval,
4e division de cavalerie : trois brigades à deux régiments et deux batteries à cheval
6e division de cavalerie : deux brigades, dont l'une à trois régiments, et une batterie à cheval.
L'effectif total se montait à quarante et un bataillons, quatre-vingt-huit escadrons, trente-trois batteries, soit quarante et un mille hommes environ, et cent quatre-vingt-treize pièces.
Il faut toutefois tenir compte de ce fait, que, à l'époque du combat d'Artenay, un effectif d'environ cinq bataillons trois quarts et de deux escadrons et demi, occupés soit aux réquisitions, soit à la conduite des prisonniers, soit à des missions spéciales, n'avait pas rejoint le détachement. (Voir pour le détail le supplément XCII de la *Relation allemande*.)

bavarois) s'avançaient de façon à déborder les ailes de
la position française. La cavalerie divisionnaire éclairait en avant du front; enfin, la 6ᵉ division de cavalerie observait la direction de Chartres. Après plusieurs
escarmouches entre les avant-gardes allemandes et les
groupes de francs-tireurs ou de mobiles qui couvraient
le front de la ligne française [1], le Iᵉʳ corps bavarois vint
cantonner le soir dans les villages de Barmainville et
Allainville (échelons de tête), de Beaudreville et de
Méréville (échelons de queue); la 22ᵉ division s'installa
à Angerville; les avant-postes occupèrent la ligne
Neuvy-en-Beauce, Oinville et Outarville. Le général
bavarois était informé de la présence de forces françaises assez sérieuses à Pithiviers.

Or, tandis qu'il prenait les positions indiquées ci-
dessus, le général de la Motte-Rouge, averti de
l'approche de l'ennemi et voulant concentrer ses forces,
ordonnait précisément de son côté l'évacuation de
Pithiviers. Dans la nuit du 9 au 10, cette évacuation
fut effectuée; le général de Morandy rentra dans la
forêt avec six bataillons; le général Reyau avec sa division, la brigade Michel, un bataillon de tirailleurs algériens et deux compagnies de chasseurs, se porta sur
Artenay. Ces troupes marchèrent toute la nuit et, à
six heures du matin, vinrent dresser leurs tentes
autour d'Artenay (brigade de Longuerue, deux compagnies de chasseurs, une demi-batterie), de Creusy (brigade Michel, avec une demi-batterie) et de Chevilly
(brigade Ressayre [2], avec un bataillon de tirailleurs, le
3ᵉ bataillon du 29ᵉ de marche, le 12ᵉ régiment de
mobiles et une demi-batterie).

C'était l'heure où les troupes allemandes, reposées
par une nuit passée dans des cantonnements confortables, se remettaient en marche, dans un ordre analogue à celui de la veille, pour aborder, à 12 ou 15 kilomètres de leur point de départ, nos positions d'Artenay [3]. Il était donc un peu plus de neuf heures quand

1. A Monnerville, Angerville, ferme de la Vallée-Nord.
2. Ancienne brigade de Brémond d'Ars.
3. Le corps bavarois, sur la grande route et les chemins à droite

la 1ʳᵉ brigade bavaroise, formant l'avant-garde, se heurta aux avant-postes de la brigade de Longuerue, qui l'accueillirent à coups de fusil, mais ne tardèrent pas à être refoulés, et se replièrent derrière Artenay, tandis que les deux compagnies de chasseurs se déployaient en avant du village. Le général de brigade bavarois fit immédiatement ouvrir le feu à ses batteries, et forma son infanterie en ligne à droite et à gauche de la route, au sud de Dambron, pour refouler nos chasseurs. Ceux-ci cependant ne cédaient le terrain que pied à pied, quand, vers onze heures, la 2ᵉ brigade bavaroise entra en action à son tour, et la ligne de l'infanterie ennemie constitua alors au nord d'Artenay un vaste demi-cercle, derrière lequel onze batteries [1], arrivées successivement, dirigeaient sur nos soldats un feu d'enfer. Les chasseurs, fort éprouvés, durent se replier dans Artenay.

A ce moment arrivait de Chevilly le général Reyau avec les tirailleurs algériens ; ces derniers se déployèrent à 500 mètres au sud du village, tandis que dix pièces d'artillerie se mettaient en batterie entre la route et le château d'Auvilliers. Cela faisait, avec six pièces engagées au même endroit depuis le matin, seize bouches à feu [2] qui avaient à soutenir la lutte avec les onze batteries bavaroises. Si, par un hasard heureux, le terrain détrempé n'avait empêché l'éclatement de beaucoup de projectiles ennemis d'ailleurs en général tirés trop court, le duel eût été rapidement terminé ; cette circonstance permit de le prolonger plus longtemps qu'on ne pouvait l'espérer, et contribua à tenir nos adversaires momentanément en respect.

Cependant la cavalerie allemande commençait à

et à gauche, marchait sur Trinay, Artenay et Sougy ; la 22ᵉ division suivait par la route jusqu'à Toury ; sur le flanc droit, la 4ᵉ division de cavalerie éclairait jusqu'à la route d'Orléans à Châteaudun ; sur le flanc gauche, la 2ᵉ division de cavalerie devait faire face aux troupes qu'on supposait encore à Pithiviers. Quant à la 6ᵉ division de cavalerie, elle patrouillait toujours dans la direction de Chartres.

1. Neuf formant un demi-cercle entre Assas et Poupry ; deux au sud-est d'Assas, face à Artenay.

2. Dix pièces de 6 (Reffye) et six pièces de 4 rayées.

affluer sur le champ de bataille. La 4ᵉ division, qui s'était heurtée à des francs-tireurs embusqués dans les bois au nord de Loigny, venait prendre position à Ouvans avec la brigade de cuirassiers bavarois, et faisait canonner Auvilliers de flanc par deux batteries à cheval [1]. La 2ᵉ division arrivait vers deux heures à l'est de Chichy, et ses batteries ouvraient aussitôt le feu sur les tirailleurs algériens [2]. Enfin, vers la même heure, la 3ᵉ brigade d'infanterie bavaroise venait renforcer la 2ᵉ au sud d'Assas.

Devant ce déploiement considérable de forces de toute espèce, notre cavalerie qui jusque-là était restée, sans rien faire d'ailleurs, partie à l'ouest du château d'Auvilliers (3 régiments), partie derrière le moulin du même nom, se mit hâtivement en retraite ; d'autre part, les chasseurs à pied, très éprouvés et à bout de munitions, évacuaient Artenay et se repliaient sur les tirailleurs algériens. La 1ʳᵉ division bavaroise en profita pour dessiner son offensive ; elle pénétra concentriquement dans Artenay, déborda le village, et repoussa devant elle ses faibles adversaires, tandis que, sur les flancs, la cavalerie resserrait son cercle et lançait même quelques escadrons à la charge sur nos soldats débandés. En vain, le régiment de mobiles de la Nièvre (12ᵉ), accouru vers la Croix-Briquet, essaya-t-il de se déployer, pour arrêter le torrent ; déjà la panique, déchaînée par une troupe de curieux venus d'Orléans, entraînait tout le monde vers Chevilly. Cependant, deux de ses compagnies, embusquées à l'est de la Croix-Briquet, derrière le talus du chemin de fer, purent arrêter par leur feu une charge menaçante et protéger

1. La 4ᵉ division avait laissé, dans la direction de Châteaudun, une de ses brigades avec une batterie à cheval. « Ces troupes, dit la *Relation allemande*, trouvèrent Châteaudun occupé, et se heurtèrent presque partout à des paysans armés.

2. Les Allemands avaient donc en ligne, à ce moment quinze batteries comme suit :

1º Onze batteries montées (dont deux de la réserve du corps d'armée) ;

2º Deux batteries a cheval de la 4ᵉ division et des cuirassiers bavarois ;

3º Deux batteries à cheval de la 2ᵉ division.

la retraite un instant. Notre artillerie voulut profiter de
ce léger répit pour se retirer, elle aussi, derrière l'abri
du remblai; mais, dans les terres détrempées, les roues
s'enfonçaient jusqu'au moyeu, et les canonniers devaient
se défendre à coups de fusil contre les cavaliers prus
siens qui les harcelaient; il fallut que quelques hussards
d'escorte missent pied à terre pour venir à leur aide.
Malgré tout, trois pièces et un caisson tombèrent aux
mains de l'ennemi.

La situation devenait donc très grave, quand enfin
on vit déboucher sur la route le 8e bataillon de chas
seurs de marche, qui arrivait d'Orléans, amené par le
général de la Motte-Rouge. Avec le concours du 29e de
marche (3e bataillon), il put, en se mettant en travers
de la route, couvrir la retraite jusqu'à Chevilly. De là,
comme la poursuite se bornait à des feux assez loin
tains d'artillerie, nos troupes réussirent à regagner
Orléans, recueillies par quelques bataillons postés à
l'ouest de la ville et par les contingents qui gardaient
la lisière de la forêt. La division Reyau, ainsi que les
chasseurs à pied et les tirailleurs algériens, qui s'étaient
repliés à leur tour, fut également ramenée dans Orléans
par le général de la Motte-Rouge. Quant aux Alle
mands, ils ne dépassèrent pas Chevilly; encore n'y
mirent-ils qu'un détachement. Le gros de leurs forces
bivouaqua autour d'Artenay; la 22e division cantonna
à Dambron et Tivernon, la 2e division de cavalerie
autour d'Aschères-le-Marché, la 4e à Sougy et à Patay.
Notre camp tout entier, avec les tentes et le matériel,
avait été capturé[1].

Tel fut ce combat inutile, qui nous coûtait environ
900 hommes, tués, blessés ou prisonniers[2], et qui
exerça la plus fâcheuse action sur le moral des jeunes
levées de l'armée de la Loire. La plupart d'entre elles,

---

1. C'est là un exemple des graves mécomptes provenant de la
tente-abri. A chaque affaire tournant mal, on est exposé à perdre son
campement, et le soldat n'a plus ni abri ni ustensiles de cuisine.
L'événement d'Artenay n'est malheureusement pas unique dans les
fastes de cette guerre, où nos troupes ont eu si souvent à regretter
leur désastreuse méthode de stationnement.

2. Les Allemands comptaient 200 hommes seulement hors de combat.

notamment les chasseurs à pied, avaient cependant combattu avec énergie et solidité[1]. Mais cette attitude vigoureuse, due en grande partie aux légers succès précédemment obtenus, ne tarda pas à céder devant l'impression terrifiante que venait de produire l'artillerie allemande, employée dans des proportions inusitées[2]. Toutes les troupes qui avaient pris part au combat d'Artenay en revinrent démoralisées. Pareille chose ne se serait pas produite, si, au lieu de laisser ces troupes en flèche et pour ainsi dire livrées à elles-mêmes, dans des conditions d'infériorité numérique qui n'étaient point ignorées, on les eût repliées sur la forêt et les positions au nord d'Orléans. Leur présence à Artenay ne répondait à aucune nécessité stratégique ou tactique; elle les exposait donc inutilement. Il convient même d'ajouter qu'elles ne durent leur salut qu'à l'extrême prudence de leurs adversaires, qui attendirent pendant près de cinq heures, avant de s'engager à fond, que toute leur cavalerie fût arrivée sur les flancs; et aussi à la mollesse de cette dernière, qui ne profita ni de son énorme supériorité ni du peu de solidité de la nôtre pour couper d'Orléans les faibles contingents du général Reyau, les envelopper complètement et les anéantir.

IV. — PRISE D'ORLÉANS (11 octobre).

On a vu plus haut que la première pensée du général de la Motte-Rouge, à la nouvelle de l'approche du

1. Il faut constater que certaines de ces troupes ont fait preuve de qualités d'endurance véritablement exceptionnelles. Les tirailleurs algériens partis de Pithiviers le 9 à sept heures du soir, ont parcouru 48 kilomètres d'une traite, dont 43 la nuit. De onze heures et demie du matin à cinq heures du soir, ils se sont battus, et ont dû faire encore 23 kilomètres pour atteindre Orléans à neuf heures du soir (soit, en 26 heures, 71 kilomètres de marche et six heures de combat). — Dans le même temps, les chasseurs à pied ont parcouru 66 kilomètres et combattu huit heures.

2. Les Allemands ont engagé environ 14,000 hommes contre 8,000, et 102 *pièces* (17 batteries) contre 16. Cela fait une proportion de plus de 7 pièces par 1,000 hommes.

Vue générale d'Orléans.

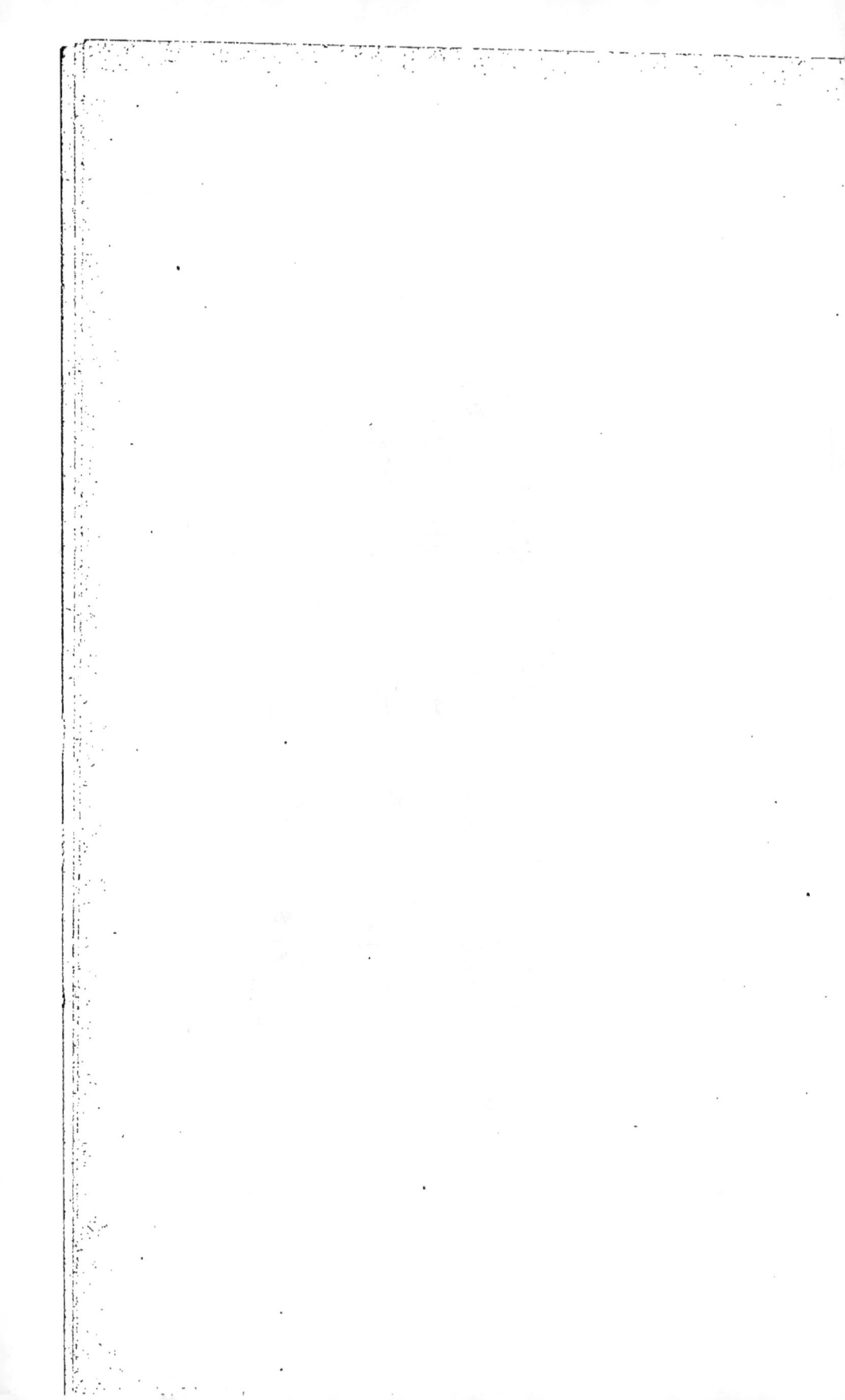

détachement von der Tann, avait été de se concentrer
à Orléans, pour défendre cette position, et qu'il avait
appelé à lui les deux divisions du 15° corps en formation à Bourges et à Vierzon. Malheureusement, les
voies ferrées, qui devaient être utilisées pour ce mouvement, et tout spécialement la gare de Vierzon, étaient
à ce moment même dans un état d'encombrement
lamentable. Rien n'était préparé pour le transport des
troupes; les envois de matériel, se croisant en tous sens,
obstruaient les lignes, et, aux principales stations, des
quantités de wagons chargés paralysaient tout trafic.
Le général de la Motte-Rouge ne put donc réunir à
Orléans la masse entière des forces sur laquelle il comptait; il y disposait toutefois, à la date du 10, de
25 bataillons trois quarts, de 24 escadrons (division
Reyau et brigade Michel), de 8 pièces de 4 et de
10 pièces de 8, soit environ 30,000 hommes, dont deux
bataillons de vieilles troupes (39° de ligne et régiment
étranger [1]). A ces forces il convient de rattacher les
6 bataillons laissés en forêt, aux ordres du général de
Morandy.

Jugeant, d'après l'issue du combat d'Artenay, qu'il
ne tarderait pas à être attaqué, le général de la Motte-
Rouge prit ses dispositions en conséquence et, dans la
matinée du 11, fit passer sur la rive gauche de la Loire
ses malades et ses blessés. Puis, estimant que la cavalerie ne pouvait être d'aucune utilité dans les terrains
coupés et le fouillis d'habitations qui bordent la ville
au nord, il l'envoya également se poster sur les quais
de la rive droite; cette cavalerie eût été incontestablement mieux placée le long de la Loire, à l'ouest de la

---

1. Ces forces se décomposaient comme suit :

6 bataillons et demi venus d'Artenay ;
3 — restés en réserve à Orléans ;
5 — et quart arrivés le 10 (27° de marche, 1 bataillon
du 34° de marche, 6° bataillon de chasseurs de
marche, 1 compagnie de zouaves pontificaux) ;
8 — arrivés dans la nuit (le reste du 34° de marche,
le 5° bataillon de chasseurs de marche, 1 bataillon du 39° de ligne et 1 bataillon du régiment
étranger).

ville, pour y surveiller les passages du fleuve[1]. De même, il envoya toute son artillerie de réserve (10 pièces de 8), avec la cavalerie, sur les quais; c'était là, il faut bien en convenir, une mesure inexplicable, étant donnée surtout notre infériorité sous le rapport du canon. Enfin, il disposa ses troupes sur les positions qu'elles devaient défendre, c'est-à-dire dans le secteur compris entre la ligne du chemin de fer de Paris et la Loire[2]. De ce secteur, la partie comprise entre la Tuilerie et les Ormes fut seule sérieusement occupée; elle est extrêmement coupée, plantée de vignes, couverte de maisons, de jardins et de clôtures et a un développement de 7 kilomètres environ[3]; l'autre partie, qui s'étend entre les Ormes et la Loire, ne reçut que quelques bataillons, sans artillerie, aux ordres du général Peytavin. Les troupes non postées formaient la réserve à la disposition du général en chef.

De son côté, le général von der Tann s'apprêtait à aborder les défenses d'Orléans. Il avait donné l'ordre à la 22e division de s'avancer par la route de Châteaudun, à la 4e brigade bavaroise de prendre le chemin de Gidy, à la 3e de marcher sur la grande route de Paris, ayant derrière elle la 1re division. La 4e division de cavalerie devait surveiller Châteaudun et tenir une de ses brigades prête à franchir la Loire à Meung; la 2e assurait le flanc gauche du côté de la forêt. Le général bavarois avait donc mis en première ligne les troupes qui, la veille, avaient été le moins fortement enga-

---

1. On sait que, pendant l'automne, la Loire est, à hauteur d'Orléans, guéable presque partout. L'ennemi pouvait donc être tenté de la passer (et il le fit, comme on va le voir), afin de nous prendre à revers. C'est à s'opposer à ce mouvement, très présumable, que notre cavalerie aurait pu être efficacement employée.
2. Il ne semblait pas y avoir de danger du côté de la forêt, défendue par 6 bataillons, et où l'ennemi n'avait pas intérêt à s'engager.
3. Dans ce secteur les troupes occupaient les positions suivantes.

Aux Ormes : le 34e de marche et une batterie (de 4) :
Entre Gouchot et la Chiperie : le 27e de marche ;
De Saran au petit bois Lougis : le 19e mobiles, avec 2 pièces à l'angle N.-O. du bois Saran;
A Montjoie : le 12e mobiles ;
Entre la Tuilerie et Cercottes : 1 bataillon du 29e de marche et 1 compagnie de zouaves pontificaux.

gées ; en outre, comme le terrain semblait s'opposer
aux grands déploiements d'artillerie, il avait frac-
tionné sa réserve d'artillerie entre ses trois divisions
(5 batteries à la 22ᵉ, 2 à chacune des autres) et la
4ᵉ division de cavalerie (2 batteries à cheval)[1].

Le 11, à la pointe du jour, la 22ᵉ division s'était
ébranlée, quittant ses cantonnements de Dambron. A
peine le régiment de cavalerie qui formait la pointe
d'avant-garde arrivait-il devant les Barres, vers neuf
heures et quart, qu'il se heurtait à deux escadrons
français patrouillant. Ceux-ci se replièrent, et la division prussienne, protégée par le feu de ses batteries
immédiatement ouvert, put s'avancer sur les Ormes,
délogeant successivement de leurs positions nos lignes
avancées, et occupant presque sans coup férir une
ligne de tranchées que nous avions établie auprès de
Bois-Girard. Mais là, elle se trouva arrêtée par le feu
des 6 pièces que nous avions aux Ormes ; s'abritant
aussitôt, elle se mit à tirailler, sans oser prononcer
plus nettement son offensive, et le général de Wittich
dut déployer 42 bouches à feu, dans les tranchées
abandonnées par nous, pour contrebattre l'unique
batterie dont disposaient ses adversaires. Les deux
partis continuèrent à se fusiller réciproquement, sans
qu'il fût possible à toute une division de 6,000 hommes[2],
de déloger des Ormes un régiment tout seul. Quatre
heures après, à une heure de l'après-midi, la situation
n'avait pas changé.

Pendant ce temps, les trois brigades bavaroises qui
suivaient la grande route de Paris avaient occupé Cercottes sans combat, et s'étaient engagées, couvertes à
gauche par deux bataillons de flanqueurs, dans le cou-
loir étroit formé dans la forêt par la route et le chemin
de fer. Comme on avait négligé de mettre une seule
pièce en batterie pour enfiler cette trouée absolument
droite, les Bavarois purent s'avancer aisément, refouler
d'abord les troupes avancées qui occupaient la lisière

---

1. *La Guerre franco-allemande*, 2ᵉ partie, page 229.
2. Du moins c'est l'effectif indiqué par la *Relation allemande*.

du bois entre la Tuilerie et Cercottes, puis ensuite les deux régiments de mobiles postés à Saran et Montjoie. C'est seulement en arrivant à l'entrée du faubourg des Aydes, longue chaussée de plus de trois kilomètres dont les maisons rejoignent celles d'Orléans, que leurs têtes de colonne commencèrent à éprouver de la résistance. Là, les troupes amenées par le général de la Motte-Rouge tinrent bon dans les habitations et paralysèrent tous les efforts de la 3ᵉ brigade, en dépit du feu violent ouvert sur elles par les pièces postées à l'ouest de la grande route, au pied d'un moulin à vent[1].

Mais la retraite des deux régiments de mobiles sur la grande route de Paris découvrait le flanc droit du 27ᵉ de marche, qui, à hauteur de Saran, avait affaire au gros de la 4ᵉ brigade bavaroise et, en face de Sary, était obligé de lutter contre un détachement de cette même brigade fort de trois bataillons et d'une batterie. Cette force venait d'être envoyée pour se mettre en communication avec la 22ᵉ division, dont on entendait la violente canonnade sans la voir progresser. Profitant des abris que leur procuraient les fourrés, les Bavarois s'y engouffrèrent, y firent passer de l'artillerie, et arrivés sur la lisière, criblèrent de feux nos soldats déployés en ligne à 4 ou 500 mètres de distance. Néanmoins, avec l'appui des deux pièces qui se tenaient à l'angle nord-ouest du bois de Saran, le 27ᵉ de marche opposa à la pression d'un ennemi très supérieur une résistance des plus énergiques, dessinant de fréquents retours offensifs, et infligeant de lourdes pertes à la batterie bavaroise qui avait débouché du bois[2]. Mais il ne put réussir à rejeter ses agresseurs dans les fourrés, et bientôt, très éprouvé lui-même, il fut obligé de reculer. Sa retraite

---

1. *La Guerre franco-allemande*, 2ᵉ partie, page 235. Il est infiniment regrettable que ces troupes, les meilleures dont disposait le général de la Motte-Rouge, n'aient pas été disposées dès le matin devant les débouchés des bois, et appuyées par les pièces excellentes que le commandant en chef avait cru devoir envoyer sur les quais. C'est toujours la même interprétation erronée du mot *réserve*, lequel, d'après les idées d'alors, s'appliquait à une troupe ou à un matériel qu'on n'engageait que lorsqu'il n'était plus temps.

2. *La Guerre franco-allemande*, 2ᵉ partie, page 233.

s'effectua avec lenteur, ordre et méthode, et vers quatre heures du soir, ayant malheureusement laissé beaucoup des siens à terre ou aux mains des Bavarois, il vint prendre position derrière le remblai du chemin de fer de Tours.

Alors, ce qui s'était produit pour lui se produisit également pour le 34° de marche, qui défendait les Ormes. Complètement en pointe, pressé par la 22° division tout entière, en butte au feu intense de son artillerie, il commença, vers une heure et demie, à se replier sur Villeneuve et Ingré. Là, il fut recueilli par le 6° bataillon de chasseurs de marche, qui défendait le terrain pied à pied sous l'énergique direction du général Peytavin. Mais la cavalerie allemande apparaissant déjà de ce côté, et débordant progressivement notre flanc gauche, en se rapprochant de la Loire, il fallut bien s'en aller. Nos troupes reculèrent jusqu'au petit Saint-Jean, où elles trouvèrent enfin le 33° de marche, de la réserve, envoyé trop tard, par le général de la Motte-Rouge, pour les soutenir. Ce régiment se déploya à leur gauche ; mais la résistance devenait très difficile en raison du déploiement concentrique de toutes les forces allemandes, qui combinaient maintenant leurs attaques, et pouvaient se prêter un mutuel appui. Tout ce que le terrain permettait d'utiliser en fait de batteries tirait sans relâche, et la cavalerie, bien qu'assez peu entreprenante, constituait cependant une menace pour notre flanc gauche[1]. Malgré tout, d'un bout à l'autre de la ligne, les Français se défendaient avec acharnement, et exécutaient des contre-attaques partielles assez souvent couronnées de succès. « Après une défense fort vive, dit la *Relation*

---

1. Cette cavalerie montrait si peu de hardiesse, qu'elle n'essayait même pas de se porter jusqu'à la Loire, comme elle en avait reçu l'ordre. La *Relation allemande* met cela sur le compte des difficultés de terrain. Il y a lieu de constater cependant que la note générale, du côté ennemi, était la prudence ; l'attitude de la 22° division, attendant toujours, avant de dessiner son offensive, que les autres troupes aient gagné assez de terrain, l'emploi de toute l'artillerie disponible, enfin la lenteur des attaques, montrent bien que nos ennemis voulaient économiser leur monde, et laisser à la lassitude le soin de désagréger des troupes dont ils connaissaient l'inexpérience et le défaut de cohésion.

allemande, la gare retranchée des Aubrays avait été évacuée par eux. Peu après, l'usine à gaz était emportée à son tour par sept compagnies de la 3e brigade bavaroise. Mais l'ennemi ne cessait de prononcer des retours offensifs contre l'usine à gaz, de sorte que les Bavarois qui y étaient postés se trouvaient dans une situation difficile et essuyaient des pertes sensibles [1]... Les munitions étant sur le point de manquer, le colonel du 12e bavarois, qui commandait là, met ses troupes en retraite vers la gare des Aubrays ; l'adversaire, encouragé par ce mouvement de recul, attaque de nouveau la gare à plusieurs reprises ; mais les Bavarois, faisant appel à tout ce qui leur restait d'énergie, poussent encore une fois jusque dans le voisinage d'Orléans et finissent par rester maîtres de l'usine à gaz et des vignes adjacentes [2]. » Un seul bataillon, de la légion étrangère, avait suffi pour tenir ainsi sept compagnies en échec.

Cependant le général de la Motte-Rouge, voyant, vers trois heures, que toutes nos positions allaient être forcées, avait donné l'ordre de la retraite. De son côté, von der Tann, inquiet de la pénurie des munitions [3] et irrité de l'acharnement des défenseurs, venait de prescrire à son aile droite de s'emparer d'Orléans, coûte que coûte, avant la nuit, et de faire entrer en ligne toutes les réserves. Il était près de cinq heures, et, à ce moment, les troupes françaises occupaient encore les talus de la voie ferrée, depuis la Batte-d'Or jusqu'à l'usine à gaz, avec quelques fractions avancées dans les maisons et jardins situés plus au nord. Tout à coup, sur notre flanc gauche, à l'extrémité de la ligne, apparaît un régiment prussien ; c'est le 32e, de la 22e division, auquel le chef d'état-major du corps bavarois vient d'indiquer lui-même un chemin débordant, et qui a pu ainsi dépasser la voie ferrée [4]. Notre gauche, prise presque à revers, est obligée de se replier sur le faubourg Saint-Jean et d'abandonner le chemin de fer, que les Alle-

1. Deux de leurs chefs de bataillons étaient tués.
2. *La Guerre franco-allemande*, 2e partie, page 236.
3. Les colonnes de munitions étaient encore très en deçà des bois.
4. *La Guerre franco-allemande*, 2e partie, page 238.

mands occupent en masse[1]. Alors le 1ᵉʳ régiment bavarois, jusqu'alors tenu en réserve, se lance sur le faubourg;
arrêté un instant devant la grille de l'octroi, il hésite
et semble reculer; mais, après un instant, il reprend sa
marche, franchit une des portes défoncée, et parvient
par des rues latérales sur la place du Martroi.

En même temps, le reste des forces ennemies pénétrait dans le faubourg Bannier, en dépit d'une défense
vigoureuse, opérée par des groupes de toutes les unités
mélangées et particulièrement par la légion étrangère.
La confusion était d'ailleurs aussi grande chez les vainqueurs, et c'est dans le plus grand désordre qu'ils arrivèrent, à sept heures du soir, au centre de la ville. Ce
désordre et l'obscurité empêchèrent le général von der
Tann de poursuivre nos colonnes, qui s'écoulèrent par
le pont de la Loire, pêle-mêle avec les habitants et des
troupeaux affolés. Il fit seulement occuper la ville par
la 1ʳᵉ brigade bavaroise et la 43ᵉ prussienne, qui eurent
beaucoup de peine à se reconstituer, et campèrent sur
les avenues, les rues et les places. Le reste demeura sur
les emplacements où l'on se trouvait, au dehors.

Les pertes subies par les Allemands pendant cette
journée atteignaient 900 hommes tués ou blessés. Les
nôtres ne dépassaient pas 700 hommes, mais nous
laissions aux mains de l'ennemi 1,800 prisonniers,
5,000 fusils, 10 locomotives et une soixantaine de
wagons[2].

La perte d'Orléans constituait pour l'armée de la
Loire un échec sérieux, et il faut bien convenir que
tout le possible n'avait pas été fait pour l'empêcher.
Orléans était pour nos forces du centre une véritable
tête de pont, placée dans des conditions naturelles particulièrement favorables à la défense. Couverte par une
vaste forêt, où l'ennemi hésitait à s'engager parce qu'il
y voyait un danger; séparée de cette forêt par une plaine
de cinq à six kilomètres, que des clôtures, maisons,
vergers, vignes et bouquets de bois en abondance ren-

---

1. Le 95ᵉ prussien et deux brigades bavaroises (3ᵉ et 4ᵉ).
2. *La Guerre franco-allemande*, 2ᵉ partie, page 239.

daient très difficilement praticable; protégée de près
par les deux voies ferrées de Tours et de Bourges qui
formaient au nord et à proximité un demi-cercle de
tranchées ou de remblais, véritables fortifications naturelles, la ville se prêtait admirablement à une défense
prolongée, que pouvait beaucoup faciliter l'existence
d'un large boulevard circulaire, sorte de chemin de
ronde, de nombreuses communications latérales et de
sept grandes routes y aboutissant. En organisant tous
ces points d'appui, en y disposant convenablement nos
forces, on pouvait, avec des troupes inexpérimentées
mais braves, et qui auraient d'autant mieux combattu
qu'elles se seraient trouvées à couvert, déjouer les efforts
de l'ennemi, et user lentement ses forces. La voie ferrée
de Bourges permettait le ravitaillement en munitions et
en hommes ; et l'artillerie bavaroise, si puissante qu'elle
fût, ne pouvait rien contre des objectifs aussi dissé-
minés. Enfin, nous avions assez de monde et assez de
cavalerie pour faire échouer les tentatives, forcément
timides en raison de l'impossibilité où était l'ennemi
de grossir ses effectifs, qui pouvaient être faites pour
tourner la position en franchissant la Loire à gué. Au
contraire, la disposition des troupes a été vicieuse, en
ce sens qu'elle ne constituait qu'un simple rideau, trop
faible et trop peu soutenu en profondeur. Les réserves
tactiques, maintenues trop loin, n'ont pu arriver en
temps utile apporter leur concours sur les points menacés ; la cavalerie et l'artillerie de réserve sont restées
sans emploi. Enfin le détachement de la forêt, aux ordres
du général de Morandy, ne servit absolument à rien. Il
y avait là six bataillons, qui, en l'absence de toute
menace de l'ennemi de ce côté, auraient dû être rappelés
devant Orléans. A vrai dire, le général de la Motte-Rouge
n'avait ni télégraphe, ni même d'état-major constitué
pour communiquer ses ordres, et le général de Morandy
ne se mit pas en relation avec lui. L'inaction de ces
forces n'en demeura pas moins fâcheuse.

Dans la soirée du 11 octobre, le général de la Motte-
Rouge rallia tant bien que mal ses troupes derrière le
Loiret, à Olivet, puis il se dirigea vers la Ferté-Saint-

Aubin, où il arriva à minuit. Là, il campa dans des terrains boueux, arides, entourés de pauvres villages épars, et passa les journées des 12, 13 et 14 à reconstituer ses bataillons découragés, fatigués et presque affamés. Pendant ce temps, les Allemands s'établissaient à leur aise à Orléans et aux environs, dans des cantonnements où ils ne manquaient de rien! Quant au général de Morandy, dont le détachement n'avait pas brûlé une amorce, il se replia sur Gien en deux colonnes, l'une (8e régiment de mobiles et un bataillon de la Savoie) par Bellegarde, l'autre (un bataillon du 29e de marche, un bataillon des mobiles du Loiret et un escadron) par Lorris.

CHAPITRE II

COULMIERS

I. — FORMATION D'UNE ARMÉE DE LA LOIRE. CHATEAUDUN ET VALLIÈRE.

Première impulsion donnée à la défense par l'arrivée de Gambetta. — Tandis que se déroulaient autour d'Orléans les événements dont il vient d'être question, la Délégation de Tours tenait des conseils orageux, qui témoignaient de graves divergences de vues entre ses membres. « L'amiral Fourichon, en sa qualité de marin, aimait la discipline, l'ordre et la régularité ; Crémieux et Glais-Bizoin avaient contracté, tout au contraire, en pérorant durant de longues années sur les bancs de l'opposition, des habitudes d'indiscipline et de critique. Bien au-dessus des forces régulières ils plaçaient la garde nationale, et ils ne comprenaient l'autorité militaire, même dans la crise que nous traversions, qu'humblement subordonnée au pouvoir civil. Cette disposition, qui aurait pu être atténuée par le sentiment de la responsabilité, était sans cesse surexcitée par les déclamations des chefs du parti républicain, accourus à Tours de tous les coins de la France, et dont plusieurs s'étaient fait nommer commissaires généraux pour un groupe de départements, avec la mission d'organiser la défense et pleins pouvoirs pour activer cette organisation [1]. » Tant que dura la communication avec Paris,

1. Général THOUMAS, *Paris, Tours, Bordeaux*, page 77.

et que le général Le Flô dirigea les affaires[1], cette situation n'amena que des complications sans gravité; mais, une fois le télégraphe coupé, la position de l'amiral devint intenable. Un incident vint brusquement la dénouer. Le général Mazure, qui commandait à Lyon, ayant été arrêté et emprisonné par la populace, dans une émeute que le commissaire civil, M. Challemel-Lacour, ne réprima pas, l'amiral refusa de prêter plus longtemps la main à un système qui subordonnait l'autorité des généraux à celle des préfets, et donna sa démission de délégué à la guerre. Il restait toutefois ministre de la marine et membre du gouvernement. Sa succession fut offerte au général Lefort, qui la refusa, et ce fut alors M. Crémieux qui se chargea de remplir l'intérim.

Fort heureusement, l'arrivée de Gambetta vint, le 9 octobre, mettre fin à une répartition aussi singulière des attributions. Son premier soin fut d'insister auprès de l'amiral Fourichon pour qu'il reprît ses fonctions primitives, mais inutilement. Comme le général Lefort, l'amiral se renferma dans une fin de non-recevoir absolue, et finalement ce fut Gambetta lui-même qui, au portefeuille de l'intérieur, dut joindre celui de la guerre. Certes, le jeune député n'était guère plus que Crémieux préparé, par ses études antérieures, au rôle redoutable qu'il assumait; il apportait du moins à ses nouvelles fonctions un enthousiasme profond, une ardeur communicative et généreuse, un patriotisme ardent. Il a pu commettre des fautes, qui lui ont été bien sévèrement reprochées; il n'en sera pas moins, « devant la postérité, comme il l'a déjà été devant ses contemporains, responsable des efforts faits par la France pour chasser de son sein les armées qui l'avaient envahie[2] ». Il restera l'auteur d'une page consolante et glorieuse de notre histoire, et son nom, inséparable de la courageuse résistance qui a sauvé l'honneur du pays, vivra dans un éternel souvenir comme la personnification même de la vitalité du peuple français.

1. Jusqu'au 25 septembre, la Délégation resta en relation avec le pouvoir central par une ligne télégraphique secrète.
2. Général THOUMAS, *loc. cit.*, page 98.

A côté de Gambetta se trouvait un homme qui, depuis, a joué en France un rôle politique considérable. Ingénieur des mines, chargé au 4 septembre de la préfecture de Montauban, où il ne réussit pas [1], M. de Freycinet était arrivé à Tours sans situation définie. Sa grande activité, ses remarquables facultés d'assimilation, des relations antérieures aussi, paraît-il [2], le désignèrent au choix de Gambetta, qui, trouvant trop lourd pour ses épaules le double fardeau dont elles étaient chargées, en imposa une partie à ce collaborateur improvisé, et le nomma, sous sa direction, délégué au ministère de la guerre. C'est lui, par suite, qui, en réalité, dirigea les opérations militaires, pas toujours avec bonheur, comme on le verra.

Telle se trouva donc, vers le milieu d'octobre 1870, la constitution du gouvernement de province. A cette date, deux corps d'armée étaient à peu près complètement créés; une division, formée à Besançon sous les ordres du général Cambriels, et des groupements épars de forces portaient l'effectif des troupes organisées à 120,000 hommes environ. Le général Lefort, obligé par le mauvais état de sa santé d'abandonner la Délégation, avait émis l'avis que ce chiffre était déjà suffisant pour sauver l'honneur. Mais un objectif ainsi limité n'était pas celui que Gambetta entrevoyait dans ses généreuses espérances; pour lui, il s'agissait d'armer le pays tout entier, et de refouler les armées ennemies hors du territoire français; tâche formidable, que les circonstances devaient rendre impossible, mais qui n'était au-dessus ni de son activité ni de son ardeur. Il se trouvait à Tours depuis quatre jours à peine, et déjà les premiers décrets étaient lancés, qui devaient, à son sens, donner à la résistance toute son opiniâtreté, et à l'organisation militaire son développement maximum.

Le 13 octobre parut un décret qui suspendait les lois ordinaires de l'avancement pendant la durée de la

---

1. Général THOUMAS, *loc. cit.*, page 100.
2. *Ibid.*, page 99.

guerre : toutefois, les grades accordés n'étaient valables
après la paix que s'ils avaient été « justifiés par quelque
action d'éclat ou service extraordinaire dûment constaté
par le gouvernement de la République ». C'était là une
mesure qui s'imposait, si l'on voulait se procurer des
cadres en nombre suffisant. Elle a pu entraîner des
conséquences fâcheuses ; mais ce serait commettre une
injustice que d'en rendre responsables ceux qui l'ont
adoptée sous la pression du besoin. Le 14, nouveau
décret, créant une *armée auxiliaire*, c'est-à-dire autorisant la collation des grades militaires, à titre tempo-
raire et spécial, à toutes personnes paraissant en état
de les exercer. Ce procédé, dont la première application,
faite pendant la guerre de Sécession, avait permis au
gouvernement américain fédéral de sortir victorieux de
sa lutte avec les provinces du Sud, ne donna pas en
France d'aussi brillants résultats. Il procura beaucoup
d'officiers, dont quelques-uns ont rendu des services
réels ; mais il amena aussi la présence dans nos rangs
de pas mal d'aventuriers qu'il eût été plus avantageux
à tous égards de ne point distraire de leur existence
vagabonde. M. de Freycinet lui-même n'en disconvient
pas : « Je n'affirmerai pas, dit-il, que, sur le nombre,
il n'y ait pas eu des choix reprochables. Mais on s'en
étonnera peu, si l'on songe à la célérité extrême avec
laquelle il a fallu les faire. En quelques semaines, nous
avons réuni plusieurs milliers d'officiers ; était-il possible de scruter les antécédents de chacun ? Un titre
antérieur, *le patronage d'une personne connue*, des cer-
tificats *dont nous n'avions pas toujours le moyen de
vérifier l'authenticité*, déterminaient notre acceptation.
L'ennemi était à nos portes ; souvent nos soldats
n'attendaient qu'un chef pour partir, *une enquête, en
ce cas, n'était guère de mise*. Nous nous attachions
surtout, je l'avoue, aux qualités militaires, laissant un
peu au second plan les autres conditions qui ont leur
légitime part dans les temps calmes, *mais qui s'effacent
sur les champs de bataille*[1]. » Malheureusement, ces

---

1. Ch. de Freycinet, *La Guerre en province*, page 53.

qualités militaires elles-mêmes étaient souvent douteuses. Existeraient-elles, d'ailleurs, qu'elles ne suffiraient pas à donner à l'homme revêtu d'un grade élevé l'ascendant moral nécessaire pour imposer aux autres le sacrifice déterminé de leur vie. En tout cas, le procédé, utilisable peut-être pour le recrutement des grades très subalternes, ne saurait sans inconvénients graves, servir à créer des officiers supérieurs ; l'expérience de la dernière guerre l'a surabondamment démontré.

Un troisième décret, paru à cette même date du 14 octobre, organisait la défense locale dans les départements. Ce décret avait pour but à la fois d'utiliser les ressources défensives de chaque région, et de soustraire à l'ennemi, à mesure qu'il progressait, les approvisionnements dont il aurait pu s'emparer. « Il était question de créer autour de l'armée allemande une sorte d'investissement comparable dans ses effets à celui qu'elle-même avait créé autour de Paris [1]. » A cet effet, tout département dont la frontière se trouvait, par quelque point, à moins de 100 kilomètres de l'ennemi, était, *ipso facto*, déclaré en *état de guerre*. Un comité, composé de cinq à neuf membres, et présidé par le général commandant le département [2], avait mission d'organiser la défense, de tout disposer pour disputer le passage à l'ennemi, de réquisitionner personnel et matériel, enfin de faire disparaître les approvisionnements de toutes sortes [3]. Ce système, centralisé au ministère par un commandant du génie, avait son bon et son mauvais côté. Dans certains cas, il entravait assez efficacement les progrès de l'adversaire, arrêtait ses patrouilles de découverte et jetait l'inquiétude dans ses

---

1. CH. DE FREYCINET, *loc. cit.*, page 59.
2. On sait que le territoire de la France était partagé, avant 1870, en un certain nombre de *divisions militaires*, comprenant plusieurs départements dont chacun formait une *subdivision*. Dès le début de la guerre en province, on réunit les divisions militaires en quatre groupes de grands commandements régionaux, ayant respectivement leurs chefs-lieux à Lille (général Bourbaki), au Mans (général d'Aurelle de Paladines), à Bourges (général de Polhès), et à Besançon (général Cambriels). C'est dans ces quatre chefs-lieux que se centralisaient les efforts de la défense nationale.
3. CH. DE FREYCINET, *loc. cit.*, pages 59 et 60.

avant-gardes ; mais il avait l'inconvénient de produire
une dispersion d'efforts qui diminuait de beaucoup la
portée des résultats, et une dissémination de forces qui
rendait impossible la réalisation de tout plan se ratta-
chant à l'ensemble des opérations. Un certain nombre
de bataillons de mobiles, avec la garde nationale sédentaire, étaient mis à la disposition des commandants
régionaux ; les corps de francs-tireurs agissaient tantôt
avec une pleine indépendance, tantôt étaient placés
sous les ordres de l'autorité militaire. Au demeurant,
il y avait là, comme on le verra par le récit même des
faits, plus de confusion que de profit.

Enfin, le 2 novembre, fut promulgué un décret qui
appelait sous les drapeaux tous les célibataires valides
jusqu'à l'âge de quarante ans. C'était le ministre de
l'intérieur qui avait mission de procéder à l'organisation de ces nouvelles levées, de leur fournir leur habillement, leur équipement et leur armement, et même,
par une étrange anomalie, de pourvoir à la formation
de leurs cadres et au développement de leur instruction.
Comme on aurait dû s'y attendre, le ministre de l'intérieur fut impuissant à suffire à une tâche si nouvelle
pour lui ; les *mobilisés* (c'est ainsi qu'étaient dénom-
més ces derniers contingents) furent aussi mal habillés
que mal armés et surtout mal instruits. On les répandit
dans des camps dits d'instruction, commandés par des
généraux auxiliaires ; ils y végétèrent misérablement
dans la boue et sous la neige ; mais on ne réussit pas
à faire d'eux des soldats [1].

En même temps qu'elle prenait ces mesures plus ou
moins fécondes, la Délégation s'occupait activement de
compléter l'organisation des forces existant déjà. A la
fin d'octobre, le 15e corps, reconstitué, comptait
60,000 hommes et 128 bouches à feu ; le 16e corps,
35,000 hommes avec 120 canons. Dans le courant de
novembre, on organisa les 17e, 18e et 20e corps, et on

---

1. Ces camps, dont certains ne furent qu'ébauchés, étaient situés
à Saint-Omer, Cherbourg, La Rochelle, les Alpines, Nevers, Bordeaux, Clermont-Ferrand, Toulouse, Montpellier, Sathonay et Conlie
(Sarthe).

s'occupa de former les 21ᵉ et 22ᵉ, celui-ci dans le Nord.
Disons tout de suite que ces deux corps furent prêts à
marcher en décembre, ainsi que le 23ᵉ ; que , vers le
1ᵉʳ janvier, on put mettre sur pied les 24ᵉ et 25ᵉ et
qu'enfin, dans le courant de ce dernier mois, on constitua encore les 19ᵉ et 26ᵉ corps[1].

Dispositions prises par le général von der Tann. —
Cependant Orléans était toujours occupé par l'ennemi.
Dès le lendemain du combat livré autour de la ville, le
général von der Tann avait fait entrer toutes ses troupes
dans la cité de Jeanne d'Arc, et jeté vers le sud la
2ᵉ division de cavalerie et la brigade de cuirassiers
bavarois qui ne rencontrèrent que quelques groupes
isolés. Le Prince royal aurait voulu qu'il complétât
son succès en poussant jusqu'à Bourges, pour y détruire nos arsenaux et, en allant ensuite à Tours, porter le désordre dans la Délégation. Mais von der Tann,
informé de la situation, et sachant que le 15ᵉ corps se
réorganisait devant Bourges, tandis que le 16ᵉ était
entièrement formé vers Blois, ne se souciait guère de
compromettre les résultats acquis, en allant se heurter
à des forces peut-être supérieures. Il demanda à ne pas
tenter l'expérience, et fut agréé. Le Prince royal lui
donna pour mission, jusqu'à nouvel ordre, de mainte-
tenir ses positions sur la Loire[2]. Mais, « comme ce
but paraissait pouvoir être atteint avec des forces relativement moindres[3] », on diminua son détachement de
la 22ᵉ division et de la 4ᵉ division de cavalerie, qui
durent rallier la IIIᵉ armée, « après avoir préalablement
dispersé les bandes de francs-tireurs signalées aux
abords de Châteaudun et de Chartres, lesquelles ne

1. Chaque corps d'armée était à 3 divisions, avec une réserve d'artillerie ; certains avaient une division de cavalerie. Il n'est pas possible, dans un ouvrage comme celui-ci, de relater tous les détails
d'organisation et tous les procédés employés pour constituer ces
forces. Une pareille étude ne saurait avoir qu'un intérêt rétrospectif,
puisqu'il est, Dieu merci, très présumable que la France ne se trouvera plus jamais dans une situation semblable. Elle a d'ailleurs été
faite, très complètement, par M. de Freycinet, dans son ouvrage *La
Guerre en province*, auquel nous ne pouvons que renvoyer le lecteur.
2. *La Guerre franco-allemande*, 2ᵉ partie, page 240.
3. *Ibid.*

cessaient d'inquiéter les derrières de l'armée d'investissement de Paris et avaient déjà infligé des pertes réitérées à la cavalerie allemande notamment[1] ».

Le départ de ces troupes eut lieu le 17 octobre. Aussitôt, le général von der Tann prit des dispositions pour assurer sa sécurité et se procurer autour d'Orléans une zone de mànœuvre qui lui permît de choisir son champ de bataille, le cas échéant. La cavalerie formait, à une distance suffisante de la ville, un vaste cordon demi-circulaire qui, partant de Coulmiers au nord, passait par Baccon, Saint-Ail, et suivait la ligne du Loiret jusqu'à Olivet[2]; les ponts de la Loire et du Loiret étaient minés, les gués rendus impraticables, les bateaux repliés tous sur la rive droite. Puis, comme d'après les derniers renseignements reçus, le danger paraissait venir principalement de la direction de Blois, le commandant bavarois jugea prudent, dès le 20, d'étendre jusqu'à Saint-Péravy sa ligne de cavalerie, en envoyant vers ce point la brigade de cuirassiers. Des bataillons disposés aux points importants du terrain et aux débouchés des routes (Coulmiers, La Renardière, château de Préfort) servaient de soutien à ces avant-postes; la 4ᵉ brigade bavaroise avec 4 batteries, alla se concentrer entre Saint-Péravy, Coulmiers et Ormes, en réserve. Pendant ce temps, la 3ᵉ brigade occupait les faubourgs et les villages de la banlieue ouest d'Orléans. Quant à la 1ʳᵉ division bavaroise, elle avait sa 1ʳᵉ brigade dans la ville, la 2ᵉ dans l'espace compris entre la Loire et le Loiret, et détachait du côté de la forêt, où l'on n'avait pas beaucoup à craindre, des avant-postes mixtes pour barrer les grandes avenues la traversant à Pont-aux-Moines et à Loury.

De pareilles dispositions étaient, il faut en convenir très judicieuses; elles empêchaient l'ennemi de se concentrer à l'abri des bois de Montpipeau, d'où il aurait pu gagner Orléans avec rapidité; elles protégeaient le

1. *La Guerre franco-allemande*, page 241.
2. La 2ᵉ division de cavalerie était à 3 brigades. Deux d'entre elles (les 3ᵉ et 5ᵉ) occupèrent le terrain entre Coulmiers et Saint-Ail; l'autre (la 4ᵉ) se posta sur les rives du Loiret.

cantonnement des troupes, et donnaient aux forces bavaroises la liberté de se mouvoir dans une zone relativement étendue. C'est en partie grâce à elles que l'échec de Coulmiers ne dégénéra pas en désastre. « Ainsi protégé de près, couvert au loin, éclairé par sa cavalerie, le général attendait les événements[1]. » Quant à la prudence dont il faisait preuve en refusant de s'engager plus avant, elle s'explique parfaitement par la résistance que les Bavarois venaient d'éprouver devant Orléans. Le grand état-major, croyant toujours n'avoir affaire qu'à des francs-tireurs ou à des bandes incohérentes, pouvait très bien escompter un succès, qui, en lui donnant Vierzon et Bourges, aurait, suivant l'expression d'un général allemand, « tranché le nœud vital de la défense ». Le général von der Tann était, lui, trop bien placé pour partager les mêmes illusions.

Constitution de la 1ʳᵉ armée de la Loire. — Pendant ce temps, les troupes françaises refoulées d'Orléans avaient atteint la Ferté-Saint-Aubin. Le 12, leur arrivait un nouveau chef, le général d'Aurelle de Paladines, nommé par Gambetta au commandement du 15ᵉ corps, en remplacement du général de la Motte-Rouge, relevé de ses fonctions[2]. Puis, le lendemain même de son arrivée, le général d'Aurelle reçut une nouvelle lettre de service, qui mettait sous ses ordres les 15ᵉ et 16ᵉ corps, et lui donnait les pouvoirs les plus étendus, tant sur les commandants régionaux que sur les préfets. C'était lui faire la part belle ; par suite de scrupules honorables sans doute, mais qui provenaient d'une crainte exagérée de sa responsabilité, le général refusa la situation qui lui était offerte, et ne

---

1. Colonel MAILLARD, *Éléments de la guerre*, 1ʳᵉ partie, page 196. — « Une route d'étapes, dit la *Relation allemande* (page 241), tracée par Étampes, Longjumeau et Corbeil, reliait les troupes allemandes sur la Loire aux corps d'investissement sur Paris. En outre, l'*abtheilung* bavaroise des chemins de fer de campagne travaillait à rétablir la section de voie ferrée comprise entre Villeneuve-Saint-Georges et Orléans. »

2. Le général d'Aurelle, au cadre de réserve depuis 1869, était depuis le 23 septembre commandant supérieur de la région de l'Ouest, au Mans. Il a été membre de l'Assemblée nationale, et est mort en 1878.

voulut prendre que le commandement des deux corps. Il ne jugea même pas possible de se rendre à l'invitation du gouvernement, qui lui demandait d'agir avec promptitude et énergie « pour arrêter et même refouler l'ennemi sur les deux routes de Tours à Orléans et de Tours à Châteaudun ». A son sens, il fallait d'abord établir dans les troupes la cohésion et la discipline, leur donner l'instruction pratique qui leur manquait et raffermir leur moral tant par l'exaltation des sentiments nobles que par une exemplaire sévérité. Il estimait, au surplus, que la Ferté-Saint-Aubin était trop près d'Orléans : afin d'éviter de continuelles escarmouches qui ne lui permettaient pas de s'occuper de l'organisation [1], il fit tout d'abord, le 15, reculer ses forces jusqu'à la Motte-Beuvron. De là il les conduisit, le 17, à Salbris, où furent établis les bivouacs.

La position de Salbris, couverte par la ligne de la Sauldre, était bien choisie pour un séjour prolongé, en ce sens qu'elle couvrait à la fois Vierzon et Bourges, et qu'elle offrait des points d'appui défensifs avantageux ; mais son choix indiquait une renonciation complète et pour un temps indéterminé, à toute idée d'activité. Les troupes s'y installèrent de la façon suivante : La 1re division (Martin des Pallières) [2], avec la brigade de cavalerie d'Astugue, fut établie à Argent, couvrant la droite ; la 2e (Martineau des Chenez), à Pierrefitte ; la brigade Michel entre les deux, à Sainte-Montaine. Enfin la 3e division (Peytavin), la division de cavalerie Reyau, les réserves d'artillerie et de génie, les parcs et les services administratifs campèrent à Salbris, sur la rive gauche de la rivière [3].

Aussitôt ses soldats installés, le général d'Aurelle se mit en devoir de les visiter fréquemment, et de s'assurer par lui-même que tout était fait pour assurer le plus largement possible leur bien-être, mais aussi pour les

1. Général d'AURELLE, *La 1re armée de la Loire*, Paris, Plon, 1886, page 11.
2. La division Martin des Pallières était extrêmement forte et comptait plus de 20,000 hommes.
3. Général d'AURELLE, *loc. cit.*, page 13.

assujettir à une discipline rigoureuse et à une obéissance parfaite. Il les haranguait lui-même, et cherchait à réveiller en eux le sentiment de l'abnégation, du devoir et du courage. Inflexible dans la répression, il fit impitoyablement exécuter le décret du 2 octobre, instituant des *cours martiales*, qui jugeaient sans recours d'aucune espèce, sans plaidoiries, et rendaient des arrêts exécutoires dans les vingt-quatre heures. Cette terrible jurisprudence, appliquée à propos dans quelques cas d'insubordination ou de maraudage, exerça une influence salutaire, et contribua puissamment à assurer l'ordre, l'autorité des chefs et le respect qui leur était dû [1]. En peu de temps, par sa fermeté, sa vigueur et son énergique activité, le général en chef réussit à modifier complètement la physionomie du 15⁵ corps [2], et M. de Freycinet en fut lui-même vivement frappé. « A mesure, dit-il, qu'ils prenaient place au camp, les détachements entraient dans une atmosphère nouvelle dont ils subissaient la salutaire influence [3]. » C'était là, déjà, un résultat fort appréciable au point de vue moral. Quant à la sécurité du camp, elle était assurée par l'organisation défensive de certains emplacements choisis, que tous les officiers et chefs d'unité avaient été reconnaître pour les occuper au premier signal.

De son côté, le 16⁶ corps achevait de se constituer, et, au fur et à mesure que ses unités étaient prêtes, on les acheminait en avant de Blois et de Vendôme. Sous la protection d'une ligne de francs-tireurs et de gardes mobiles, établie de Cloyes (sur le Loir) à Mer (sur la Loire), et bordant d'abord les rives du Loir et la lisière occidentale de la forêt de Marchenoir, le général Pourcet, nommé le 17 octobre au commandement du 16⁶ corps, concentrait ses forces. Mais le dénûment de celles-ci, sous bien des rapports, passait encore toute idée; l'habillement, l'équipement étaient

---

1. Le nombre des exécutions capitales ne dépassa pas cependant le chiffre de 20 dans toute la campagne.
2. PIERRE LEHAUTCOURT, *Campagne de la Loire*, Paris, Berger-Levrault, 1893, page 71.
3. CH. DE FREYCINET, *loc. cit.*, page 72.

dans un état de délabrement lamentable, et les munitions faisaient presque entièrement défaut [1]. En outre,
cette formation effectuée à courte distance de l'ennemi,
et se compliquant de l'obligation de faire face à la fois au
nord et à l'est [2], avait amené une dispersion dangereuse
d'éléments manquant déjà par eux-mêmes de consistance. A la date du 23 octobre, ces éléments occupaient
une étendue de plus de trente kilomètres, entre Vendôme et la Loire [3]; sur les pressantes instances du
général Pourcet, on les renforça d'une brigade du
15e corps, qui fut envoyée de Salbris à Blois par Romorantin [4]. Par suite, le commandant du 16e corps put
disposer d'environ 43,000 hommes d'infanterie, qui
étaient appuyés par 2,800 chevaux et 96 pièces, mais
auxquels manquaient havresacs, habillement, équipement, campement, services administratifs, parc d'artillerie [5], et aussi, pour beaucoup, instruction et discipline. Le général Pourcet s'efforça d'employer les mêmes
procédés que son chef; mais déjà les événements
allaient obliger le 16e corps à entrer en action, avant
qu'il eût pu tirer tout le profit possible de l'école sévère à laquelle il était soumis, pour le plus grand intérêt de la patrie [6].

1. Général Pourcet, *Campagne sur la Loire*, Paris, librairie du
Moniteur Universel, 1874, page 14.
2. A l'est, à cause de la présence des Bavarois à Orléans; au nord,
par suite de l'arrivée à Châteaudun, le 18 octobre, de la 22e division.
3. Les troupes du 16e corps étaient, à la date du 23 octobre, réparties de la façon suivante ; le général Barry, à Vendôme, avec
16,000 fantassins, 5 escadrons, 28 canons, une compagnie du génie;
le général Deplanque, à Oncques, avec 8,000 fantassins, 3 escadrons,
6 canons et 400 francs-tireurs, couvrant le pays entre le Loir et la
forêt de Marchenoir; le général Tripart, à Mer, avec 4,000 fantassins,
une compagnie de francs-tireurs jetée sur la rive gauche de la Loire,
10 escadrons et 14 canons. Le reste du corps d'armée était à Blois.
(*Lettre du général Pourcet au ministre de la guerre*, datée de Blois,
le 23 octobre.)
4. Cette brigade, commandée par le général Peytavin (qui commandait en même temps la 1re division du 15e corps), parcourut
72 kilomètres en 40 heures, sous une pluie battante. Beaucoup
d'hommes, du 31e mobiles principalement, furent blessés aux épaules
par les ficelles retenant les musettes qui remplaçaient pour eux les
havresacs.
5. *Lettre du général Pourcet*, citée ci-dessus.
6. Voir à l'appendice la pièce n° 1 : *Ordre de bataille de la 1re armée
de la Loire*.

Châteaudun. — Revenons maintenant à la 22e division prussienne, que nous avons laissée au moment où, le 17 octobre, elle quittait Orléans pour rejoindre la IIIe armée. Le général de Wittich, qui la commandait, s'était, suivant ses instructions, mis en marche dans la direction de Châteaudun, éclairé par la 4e division de cavalerie. Il arriva devant cette dernière ville, le 18, un peu avant midi.

Depuis le 29 septembre, Châteaudun était occupé par un bataillon de francs-tireurs, commandé par un officier du nom de Lipowski, homme énergique et résolu, qui avait su discipliner ses 700 hommes, et faire d'eux une troupe digne de ce titre[1]. Avec lui se trouvaient 115 francs-tireurs de Nantes (capitaine Legalle), 50 francs-tireurs de Cannes, et 335 gardes nationaux de Châteaudun (commandant de Testanières); en tout 1,200 hommes au maximum, sans artillerie[2]. Les forces allemandes se montaient à une division d'infanterie (6,088 hommes environ), une division de cavalerie (2,000 chevaux) et 36 pièces[3]. On avait aménagé dans Châteaudun quelques barricades, et crénelé une ou deux maisons isolées; mais à cela se bornait l'organisation défensive de la localité.

Au moment où, vers onze heures un quart du matin, le régiment de hussards qui formait la pointe d'avant-garde apparaissait sur la route d'Orléans[4], en vue de la gare de Châteaudun, il fut accueilli par une vive fu-

1. Formé à Paris, avant la bataille de Sedan, ce bataillon avait quitté la capitale dans la soirée du 4 septembre, et après des débuts assez fâcheux au point de vue de la discipline, avait fini par se choisir pour chef, à Tours, le capitaine de Lipowski, ancien officier de chasseurs à pied, lequel ne tarda pas à lui donner les qualités qui lui manquaient. On peut le citer comme le modèle des corps francs. C'est lui qui surprit à Ablis, le 8 octobre, l'escadron de hussards prussiens. Depuis, il donna maintes preuves de sa valeur, et le général d'Aurelle a pu dire que, « sous un chef intelligent et d'une bravoure incontestée, il avait rendu de réels services. »

2. Un bataillon de mobiles du Gard, qui occupait Châteaudun l'avait quitté le matin même, sur un ordre venu de Tours.

3. Quatre batteries divisionnaires, une batterie à cheval et une batterie bavaroise.

4. Venant de Tournoisis, où les troupes allemandes avaient passé la nuit. — Ce régiment de hussards (n° 13) était le régiment divisionnaire de la 22e division.

sillade partie d'une ferme en bordure de la route. Aussitôt une batterie à cheval vint canonner cette ferme et la voie ferrée, « mais sans parvenir à déloger l'adversaire de ses positions[1] ». Le général de Wittich fit alors avancer quatre batteries montées, une au nord de la route d'Orgères, les trois autres au sud de la route d'Orléans, et déploya son infanterie de façon à attaquer la ville par le nord et par le sud. Cependant, au son du tocsin, tous les défenseurs de Châteaudun avaient couru à leur poste ; ils ne purent empêcher l'ennemi de s'emparer des avancées, que les obus incendiaient, mais ils l'arrêtèrent net devant les barricades qui interceptaient les entrées de la ville. En vain, le général de Wittich met-il en action une sixième batterie ; la lutte se prolonge pendant des heures sans qu'il soit possible aux Prussiens de faire le moindre progrès. Ceux-ci canonnent longuement les positions de la défense[2] ; enfin, à la nuit tombante, ils parviennent, en déployant presque toute leur infanterie[3], à pénétrer dans la ville par trois côtés à la fois. « Les barricades construites dans le périmètre extérieur sont emportées ; mais les Français n'en continuent pas moins une résistance désespérée dans l'intérieur de la ville, *que l'assaillant se voit réduit à conquérir maison par maison*, et la lutte se prolonge ainsi jusqu'à une heure fort avancée de la nuit, *déterminant sur son passage des incendies qui consumaient une grande partie des maisons[4]*. » Le commandant de Lipowski, avec 300 hommes environ, s'était replié vers sept heures dans la direction de Brou ; mais les autres défenseurs tenaient toujours ; ce n'est qu'à neuf heures du soir que l'ennemi put arriver sur la place Royale, étant définitivement maître de toute la partie de la ville comprise entre la gare et ce point. Les pertes, de part et d'autre, étaient d'une centaine d'hommes ; mais nous

---

1. *La Guerre franco-allemande*, 2ᵉ partie, page 242.
2. *Ibid.*, page 243.
3. Il ne restait que six compagnies en réserve.
4. *La Guerre franco-allemande*, 2ᵉ partie, page 243. — On verra plus loin ce qu'il y a de vrai dans cette première assertion.

laissions aux mains des Allemands 150 prisonniers environ.

Ainsi cette ville ouverte, défendue par une poignée de braves gens, venait, pendant toute une journée, de tenir en échec une division complète[1]. C'est là, à coup sûr, un des plus glorieux épisodes de la guerre, et la France entière s'est associée à l'hommage rendu à la noble cité dunoise par le décret du 25 octobre 1870, déclarant *qu'elle avait bien mérité de la patrie*[2]. Quant à la colère des Allemands, exaspérés par l'inutilité de leurs procédés d'intimidation habituels[3], elle ne connut plus de bornes, et se traduisit en des atrocités sans nom, que leurs auteurs n'ont pas même eu le courage d'avouer[4]. 197 maisons, sur les 235 qui furent détruites, ont été incendiées par eux *à la main*, et la fin de la lutte n'éteignit pas les torches incendiaires qu'ils promenaient partout. Par plaisir, après souper, ils brûlaient l'hôtel du Grand-Monarque, où ils venaient de prendre leur repas, et, le lendemain encore, ils mettaient le feu à une auberge, sans qu'on ait jamais su pourquoi. C'était le pendant de Bazeilles et d'Ablis !

Pour excuser une pareille barbarie, les Allemands ont prétendu que les lois de la guerre autorisent à traiter avec la dernière rigueur les combattants dont la qualité de belligérant n'est pas reconnue, et que, cette qualité, ils se refusaient à l'accorder aux francs-tireurs et aux gardes nationaux. Les Allemands ont l'argutie facile ou la mémoire bien courte. Avaient-ils donc oublié, en 1870, l'ordre du cabinet du 17 mars 1813, dans lequel le père de leur souverain, le roi Frédéric-Guillaume III, recommandait aux hommes de la levée en masse (*landsturm*) de ne pas revêtir d'uniforme, et

1. Il n'y a pas à tenir compte de la 4ᵉ division de cavalerie, dont la batterie à cheval fut seule engagée. La 8ᵉ brigade observait les flancs, vers Cloyes ; le reste ne fut pas employé.
2. Par décret du 3 septembre 1877, la ville de Châteaudun a été autorisée à faire figurer dans ses armes la croix de la Légion d'honneur.
3. L'artillerie allemande a lancé sur Châteaudun 2,179 projectiles.
4. La *Relation allemande* se borne à dire ceci : « Une forte amende était imposée aux habitants, en raison de leur participation au combat. » (Page 243.)

de *courir sus* aux Français, partout où ils les rencontreraient? Ces principes de défense à outrance que le gouvernement prussien avait proclamés le premier, nos partisans ne faisaient, en prenant les armes, pas autre chose que les appliquer, et encore avec des tempéraments. Les Allemands étaient donc mal venus de se plaindre d'une résistance dont ils avaient eux-mêmes donné l'exemple, et ils commettaient, en tout cas, un acte indigne de gens civilisés, en la châtiant par une répression aussi sauvage. Le droit strict d'une nation envahie est de combattre l'envahisseur par tous les moyens en son pouvoir, pourvu seulement que ces moyens ne soient pas condamnés par les lois de la guerre admises entre les peuples civilisés ; or, ces lois, nos francs-tireurs ne les ont point violées. Au surplus, ainsi que l'a écrit le maréchal Gouvion-Saint-Cyr, « l'idée de résister à une invasion puissante au moyen de l'armée permanente seule, sans y faire participer la population, serait pour un pays comme le nôtre une faute grave et un manque de confiance envers la nation. »

La vérité est que les Allemands se préoccupaient beaucoup de cette résistance inexorable, de cette lutte pied à pied qu'il leur fallait soutenir contre des populations exaspérées, dont le patriotisme s'exaltait en proportion des rigueurs d'un ennemi impitoyable. Ils constataient avec dépit que si, aux environs de Paris principalement, quelques habitants, par lâcheté, peur ou âpreté au gain, leur donnaient toute facilité pour se procurer ce dont ils avaient besoin, dans la plupart des circonstances, au contraire, les mesures les plus sévères, les promesses les plus alléchantes ne parvenaient pas à vaincre la généreuse inertie des populations, et à obtenir d'elles le concours sans lequel des services d'intérêt général ne pouvaient plus fonctionner. Partout, les gardes nationaux, les francs-tireurs, les habitants eux-mêmes harcelaient leurs escadrons de découverte, fusillaient leurs troupes de réquisition, et ils avaient fini par tuer toute hardiesse chez leurs cavaliers. Le 14, en arrivant devant Varize, les avant-gardes

du général de Wittich avaient été refoulées par les
gardes nationaux de Varize et de Civry, et il avait fallu,
pour pouvoir pousser plus avant, s'emparer des deux
villages, qui furent d'ailleurs incendiés, après des
scènes de massacre révoltantes. Les lignes d'étapes de
l'armée d'investissement de Paris étaient constamment
harcelées par des groupes francs, qu'il fallait pour-
chasser, bien que, par suite de la dispersion de leurs
efforts, ils n'obtinssent que des résultats locaux et de
peu d'importance. Du côté de Nogent et de Montereau
principalement, leurs perpétuelles escarmouches étaient
devenues inquiétantes, et les troupes d'étapes ne pouvant suffire à les refouler, le Prince royal avait dû
envoyer contre eux une colonne volante forte d'un
bataillon, d'un demi-escadron et de deux pièces [1]. De
même dans l'est, dans le nord, dans l'ouest, la défense
locale se manifestait par de petites actions quoti-
diennes, qu'on trouvera à leur place dans la suite de
ce récit, et qui montrent ce qu'on aurait pu faire,
avec une organisation plus complète et mieux cen-
tralisée.

Aussi est-ce avec une colère non dissimulée que,
dans un des numéros de son *Journal officiel* (novembre 1870), l'état-major allemand insérait les lignes
suivantes, tout à l'honneur du peuple français : « A
toutes les distances et de toutes les maisons dans la
campagne, nos cavaliers sont assaillis de coups de
feu ; à leur approche, le laboureur isolé jette sa bêche,
empoigne son fusil à terre à côté de lui, et fait feu.
Chaque maison devient une petite forteresse, chaque
homme en blouse, un franc-tireur. » Et il ajoutait :
« Ce n'est que par une sévérité draconienne qu'il est
possible de mettre fin à cette manière *traîtresse et*

---

1. Cette colonne empruntée à la division wurtembergeoise, partit
de Pontault, le 21 octobre dans l'après-midi, arriva à Nangis, le 22,
à Marolles, où elle passa la Seine, le 23, pénétra dans Montereau,
puis se dirigea par Brays sur Nogent. Le 25, elle dispersait en ce
point les francs-tireurs et quelques mobiles de la subdivision de
Troyes, qui lui infligèrent une perte de 50 hommes (dont le lieutenant-
colonel qui la commandait, blessé). Le 27, elle rentrait à Pontault,
ayant parcouru plus de 200 kilomètres en 6 jours.

infâme de faire la guerre et de donner satisfaction à nos troupes. »

Sévérité draconienne, soit. Mais qualifier de traître et d'infâme l'homme qui défend le sol de ses ancêtres, sa chaumière, sa famille et son foyer, c'est abuser étrangement de la licence permise au vainqueur, ou se méprendre absolument sur les droits que confère aux nations le souci légitime de leur indépendance et de leur liberté !

Prise de Chartres. — Le lendemain de la prise de Châteaudun, le général de Wittich jeta vers Chartres une avant-garde, qui s'assura des ponts du Loir, à Marboué et à Bonneval. La cavalerie surveillait les routes au nord, à l'ouest et au sud ; ce qui n'empêcha pas un parti de francs-tireurs et de hussards français, apparu vers Cloyes, de jeter l'alarme dans les cantonnements. Le 20 octobre, après avoir reçu du général von der Tann deux nouvelles batteries, la 22e division, flanquée à droite et à gauche par la 4e division de cavalerie, prit la direction de Chartres. Cette ville était occupée par une force d'environ 7,000 hommes, commandés par le capitaine de vaisseau Duval[1], et le général de Wittich, qui n'ignorait pas cette circonstance, jugea prudent de ne l'attaquer qu'avec toutes ses forces. Il disposait depuis le matin même de la 6e division de cavalerie, envoyée le 19, sur sa demande, de Rambouillet à Auneau ; grâce à son énorme supériorité numérique, il put investir la ville presque complètement[2]. Les troupes sans grande consistance auxquelles il avait affaire s'étaient portées au sud de Chartres ; elles furent facilement dispersées à coups de canon, et, peu d'instants après, la municipalité conclut une convention en vertu de laquelle l'ennemi pouvait occuper la ville que les troupes françaises étaient autorisées à évacuer. La 22e division y entra aussitôt, tandis que les

1. 2 compagnies de fusiliers-marins, 6 bataillons de mobiles, une demi-batterie, 1 peloton de gendarmes, le bataillon des francs-tireurs de la Sarthe et la compagnie des francs-tireurs de Cognac. (PIERRE LEHAUTCOURT, *loc. cit.*, page 80.)

2. *La Guerre franco-allemande*, 2e partie, page 245.

deux divisions de cavalerie couvraient la position dans des cantonnements situés aux alentours.

Cependant, en dépit de cette marche offensive, l'état-major allemand était assez mal renseigné sur la situation exacte de nos forces. Il savait que deux nouveaux corps d'armée (les 17e et 18e) se formaient aux environs de Blois et de Nevers, mais l'apparition journalière de troupes plus ou moins importantes en des points éparpillés entre la Loire et la Somme lui donnait le change sur la base d'opérations véritable de nos armées en création. Des troupes françaises se montraient fréquemment vers Dreux [1], disparaissaient à l'approche de la cavalerie allemande et revenaient aussitôt que celle-ci rentrait dans ses lignes. Le 22 octobre, une brigade de cavalerie envoyée par ordre du Prince royal, en reconnaissance dans la direction de Chaufour, s'était heurtée, au sud de ce village, à des essaims de tirailleurs français, et, menacée d'être enveloppée, avait dû rétrograder sur Mantes [2]. Nos troupes, 8,000 hommes environ, francs-tireurs et mobiles qui couvraient les abords d'Evreux [3], poussaient des pointes hardies jusqu'à Pacy-sur-Eure, Vernon et même jusqu'aux abords de Mantes [4]. L'effet moral qu'elles produisaient et l'impression résultant de la défense si énergique de Châteaudun maintenaient l'ennemi dans l'idée qu'il existait vers l'Ouest un noyau de forces menaçantes, se préparant à l'offensive contre les lignes d'investissement de Paris; et l'on peut juger de son inquiétude par les dispositions défensives qu'il adopta de ce côté. Sur l'ordre du Prince royal, la 22e division et la 4e division de la cavalerie durent rester à Chartres jusqu'à nouvel ordre; la 6e division de cavalerie s'installa à Maintenon, pour opérer la liaison avec les troupes de Paris, tandis que la 5e division de cavalerie

---

1. Elles étaient commandées par le capitaine de frégate du Temple, général au titre auxiliaire.
2. *La Guerre franco-allemande*, 2e partie, page 385.
3. Sous les ordres d'abord du colonel Mocquart, puis du colonel Thomas.
4 *La Guerre franco-allemande*. 2e partie, page 385.

patrouillait dans la vallée de la Seine. Pendant plusieurs jours, ces troupes n'eurent d'ailleurs qu'à garder
leurs positions, et à soutenir des escarmouches sans
importance avec les francs-tireurs et les gardes nationaux.

*Projets de l'armée de la Loire pour la reprise
d'Orléans.* — On arriva ainsi à la fin d'octobre, sans
que les deux adversaires, postés face à face depuis plus
de quinze jours, eussent tenté de sortir du *statu quo*
Le général von der Tann était toujours à Orléans,
le 15° corps toujours à Salbris ; seule, la pointe sur
Châteaudun avait pu inspirer des craintes pour la sûreté
de Tours, et c'est elle qui avait déterminé le gouvernement à envoyer sur Blois la brigade Peytavin [1]. Cependant,
dant, son inaction commençait à peser au général
d'Aurelle, lequel estimait que laisser l'armée stationner
plus longtemps, c'était perdre le résultat des efforts
faits pour la discipliner, et qui croyait le moment venu
de marcher vers les Allemands, puisqu'ils ne marchaient pas vers nous [2]. D'autre part, Gambetta et
M. de Freycinet avaient hâte de manifester leur activité,
en sorte que des deux côtés germaient des idées d'offensive. Le tout était de savoir comment les mettre à
exécution.

C'était le moment où parvenaient à Tours les dépêches du gouvernement de Paris, relatives au plan de
sortie par la basse Seine [3]. Tout d'abord, M. Ranc,
arrivé le 16 octobre, avait, en termes assez vagues,
donné communication à Gambetta des projets caressés
par les généraux Trochu et Ducrot : puis étaient venues

---

1. Le général d'Aurelle, se trouvant trop dégarni à Salbris par le
départ inopiné de cette brigade, appela à lui, de Pierrefitte, le 22, la
division Martineau des Chenez, dans laquelle s'étaient manifestés
quelques actes d'indiscipline qu'il voulait réprimer. Par son ordre,
les coupables furent livrés à la cour martiale, les chefs de corps
punis, et le général de division blâmé. (Général D'AURELLE, *loc. cit.*,
page 26.)

2. *Ibid.*, page 28. — Le général d'Aurelle constate que, malgré ses
efforts, il s'en fallait encore de beaucoup, à la date du 22 octobre,
que ses soldats fussent approvisionnés de vêtements et objets de première nécessité.

3. Voir tome III, livre Ier, chapitre v.

des dépêches de Jules Favre, réclamant impérativement le concours des troupes de province, et fixant même approximativement la date où l'armée de Paris opérerait sa sortie[1]. On était d'ailleurs assez mal renseigné sur la limite extrême que l'état de ses ressources imposait à la résistance de la capitale. A l'origine, les espérances les plus hardies ne dépassaient pas le 20 novembre ; bientôt, on put croire que la situation se prolongerait d'un mois ; plus tard, les renseignements devinrent tout à fait incertains. Mais, en tout cas, on comprenait qu'il y avait urgence à ne pas attendre, pour intervenir, que Paris fût à sa dernière bouchée de pain. Or, par suite d'un sentiment dont nous avons longuement expliqué le causes, et qui avait pour conséquence de trop restreindre le champ d'action des armées de province, tous les projets, tous les plans de campagne, toutes les conceptions tendaient au but unique de débloquer Paris. Jules Favre l'avait écrit le 23 octobre . « Paris débloqué, la guerre est finie. Il faut donc *marcher sur Paris, qui doit être l'objectif.* » Que le déblocus de Paris dût amener la fin de la guerre, c'était infiniment probable ; mais personne ne semblait se rendre suffisamment compte que la délivrance de la capitale et du gouvernement résulterait bien plutôt d'une opération indépendante, exerçant une action réflexe sur la situation des troupes d'investissement, et les obligeant à dégarnir leurs lignes, soit pour sauver leurs communications, soit pour parer à des complications nouvelles, que d'un mouvement combiné entre les troupes bloquées et les troupes extérieures, mouvement trop complexe pour pouvoir réussir. Des préoccupations diverses, dont certaines plus politiques que militaires s'opposaient au surplus à l'éclosion de vastes conceptions stratégiques, telles que l'envoi d'une armée dans l'Est pour opérer sur les derrières de l'armée d'inva-

---

1. D'après une dépêche du 17, arrivée le 21, cette date était le 6 novembre. Il est vrai que, dans une autre dépêche datée du 25, Jules Favre parlait du 10 novembre seulement ; postérieurement, l'échéance était encore reculée. On sait ce que définitivement il en advint.

sion[1]. Des bruits inquiétants commençaient à circuler sur l'attitude de Bazaine, sur ses négociations avec le quartier général ennemi, sur la présence à Versailles de son aide de camp, et déjà on pouvait voir là les symptômes précurseurs d'une catastrophe[2]. Etait-il bien prudent, dans ces conditions, de lancer à grande distance des troupes exposées à rencontrer brusquement devant elles les 18,000 hommes du prince Frédéric-Charles rendus disponibles par une capitulation, que ces divers indices ne faisaient que trop prévoir? A la vérité, on aurait pu se borner à menacer le flanc de la longue ligne d'opérations allemande, en envoyant dans le Morvan, où elles devaient trouver une excellente place d'armes, les troupes dont on disposait ; mais on jugea qu'un pareil mouvement présentait encore l'inconvénient de découvrir à la fois Tours, siège du gouvernement, et Bourges, notre principal arsenal, et que l'effet moral en serait déplorable[3].

Restait à examiner le projet proposé par les généraux Ducrot et Trochu, projet qui consistait, nous l'avons déjà vu, à transporter en Normandie l'armée de la Loire, afin de la joindre, vers Rouen, aux forces qui auraient pu réussir à forcer le blocus de Paris. Il est certain qu'une pareille conception, si elle eût eu chance de réussir, avait pour premier résultat de menacer directement Versailles, quartier général du roi de Prusse, et le grand parc de siège de Villacoublay ; en outre, elle retardait le moment de la rencontre probable avec les troupes venant de Metz, et ces diverses considérations ne laissaient pas de causer quelque inquiétude à l'état-major allemand[4]. Mais l'exécution d'une opération de

1. Ce projet avait été examiné au commencement d'octobre mais assez superficiellement. On y revint en janvier, quand il était trop tard pour en préparer l'exécution comme il l'eût fallu.

2. Ch. de Freycinet, *loc. cit.*, pages 74 et 75.

3. « Le simple départ du gouvernement de Tours, dit M. de Freycinet (page 75), au moment où on se trouvait, après cette suite non interrompue de revers, aurait profondément abattu le pays et porté un coup mortel à la défense. » — C'est bien là la meilleure preuve de la faute qu'on avait commise, en n'éloignant pas davantage le siège du gouvernement.

4. Voir *La Guerre franco-allemande*, 2ᵉ partie, page 389.

ce genre exigeait des précautions si diverses, elle présentait tant de dangers, elle reposait sur des combinaisons si délicates et si peu étudiées, que le gouvernement de Tours ne jugea pas à propos de la discuter. Nous croyons qu'il fit bien, car de deux choses l'une : ou cette longue marche de flanc entre la Sologne et la Normandie se serait exécutée par voies de terre, et n'eût pas tardé alors à éveiller l'attention de l'ennemi, qui l'aurait certainement entravée.[1] ; ou bien il aurait fallu utiliser les chemins de fer, et cette utilisation se faisait alors au milieu d'un désordre tel qu'il était extrêmement dangereux d'y compter[2]. Dans les deux cas, l'armée de la Loire courait à un désastre certain.

On se rangea donc au parti le plus simple, qui était de marcher directement sur Paris par la Beauce, après avoir, au préalable, reconquis Orléans. C'était là une revanche qu'on voulait prendre, afin d'agir sur l'opinion[3] ; en outre, on considérait Orléans comme un point stratégique de la plus haute importance, « la sentinelle avancée de toute la partie de la France qu'entoure la Loire », la clef des communications avec tout le centre. Protégée par la forêt au nord-est, par les bois de Montpipeau à l'ouest, cette ville devait, dans l'esprit des hommes de la Délégation, jouer le rôle d'une véritable tête de pont, qui permettrait de se retrancher en attendant le moment opportun pour déboucher, et dans laquelle, grâce aux passages de la Loire, on n'aurait pas à redouter d'investissement[4].

Dès le 24, avait lieu à Salbris une conférence où l'opération fut décidée en principe, sans toutefois qu'on ait pu se mettre complètement d'accord sur les moyens

---

1. Dès le 5 novembre, comme on le verra plus loin, il prenait des dispositions dans ce sens.
2. Il n'est besoin, pour s'en convaincre, que de se rappeler les déboires éprouvés chaque fois qu'on a voulu transporter, à cette époque, des troupes en chemin de fer. Nous n'allons pas tarder à voir une expérience décisive, qui prouvera ce qui serait probablement advenu de l'opération autrement vaste demandée par le général Ducrot.
3. Ch. DE FREYCINET, loc. cit., page 76.
4. Ibid.

à employer pour la faire réussir[1]. Le lendemain, on se réunit de nouveau à Tours, sous la présidence de Gambetta, et, cette fois, on arrêta les dispositions de détail. Il s'agissait de prendre les Bavarois, dont on évaluait les forces à 60,000 hommes au maximum, *entre deux feux*[2] ; pour ce faire, on envoyait à Blois, par voies ferrées, les 2e et 3e divisions du 15e corps, on les joignait aux deux divisions du 16e déjà en position de ce côté, et cette masse de 70,000 hommes marchait sur Orléans, en suivant le fleuve. Pendant ce temps, le général Martin des Pallières, avec sa division qui, on le sait, était très forte, devait opérer une *manœuvre tournante*, en franchissant la Loire à Gien, et en tombant *à l'improviste*, par le nord-est, sur les derrières de l'ennemi[3]. Les détails donnés par le général Borel, chef d'état-major, sur la manière dont pouvait être exécutée cette manœuvre combinée avaient, dit M. de Freycinet, rassuré les plus timides et donné à tous une confiance extrême[4]. Il n'était pas besoin, malheureusement, d'être grand clerc en matière de stratégie, pour se convaincre que, quels que fussent les procédés employés, elle n'avait que fort peu de chances de réussir.

Les attaques convergentes, exécutées à si grande envergure, exigent en effet, pour aboutir à une action simultanée, des conditions spéciales, qu'il est à peu près impossible de réunir à coup sûr. Il faut que la liaison soit constante entre les deux groupes de manœuvre, que chacun d'eux ait la force de battre ou tout au moins de contenir l'ennemi à lui tout seul ; qu'enfin aucun incident ne se produise qui soit de nature à déjouer des calculs établis d'avance, et à retarder l'entrée en action de l'un ou de l'autre, au moment précis où il est attendu. Si ces conditions indispensables, sans compter bien d'autres, ne sont pas remplies à la fois, la manœuvre

---

1. Cette conférence réunissait, outre le délégué à la guerre et deux attachés de son cabinet, les généraux d'Aurelle, Martin des Pallières, Pourcet et Borel.
2. Ch. DE FREYCINET, *loc. cit.*, page 79.
3. *Ibid.*
4. *Ibid.*, page 81.

échoue, et les deux tronçons, se trouvant exposés à avoir successivement toutes les forces ennemies sur les bras, sont battus en détail, l'un après l'autre. L'histoire de la guerre fourmille d'exemples peu encourageants de l'avortement de combinaisons de ce genre. Les fâcheuses aventures de Ney à Bautzen, de Marmont à Laon, de Grouchy à Waterloo, et, plus récemment encore, le désastre éprouvé par les Serbes dans leur marche sur Sofia en 1885, sont là pour démontrer, à défaut du raisonnement et de la logique, que rien n'est plus périlleux qu'une manœuvre basée sur la réussite, à point nommé, d'un long mouvement tournant. L'insuccès de celui qu'allait tenter l'armée de la Loire devait ajouter une page nouvelle à l'histoire déjà touffue des déboires amenés par de semblables conceptions [1].

Quoi qu'il en soit, le plan indiqué ci-dessus ayant été adopté sans protestation, le général d'Aurelle donna immédiatement ses ordres en conséquence. Le mouvement devait commencer le 27, et l'attaque d'Orléans était fixée au 31 [2]. Le transport par voies ferrées avait été réglé par M. de Freycinet lui-même, de concert avec un des agents supérieurs de la Compagnie d'Orléans [3]. Il donna lieu, néanmoins, à de graves mécomptes. « Il y eut des retards considérables ; les corps, en arrivant, se trouvèrent séparés de leurs bagages. Les agents du chemin de fer ne chargèrent pas le matériel sur les trains avec tout l'ordre désirable : des munitions de divers calibres, qui n'avaient pas suivi les batteries auxquelles elles étaient affectées, furent mélangées..... L'artillerie aurait mis deux ou trois jours pour faire le

---

1. « En fait, a écrit le colonel fédéré Lecomte, les Français se trouvaient avoir trois lignes d'opérations séparées par la Loire, trois fractions sans communication directe entre elles, ayant leur point de rendez-vous en pleine zone ennemie. De telles combinaisons sont presque toujours pleines de mécomptes ». (*Relation de la guerre de* 1870-71, tome III, page 319.)

2. Voir les ordres dans l'ouvrage du général d'Aurelle, pages 37 et suivantes. Dans l'un d'eux, adressé au général Pourcet, se trouve cette phrase caractéristique, qui, en dépit des assertions de M. de Freycinet, semble indiquer une foi bien peu robuste dans le succès : « *Si notre mouvement sur Orléans s'exécute ainsi que nous l'avons projeté... etc.* »

3. Général D'AURELLE, *loc. cit.*, page 47.

trajet de Salbris à Blois par Romorantin ; le voyage par
chemin de fer l'obligea à employer cinq jours pour se
réorganiser avant d'être prête à entrer en ligne[1]. » De
même pour la cavalerie : « Aucune précaution n'avait
été prise pour opérer le débarquement des chevaux, qui
furent obligés d'attendre en gare une demi-journée[2]... »
On peut juger, par ces résultats, de ce qui serait arrivé
s'il avait fallu faire transporter l'armée jusqu'à Rouen !
Bref, la concentration des deux corps d'armée s'opéra
autour de Blois, en dépit de tous ces accidents ; mais il
fallut retarder d'un jour le commencement de la marche
sur Orléans[3].

Le général d'Aurelle venait d'aviser télégraphiquement le ministre de cette nécessité[4], quand il reçut par
la même voie l'ordre d'ajourner son mouvement. « Nous
avons dû, disait M. de Freycinet dans une lettre parvenue le lendemain 29, *renoncer à la magnifique partie
que nous nous préparions à jouer et que, selon moi,
nous devions gagner.* » Que s'était-il donc passé ?
L'armée de la Loire était-elle réellement hors d'état de
marcher, et fallait-il lui donner encore quelque répit
pour lui permettre d'achever sa constitution, ou bien
la situation générale venait-elle de se modifier subitement ? A la vérité, il y avait à la fois de l'un et de
l'autre, car, d'une part, le général d'Aurelle se plaignait
du manque d'organisation du 16e corps[5] et craignait
en outre que l'état des chemins, défoncés par des pluies

1. Général d'Aurelle, *loc. cit.*, page 47.
2. *Ibid.*, page 51.
3. Un fait assez remarquable, et malheureusement trop rare de
notre côté, est la rigueur avec laquelle fut gardé le secret de ce
transport. La leçon avait été faite aux employés de chemin de fer,
et le gouvernement avait annoncé bruyamment, par voie d'affiches et
par des insertions dans les journaux, que, en raison de la menace
résultant pour le Mans de la présence des troupes ennemies à Chartres, l'armée était transportée dans la première de ces villes. Toute
circulation fut en outre suspendue sur la ligne de Tours au Mans.
Ce stratagème réussit à peu près complètement, quoi qu'en dise le
général d'Aurelle (page 46), car von der Tann ne commença à deviner la situation que quelques jours plus tard.
4. Outre la désorganisation du 15e corps, produite par un voyage
exécuté dans les conditions que l'on vient de voir, la préparation
du 16e était encore très imparfaite.
5. Général d'Aurelle, *loc. cit.*, page 52.

torrentielles et continues, ne s'opposât aux mouvements de l'artillerie et des convois[1]. D'autre part, la
Délégation semblait impressionnée plus que de raison
par le récit d'un capitaine de francs-tireurs, lequel affir-
mait, sur les dires d'un individu inconnu, qu'une force
de 15,000 Allemands avait franchi la Loire, au-dessous
de Sully, et cherchait à se glisser entre le camp de
Salbris et celui d'Argent[2]. Nous pensons néanmoins
que la véritable cause de la suspension du mouvement
était ailleurs. Quelques instants avant d'expédier à
M. de Freycinet, le 28 au soir, la dépêche qui annonçait le retard apporté à l'opération, le général d'Aurelle
avait été informé incidemment de la nouvelle de la capitulation de Metz[3]. A son tour, le gouvernement en fut
avisé dans la soirée même par un envoyé du délégué
à la guerre, qui revenait de Blois à Tours. Or, bien
que la douloureuse nouvelle n'eût rien d'officiel, elle
paraissait cependant vraisemblable, étant donnés les
indices déjà signalés. Le général en chef et le gouvernement, chacun de leur côté, durent probablement se
rendre compte des conséquences graves qu'allait produire l'arrivée prochaine, sur le théâtre des opérations,
d'une nouvelle et formidable armée. Peut-être même pen-

---

1. Général D'AURELLE, *loc cit.*, page 47. — Il faut convenir cependant que les mêmes difficultés existaient pour l'artillerie allemande.

2. Voir à ce sujet les pages 48 et 49 de l'ouvrage du général
d'Aurelle qui cherchait à rassurer le gouvernement.

3. Voici comment fut connue la triste nouvelle. Un officier bavarois,
très hautement apparenté, ayant été tué dans une reconnaissance, et
inhumé auprès de Mer, le général von der Tann fit réclamer son
corps au général Tripart, qui commandait là une brigade de cavalerie.
Celui-ci s'empressa de déférer à cette demande, et reçut le lendemain
une lettre de remerciements du général bavarois, qui, pour preuve de
son estime, disait-il, faisait connaître qu'il venait de recevoir du
grand état-major, à Versailles, une dépêche lui annonçant que Metz
avait capitulé. La nouvelle, ajoutait-il, était encore un secret pour
l'armée allemande. — Ce n'est donc pas M. Thiers, comme semble
le croire M. de Freycinet, qui, en passant à Blois, aurait informé du
fait le général d'Aurelle. Toutefois, il est possible que son passage à
Blois, au moment où, de retour de son voyage en Europe, il se rendait à Paris pour les négociations que l'on sait, ait donné lieu à des
bruits d'armistice, arrivés aux oreilles du général d'Aurelle, qui
d'ailleurs ne le vit pas (voir *La 1er Armée de la Loire*, page 58, et
l'ouvrage de M. Lehautcourt, page 101), et fait croire à une paix
prochaine. Ceci a dû, d'après M. Lehautcourt, influer d'une manière
indirecte sur les résolutions du général et de la Délégation (*Ibid.*).

sèrent-ils que les conditions allaient être modifiées au point de rendre impossible la continuation de la lutte, et d'imposer l'acceptation d'une paix quelconque. Toujours est-il que, l'un et l'autre, ils parurent renoncer presque en même temps à leur projet. Remarquons toutefois qu'à une simple demande de remise, basée sur l'état de la température et l'incomplète préparation des troupes, M. de Freycinet répondait en ordonnant un ajournement indéfini[1].

Evidemment, il y avait là une décision regrettable, surtout au point de vue de la reprise d'Orléans. Mais ce qui l'était encore bien davantage, c'est la proclamation par laquelle, aussitôt que fut confirmée la triste nouvelle de la reddition de Metz, Gambetta crut devoir la communiquer à la nation et à l'armée... « L'armée de la France, était-il dit à la première, l'armée de la France dépouillée de son caractère national, devenue sans le savoir un instrument de règne et de servitude, est engloutie, malgré l'héroïsme des soldats, par la *trahison des chefs*, dans les désastres de la patrie.... » — « *Vous avez été trahis*, mais non déshonorés », était-il dit aux soldats[2]... Certes, on comprend l'indignation patriotique, le désespoir qui dut s'emparer de l'âme de Gambetta, à la nouvelle d'un désastre inattendu, qui modifiait si profondément la tournure des choses ; il faut convenir cependant que, dans l'expression qu'il leur donnait, il dépassait absolument la mesure. Ce n'est pas en jetant l'outrage à la face des généraux et des officiers de l'ancienne armée, si noblement accourus à son appel, ni en les confondant tous dans l'opprobre dont la capitulation

---

1. « En présence des termes de la dépêche du général d'Aurelle, dit M. de Freycinet (page 83), il ne me parut pas possible de lui envoyer un ordre impératif qui aurait pu amener une défaite. » Ces termes ne sont pas connus ; toutefois, le commandant en chef de l'armée de la Loire affirme qu'il ne parlait que d'un ajournement, et encore fort court.

2. Proclamations datées de Tours, le 1ᵉʳ novembre. — Il convient d'ajouter que le manifeste de Gambetta commençait par ces admirables paroles, devenues légendaires : « *Français! Élevez vos âmes et vos résolutions à la hauteur des effroyables périls qui fondent sur la Patrie. Il dépend encore de nous de lasser la mauvaise fortune et de montrer à l'univers ce qu'est un grand peuple qui ne veut pas périr, et dont le courage s'exalte au sein même des catastrophes...* »

de Metz couvrait le maréchal Bazaine, que le dictateur pouvait espérer donner à ses jeunes troupes la confiance et la discipline dont elles avaient besoin. Bien au contraire, son apostrophe maladroite, « qui n'était peut-être au fond qu'un mouvement oratoire[1] », semait partout la suspicion et l'inquiétude, et portait une grave atteinte au principe d'autorité, si nécessaire en un pareil moment. Les conséquences en furent déplorables, et beaucoup d'officiers de valeur, frappés au cœur par cette injure sanglante autant qu'imprévue, faillirent un instant mettre leur juste ressentiment au-dessus de leur devoir[2].

Cependant, la majeure partie de l'armée de la Loire se trouvait maintenant réunie à l'est de Blois, à l'abri de la forêt de Marchenoir, dont la lisière orientale était tenue par nos avant-postes[3]. Sur la rive gauche, à hauteur de Chambord, le corps franc de M. de Cathelineau (350 volontaires vendéens, 25 éclaireurs à cheval et un bataillon de chasseurs de marche) surveillait le flanc. Quant au général Martin des Pallières, il avait, dès le 26, franchi la Loire à Sully[4], puis le canal, et il se disposait, le 29, à se porter vers Orléans, par Fleury, quand le contre-ordre lui parvint. Il rentra alors à Argent, « non sans avoir donné l'éveil à l'ennemi par cette inutile démonstration[5] ».

Combat de Binas (25 octobre). — De leur côté, les Allemands, assez inquiets des bruits qui leur parvenaient, et désireux de voir un peu plus clair dans les mouvements de troupes qui s'opéraient tout autour d'eux, multipliaient les reconnaissances dans la direc-

---

1. Général Thoumas, *loc. cit.*, page 122.
2. Voir l'ouvrage cité du général d'Aurelle, pages 60 et 63.
3. L'armée appuyait sa droite à la Loire, vers Beaugency. La division Martineau des Chenez était entre ce point et Villorceau; la division Peytavin, entre Roches et Marchenoir; la division Chanzy, vers Saint-Léonard. En deuxième ligne, la division Barry, vers Maves, la division Reyau à Foussard, la division Ressayre à Oucques. En avant, la brigade de cavalerie Michel occupait Mézières.
4. La brigade Morandy, du 16e corps, attachée provisoirement à la division Martin des Pallières, restait à Gien, où elle s'était ralliée après sa retraite de la forêt d'Orléans.
5. Pierre Lehautcourt, *loc. cit.*, page 104.

ñon de l'ouest. Chaque jour avaient lieu des escar-mouches aux avant-postes, et les villages qui en étaient le théâtre devenaient régulièrement la proie des flammes. Le 25 octobre, une colonne forte de trois escadrons, une compagnie et deux pièces, partait de Coulmiers, se dirigeant sur Binas, au nord-est de la forêt de Marchenoir, où, la veille, une patrouille avait été reçue à coups de fusil. Binas était occupé (depuis le 24 au soir) par un détachement de 37 francs-tireurs de Saint-Denis, sous les ordres du capitaine Liénard.

Ces braves, qui préférèrent mourir que de se rendre, vendirent chèrement leur vie ; embusqués, tirant à coup sûr, à petite distance, ils épuisèrent toutes leurs cartouches. Armés de carabines sans baïonnettes, ils s'en servaient comme de massues, assommant tous ceux qui s'aventuraient trop près. Ils durent succomber sous le nombre, et lorsque le reste de la compagnie accourut à leur secours[1], un seul de ces braves n'était pas blessé. Le soir de ce combat, sur les 37 hommes, 13 étaient morts ! Quant aux Allemands, ils comptaient 137 tués, dont un colonel, et un grand nombre de blessés. Ce brillant engagement méritait une mention spéciale, et le dévouement de ces francs-tireurs ne saurait être oublié[2]. »

Quelques jours avant, à Lailly, sur la rive gauche, des uhlans avaient été bousculés par une reconnaissance française ; à Ourcelles, dans cette même journée du 25, une colonne ennemie vint piller et incendier le village devant lequel, la veille, un officier bavarois avait été tué par la garde nationale[3]. Des forces envoyées pour s'y opposer durent reculer dans Josnes et se borner à tirailler de loin. Enfin, le 31, des cuirassiers bavarois, occupés à faire une réquisition à Ouzouer-le-Marché, en étaient chassés à coups de fusil et devaient

1. C'était le poste qui occupait Autainville, en avant de la forêt.
2. Général d'AURELLE, *loc. cit.*, page 46 (*d'après le rapport officiel du général Pourcet*). — L'état-major allemand donne de ce combat une relation assez sensiblement différente et accuse des pertes beaucoup moindres. Mais il est assez sujet à caution, quand les affaires n'ont pas tourné à l'avantage de ses soldats.
3. C'est le même officier bavarois dont le corps fut réclamé, et devint l'occasion de la notification, faite au général Tripart, de la capitulation de Metz.

appeler à leur secours toute la 2ᵉ division de cavalerie[1].

Le contact existait donc à peu près complètement entre les deux armées, du moins à l'ouest d'Orléans ; et cependant ni le général von der Tann, ni l'état-major allemand n'étaient renseignés sur la situation exacte. Jusqu'aux premiers jours du mois de novembre, ils croyaient encore que les troupes auxquelles ils avaient affaire n'étaient que des détachements de la défense locale, organisée à Blois dès le début par le général Michaux. Enveloppés de tous côtés par un rideau de francs-tireurs et de gardes mobiles qu'ils ne parvenaient pas à percer, assaillis de renseignements contradictoires qui leur annonçaient la présence de forces imposantes, à la fois à Argent, à Gien, à Salbris, l'interruption du trafic sur la ligne de Tours au Mans, et la formation d'un camp de mobilisés à Conlie[2], mal renseignés par leur cavalerie, qui, de l'Eure à la Loire, était partout contenue, et se heurtait journellement à des postes français dont elle ne réussissait à pénétrer ni les intentions ni les attaches, les généraux allemands et, en particulier, le général von der Tann étaient en proie à une inquiétude justifiée. Pour les raisons déjà indiquées, « ils s'attendaient bien à voir déboucher une armée du Mans ou de Rouen, tandis qu'une diversion retiendrait les Bavarois sur la Loire ; mais c'était encore une simple supposition, qu'aucun fait précis ne venait corroborer[3]. » De fait, la position des Bavarois était assez critique ; car ils se trouvaient en réalité lancés en flèche à portée de trois groupes de forces françaises d'un effectif total d'au moins 100,000 hommes[4], tandis qu'eux ne disposaient, en

---

1. *La Guerre franco-allemande*, 2ᵉ partie, page 388. — « Les francs-tireurs, ajoute l'ouvrage officiel, recommençaient à se montrer très entreprenants dans la forêt d'Orléans et sur divers points du sud de la Loire. La population des villages situés en dehors de la ligne des avant-postes allemands affectait aussi une attitude plus hostile. »

2. Ces renseignements, donnés par des espions, étaient parvenus à la fin d'octobre.

3. Pierre Lehautcourt, *loc. cit.*, page 109.

4. L'un à Argent, l'autre à l'est de Blois, le troisième à Salbris. Ce dernier, composé en majeure partie de gardes mobiles, avait été

comptant la 2ᵉ division de cavalerie, que de 26 ou
27,000 hommes. Quant à la colonne du général de
Wittich, et aux divisions de cavalerie opérant à l'ouest
de Paris, elles étaient trop occupées sur place pour qu'il
fût permis de compter sur leur concours[1]. On peut
donc admettre qu'une offensive vigoureuse, et surtout
plus concentrée de nos troupes, aurait amené des résultats considérables, à la condition toutefois d'être assez
rapide pour mettre von der Tann hors de cause avant
l'arrivée sur la Loire de la IIᵉ armée venant de Metz.
Cette simple restriction montre quels services Bazaine
eût été en état de rendre à la défense nationale, et quel
préjudice il lui a causé.

Combat de Vallière (7 novembre) *et journée du
8 novembre.* — Cependant Gambetta et M. de Freycinet,
voyant que les préparatifs de Paris traînaient en longueur, étaient revenus à leurs idées d'offensive et d'action. « Je ne saurais accepter de voir constamment nos
projets militaires déjoués par la politique », écrivait, le
4 novembre, le délégué à la guerre ; et Gambetta lui
répondait le même jour : « Pour moi, je ne connais que
mon mandat et mon devoir, qui est la guerre à outrance[2]. » Le 5, ordre fut envoyé au général d'Aurelle
de reprendre l'exécution du projet interrompu ; à cette
date, l'armée de la Loire occupait, depuis la veille, les
positions que voici :

Quartier général, au château de Diziers, près de Suèves :

15ᵉ Corps	1ʳᵉ division (*Martin des Pallières*), à Argent ;
	2ᵉ division (*Martineau des Chenez*), à Mer et Muides ;
	3ᵉ division (*Peytavin*), entre Villexanton et la Chapelle-Saint-Martin ;
Général d'Aurelle	Division *Reyau*, à Suèves et Mer ;
	Réserve d'artillerie et parcs, à Suèves.

appelé là par la Délégation, pour protéger Bourges, découvert par le
départ du général d'Aurelle. Il était commandé par le général Faye
et comptait une dizaine de mille hommes.

1. *La Guerre franco-allemande*, 2ᵉ partie, page 395.
2. Ch. de Freycinet, *loc. cit.*, pages 86 et suivantes.

16e *Corps* Général CHANZY[1] Quartier général à Marchenoir.	1re division (*Barry*), à Pontijoux; 2e division (*Deplanque*), à Saint-Léonard, avec la brigade *Tripart*; Brigade de cavalerie (*Abdelal*), à Autainville; Réserve d'artillerie et parcs, à Pontijoux[2].

La forêt de Marchenoir était gardée par cinq bataillons de mobiles, les francs-tireurs de Paris et de Seine-et-Marne; le corps Cathelineau couvrait le flanc droit, sur la rive gauche de la Loire, à l'est de Chambord. C'est dans ces conditions que l'armée reçut l'ordre de se mettre en mouvement dès le 6, « si un ordre télégraphique, dû à des circonstances politiques, n'en décidait autrement[3] ». Aussitôt le général d'Aurelle prit ses dispositions et prévint le général Martin des Pallières, M. de Cathelineau et le général Faye (ces deux derniers devaient, en effet, concourir à l'opération en se portant sur Orléans par le sud). Il fut convenu que la marche des 15e et 16e corps serait couverte à gauche par les francs-tireurs Lipowski et la cavalerie; enfin, on envoya de Tours, au général Fiereck, l'ordre de se porter du Mans vers le nord-est, pour faire diversion[4]. Le commencement du mouvement était fixé au 7, pour la division Martin des Pallières, chargée de régler le mouvement; on comptait, d'après le temps nécessaire

1. Le général Pourcet, accusé de faiblesse dans son commandement, avait été remplacé, le 2 novembre, par le général Chanzy. D'autre part, le général Michel, dont on eut lieu de regretter l'absence à Coulmiers, avait été promu divisionnaire et envoyé dans l'Est.
2. La 3e division du 16e corps n'était pas encore formée.
3. Lettre de M. de Freycinet au général d'Aurelle, du 5 novembre. — Un instant, le délégué à la guerre avait eu l'idée de changer le plan du 25 octobre. L'attaque principale, au lieu de venir de l'ouest d'Orléans, aurait alors été exécutée par la division Martin des Pallières, renforcée par une division de 15 à 18,000 hommes, et le général d'Aurelle, auquel seraient venus se joindre une vingtaine de mille soldats envoyés du Mans par le général Fiereck, se serait alors borné à opérer par Blois une diversion. Le général d'Aurelle n'eut pas de peine à démontrer l'impraticabilité d'une telle opération, qui exigeait *treize jours* pleins, et donnait le temps au prince Frédéric-Charles d'arriver. (Lettre du général d'Aurelle, en date du 5 novembre 1870.)
4. Bien que mis sous les ordres du général d'Aurelle, le général Fiereck ne reçut de cet officier général aucune instruction. (*Procès-verbaux de la Commission d'enquête parlementaire*, Rapport de M. Perrot.)

à sa marche, arriver concentriquement le 11 devant Orléans [1].

Sur ces entrefaites, l'attention des avant-postes allemands s'était éveillée. Deux escadrons de cuirassiers bavarois, envoyés le 6 à Châteaudun, s'étaient heurtés au commandant Lipowski qui venait de s'y établir avec ses francs-tireurs, renforcés d'un bataillon de mobiles du Gers et d'un peloton de cavalerie [2]; le même jour, à Beaugency, un peloton de chevau-légers engageait une escarmouche avec des avant-postes du 15e corps [3]. L'ennemi pouvait donc supposer qu'il y avait là un rideau derrière lequel s'opérait une concentration de forces, et cette hypothèse était d'autant plus vraisemblable que la présence du général d'Aurelle, que les Allemands croyaient à Salbris, venait de leur être signalée à Mer [4]. Le 7, le général de Stolberg, commandant la 2e division de cavalerie, voulut en avoir le cœur net, et résolut de pousser une reconnaissance vers la forêt de Marchenoir.

Dans la matinée, par un ciel couvert de brume, le général de Stolberg, emmenant avec lui 24 escadrons, 4 batteries à cheval et 6 compagnies d'infanterie, se porta en avant. Ces troupes étaient réparties en trois groupes : à droite, 4 escadrons, 1 batterie et 3 compagnies (une partie transportée sur des voitures) marchaient sur la route d'Ouzouer-le-Marché à Binas ; à gauche, 3 compagnies, 8 escadrons et 1 batterie suivaient le chemin de Baccon à Saint-Laurent-des-Bois par Chantôme ; en arrière, 12 escadrons de cuirassiers avec 2 batteries suivaient comme réserve jusqu'à Baccon [5].

Tout d'abord, l'ennemi se mit en devoir de débusquer, avec ses obus, nos avant-postes de Chantôme, de Marolles, des fermes avoisinant la forêt et d'incendier

---

1. Dépêches du général d'Aurelle au général des Pallières et à M. de Cathelineau (5 et 7 novembre).
2. Les Allemands perdirent 13 hommes et 12 chevaux.
3. *La Guerre franco-allemande*, 2e partie, page 390.
4. PIERRE LEHAUTCOURT, *loc. cit.*, page 116.
5. *La Guerre franco-allemande*, 2e partie, page 391. — La réserve vint plus tard se déployer à gauche de la colonne du centre.

celles-ci, suivant sa coutume. Mais au bruit du canon
le général Chanzy, qui était à Marchenoir, s'empressa
de faire prendre les armes à la brigade Bourdillon (1re de
la 1re division), et de la diriger sur Saint-Laurent-des-
Bois ; le 3° bataillon de chasseurs de marche, qui était
aux avant-postes, courut tout d'abord occuper le village,
et, aidé par quelques compagnies de mobiles de Loir-
et-Cher, contint l'ennemi, en avant de la forêt, jusque
vers une heure et demie de l'après-midi. Devant cette
résistance, le général de Stolberg concentra toutes ses
forces entre Vallière, Marolles, Villesiclaire et Chantôme, sur un espace qui n'avait pas un kilomètre carré,
l'infanterie occupant Marolles, Vallière et tout le terrain
ondulé qui sépare les deux hameaux. Depuis un moment,
le combat restait stationnaire, quand tout à coup, vers
deux heures, trois bataillons de la brigade Bourdillon,
appuyés d'une batterie de 4 et d'une section de mitrailleuses, débouchèrent de Saint-Laurent-des-Bois. Presque
en même temps, cinq escadrons français, avec une batterie, apparaissaient au nord de Vallière et de Chantôme ; c'était la cavalerie du général Abdelal, qui, partie le matin d'Autainville pour faire une reconnaissance vers Verdes, dans la direction de Châteaudun,
arrivait au canon, et, dépassant Autainville, menaçait
Vallière. Les Allemands, contenus de front et compromis sur le flanc droit, se trouvaient fort aventurés ;
après une fusillade qui dura à peine une demi-heure,
le général de Stolberg s'empressa de les ramener par
échelons sur Baccon, sous la protection de son artillerie,
qui se retirait aussi batterie par batterie ; ce qui n'empêcha pas une compagnie bavaroise, assaillie dans
Vallière, d'être capturée presque en entier par les cavaliers du général Abdelal [1].

Cette brillante affaire, qui ne nous coûtait qu'une
quarantaine d'hommes [2], inaugurait d'une manière
heureuse les opérations de l'armée de la Loire ; les

---

1. Général D'AURELLE, *loc. cit.*, page 79. — PIERRE LEHAUTCOURT
loc. cit., page 119.
2. Le commandant Labrune, du 3° bataillon de chasseurs de
marche, était malheureusement parmi les morts.

Allemands y laissaient 3 officiers et 154 hommes, dont 83 prisonniers. Elle donna à nos jeunes troupes beaucoup de confiance et d'assurance, d'autant que les Bavarois y avaient fait preuve d'une assez grande mollesse, et que la cavalerie prussienne, qui décidément semblait avoir perdu tout esprit d'entreprise, s'y était montrée timide à l'excès [1].

Dans la soirée même du 7, le temps étant devenu beau, le général d'Aurelle ordonna de reprendre la marche le lendemain. Par suite, le 8 au matin, le quartier général fut porté à Poisly, et l'armée se développa de Cravant, à droite, à Ouzouer-le-Marché, à gauche [2]. Toute la cavalerie, mise aux ordres du général Reyau, fut portée à l'extrême gauche, la division Reyau à Seronville, la division Ressayre entre Gaudonville et Prénouvellon. Plus au nord encore, vers la route de Châteaudun, étaient les francs-tireurs Lipowski. L'armée de la Loire débouchait donc au nord-est de la forêt de Marchenoir, qui jusque-là lui avait servi de rideau. Elle se montait à 74,400 hommes (sur lesquels il n'y avait pas plus de 50,000 combattants), et disposait d'environ 150 bouches à feu [3].

---

1. La *Relation* du grand état-major prussien, qui appelle le combat de Vallière *Reconnaissance sur la forêt de Marchenoir*, y fait figurer (page 392) la brigade Bourdillon tout entière. On vient de voir que, seuls, le 3ᵉ bataillon de chasseurs de marche et 3 bataillons de ligne (1ᵉʳ du 40ᵉ et deux du 39ᵉ) furent engagés.

2. Positions le 8 :

15ᵉ Corps	2ᵉ division	2ᵉ brigade entre Messas et Beaumont.
		1ʳᵉ brigade entre Villevert et Cravant.
	3ᵉ division entre le hameau de Rilly près Beaumont et le chemin de Coudray.	
	Brigade de cavalerie *Boerio* à Montsouris.	
	Réserve d'artillerie à Ourcelles. — Parcs à Séris et Poisly.	
16ᵉ Corps	1ʳᵉ division	1ʳᵉ brigade au château de Coudray.
		2ᵉ brigade à Bizy, vers Mézières.
	2ᵉ division	2ᵉ brigade de Bizy à Aupuy.
		1ʳᵉ brigade d'Aupuy à Ouzouer-le-Marché.
	Réserve et parcs à Chantôme.	

3. Afin de garder la forêt de Marchenoir et d'observer la direction de Chartres, on laissa deux bataillons de mobiles du Gers à Cloyes et à Morée; un bataillon de Maine-et-Loire resta dans la forêt, à Ecoman.

Le mouvement s'était opéré sans encombre, les Allemands n'ayant d'ailleurs rien fait pour l'entraver[1]. Malgré tout, le général d'Aurelle éprouvait encore certaines hésitations ; dans la nuit du 8 au 9, il adressait à Tours une dépêche révélant des inquiétudes nouvelles, basées tant sur l'état des chemins que sur l'arrivée à Pithiviers, signalée par de vagues rumeurs, de 20,000 hommes de renfort envoyés aux Bavarois. Il fallut que M. de Freycinet démentît cette dernière histoire, qui était absolument fantaisiste, et demandât instamment au général d'Aurelle de ne pas se laisser arrêter dans l'exécution de son mouvement[2]. A vrai dire, les hésitations de celui-ci n'allaient pas jusqu'à lui dicter des résolutions aussi radicales, car dans l'après-midi du 8, avant même d'avoir envoyé sa dépêche à M. de Freycinet[3], il arrêtait, dans une conférence à laquelle assistait le général Chanzy, les dernières dispositions pour la bataille du lendemain[4].

Le réveil était fixé à cinq heures du matin, et le départ à huit heures, après la soupe mangée. A l'extrême droite, la brigade Rébillard (2e de la division Martineau) devait se déployer entre les Monts et le château de la Touanne. La 3e division (Peytavin), soutenue au besoin par la réserve d'artillerie et la brigade d'Ariès (1re de la division Martineau), laquelle formait réserve à Thorigny, était chargée d'enlever Baccon et la Renardière[5]. La brigade de cavalerie Boerio soutenait

1. On craignait que le piquet allemand qui escortait M. Thiers dans ses voyages à travers les lignes prussiennes ne vît les mouvements de nos avant-postes, le 8. Fort heureusement il n'en fut rien, ou du moins il n'en résulta aucune conséquence. (CH. DE FREYCINET, loc. cit., page 90.)
2. CH. DE FREYCINET, loc. cit., page 91.
3. Cette dépêche partit le 8 au soir et M. de Freycinet y répondit le 9, à trois heures du matin
4. Le général en chef n'avait que des données incertaines sur la position exacte des forces bavaroises. Son intention était donc seulement, pour l'instant, de percer la ligne d'avant-postes ennemie, qu'il connaissait à peu près exactement.
5. « Si Baccon est fortement occupé, était-il dit dans l'ordre, et sérieusement défendu, le général commandant la 3e division attendra, pour l'attaquer, la réserve d'artillerie du 15e corps. Si les châteaux de la Renardière et du Grand-Lus opposaient une grande résistance

la 3ᵉ division et avait ordre d'aller s'établir près de
Baccon. Quant au 16ᵉ corps, il était chargé d'opérer un
mouvement tournant sur la droite de l'ennemi, avec
l'appui de dix régiments de cavalerie, de six batterie set
des corps francs[1], et son chef lui avait donné les instructions suivantes : « le général Reyau, se portant vers
Patay, avait mission d'observer avec soin la direction
de Paris, sans perdre de vue celle de Châteaudun,
pour éviter toute surprise de ce côté; les francs-tireurs
Lipowski et de Foudras, placés sous les ordres du général Reyau, devaient reconnaître, au point du jour,
Tournoisis et Saint-Péravy. La 2ᵉ division (Barry),
chargée d'enlever Coulmiers, avait ordre de diriger sur
ce point, par Champdry et Villorceau et en tournant le
Grand-Lus[2], sa 1ʳᵉ brigade appuyée de deux batteries
et d'une section de mitrailleuses; à deux kilomètres de
distance suivrait la 2ᵉ brigade, avec trois batteries
divisionnaires et une batterie de douze de la réserve.
La 1ʳᵉ division (contre-amiral Jauréguiberry)[3] envoyait
la 2ᵉ brigade (Deplanque), appuyée à gauche par les
francs-tireurs Liénard, successivement contre Charsonville, Epieds, Gémigny ; elle disposait de deux batteries
et d'une section de mitrailleuses ; quand cette brigade
aurait dépassé Charsonville, la 1ʳᵉ brigade (Bourdillon),
avec trois batteries et une section de mitrailleuses,
quitterait Ouzouer, suivrait la 2ᵉ à une distance de
quatre kilomètres, et formerait la réserve de l'aile
gauche. La réserve d'artillerie du 16ᵉ corps était dirigée
sur Charsonville et devait se tenir à hauteur de la bri-

on attendrait que le 16ᵉ corps attaquât en même temps Coulmiers,
pour agir simultanément. »
  1. Le général d'Aurelle savait qu'en livrant bataille, le 9, sur le
front Les Monts-Coulmiers, il était obligé de se passer du concours
du général des Palliè es, lequel ne pouvait (il le lui avait dit) arriver
que le 11 devant Orlé ns. Aussi essayait-il de menacer à lui tout seul
les lignes de communications bavaroises. On remarquera cependant
qu'il chargeait de cette mission difficile le 16ᵉ corps, inférieur au 15ᵉ
en cohésion, et qu'il ne constituait pas de réserve générale en arrière
de sa gauche, comme cela eût été prudent.
  2. Ce point était attaqué par le 15ᵉ corps.
  3. L'amiral Jauréguiberry, général au titre auxiliaire, avait remplacé, le 2 novembre, le général Chanzy dans le commandement de
cette division.

gade Bourdillon, marchant à un kilomètre sur sa gauche. Le résultat à atteindre, disait l'ordre du général Chanzy, est de débusquer l'ennemi de Charsonville, Epieds, Coulmiers, Saint-Sigismond, et de prononcer sur la gauche un mouvement tournant, de façon à venir occuper solidement, à la fin de la journée, la route de Châteaudun à Orléans, en s'avançant le plus possible dans la direction des Barres, tout en tenant toutes les positions qui doivent nous rendre maître des bois en avant de Rozières[1]. »

Enfin, le général d'Aurelle prescrivait à tous les corps de rester en liaison constante et de marcher sur plusieurs colonnes pour pouvoir se déployer plus facilement. Telles étaient les dispositions qui amenèrent, le 9 novembre, la 1re armée de la Loire sur le champ de bataille de Coulmiers.

II. — BATAILLE DE COULMIERS.

Dispositions prises par les Bavarois. — Aussitôt après son échec de Vallières, le général de Stolberg s'était empressé de concentrer les forces dont il pouvait immédiatement disposer. Deux brigades de cavalerie (3e et 5e)[2] avec un bataillon de chasseurs furent rassemblées autour de la Renardière et de Baccon, tandis

---

1. Il n'est pas sans intérêt de rappeler les formations tactiques adoptées par le général Chanzy pour faire marcher ses troupes sur leurs objectifs respectifs. Chaque division marcha au combat en *ligne de bataillons en colonnes doubles à intervalle de déploiement.* Deux lignes de tirailleurs s'avançant l'une à 1,200 mètres, l'autre à 600 mètres, précédaient ces colonnes et avaient leurs soutiens à hauteur des intervalles séparant les bataillons. A 500 mètres en avant de la première ligne de tirailleurs, était une ligne d'éclaireurs de cavalerie. — Les batteries d'artillerie divisionnaire s'avançaient, deux dans les intervalles des bataillons, la troisième en arrière de la ligne des colonnes.

Cette formation était très rationnelle; elle évitait à des troupes jeunes et impressionnables la transition, toujours dangereuse, entre l'ordre de marche et l'ordre de combat. Grâce à la nature du terrain très plat et peu coupé, le général Chanzy avait pu, sans inconvénient, et même avec beaucoup de profit, l'adopter pour le 16e corps.

2. La 4e était, avec la 1re division bavaroise, entre Orléans et le Loiret.

que les cuirassiers bavarois, soutenus par un bataillon d'infanterie, se groupaient autour de Saint-Péravy. Coulmiers fut également occupé par un bataillon. Enfin le général appela à lui, par alerte, la 2ᵉ division bavaroise, qui aussitôt envoya la 3ᵉ brigade occuper Huisseau, Chaingy et Saint-Ay, derrière l'aile gauche de la cavalerie, et la 4ᵉ prendre position à Ormes. La 3ᵉ brigade jeta un bataillon dans le château de Préfort; la 4ᵉ fit tenir Rosières par deux bataillons, deux escadrons et une batterie [1]. C'était assez pour parer aux premières éventualités, non pour se garantir du danger croissant, dont le général von der Tann ne connut que dans la journée du 8 toute l'étendue.

Aux premiers renseignements reçus dans la matinée sur l'échec de la veille, et corroborés par un officier d'état-major qui, ayant accompagné M. Thiers dans son voyage de Paris à Tours par Orléans, s'était trouvé arrêté par nos avant-postes de Meung [2], vinrent, en effet, vers une heure, se joindre d'autres dépêches provenant de la division de Stolberg, et signalant l'apparition de nos têtes de colonnes auprès du Bardon et de Charsonville [3]. En même temps, des espions faisaient connaître l'arrivée à Gien de la division Martin des Pallières. Le général von der Tann ne pouvait plus douter qu'Orléans fût l'objectif d'une attaque convergente, opérée par toutes nos forces à la fois. Or, accepter le combat autour de la ville, dans des terrains coupés où les habitations pullulaient, présentait des inconvénients graves, au point de vue de la liberté des mouvements, et laissait subsister tout entière la menace de l'enveloppement. Au contraire, un champ de bataille choisi à une certaine distance, vers l'ouest, présentait un double avantage : s'éloigner de la division Martin des Pallières, et, par, conséquent proroger la menace de son intervention ; couvrir la ligne de retraite

---

1. *La Guerre franco-allemande*, 2ᵉ partie, pages 393 et 394.
2. *Ibid.*, page 394.
3. On ne peut nier que cette cavalerie ait mis bien du temps à éventer nos mouvements, et que les services rendus par elle au général von der Tann aient été médiocres.

par la route de Paris. Le général von der Tann n'hésita pas; profitant de la zone des manœuvres qu'il
avait su se réserver par la judicieuse position de ses
avant-postes, il décida de concentrer ses forces en avant
des bois de Montpipeau, et de faire face, là, à l'attaque
française. S'il était battu, il se retirerait par le nord;
si l'armée de la Loire prêtait le flanc en longeant de
trop près la Loire, il prendrait l'offensive à son tour
pour la rejeter sur Beaugency.

Dans la nuit même, il ordonna d'évacuer Orléans,
en laissant en ville un régiment d'infanterie, deux
escadrons et deux pièces, afin de ne pas faire croire à
un départ définitif, et surtout afin de garder ses ambulances, encombrées[1]. Le départ des Bavarois s'effectua par une nuit froide et obscure. L'émotion des
soldats était visible; après une marche pénible, ils
atteignirent entre cinq et six heures du matin, les positions qui leur avaient été assignées. La 2ᵉ division
s'établit à cheval sur la grande route, entre Rosières
et le château de Montpipeau; la 1ʳᵉ se rassembla en
arrière, à la ferme Descure. Pour soutenir immédiatement la cavalerie, dont les quatre brigades s'étaient
déployées entre Saint-Péravy et Baccon[2], la 2ᵉ division
envoya un bataillon de chasseurs à Huisseau, la Renardière et Baccon, et un bataillon à Saint-Péravy, afin
de renforcer la ligne de soutiens déjà établie la veille.
La réserve d'artillerie se rassembla aux Barres. Le général von der Tann, qui avait couché aux Ormes,
arriva à Huisseau à la pointe du jour. Dès la veille il
avait demandé par télégramme au général de Wittich,

---

1. Le général bavarois semblait cependant considérer la retraite
comme inévitable, car son ordre du 8, à sept heures du soir, prescrivait au détachement des télégraphes et à celui des chemins de fer
de campagne de partir à minuit pour Artenay. Dans ces conditions,
le détachement laissé à Orléans n'était pas bien utile, et même pouvait se trouver grandement aventuré, si les Français étaient victorieux.

2. Brigade de cuirassiers bavarois à Saint-Péravy.

4ᵉ brigade (venue des environs d'Olivet dans la nuit), à Saint-
Sigismond.

5ᵉ brigade à Coulmiers.

3ᵉ brigade avec deux batteries à cheval, près de Baccon. Cette
brigade détachait un escadron à Saint-Ay, pour observer la direction de Meung.

dont les forces stationnaient autour de Chartres, de lui prêter son concours; mais il savait que l'arrivée de celles-ci sur le champ de bataille, dans cette journée, n'était pas possible, et qu'il n'avait pas à compter sur leur appui[1]. Il se trouvait donc réduit aux siennes propres. c'est-à-dire à environ 24,000 hommes et 110 pièces de canon[2].

Aussitôt arrivé à Rosières, le général commandant la 2e division bavaroise avait fait prendre à la 4e brigade une position défensive, pour parer aux premières éventualités. Dans le parc de Coulmiers, bordé par une haie épaisse que précède un fossé, il jetait deux bataillons, dont l'un, tenant la lisière, détachait une compagnie à Carrière-les-Crottes; le bataillon de chasseurs allait occuper Ormeteau; enfin, deux bataillons se plaçaient en réserve contre la partie nord-est de Coulmiers. En même temps, 12 pièces venaient se mettre en batterie au nord-est du parc, tandis que six autres pièces, avec deux escadrons, gardaient l'expectative un peu en arrière. Vers neuf heures, ces diverses positions étaient prises et les différentes localités organisées défensivement; mais les troupes ainsi placées, pas plus que la cavalerie, ne voyaient rien apparaître en face d'elles. Au même moment, le général von der Tann apprenait que de fortes masses françaises paraissaient se diriger de Cravant vers Baccon; il crut alors que notre attaque principale allait se produire de ce côté, et résolut, par suite, de lui opposer sur la ligne des Mauves une résistance passive, tandis qu'avec sa droite il prendrait l'offensive, par Coulmiers, vers le sud; on voit l'erreur. Elle était d'autant plus grave que, sans attendre d'être plus complètement éclairé sur nos intentions, il envoya immédiatement l'ordre à la 3e brigade de se porter sur Huisseau et le château de Préfort, pour couvrir la route de Tours; à la 1re bri-

---

1. *La Guerre franco-allemande,* 2e partie, page 395.
2. 23 bataillons, 39 escadrons et demi, 25 batteries. — Le 1er corps bavarois avait, avant le 9 novembre, fourni certains détachements. Ainsi, sa 1re division manquait de trois bataillons laissés, deux à Mantes, avec la 5e division de cavalerie, et un à Maintenon, avec la 6e. Trois batteries de la réserve étaient à Chartres, avec la 22e division.

gade, d'occuper la Renardière[1]; à la 2°, de servir de
réserve, à Bonneville, où restait aussi la réserve d'artillerie. La brigade de cuirassiers bavarois, son bataillon de soutien, et la 4° brigade de cavalerie étaient
avisés de se porter à Coulmiers; enfin, le régiment
laissé à Orléans devait au premier coup de canon,
évacuer la ville, et venir se relier, par la Chapelle, à la
gauche du corps d'armée. De pareilles dispositions,
qui avaient pour résultat de dégarnir la droite allemande au profit de la gauche, tout en laissant le
I⁰ʳ corps bavarois disposé sur un front démesuré, nous
étaient éminemment favorables et facilitaient considé-
rablement la tâche du 16° corps. Malheureusement,
elles ne furent pas toutes suivies d'exécution. L'apparition rapide du 16° corps ne tarda pas à y apporter
des changements. D'ailleurs, l'initiative d'un officier
d'état-major en avait déjà atténué les effets[2].

Début de l'action. — Nos troupes, après une nuit
passée au bivouac, *sans feux*[3], s'étaient ébranlées vers
huit heures. Le temps était froid et sombre, mais sec;
quant à l'attitude des soldats, elle pouvait inspirer
toute confiance, et ils semblaient, dans l'ordre et le
calme de leurs mouvements, se préparer à une revue[4].

Arrivée la première en vue de l'ennemi, vers dix
heures, la brigade Rébillard[5] occupa sans difficulté le
château de la Touanne, et s'établit entre ce point et les
Monts. De là, elle voyait parfaitement les mouvements

1. Cette brigade n'avait pour le moment qu'un bataillon de chasseurs, un régiment et quatre pièces; c'est elle qui avait fourni la
garnison laissée à Orléans (1 régiment et 2 pièces).
2. L'officier chargé de rappeler la brigade de cuirassiers bavarois
(raconte le capitaine Hugo Helvig, de l'état-major de von der Tann,
dans son ouvrage intitulé : *Le I⁰ʳ corps d'armée bavarois* (*von der
Tann, pendant la guerre* 1870-1871), jugeant *de visu* de l'importance
de Saint-Péravy, prit sur lui de modifier les instructions qu'il était
chargé de transmettre en ce qui concernait l'occupation de ce village,
et y laissa les cuirassiers, avec l'artillerie et le bataillon qui les
accompagnaient.
3. Par ordre du général en chef et en raison de la proximité de
l'ennemi.
4. Général D'AURELLE, *loc. cit.*, page 85.
5. 2° zouaves de marche, 30° de marche, 29° mobiles (Maine-et-
Loire).

exécutés par la 3° brigade bavaroise, pour se porter à
Huisseau et au château de Préfort; elle assista même
plus tard au départ de cette brigade, lorsque, comme
on le verra bientôt, le général von der Tann l'envoya
secourir la 1ʳᵉ à la Renardière. Mais son chef, s'en
tenant à la lettre de ses instructions, ne lui fit faire
aucune tentative pour entraver les dispositions de l'adversaire; après l'échange de quelques coups de feu, il
attendit de nouveaux ordres et se tint coi.

A sa gauche, la division Peytavin, dont les têtes de
colonnes apparaissaient, à neuf heures et demie, entre
les Banchets et le Brenay, avait été accueillie à coups
de canon par les défenseurs de Baccon [1]. Pour protéger
sa marche, le général d'Aurelle, qui venait d'arriver à
Champdry, fit immédiatement mettre en batterie douze
pièces de 4 à l'est de ce village; puis, comme leur
effet paraissait médiocre, il appela trois batteries de 8,
de la réserve du 15° corps, qui vinrent s'établir à
gauche des premières. Leur feu, ouvert à une distance
de 2,000 mètres [2], ne tarda pas à obliger à la retraite
les batteries bavaroises; pendant ce temps, les lignes
d'infanterie gagnaient du terrain; deux batteries divisionnaires de 4, envoyées l'une à la ferme Gléneau,
l'autre à l'est de Brenay, protégeaient leur marche. A
onze heures, le 33° de marche, enlevé par ses officiers,
suivi par la division tout entière, et « chassant les Bavarois l'épée dans les reins [3] », s'emparait de Baccon
après une lutte corps à corps. De là, le général Peytavin poussa sur la Renardière.

Ce point, que venait d'atteindre la tête de la 1ʳᵉ brigade bavaroise, était difficilement abordable. « Séparé
de Baccon par le ruisseau des Mauves et par les maisons de la Rivière qui en couvraient les approches, le
parc était entouré d'un mur épais, élevé, protégé du
côté sud par un fossé profond, rempli d'eau et large de

---

1. Baccon était occupé par le 1ᵉʳ bataillon de chasseurs bavarois.
Deux batteries étaient installées au nord et au sud du village.
2. La batterie de gauche s'avança même jusqu'aux Bréaux, à
1,100 mètres de Baccon. (Général DERRECAGAIX, *loc. cit.*, page 305.)
3. *La Guerre franco-allemande*, 2° partie, page 400.

deux ou trois mètres. Au sud-est, une grande pièce d'eau interdisait les abords du château, qui formait un réduit solide et résistant. Enfin, à l'est, un bois de 600 mètres de long couvrait les communications des Bavarois[1]. » Il y avait, à la Renardière, 4 bataillons et 4 batteries[2]. En outre, le bataillon bavarois refoulé de Baccon occupait la Rivière; il fallait donc au préalable, enlever ce dernier poste. Quatre batteries françaises[3], venant se poster au nord et au sud de Baccon, commencèrent la préparation de l'attaque, et bientôt la Rivière fut en feu; l'ennemi dut en évacuer les maisons et se réfugier dans le parc. Un instant après, la division Peytavin attaquait de front avec la 1re brigade, tandis que la seconde cherchait à déborder la position par le sud. Devant cette menace, les Bavarois mirent un bataillon en crochet défensif de ce côté, et replièrent la 3e brigade de cavalerie; mais le général d'Aurelle, qui croyait voir là la préparation d'une contre-attaque[4], fit alors poster une batterie de réserve à la ferme Saint-Christophe. Prise en rouage, l'artillerie bavaroise, établie au nord de la Renardière, fut obligée de reculer sur Hotton[5]; sous le choc de nos obus, deux brèches de 6 à 8 mètres s'ouvrirent dans les murs du parc, et bientôt la fusillade des défenseurs sembla perdre de sa vigueur. Le général Peytavin jugea le moment venu de prononcer une attaque décisive contre la Renardière. Faisant avancer une section de 4 jusqu'à 200 mètres des murailles, il donna un moment de répit à ses bataillons, puis, les enlevant aux cris répétés de : « En avant! » il les lança à la baïonnette; les Bavarois se replièrent, sans attendre le choc, sur les bois de Montpipeau, où ils furent recueillis par la 3e brigade qui

1. Général DERRÉCAGAIX, *loc. cit.*, page 306.
2. Le 2e bataillon de chasseurs et le 1er régiment bavarois, avec les deux batteries de la brigade et les deux batteries à cheval refoulées de Baccon.
3. Deux batteries divisionnaires au nord et deux de la réserve au sud-est.
4. Général D'AURELLE, *loc. cit.*, page 87.
5. Elle était protégée, là, par la 3e brigade de cavalerie, qui venait de se replier au nord de cette ferme.

arrivait à ce moment (deux heures environ [1]) de Huisseau et du château de Préfort [2].

La prise de la Renardière donnait à notre aile droite
un solide point d'appui, et la continuation de l'offensive si vigoureusement menée par le général Peytavin
aurait pu amener des résultats féconds. Malheureusement cet officier général pensa que ses instructions
lui interdisaient de pousser plus loin avant que Coulmiers eût été pris par le 16e corps [3]. Il n'inquiéta donc
pas la retraite de la 1re brigade bavaroise, et se borna
à occuper solidement les points enlevés si brillamment [4].

Attaque de Coulmiers et de Cheminiers. — De leur
côté, les troupes du 16e corps avaient marché à l'attaque
des positions ennemies, mais avec moins d'élan que
celles du 15e [5]. Dès huit heures du matin, quittant leurs
bivouacs, elles s'étaient avancées, la première division
(Jauréguiberry) sur Charsonville, la deuxième (Barry)
sur Coulmiers, par Champdry et Villorceau. Il était neuf
heures et demie, quand cette dernière, débouchant de
Champdry, reçut dans sa première ligne de tirailleurs [6]
quelques projectiles lancés par les batteries de Baccon.
Elle s'arrêta. Aussitôt le général Chanzy, prévenu de
cet incident, et voulant combler le vide existant dans
la ligne de bataille entre Baccon et Saintry, envoya une

1. Le général d'Aurelle (page 88), dit *midi*, sans doute par confusion avec la prise de la Rivière. Une heure ne pouvait suffire à s'emparer de la Renardière, et l'occupation de Baccon a été faite à onze
heures. L'heure que nous indiquons est celle que donnent la *Relation*
du grand état-major prussien et le général Chanzy.
2. Le général von der Tann, jugeant à l'immobilité de la brigade
Rébillard que décidément notre intention n'était pas d'attaquer sa
gauche, avait, vers une heure, et sans que le général Rébillard ait
rien fait pour s'y opposer, retiré sa 3e brigade de la ligne des Mauves,
pour la diriger sur la Renardière. Elle arriva trop tard pour empêcher la chute de ce village, mais recueillit la 1re brigade bavaroise,
qui en avait grand besoin.
3. Voir plus haut la note 5 de la page 78.
4. C'est à tort que la *Relation allemande* fait figurer dans l'attaque
de la Renardière la brigade d'Ariès. D'après le rapport officiel du
général d'Aurelle, trois bataillons seulement de la division Peytavin
y ont pris part (6e bataillon de chasseurs de marche, 1er bataillon
du 16e, 1er du 33e de marche).
5. Général D'AURELLE, *loc. cit.*, page 88.
6. Voir plus haut l'ordre de marche du 16e corps (note 1 de la
page 80).

batterie de la 1re division sur le chemin du Grand-Lus, au sud de Saintry [1], tandis que la division Barry en déployait deux à l'est de Champdry, sous la protection de deux compagnies du 7e bataillon de chasseurs. Cette artillerie concourut puissamment, avec celle du 15e corps, à la mise hors de cause des batteries bavaroises de Baccon, et la marche fut alors reprise, mais avec un retard regrettable; car non seulement la division Barry n'atteignit Saintry qu'à midi, mais encore la division Jauréguiberry, ne pouvant à elle seule attaquer Coulmiers qu'on savait très fortement occupé, avait dû aussi attendre, et venait seulement de déboucher d'Épieds.

Quoi qu'il en soit, aussitôt arrivé à Saintry, le général Barry déploya ses trois batteries en avant du village, à cheval sur la route. En même temps, son infanterie se dirigeait sur le parc de Coulmiers, le 22e mobiles (Dordogne) contre la lisière ouest, le 7e chasseurs [2] et le 31e de marche contre l'angle sud-ouest. Ces troupes furent accueillies par un feu des plus vifs, car leur arrivée était signalée depuis dix heures du matin: néanmoins, le 22e mobiles, enlevé par le colonel de Chadois, prit pied à Carrières-les-Crottes et s'y installa solidement. Pendant ce temps, l'amiral Jauréguiberry avait gagné du terrain vers le nord, et, en arrivant à Épieds, déployait aussitôt ses batteries entre ce point et Cheminiers, vers Villevoindreux, tandis que la brigade Deplanque se formait en ligne face à Ormeteau et Vaurichard. Les Bavarois, sentant leur droite menacée, s'empressèrent d'y envoyer du monde; un bataillon de la 3e brigade alla occuper Vaurichard, avec la 5e brigade de cavalerie [3]; une partie des défen-

---

1. Le général Chanzy marchait avec sa 1re division sur la route de Charsonville à Coulmiers (1re brigade au nord de la route, 2e au sud, réserve d'artillerie sur la route même).

2. Ce bataillon avait deux de ses compagnies avec le 15e corps. Elles formaient primitivement la première ligne des tirailleurs, et avaient continué à marcher droit devant elles, sur Baccon, quand, après avoir débouché de Champdry, la division Barry avait incliné au nord-est, vers Villorceau et Saintry.

3. La 5e brigade de cavalerie était, à ce moment, en arrière de Coulmiers.

seurs de Carrières furent dirigés sur Ormeteau, une
des batteries de la réserve alla prendre position entre
ce hameau et Carrière; enfin, le dernier bataillon de
réserve de la 4ᵉ brigade fut jeté dans le parc de Coulmiers[1]. Puis, comme l'amiral Jauréguiberry venait de
lancer vers Champs un bataillon du 37ᵉ de marche, le
général von der Tann, voyant maintenant d'une façon
très nette l'erreur qu'il avait commise en accumulant
ses forces à sa gauche, se hâta d'envoyer sur ce hameau
la 2ᵉ brigade d'infanterie, restée jusque-là en réserve à
Bonneville, et la 4ᵉ brigade de cavalerie, qui, d'après
ses ordres antérieurs, marchait de Saint-Sigismond sur
Coulmiers.

Au moment où la 2ᵉ brigade, commandée par le
général de Orff, arrivait à hauteur de Cheminiers, sur
le chemin de Bonneville à Champs, elle fut assaillie
par une grêle de projectiles partant à la fois de ce dernier village et de Cheminiers. Elle n'eut que le temps
de faire déboiter à gauche son artillerie (4 batteries),
pour contre-battre les batteries de la division Barry et
pouvoir déployer son infanterie, qu'appuyaient, à
droite, les deux batteries à cheval de la brigade de cuirassiers, postées à l'ouest de Saint-Sigismond. Elle ne
tarda pas ainsi à prendre la supériorité du feu et à
chasser de Champs le bataillon du 37ᵉ qui l'occupait.
Cela fait, le général de Orff fit concentrer le tir de ses
pièces sur Cheminiers; malgré la fusillade vigoureusement soutenue par nos tirailleurs et qui obligea trois
des batteries bavaroises à changer de position, la situation de ce côté devint bientôt inquiétante. La masse
des projectiles ennemis jetait de l'indécision dans toute
la brigade Deplanque; les pertes étaient sensibles et
incessantes, et il fallait toute l'énergie de l'amiral Jauréguiberry pour maintenir nos jeunes troupes dans
leurs positions[2]. Enfin, une batterie de 12 de la
réserve, jetée au nord de Cheminiers, réussit à refouler
vers Saint-Sigismond les deux batteries à cheval enne-

1. *La Guerre franco-allemande*, 2ᵉ partie, page 402.
2. Général CHANZY, *La 2ᵉ armée de la Loire*, Paris, Plon, 1871,
page 28.

mies, en outre, l'autre brigade de la division Jauréguiberry (Bourdillon) vint se déployer à gauche de la
ligne et rétablit l'équilibre du combat.

Tandis que ces événements se passaient à notre
extrême gauche, la division Barry tentait d'enlever
Coulmiers. Les défenseurs de ce village avaient été renforcés, comme on l'a vu plus haut, par toutes leurs
réserves, et aussi par deux batteries de la 3ᵉ brigade,
qui étaient venues prendre position au nord et au sud.
Quand, vers trois heures, le général Barry dessina une
attaque convergente, quatorze pièces ennemies qui
étaient au nord de Coulmiers [1] accoururent jusqu'au
chemin d'Ormeteau aux Crottes ; un des bataillons postés
dans le parc ouvrit une fusillade vigoureuse, la 5ᵉ brigade de cavalerie dessina quelques mouvements mena-
çants contre notre aile gauche [2], et l'offensive française
échoua complètement. Cet incident nous coûtait des
pertes regrettables [3] et nous obligeait, pour l'instant, à
soutenir sur place une lutte sans grande efficacité contre
des troupes bien abritées.

Ainsi, à ce moment de la journée, bien que maîtres
de Baccon et de la Renardière, nous n'avions pu débusquer ni le centre ni la droite des positions bavaroises ;
mais la situation n'allait pas tarder à se modifier à notre
avantage. Voyant les difficultés que le général Barry
avait à vaincre, le commandant en chef fit porter au
Grand-Lus deux batteries de la réserve et la brigade
d'Ariès ; en même temps, il ordonna au général Peytavin
de seconder par le sud l'attaque de Coulmiers. Celui-ci,
dépassant la ligne de la Renardière-lès-Lus, marcha
alors sur le bois de Montpipeau, couvert sur sa droite
par la brigade de cavalerie de Boério. De son côté, le
général von der Tann prenait des dispositions défensives avec ce qui lui restait de troupes disponibles ;

1. Une des trois batteries ainsi postées en avant avait quatre de
ses pièces hors de service. (*La Guerre franco-allemande*, 2ᵉ partie,
page 402, *en note*).
2. *Ibid.*
3. Les lieutenants-colonels de Fonlongue, commandant le 31ᵉ de
marche, et de Chadois, commandant le 22ᵉ mobiles, étaient hors de
combat.

trois batteries[1] se portent à l'ouest de la Plante ; cinq
bataillons garnissent la lisière du bois de Montpipeau ;
les deux batteries à cheval de la 2ᵉ division de cavalerie
se déploient à La-Motte-aux-Taurins. Enfin, une réserve
nouvelle est constituée à Bonneville avec la 3ᵉ brigade
de cavalerie et la 1ʳᵉ brigade bavaroise, repoussée de
la Renardière. De ces dispositions résultait une lutte
d'artillerie à nombre à peu près égal[2] ; « mais la position
de nos pièces, grâce au terrain conquis, leur donnait
un avantage qu'augmentait encore le calibre de notre
artillerie de réserve[3]. » Bientôt les batteries bavaroises
étaient successivement contraintes à la retraite ; d'abord
celle placée au sud du parc[4], puis celles du nord du
village ; quelques pièces seules pouvaient se maintenir
à l'angle nord-est, et encore fallait-il, pour les dégager,
l'arrivée d'un bataillon bavarois, qui refoulait les tirailleurs précédant nos colonnes d'attaque. Une batterie
de mitrailleuses, accourant à la lisière sud-ouest, réussissait aussi à se maintenir un peu de temps[5]. Mais
tout cela n'assurait plus une protection suffisante aux
défenseurs de Coulmiers. Le général Barry comprit que
le moment décisif était arrivé et, pour la deuxième fois,
il lança ses troupes à l'assaut.

Prise de Coulmiers. — Le 38ᵉ de marche, aidé par
le 7ᵉ chasseurs à pied et vigoureusement enlevé par son
chef, le lieutenant-colonel Baille, aborda le parc par le
sud, et réussit à y prendre pied, après une première

[1]. Deux de la 1ʳᵉ brigade, refoulées de la Renardière, et une de la 3ᵉ.
[2]. La ligne de l'artillerie prussienne comprenaient dix batteries :
cinq entre la Plante et Coulmiers, cinq (dont une réduite à deux
pièces) au nord de la grande route. De notre côté, nous avions neuf
batteries ainsi disposées de la droite à la gauche : deux entre le
Clos et Otton, une entre Otton et le Petit-Lus, deux au nord du
Grand-Lus, deux au sud de Carrières, et enfin deux à l'est de le Leu.
[3]. Général DERRÉCAGAIX, *loc. cit.*, tome II, page 311.
[4]. « Cette batterie, dit la *Relation allemande* (page 403), fut obligée
de repousser par le feu des chassepots, dont ses servants étaient
armés (depuis Sedan), une attaque de tirailleurs ennemis. »
[5]. « Les pièces de cette nouvelle batterie (la seule de l'armée allemande) se composaient chacune de 24 canons assemblés d'après le
système des mitrailleuses françaises ; toutefois, la plupart de ces
canons refusaient très promptement le service par suite des difficultés qui se produisaient dans le chargement. » (*La Guerre franco-
allemande*, 2ᵉ partie, page 403, *en note.*)

tentative infructueuse. De là il poussa sur le village, dont il fallut faire l'assaut maison par maison. Les Bavarois opposaient une résistance acharnée, et dans un retour offensif énergiquement mené, ils commençaient même à nous refouler, quand le général Barry, mettant l'épée à la main, entraîna les mobiles de la Dordogne contre la lisière ouest, aux cris de : « En avant ! Vive la France ! » Cette attaque de front, combinée avec une reprise de l'offensive du 38°, eut enfin raison de l'ennemi. Coulmiers tomba tout entier en notre pouvoir ; et la brigade d'Ariès, qui venait derrière, s'y installa, tandis que les troupes de première ligne débordaient la lisière extérieure, avec les batteries divisionnaires qui poursuivaient de leurs projectiles l'ennemi désorganisé. Il était quatre heures du soir [1].

Pendant ce temps, la brigade de Boério avait poussé vers Huisseau et inspiré quelques craintes pour sa gauche au général von der Tann. Afin de parer au danger, il s'était hâté d'envoyer de ce côté la 3° brigade de cavalerie ; mais celle-ci, prise d'écharpe par notre ligne d'artillerie déployée depuis le Clos jusqu'au Grand-Lus, avait dû se retirer avec d'assez fortes pertes. Néanmoins, la brigade de Boério ne tenta aucune attaque, et ne chercha même pas à jeter le désordre dans les batteries allemandes, cependant assez compromises par la retraite qui commençait déjà [2].

Ce n'est malheureusement pas là, comme on va le voir, le seul reproche qu'ait mérité la cavalerie française dans cette journée où elle pouvait jouer un rôle si important ! Nous avons laissé la division Jauréguiberry, déployée devant Cheminiers et Champs, aux prises avec la 2° brigade bavaroise, et ne réussissant

1. La prise de Coulmiers a donné lieu à de nombreuses polémiques, sur lesquelles il n'y a pas lieu de revenir ici. L'historique du 38°, dû à M. le capitaine d'Izarny-Gargas, et des documents authentiques, dont nous avons pu avoir communication, nous permettent d'affirmer qu'elle est due au 7° bataillon de chasseurs, au 38° de marche et aux mobiles de la Dordogne seuls. (Voir les historiques du 38° de ligne, du 7° bataillon de chasseurs, et l'ouvrage cité de M. Pierre Lehautcourt, page 145.)

2. Général DE BLOIS, *L'Artillerie du 15° corps*, page 64.

que grâce à l'entrée en ligne de la brigade Bourdillon à
tenir l'ennemi en échec. Pour expliquer comment la
manœuvre enveloppante de l'aile gauche était ainsi paralysée et interrompue, il est indispensable de revenir
un peu en arrière et d'examiner en détail la part prise
à la bataille par la cavalerie du général Reyau.

Opérations de la cavalerie Reyau. — Ce général
avait sous ses ordres 11 régiments, dont 7 de la division
Ressayre, et 3 batteries à cheval [1]. Laissant vers Prénouvellon la brigade Tillion (ancienne de Longuerue)
avec deux pièces, pour observer la direction de Chartres,
il quitta de grand matin les environs de Séronville et
de Prénouvellon pour marcher, suivant les instructions
du général Chanzy, sur Patay par Favelles, Villemare et
Tournoisis. Les neuf régiments étaient disposés comme
suit : en première ligne, les sept régiments de la division Ressayre; en deuxième ligne, la brigade de cuirassiers de Brémond d'Ars; l'artillerie, au centre
de chaque brigade. A l'aile droite, un escadron de hussards, déployé en tirailleurs, reliait cette masse de cavalerie à la gauche de l'amiral ; enfin, le front était couvert par trois escadrons, également en tirailleurs. La
première ligne était déployée, la seconde en colonnes
serrées par régiment [2].

Ne trouvant pas encore suffisante sa liaison avec
l'armée, le général Reyau prit tout d'abord sur lui de
modifier sa direction primitive et indiqua comme itiné-
raire, au centre de sa colonne, Villemain, Villiers-le-
Temple et Cerqueux. Il était dix heures du matin quand
on arriva à ce dernier village où on rencontra des vedettes
ennemies et où on entendit les premiers coups de canon
de la division Peytavin; le général Reyau poursuivit sur
Champs [3]. Mais là, son approche ayant été signalée à la
brigade de cuirassiers bavarois, laquelle, comme on sait,

1. Deux brigades de la division Reyau étaient détachées, l'une (brigade d'Astugue) avec le général Martin des Pallières, l'autre (brigade
Boério) avec la division Peytavin.
2. Général DERRÉCAGAIX, *loc. cit.*, tome II, page 318.
3. Il y avait loin de cette manœuvre à celle sur laquelle on avait
compté et qui avait pour but de déborder complètement la droite
allemande.

était restée à Saint-Péravy, le général de Tausch, qui commandait cette brigade, envoya aussitôt au sud-ouest de Coulmelle une de ses batteries à cheval, qui ouvrit le feu sur nos tirailleurs ; ceux-ci se replièrent et le général Reyau fit alors déployer ses trois batteries (16 pièces), mais sans mettre ses cavaliers à l'abri[1]. Au bout de quelques instants, la seconde batterie bavaroise vint rejoindre la première, et ces douze pièces infligèrent à notre cavalerie des pertes assez sensibles pour obliger le général Reyau à ramener son aile gauche en arrière. De leur côté, les cuirassiers bavarois, également éprouvés par nos obus, faisaient mine de se retirer vers le sud-est ; le général Reyau eut alors la malencontreuse idée d'essayer de leur couper la retraite par le sud, et fit avancer sa droite entre Saint-Sigismond et Gémigny. C'était la mettre entre deux feux, car à ce moment la 2e brigade bavaroise avait déjà quatre batteries en position à l'ouest de Gémigny, et les batteries à cheval des cuirassiers tiraient toujours à Coulmelle[2]. Néanmoins, on put occuper Saint-Sigismond, mais pas pour longtemps, car bientôt, voyant ses batteries subir quelques pertes, le général Reyau donna l'ordre de la retraite à tout le monde, et les cuirassiers bavarois n'eurent pas de peine à déloger de Saint-Sigismond les trois escadrons français qui s'y trouvaient. Il était deux heures et demie quand le commandant du 16e corps reçut l'avis de ce mouvement rétrograde, qui, non seulement, allait à l'encontre du plan général, mais encore découvrait sa gauche d'une dangereuse façon. C'est alors qu'il fit entrer en ligne la brigade Bourdillon, dont la seule venue décida d'ailleurs à la retraite le général de Orff, commandant la 2e brigade bavaroise.

Celui-ci, en effet, se voyait obligé, pour reprendre son offensive, d'aborder en terrain complètement dé-

1. Général DERRÉCAGAIX, loc. cit., tome II, page 319.
2. Un instant la 4e brigade de cavalerie prussienne, en marche de Saint-Sigismond sur Coulmiers, voulut tenter d'aborder nos escadrons. Mais les feux partant de la ligne occupée par la brigade Deplanque et la grande supériorité numérique de l'adversaire, dit la Relation allemande (page 404), la déterminèrent à tourner bride.

couvert des forces devenues très supérieures; apprenant, d'autre part, que la position de Coulmiers, bien que tenant encore (3 heures), était fortement menacée, il jugea prudent de retirer ses troupes sur Gémigny et « de concentrer ses efforts dans une défense à outrance de ses positions pour assurer la ligne de retraite des Allemands vers le nord [1] ». Heureusement pour lui, la division Jauréguiberry, craignant pour sa gauche et ses derrières [2], était paralysée par la série de fausses manœuvres de la cavalerie Reyau et ne pouvait guère pousser de l'avant; elle se borna à réoccuper Champs et, une heure plus tard, à s'emparer d'Ormeteau, tandis que le général Barry entrait dans Coulmiers. Pendant ce temps, l'artillerie de réserve du 16e corps, postée autour de Champs, entretenait la lutte avec les batteries allemandes protégeant la retraite. Mais c'était tout.

Quant au général Reyau, il continuait à accumuler fautes sur fautes. Comme il marchait en retraite vers Cerqueux, il fut informé par le général Tillion qu'une troupe d'infanterie, vêtue de couleurs sombres, apparaissait du côté de Tournoisis. Sans même envoyer une simple reconnaissance pour vérifier le fait, il en rendit compte au général Chanzy et continua sa retraite sur Prénouvellon, son point de départ, où il arriva à quatre heures et demie du soir. Or, la troupe signalée n'était autre que les francs-tireurs Lipowski et de Foudras (Paris et Sarthe), qui, on s'en souvient, étaient placés sous ses ordres directs !

Retraite des Bavarois. — Cependant, bien avant ce moment, la tournure des affaires avait décidé le général von der Tann à abandonner la partie, sans engager ses dernières réserves. Craignant d'avoir le lendemain sur les bras la division Martin des Pallières, et voyant, vers trois heures et demie que Coulmiers, clef du champ de bataille, allait succomber, il avait donné l'ordre de battre en retraite, par brigade, et en commençant par l'aile gauche.

1. *La Guerre franco-allemande*, 2e partie, page 405.
2. On savait que des masses ennemies venaient dans la direction de Chartres.

Les défenseurs de Coulmiers se retirèrent en échelons vers Gémigny, l'artillerie couvrant la marche. Les deux brigades de la 1re division bavaroise et la 4e brigade de cavalerie durent se retirer par Coinces et Sougy vers Arthenay. Elles y arrivèrent à minuit. La 3e brigade de cavalerie et la brigade de cuirassiers bavarois, postées à Saint-Sigismond, furent chargées de couvrir le mouvement de l'aile droite et celui de la réserve d'artillerie, qui gagna la route de Patay. Enfin, l'arrière-garde fut formée par la 3e brigade d'infanterie et la 5e brigade de cavalerie renforcée d'un régiment. Ces forces furent dirigées, dans ce but, du bois de Montpipeau sur l'espace compris entre Saint-Sigismond et Gémigny. Quant à la garnison d'Orléans, elle s'était rendue au château de Préfort, y avait constaté le départ de la 3e brigade d'infanterie et avait reçu, à quatre heures et demie, l'ordre de battre en retraite par Ormes sur Saint-Péravy [1].

Les Bavarois, épuisés [2], à bout de munitions dans certains corps, et exposés à une destruction totale si l'armée française eût manœuvré, purent se retirer sans être inquiétés. D'une part, la division des Pallières était trop peu au courant des événements pour intervenir. D'autre part, le général Chanzy, obligé, par l'inconcevable inertie de la division Reyau, d'assurer sa propre sécurité contre une attaque possible du général de Wittich, avait dû, après la reprise de Champs, reporter vers Villemare la brigade Bourdillon, et par suite il se trouvait hors d'état d'inquiéter l'aile droite allemande. Enfin, nos jeunes soldats étaient eux aussi fatigués, et peu en mesure d'entamer une poursuite, à la nuit, sous la neige fondue qui commençait à tomber. Par suite, notre artillerie seule accompagna de ses salves l'ennemi en retraite, qui échappa ainsi au désastre dans lequel il aurait dû être anéanti [3].

1. Général Derrécagaix, *loc. cit.*, tome II, page 313.
2. Les corps venus d'Orléans et du sud marchaient ou combattaient depuis plus de vingt heures, et leur retraite devait continuer toute la nuit. Aussi, quoi qu'en disent les relations allemandes, leurs mouvements s'opérèrent-ils avec quelque désordre, dont le souvenir est resté dans les localités traversées par eux. Il n'y aurait eu pour leurs historiens aucune honte à avouer des défaillances très excusables, étant donnée la situation critique où se trouvait le corps d'armée du général von der Tann.
3. Nos avant-postes recueillirent cependant une centaine de traînards, le lendemain 10. « Le même sort était réservé à une colonne de munitions bavaroise, qui errait à l'aventure sur le champ de bataille. Le matin du 10, les gens du pays vinrent signaler à l'amiral

Les Français devant Illiers se défendant avec des mitrailleuses.

Pertes. - Conclusion. — Telle quelle, la bataille de Coulmiers était cependant pour nos armes un succès incontestable, car la supériorité numérique de l'armée de la Loire sur les Bavarois n'était pas tellement écrasante, étant donnée surtout l'inutilisation complète de la cavalerie, qu'elle compensât sa notable infériorité sous tous les autres rapports. Mais cette victoire, saluée d'un universel élan d'enthousiasme, et consacrée par l'hommage légitime que tous, généraux et gouvernement, ont rendu à la bravoure de nos jeunes levées, cette victoire restait incomplète et inféconde, tant à cause de la fâcheuse idée qui avait séparé en trois les forces françaises, qu'en raison de l'insuffisance des dispositions tactiques et des déplorables erreurs du général Reyau. Le plan, qui consistait à fixer l'ennemi sur son front et à le déborder par sa droite, était assurément rationnel et devait réussir, mais avec plus de rigueur dans son développement et une plus grande fermeté d'exécution. Si l'action du commandement supérieur s'était exercée d'une façon réelle et judicieuse; si, au lieu de donner au préalable des indications trop étroites dans leur précision, instructions aux termes desquelles certains généraux eurent d'ailleurs le tort de se tenir à la lettre, le général en chef était intervenu d'une façon constante, tant pour profiter des fautes de l'adversaire que pour tirer parti des avantages partiellement obtenus, les compléter, les exploiter au bon moment, et faire frapper opportunément le coup décisif; si, en un mot, le plan d'engagement une fois dûment établi, on avait cherché à le poursuivre avec rigueur, la manœuvre cherchée ne se serait certainement pas transformée, comme cela a eu lieu, en une simple attaque de front dont on ne pouvait attendre que des

Jauréguiberry son passage à Saint-Péravy. Le commandant de Lambilly, chef d'état-major de l'amiral, prit avec lui son peloton d'escorte et captura aisément la colonne bavaroise au moment où elle atteignait Lignerolles. 2 pièces, 29 voitures et une centaine d'hommes tombèrent entre nos mains. C'est à ce coup de main isolé que se borna notre poursuite. Cependant les régiments du général Reyau, les brigades Boério et d'Astugue, demeuraient alors inactifs derrière nos lignes. » (P. LEHAUTCOURT, *loc. cit.*, page 147.)

résultats incomplets. En réalité, l'armée française s'est déployée face aux positions ennemies ; elle en a enlevé quelques-unes, mais sans poursuivre ses succès nulle part, tantôt par manque d'esprit d'initiative, tantôt par suite de fautes grossières, comme celles de la cavalerie. Aucune réserve n'existant pour parer aux éventualités, le général d'Aurelles s'est trouvé dans l'impossibilité d'intervenir, et son rôle a été ainsi borné à la direction de quelques bataillons, ou au placement de quelques batteries, tandis que, du côté adverse, von der Tann déployait une activité soutenue pour sortir de l'impasse où l'avait placé son erreur première, et se tirer du mauvais pas où il se voyait engagé. A comparer l'attitude des deux adversaires, on comprend l'influence qu'exerce sur le succès des opérations un commandement qui veut et qui sait, et on regrette davantage l'abstention du nôtre, qui, suivant les funestes habitudes de Crimée et d'Italie, croyait alors trop souvent avoir terminé sa tâche quand il avait amené ses troupes devant l'ennemi.

A vrai dire, deux circonstances d'ordres divers ont puissamment contribué à paralyser la volonté du général d'Aurelle ; d'une part l'incroyable faiblesse de sa cavalerie, d'autre part l'absence de la division des Pallières. Si le général Reyau avait exécuté énergiquement et judicieusement les ordres qu'il avait reçus, le 16e corps eût pu manœuvrer, au lieu de combattre sur place ; de même, si les 20,000 hommes du général des Pallières s'étaient trouvés sur le champ de bataille, au lieu d'errer à l'aventure, il eût été possible de constituer à l'armée une réserve générale, destinée à déterminer par son action la rupture de l'équilibre au détriment de l'ennemi. La situation des Bavarois était incontestablement critique ; un mouvement vigoureux contre leur ligne de retraite les perdait. Malheureusement pour nous, ce mouvement ne se produisit pas ; il ne fut même pas esquissé, et les Bavarois purent éviter le désastre que tout devait leur faire redouter.

Quant au général des Pallières, parti d'Argent le 7 novembre et arrivé le 8 à Châteauneuf, il avait, de là, afin d'éviter une rencontre possible, fait un assez long détour pour gagner Orléans. Le 9, il quittait dès le matin Châteauneuf, et avait déjà franchi le canal, quand le bruit de la canonnade de Coulmiers parvint jusqu'à lui. Il se trouvait sans nouvelle aucune, et ne savait à quoi attribuer une bataille qui devançait ainsi la date primitivement fixée ; il craignit même un instant que le prince Frédéric-Charles ne fût déjà arrivé. Il prit le parti de marcher au canon et se dirigea vers Fleury, puis de là sur Chevilly, jetant entre temps dans Orléans, pendant la nuit, deux compagnies et quelques cavaliers qui y capturèrent tout ce que von der Tann y avait laissé dans les ambulances. Quand son avant-garde arriva à Chevilly, après une marche longue et pénible sous une pluie pénétrante, la bataille était finie; on n'avait aucune instruction, aucune donnée... Dans les allées et venues, on laissa passer le détachement bavarois d'Orléans qui se portait à la suite du corps en retraite; puis on bivouaqua. Ainsi la division Martin des Pallières, malgré tous ses efforts et de lourdes fatigues énergiquement supportées, n'avait servi à rien ; c'est le sort réservé généralement aux détachements chargés de concourir à grande distance à une opération de guerre, quand ils ne peuvent se relier avec le corps principal.

De même, le corps du sud, commandé par le général Faye, ne put arriver que le 11 à Orléans. Enfin, les volontaires de M. de Cathelineau atteignirent Olivet le 9 au soir, et entrèrent le 10 dans la ville, où ils furent reçus en *libérateurs*[1], au lieu et place de ceux qui venaient de combattre à Coulmiers.

Les pertes causées par cette bataille, le seul succès véritablement incontesté des armes françaises dans cette guerre, sont, d'un côté comme de l'autre, fort difficiles à évaluer, car les documents statistiques à cet égard font absolument défaut. Si l'on en croit la *Relation allemande*, les Bavarois n'auraient laissé sur le champ de bataille que 800 hommes environ[2]; cependant le ca-

---

1. Général d'Aurelle, *loc. cit.*, page 99.
2. *La Guerre franco-allemande*, 2ᵉ partie, page 407.

pitaine Helvig, dans son ouvrage déjà cité, accuse, pour
le 1er corps bavarois seul, et non compris la 2e division
de cavalerie, une perte de 51 officiers et 1,257 hommes,
dont 727 disparus[1]; ce chiffre semble plus vraisemblable. Du côté français, le général d'Aurelle parle
d'environ 1,500 tués ou blessés[2]. Mais, d'autre part, le
général Chanzy évalue les pertes du seul 16e corps à
146 tués (dont 5 officiers), 918 blessés (dont 37 officiers)
et 220 soldats disparus, au total 1,204 hommes[3]. Le
15e corps ayant eu à peu près 500 hommes hors de
combat, il y aurait lieu d'augmenter de 300 environ le
chiffre donné par le général d'Aurelle.

Nos troupes victorieuses bivouaquèrent sur le champ
de bataille, par une température glaciale, et sous une
pluie constante, mêlée de neige. Avec des difficultés
inouïes, on s'occupa de leur distribuer vivres et munitions. Mais « l'obscurité était telle que les corps ne parvinrent qu'à grand'peine à se reformer; les hommes,
couchés dans une boue épaisse, sans feu, le pays
n'offrant aucune ressource en bois, ne purent prendre
aucun repos. Il fallut attendre le jour pour se reconnaître, juger de la position et aviser[4]. »

---

1. *Le Ier corps bavarois pendant la guerre de* 1870-1871.
2. *La 1re armée de la Loire*, page 94. — Le général d'Aurelle ajoute
que la bataille de Coulmiers nous donna 2,500 prisonniers non blessés.
3. *La 2e armée de la Loire*, page 30. — Le général Ressayre était
parmi les blessés. Il fut remplacé par le général Michel, rappelé
de l'Est.
4. Général CHANZY, *ibid.*, page 31.

CHAPITRE III

BEAUNE-LA-ROLANDE

I. — Situation générale après Coulmiers.

Le camp retranché d'Orléans. — Le 10 novembre
au matin, le général d'Aurelle, à qui les rapports de la
cavalerie avaient fait craindre toute la nuit une reprise
du combat sur notre aile gauche, fut informé que les
Bavarois s'étaient complètement dérobés. Renonçant
délibérément à les poursuivre, renonçant même à lancer des reconnaissances ou des patrouilles pour s'in-
former de la direction définitive de leur retraite, le
commandant en chef se borna à donner des ordres
pour l'occupation des points conquis la veille[1] ; puis,
afin de se rapprocher d'Orléans, il porta son quartier
général à Villeneuve-d'Ingré.

Les motifs de cette inaction étaient de deux sortes :
d'abord l'état de la température, devenue très froide, et
la situation matérielle des soldats, toujours très misérable[2] ; en second lieu, l'idée préconçue de s'établir défensivement autour d'Orléans. Le général d'Aurelle ne

1. Pendant toute la bataille et même après, le général d'Aurelle
semble s'être considéré beaucoup plus comme commandant du
15e corps que comme général en chef. On a vu, le 9, le général
Chanzy à peu près livré à lui-même; de même, dans l'ordre du 10, le
général d'Aurelle ne donnait d'instructions qu'au seul 15e corps.

2. « L'administration devait surtout pourvoir à l'habillement de nos
mobiles, à demi-nus par cette saison rigoureuse. » (*La 1re armée de
la Loire*, page 110.)

croyait pas possible, et en cela il n'avait pas tort, de
demander à ses troupes un effort nouveau et immédiat.
En outre, s'il ignorait encore la marche vers le Loir de
forces ennemies dont il sera question plus loin, du
du moins il savait que le prince Frédéric-Charles arrivait de Metz à marches forcées, et il croyait même que
déjà ses avant-gardes étaient à Montargis[1]. Dans ces
conditions, un mouvement offensif lui paraissait téméraire, et d'ailleurs, suivant les instructions ministé-
rielles, Orléans étant alors pour lui le seul objectif[2],
il voulait s'y rendre au plus vite, pour s'y retrancher
d'abord, s'y reformer et s'y préparer à de plus grands
efforts[3]. Enfin, il craignait que la retraite des Bavarois
ne cachât un piège tendu pour l'attirer sur Paris[4]. En
conséquence, le 10 au soir, il prit ses dernières dispositions pour s'établir au nord-ouest d'Orléans, dans le
secteur compris entre la route de Coulmiers et celle de
Paris. D'après les ordres donnés ce jour-là, l'armée de
la Loire devait, le lendemain, aller prendre position au
bivouac, sur la ligne Coulmiers-Rozières-Boulay-Gidy-
Cercottes-Neuville-aux-Bois, avec une seule brigade
(d'Ariès) dans Orléans. La cavalerie Reyau couvrait la
direction de Châteaudun, entre Tournoisis et Saint-
Péravy ; la cavalerie Boério restait en réserve à Ormes[5].

1. M. de Freycinet le croyait également et il l a cru même après
la guerre. « Les premiers détachements du prince Charles, a-t-il
écrit, se montrèrent à Montargis, à peu près au moment où le général
d'Aurelle entrait à Orléans. » (*La Guerre en province*, page 109.)
2. « Aussitôt que votre armée sera à Orléans (si Dieu veut qu'elle
y arrive), et sans perdre un instant, vous donnerez des ordres pour
établir un camp fortifié autour de cette ville, pouvant contenir de
150 à 200,000 hommes. » (*Lettre de M. de Freycinet*, du 14.)
3. *La 1re armée de la Loire*, page 111.
4. *Ibid.*, page 120
5. Comme beaucoup d'anciens officiers de l'armée d'Afrique, le
général d'Aurelle était l'adversaire résolu du cantonnement qui,
d'après lui, développerait l'indiscipline et la maraude. Certes, comme
toute chose à la guerre, le cantonnement a besoin, pour ne pas provoquer de désordre, d'être soumis à certaines règles ; il exige aussi,
de la part des états-majors et des troupes, une éducation préalable.
Il n'en est pas moins un des agents les plus sûrs de la conservation
des effectifs, et la comparaison de l'état lamentable où était tombée
en particulier l'armée de la Loire après un séjour prolongé dans les
bivouacs d'Orléans, véritables océans de boue et foyers de toutes les
maladies possibles, avec celui de ses adversaires, toujours soigneu-

On devait élever sur tout le front des retranchements et des ouvrages de fortification passagère. Ces dispositions furent pleinement approuvées par le gouvernement, qui se borna à recommander la plus grande vigilance, en prévision d'un retour offensif[1].

Au moment même où, le 12 novembre, elles commençaient à recevoir leur exécution, le ministre de la guerre, M. de Freycinet et M. Steenackers arrivaient à Villeneuve-d'Ingré, accompagnés du préfet du Loiret. Une conférence eut lieu aussitôt entre ces personnages et le général d'Aurelle, assisté de son chef d'état-major, général Borel, et du général Martin des Pallières, conférence dans laquelle fut agitée la question des mouvements ultérieurs, et où, somme toute, rien ne fut décidé, du moins pour le moment[2]. Tout le monde se rendait compte que pousser en avant cette armée si neuve, si impressionnable, et à laquelle il manquait tant de choses, constituait une tentative trop périlleuse pour être risquée. Puisque, par suite de dispositions vicieuses, on avait laissé échapper les Bavarois, il valait assurément mieux mettre à profit le répit que procurait leur retraite pour achever une organisation trop hâtive, recevoir des renforts et donner aux troupes la cohésion qui leur manquait, plutôt que d'exposer à une destruction certaine des forces qu'on avait eu tant de peine à constituer. Le général Chanzy, qui n'assistait pas à la conférence, a estimé que « si le gouvernement de Tours avait été moins préoccupé de la position d'Orléans, dont il voulait faire la base de ses opérations ultérieures, et si le général en chef avait cru l'armée de la Loire assez complète et assez outillée pour

---

sement abrités dans les maisons, suffirait, à défaut d'autres exemples, pour démontrer la supériorité du cantonnement sur tous les modes de stationnement, quels qu'ils soient.

1. *Dépêche de M. de Freycinet*, en date du 11 novembre.
2. Les divers comptes rendus de cette conférence, écrits tous par des assistants, sont absolument contradictoires. (Voir à cet égard l'ouvrage de M. de Freycinet, pages 101 et suivantes, et celui du général d'Aurelle, pages 110 et suivantes.) — Au fond, les opinions émises importent peu, puisqu'elles aboutirent, en somme, à laisser l'armée, jusqu'à nouvel ordre, dans le camp retranché d'Orléans.

continuer à se porter en avant, il eût *peut-être été possible*, en mettant à profit l'enthousiasme produit par la victoire du 9, d'atteindre et d'achever de battre l'armée du général de Tann avant qu'elle ait pu être secourue par celle du grand-duc[1], sur laquelle on se serait porté ensuite, et de prendre les Allemands en détail avant l'arrivée des renforts que le prince Charles, parti de Metz, amenait avec la plus grande célérité dans la vallée de la Loire[2]. » Mais on voit avec quelles réticences le brillant commandant du 16° corps émet cet avis, et il suffit de lire le tableau navrant qu'il trace, quelques pages plus loin, de la détresse de l'armée pour se rendre compte du peu de foi qu'il pouvait y avoir lui-même. Néanmoins il en écrivit, sans succès d'ailleurs, au général en chef. D'autre part, le général Borel, qui ne professait pour la position d'Orléans qu'une médiocre estime[3], pensait qu'il aurait mieux valu porter l'armée dans la direction de Chartres, afin de l'éloigner du prince Frédéric-Charles, et de la mettre sur un terrain mieux fait, par sa nature topographique, pour faciliter par des couverts les attaques encore hésitantes de notre jeune infanterie[4]. Au premier abord, l'idée est séduisante ; reste à savoir s'il eût été possible de l'exécuter et si ce n'était pas là, comme on va en juger, faire le jeu du grand-duc de Mecklembourg.

Tout cela est bien difficile à préciser après coup et sans tenir compte des conditions tant matérielles que morales où se trouvaient les principaux acteurs du drame, n'ayant à leur disposition que des troupes extrêmement impressionnables, à peine **pourvues** du nécessaire, et des renseignements insuffisants quand ils n'étaient pas erronés. D'ailleurs, Gambetta lui-même, d'ordinaire si impétueux, ne paraissait pas, cette fois, désireux d'aller trop vite. D'après lui, chaque moment

---

1. De Mecklembourg. — Voir plus loin les opérations de cette subdivision d'armée.
2. Général CHANZY, *loc. cit.*, page 35.
3. Lettre adressée par le général Borel au général d'Aurelle, le 4 novembre. (*La 1re armée de la Loire*, page 112.)
4. *Déposition du général Borel devant la commission d'enquête du 4 septembre.*

écoulé était autant de gagné sur l'ennemi qui, disait-il, s'affaiblissait tous les jours, tandis que nous augmentions nos forces[1]. « Paris, ajoutait-il, a encore deux mois de vivres et peut attendre. » Il pensait que le général Trochu, prévenu de la victoire de Coulmiers, n'allait pas tarder à sortir avec 160,000 hommes et à venir donner la main aux armées de province[2]. Pures illusions que tout cela, mais qui faisaient fortement pencher la balance en faveur de l'expectative. La vérité est que tout le mal venait de la détestable combinaison qui avait privé le général d'Aurelle, sur le champ de bataille du 9, d'une grande partie de ses forces. Von der Tann en ayant bénéficié, l'occasion était manquée de le mettre hors de cause. Il eût cependant été possible, croyons-nous, de l'inquiéter plus qu'on ne l'a fait.

Quoi qu'il en soit, dès le 12 novembre, commençait la création du camp retranché en avant d'Orléans. Le 13, le 17e corps, en formation, fut placé sous les ordres du général d'Aurelle, nommé, par décret du 14, commandant en chef de l'armée de la Loire. Ce 17e corps, commandé par le général Durrieu[3], se formait entre Meung et Marchenoir, et, le jour même de Coulmiers, il avait envoyé vers Vendôme et Châteaudun tout ce qu'il possédait de troupes constituées. On plaça encore sous les ordres du général d'Aurelle les 10,000 hommes du général Fiéreck, en marche du Mans sur le Loir[4]. Enfin la division Feillet-Pilatrie, du 18e corps en formation, bivouaquée aux environs de Gien[5], fut égale-

---

1. Cette appréciation n'était malheureusement pas très exacte, car l'arrivée de la 11e armée allait renforcer l'ennemi dans des proportions autrement redoutables que ne le faisait, pour nous, l'entrée en ligne des corps de nouvelle formation.

2. G. BAGUENAULT, ancien secrétaire général de la préfecture du Loiret, *Revue des questions historiques*, 10e livraison. — M. Baguenault assistait à la conférence de Villeneuve-d'Ingré.

3. Alors sous gouverneur de l'Algérie.

4. Ces troupes, avec celles qui opéraient alors vers Nogent-le-Rotrou, la Loupe, etc., devaient former le 21e corps.

5. La division Feillet-Pilatrie y avait remplacé la division Morandy, encore très incomplète et qui, marchant en arrière de la division des Pallières, était venue s'établir à Chevilly. Une partie de la division

ment mise à la disposition du général en chef. Il est inutile de dire que, bien plus que les 15ᵉ et 16ᵉ corps, ces troupes manquaient encore absolument du strict nécessaire, sous le triple rapport de l'équipement, de la discipline et de l'instruction ; mais le danger résultant de l'approche de la IIᵉ armée allemande obligeait à se presser.

En dépit des instances de M. de Freycinet, qui aurait voulu que le camp d'Orléans ne fût qu'une base d'opérations et qui engageait vivement le général d'Aurelle à se porter, dès le 16, en avant d'Artenay, pour attaquer l'un après l'autre les deux groupes de forces allemandes [1], l'armée de la Loire restait dans une attitude de défensive pure. Son chef entendait accepter la bataille sur ses positions mêmes, qu'il jugeait excellentes [2], et « voyait sans appréhension le prince Frédéric-Charles se diriger sur Orléans pour réunir, en avant de cette ville, son armée à celles du duc de Mecklembourg et du général de Tann [3] ». Il ne voulait même pas sortir de ses positions pour faire des reconnaissances ou livrer des combats partiels, afin, disait-il, de consacrer tout son temps à la continuation des travaux de fortification [4]. C'était, il faut en convenir, pousser un peu loin la passivité et la confiance dans l'efficacité des *bonnes positions ;* car si on peut admettre qu'il y ait eu imprudence à trop s'aventurer avec les éléments insuffisants dont on disposait, d'autre part, laisser de parti pris les forces ennemies opérer leur jonction sous nos yeux, et sans rien tenter pour s'y opposer, semble une conception étrange, dont il ne pouvait résulter qu'une aggravation de périls. Il existait, entre les deux solutions extrêmes, un moyen terme qui eût probablement été le bon. Mais le général d'Aurelle, avec son caractère entier et son amour de la régularité et de la

---

des Pallières (36ᵉ de marche et 8ᵉ bataillon de chasseurs de marche) était avec le général Fiéreck et n'avait pas rejoint.
1. *Lettre de M. de Freycinet*, en date du 13 novembre.
2. *La 1ʳᵉ armée de la Loire*, page 129
3. *Ibid.*
4. *Ibid.*, page 130.

discipline poussé jusqu'à l'injustice à l'égard de troupes, imparfaites assurément, mais susceptibles, comme elles venaient de le prouver, de dévouement et de courage, le général d'Aurelle ne voulut pas croire qu'il pût y avoir autre chose à faire, pour le moment, que de militariser son armée. Il resta immobile, et se borna à prescrire des dispositions défensives, purement et simplement. Le 17, l'armée de la Loire fut donc disposée ainsi qu'il suit : à droite, la division des Pallières (1re du 15e corps) campait entre Saint-Lyé et Chevilly, avec des avant-postes allant de Neuville-aux-Bois à Artenay ; la division des Chenez (2e) était entre Chevilly et Gidy, tenant par ses avant-postes Provenchère et Huêtre ; la division Peytavin entre Gidy et Boulay, avec des avant-postes à Bricy. A gauche, la division Jauréguiberry (1re du 16e corps) occupait Coinces, Le Chêne, Coulimelle, Saint-Sigismond, Gémigny, Rozières, Coulmiers ; la division Barry (2e), Gémigny et Bucy-Saint-Liphard ; la division Morandy (3e), les Barres[1]. L'armée était couverte en avant par la cavalerie qui campait, celle du 15e corps sur la droite de Saint-Lyé, celle du 16e à Coulimelle, Tournoisis et Nids. Plus au nord-ouest, les francs-tireurs Lipowski (Paris, Sarthe et Saint-Denis) opéraient de Patay à la Conie, vers Varize. Enfin, tous les autres francs-tireurs de l'armée, réunis sous les ordres du colonel de Cathelineau, occupaient la forêt d'Orléans, entre Chilleurs et Loury. En même temps, un certain nombre de pièces de gros calibre de la marine étaient expédiées à Orléans[2], avec des canonniers marins, et établies, sous le commandement du capitaine de vaisseau Ribourt, derrière des épaulements placés pour enfiler les débouchés. Au point de vue strictement défensif, la situation était donc bonne. Au point de vue du commandement, elle fut régularisée, le 23 novembre, par une mesure qui laissait le général d'Aurelle tout entier à ses fonctions de général en chef ;

---

1. Voir à ce sujet l'ordre de stationnement très remarquable donné par le général Chanzy au 16e corps. (*La 2e armée de la Loire*, page 41.)
2. M. de Freycinet dit 150, le général d'Aurelle 54 seulement. Son chiffre se rapproche plus que le premier de la vérité.

le commandement direct du 15ᵉ corps lui fut retiré et donné au général Martin des Pallières.

Mouvement des forces allemandes. — Pendant ce temps, qu'étaient devenus les Allemands? Nous avons laissé le général von der Tann, le soir du 9 novembre, emmenant sous la neige et la pluie son corps désorganisé, et cherchant à le mettre au plus vite hors d'atteinte. Dirigée d'abord du sud au nord, par Saint-Péravy sur Patay, afin de conduire l'armée battue au-devant des renforts qu'amenait le général de Wittich, la ligne de retraite des Bavarois se rabattit ensuite à l'est, sur Artenay, où le gros des forces arriva dans la nuit. De là, dès le matin du 10, von der Tann repartit vers le nord, et vint, dans la soirée, cantonner autour de Toury, où il opéra sa jonction avec les troupes du général de Wittich [1]. Une forte arrière-garde, postée au nord d'Artenay, couvrait les positions au sud ; les deux divisions de cavalerie (2ᵉ et 4ᵉ) gardaient les flancs, à Allaines et Outarville. C'est dans cette situation que von der Tann, assez inquiet sur l'état matériel et moral de ses troupes, attendit l'arrivée prochaine des renforts importants qui lui étaient annoncés [2].

Il y avait déjà quelque temps, en effet, que l'état-major allemand, très préoccupé des dangers qu'il croyait voir poindre à l'ouest de Paris, et convaincu de jour en jour davantage, en raison de l'inaction prolongée des forces constituées sur la Loire, de l'éventualité d'une attaque par Rouen, avait pris autour de

---

1. D'Artenay, le général von der Tann avait envoyé l'ordre au général de Wittich, alors à Voves, de se rabattre sur Toury.
2. On a pu reprocher avec raison au général von der Tann d'avoir précipité sa retraite au point de lui donner presque le caractère d'une déroute, et surtout de n'avoir pas, au moment où elle commençait, utilisé sa nombreuse cavalerie, qui était intacte, pour porter le désordre dans les bataillons harassés et un peu en l'air du 16ᵉ corps français. C'est évidemment là une faute tactique. Si l'on y joint les dispositions assez malheureuses du début de la bataille, dispositions que l'initiative d'un officier d'état-major a seule corrigées, la fausse interprétation des renseignements, à la vérité fort incomplets, fournis par la cavalerie, et l'inutilisation du détachement d'Orléans, qui s'en trouva assez compromis, on voit que le général von der Tann n'a pas, en cette affaire, fait preuve de tout le coup d'œil militaire que les relations allemandes se plaisent à lui attribuer.

Paris des dispositions spéciales[1], et constitué une *subdivision d'armée (Armee-Abtheilung)*, destinée à s'opposer aux tentatives de secours qui pourraient être faites du sud-ouest[2]. Cette nouvelle unité, placée sous les ordres du grand-duc de Mecklembourg-Schwerin[3], et composée du Ier corps bavarois, des 17e et 22e divisions d'infanterie, et des 2e, 4e et 6e divisions de cavalerie[4], avait reçu du commandant en chef de la IIIe armée, sous la direction supérieure de qui elle était placée, la mission de se porter immédiatement entre l'Eure et le Loir. Le 12, elle devait s'y trouver établie, la 22e division restant à Chartres, la 17e allant occuper Bonneval, et le Ier corps bavarois (moins une brigade laissée à Orléans avec la 2e division de cavalerie) venant à Châteaudun. Ce déploiement, face à l'ouest, indique assez clairement que, le jour même du combat de Vallières, le grand état-major croyait fermement la masse des forces françaises en marche du Mans ou de Tours sur Paris[1]. La reconnaissance du général de

1. La brigade du IVe corps, établie dans la presqu'île d'Argenteuil, était, le 5 novembre, relevée par des troupes de la landwehr de la Garde, et placée en réserve de l'armée de la Meuse. Une division du IIe corps (4e) se concentrait à Longjumeau, en arrière du front sud, et l'autre (3e) remplaçait entre Seine et Marne la 17e division, donnée au grand-duc de Mecklembourg. (*La Guerre franco-allemande*, 2e partie, page 389.)

2 *Ibid.*, page 390.

3 Qu'il ne faut pas confondre avec le duc Guillaume, blessé à Laon, comme commandant de la 2e division de cavalerie.

4 Le Ier corps bavarois et la 2e division de cavalerie étaient à Orléans; la 22e division et la 4e division de cavalerie à Chartres; la 6e division de cavalerie à Maintenon.

5. Il est fort possible, d'après cela, qu'en prenant le parti d'aller livrer bataille à Coulmiers, le général bavarois ait été guidé tout autant par la lettre d'instructions formelles que par une idée tactique spontanée. Toute la question est de savoir si, quand il a décidé de porter ses forces à l'ouest d'Orléans, il était déjà en possession des ordres de M. de Moltke et du Prince royal lui enjoignant de gagner Châteaudun. Or, ces ordres ont été expédiés le 7 (*La Guerre franco-allemande*, page 390); ils ont dû arriver à Orléans, relié à Versailles par une ligne télégraphique, le 8 au plus tard. Par suite, en abandonnant le 8 au soir la position d'Orléans pour se rapprocher de Châteaudun, le général bavarois ne faisait qu'obéir. Il est vrai que, dans le but de lui laisser tout le mérite d'une conception heureuse, les auteurs allemands ont prétendu qu'il n'avait reçu les instructions du grand état-major que le 10, à Toury. Il est difficile d'admettre qu'un télégramme ait mis tout ce temps à arriver à destination, sur-

Stolberg dut commencer à dessiller les yeux de **M.** de Moltke ; la bataille de Coulmiers acheva de dévoiler la réalité. Aussitôt fut envoyé au prince Frédéric-Charles l'ordre télégraphique de hâter sa marche, et au grand-duc de Mecklembourg celui de prendre, avec ses troupes, une position plus concentrée. C'est ce qui fut fait par l'appel à Angerville, où s'était établi, le **11**, le quartier général du grand-duc, de la **17ᵉ** division, alors en marche dans les environs de Boissy-Saint-Léger sur Chartres. Par suite, la position prise par la subdivision d'armée était la suivante, le **12** novembre : sur la ligne Allaines-Outarville, **22ᵉ** division et **Iᵉʳ** corps bavarois ; à Angerville, la **17ᵉ** division ; sur le flanc droit, vers Ymonville, la **4ᵉ** division de cavalerie ; sur le flanc gauche, vers Outarville, la **2ᵉ** division de cavalerie ; en marche de Maintenon sur Chartres, la **6ᵉ** division de cavalerie ; dans la vallée de la Seine, la **5ᵉ**.

Le **11** novembre, la cavalerie allemande signala la présence de troupes françaises dans la direction d'Artenay et de Pithiviers[1], puis celle de quelques patrouilles vers Bonneval. Bien qu'entre ces deux points, distants d'environ 45 kilomètres à vol d'oiseau, cette cavalerie n'eût rencontré personne, la crainte d'être attaqué de nouveau décida le général von der Tann à faire reculer immédiatement son corps d'armée et la **22ᵉ** division jusqu'à la ligne Angerville-Beaudreville, sous la protection d'une forte arrière-garde laissée à Toury[2] ; mais le grand-duc, informé du fait, ordonna aussitôt à ces troupes de se reporter en avant ; la **22ᵉ** division, déjà installée à Beaudreville, ne regagna que le lendemain ses emplacements primitifs. Le **12**, la cavalerie faisait connaître qu'aucun mouvement n'était

tout quand on sait que la nouvelle de l'échec de Coulmiers, télégraphiée le 9 au soir, est arrivée à Versailles dans la journée du 10.

1. C'étaient des reconnaissances envoyées par la division des Pallières.

2. Cet incident, dont la *Relation allemande* ne dit mot, mais que relate avec ingénuité le capitaine Helvig dans un ouvrage écrit manifestement pour exalter les mérites de l'armée bavaroise, montre combien la bataille de Coulmiers avait profondément déprimé le moral de cette armée et celui de son chef.

signalé du côté du sud ; que, d'autre part, du côté de Chartres et de Bonneval, les reconnaissances de la 6ᵉ division avaient été plusieurs fois arrêtées par des troupes d'infanterie[1]. Le grand-duc en conclut encore une fois que nos forces s'étaient dérobées par l'ouest, afin de reprendre ensuite la direction de Versailles, et s'empressa de donner des ordres de marche pour porter toutes ses troupes dans la direction de Chartres. Mais comme, le 13, le mouvement était déjà en cours d'exécution, voici que tout à coup la cavalerie adressa des renseignements absolument contradictoires avec ceux qui l'avaient déterminé; on ne trouvait plus rien sur le Loir, tandis que la présence de masses considérables était signalée vers Artenay, Chilleurs-aux-Bois, Chevilly, etc... Une dépêche de Versailles, annonçant comme très prochaine l'arrivée des premiers corps de la IIᵉ armée, recommandait en outre d'ajourner toute opération offensive[2]. Dans ces conditions, le grand-duc laissa seulement la 22ᵉ division continuer la marche sur Chartres, et arrêta sur place ses autres troupes[3]. Mais il n'était pas pour cela mieux fixé sur nos intentions, car les patrouilles de la 6ᵉ division de cavalerie continuaient à signaler des mouvements de troupes françaises vers Dreux; des francs-tireurs et des gardes mobiles se montraient sur la rive occidentale de l'Eure et une brigade de la 5ᵉ division, qui s'était portée sur Houdan avec une batterie à cheval, avait dû reculer devant des contingents pourvus d'artillerie[4]. Cette 5ᵉ division de cavalerie[5] semblait même si aventurée que le grand état-major se hâta de la faire soutenir, le 15 novembre, par cinq bataillons de landwehr de la Garde accompagnés d'une batterie. Quant au

---

1. Celles des généraux Fiéreck et du Temple.
2. *La Guerre franco-allemande*, 2ᵉ partie, page 411.
3. La 17ᵉ division à Auneau, le Iᵉʳ corps bavarois à Ymonville, la 4ᵉ division de cavalerie à Voves.
4. Ces contingents étaient ceux du général du Temple qui, depuis le début, opéraient dans la vallée de la Seine (7 ou 8,000 hommes).
5. La 5ᵉ division de cavalerie avait une de ses brigades (la 11ᵉ) vers Houdan, une autre (la 13ᵉ) à Mantes. Les deux autres régiments (12ᵉ brigade) étaient restés à Saint-Germain-en-Laye.

grand-duc, il prenait ce même jour des dispositions pour couvrir du côté de l'ouest le blocus de Paris, en occupant à la fois Chartres (22ᵉ division et 6ᵉ division de cavalerie), la ligne de la Voise, entre Chartres et Ablis (1ᵉʳ corps bavarois), et Rambouillet (17ᵉ division) ; seules les 2ᵉ et 4ᵉ divisions de cavalerie observaient la direction du sud, à Toury et à Voves.

On voit qu'à ce moment, l'armée de la Loire n'avait plus devant elle qu'un faible rideau, et que si le général d'Aurelle ne s'était pas, de parti pris, décidé à l'inaction, il aurait peut-être pu profiter de cette occasion fugitive. D'autant que, pas plus que le grand-duc, l'état-major allemand ne savait où il était ni ce qu'il préparait, et que les forces ennemies envoyées contre lui avaient dû, pour parer à des dangers menaçant dans deux directions, se disséminer singulièrement. C'était maintenant qu'une opération combinée entre les forces des généraux Fiéreck et du Temple, d'une part, et l'armée de la Loire, d'autre part, aurait pu avoir des résultats avantageux, et c'est elle que les Allemands semblent avoir redoutée le plus. Leur perplexité était fort grande, car encore dans cette journée du 15 leurs reconnaissances jetées sur la rive orientale de l'Eure avaient été reçues à coups de fusil, ainsi que toutes celles exécutées depuis Nogent-le-Rotrou, sur l'Huisne, jusqu'à Bonneval, sur le Loir. « En résumé, dit la *Relation allemande*, on n'avait pu parvenir encore à se former *une idée exacte des emplacements et des projets de l'adversaire*[1]. » Il semble donc qu'il y ait eu là, pendant quelques jours, une situation à exploiter ; malheureusement le général d'Aurelle, tout à ses projets défensifs, n'avait pas voulu s'en préoccuper ; il avait même refusé de donner des ordres aux forces éparpillées en avant du Mans et d'Évreux, forces placées cependant sous son commandement, parce que, « par leur éloignement, elles échappaient à toute surveillance[2] ». D'ailleurs l'occasion allait passer bien vite, car, dès le

1. *La Guerre franco-allemande*, 2ᵉ partie, page 112.
2. *La 1ʳᵉ armée de la Loire*, page 149.

18, la 2ᵉ division de cavalerie se mettait en communication avec les premières troupes de la IIᵉ armée, amenées sur la Loire par le prince Frédéric-Charles, après une marche d'une extraordinaire rapidité.

Marche de la IIᵉ armée allemande venant de Metz. — La destination première donnée à la IIᵉ armée par le grand quartier général allemand n'était pas celle que les événements venaient de lui attribuer à cette date, et les projets primitifs formés à Versailles pour son utilisation montrent assez combien peu M. de Moltke s'attendait à la résistance qui devait lui être opposée. D'une façon générale, aussitôt que la chute de Metz avait pu être escomptée, on avait, à Versailles, songé à donner aux deux armées d'investissement la mission de disperser rapidement les forces françaises nouvellement levées, forces qu'on supposait sans consistance aucune, et d'occuper les villes du centre, Bourges, Nevers et Chalon-sur-Saône, dont on pensait qu'un corps d'armée viendrait facilement à bout[1]. Par suite, dès le 23 octobre, on prescrivait à la Iʳᵉ armée, reconstituée sous les ordres du général de Manteuffel, d'aller, aussitôt qu'elle serait disponible, s'emparer de la voie ferrée des Ardennes (Thionville et Montmédy), afin de rendre utilisable cette ligne, puis de se répandre jusqu'à l'Oise, entre Compiègne et Saint-Quentin, pour couvrir au nord l'investissement de Paris. Pendant ce temps, la IIᵉ armée devait, immédiatement après la capitulation, se diriger par Troyes sur la Loire moyenne : de ses quatre corps, trois (les IIIᵉ, IXᵉ et Xᵉ) avec la 1ʳᵉ division de cavalerie, avaient ordre de marcher vers Bourges, en laissant à Chalon-sur-Saône une force destinée à les relier avec le XIVᵉ corps (général de Werder), occupé alors contre nos troupes de la vallée de la Saône ; le dernier de ses corps, le IIᵉ, avait au contraire mission de venir renforcer les troupes du blocus de Paris[2]. Pour

---

1. *La Guerre franco-allemande*, 2ᵉ partie, page 378.
2. Une de ses divisions (la 4ᵉ) quitta Metz avant la capitulation et fut amenée à Paris par voies ferrées. L'autre arriva dans les premiers jours de novembre à Corbeil, et remplaça, comme on l'a vu plus haut, la 17ᵉ division dans les lignes du blocus.

IV.   8

la longue marche qu'elles allaient entreprendre, il était recommandé aux deux armées, assez éprouvées par leur séjour sous Metz, de s'étendre sur un très large front, afin de subsister plus facilement et d'utiliser d'une façon plus complète le réseau routier.

Nous laisserons les forces du général de Manteuffel, que nous retrouverons plus tard sur d'autres théâtres, accomplir leur mouvement vers l'ouest, et nous ne nous occuperons pour le moment que de celles du prince Frédéric-Charles, dont l'arrivée sur la Loire allait bouleverser si complètement les projets offensifs de la Délégation. Elles avaient quitté le 1er novembre les environs de Metz ; durant les premiers jours, leur marche s'effectua dans des conditions d'aisance et de facilité qui contribuèrent à améliorer sensiblement l'état sanitaire des troupes. Un temps très doux, une nourriture abondante, fournie par les habitants, des cantonnements spacieux et confortables, tout concourait à faciliter le mouvement qu'aucun incident ne venait entraver[1]. Cependant, en approchant de la Marne, on commença « à rencontrer dans la population les indices manifestes d'une résistance armée ayant surtout sa source à Langres et à Chaumont[2] », et il fallut, pour arriver à cette dernière ville, que les avant-gardes livrassent une série d'escarmouches aux troupes de la défense locale, embusquées dans les villages et dans les bois. Le 10 novembre, la IIe armée occupait la ligne Troyes-Chaumont[3], quand son chef, dont le quartier général était à Troyes, reçut un télégramme de M. de Moltke lui annonçant la bataille de Coulmiers et prescrivant de continuer la marche, sans interruption, dans la direction de Fontainebleau. Dès le lendemain 11, le IXe corps et la 1re division de cavalerie se remettaient en route pour se rendre, par marches forcées, dans cette dernière ville ; quant aux deux autres corps, ils étaient dirigés, le IIIe sur Sens et Nemours, le Xe sur Châtillon-sur-Seine et

1. *La Guerre franco-allemande*, 2e partie, page 379.
2. *Ibid.*
3. IXe corps et 1re division de cavalerie à Troyes ; IIIe corps à Vendœuvre ; Xe à Chaumont avec une brigade (la 40e) à Neufchâteau.

Joigny. On voit que tout en renonçant, pour le moment, à occuper Chalon-sur-Saône et Bourges, le prince Frédéric-Charles laissait sa gauche s'infléchir vers le sud, pour pouvoir, le cas échéant, déboucher par la Loire moyenne, sur les derrières de l'armée du général d'Aurelle[1]. Le 14, le IXe corps atteignit Fontainebleau, déployant en avant de la forêt son avant-garde et la 1re division de cavalerie; sa marche depuis Troyes n'avait été troublée que deux fois, à Estissac, et surtout à Nemours, où, dans la nuit du 13 au 14, un demi-escadron du 4e uhlans fut enlevé par des francs-tireurs venus de la forêt d'Orléans. Le 15, il vint cantonner aux abords de Milly, et jeta une forte avant-garde au delà de l'Essonne; sa jonction était faite avec le grand-duc de Mecklembourg. Quant aux deux autres corps d'armée, ils étaient à cette date, le IIIe à Sens, le Xe à Laignes et Châtillon-sur-Seine[2].

II. — Opérations du grand-duc au sud-ouest de Paris.

Au moment où arrivait aux troupes allemandes du grand-duc de Mecklembourg ce renfort si important et si impatiemment attendu, la situation générale des forces françaises, sur le théâtre d'opérations qui nous occupe, était la suivante :

Les 15e et 16e corps, dans le camp retranché d'Orléans; le 17e corps à Ouzouer-le-Marché (1re division), à Beaugency (2e) et à Marchenoir (3e), avec sa cavalerie répartie de Charsonville à Écoman[3]; la division Feillet-Pilatrie, du 18e corps, au nord-est de Gien[4]; les troupes du général Fiéreck[5] (une dizaine de mille hommes) allant de la Conie[6] par Bonneval, Brou, jusqu'aux envi-

1. *La Guerre franco-allemande*, 2e partie, page 413.
2. *Ibid.*, page 414. — Une brigade du Xe corps (la 40e) avait été laissée en arrière de l'aile gauche et surveillait de Chaumont la place de Langres.
3. Voir à l'appendice la pièce n° 2.
4. Le reste du 18e corps se formaient à Nevers.
5. Remplacé le 18 novembre par le contre-amiral Jaurès.
6. Affluent de gauche du Loir, dont le confluent est un peu en amont de Châteaudun.

rons de Nogent-le-Rotrou ; enfin, les forces de la défense locale, et, vers l'Eure, celles du général du Temple[1].

A Orléans, nos troupes restaient, comme on l'a vu, dans une inaction complète, et malgré les instances du général Chanzy, qui, pour s'assurer des débouchés plus faciles, demandait à porter ses avant-postes en avant de la ligne de la Conie[2], le général d'Aurelle refusait d'étendre ses positions. Cependant les corps francs et la cavalerie, qui couvraient les ailes du camp retranché, déployaient une certaine activité et obtenaient des résultats appréciables. A l'est, le colonel de Cathelineau gardait la forêt et en explorait les abords de manière à se protéger contre toute surprise de ce côté[3]. A l'ouest, le colonel Lipowski et l'escadron d'éclaireurs formé par Chanzy « parcouraient les campagnes, les fermes et les châteaux, où nos soldats n'étaient pas toujours bien accueillis, parce qu'il fallait pourvoir à leur subsistance, et surtout parce qu'on redoutait l'infâme vengeance des Prussiens, punissant les Français de l'hospitalité donnée à des soldats de la France[4] ! » Dans la nuit du 14 au 15 novembre, un parti de francs-tireurs Lipowski surprit dans Viabon un détachement de la 4e division de cavalerie et le prince Albrecht lui-même. Ce dernier dut monter à cheval si précipitamment qu'il oublia sur une table de son logement l'ordre de mouvement envoyé le 12 par le grand-duc pour le mouvement sur

1. Il est extrêmement difficile de donner une évaluation précise de toutes ces forces éparses, dont une partie devait entrer dans la composition du 21e corps. On admet généralement que les troupes du général Fiéreck, en majeure partie formées de mobiles aussi mal armés que mal équipés, atteignaient un effectif de 10,000 hommes environ ; elles avaient deux batteries de 12, un escadron, et beaucoup de corps francs. A Dreux, le général du Temple avait 7 ou 8 bataillons ; vers Pacy-sur-Eure, le lieutenant-colonel Thomas, des mobiles de l'Ardèche, en avait six. D'autres troupes, jetées vers Brou, Bonneval, etc., pouvaient peut-être porter l'effectif total à une trentaine de mille hommes. Tout cela manquait absolument de cohésion, de direction et d'organisation.

2. La 2e armée de la Loire, page 37.

3. Il avait avec lui les corps francs et un bataillon de mobiles. — « On avait tenté en outre d'organiser la défense de la forêt au moyen des gardes nationaux des environs, mais les résultats obtenus étaient médiocres. » (P. Lehautcourt, loc. cit., page 204.)

4. La 1re armée de la Loire, page 137.

Chartres[1] et celui que lui-même avait rédigé pour sa
division[2]. Le 17 et le 21, les francs-tireurs de Paris
livrèrent également aux cavaliers prussiens quelques
escarmouches où l'avantage leur resta. Tout cela n'était
pas fait pour rendre à ceux-ci l'audace et la clairvoyance
qu'ils semblaient avoir complètement perdues. Mais, à
part ces actions de détail, on ne songeait point à tenter
la moindre chose, soit pour bousculer le mince rideau
de cavalerie laissé par le grand-duc devant le front du
camp retranché, soit pour chercher à porter le désordre
dans ses divisions éparpillées par manque d'orientation.
Quant au général Fiéreck, il voyait chaque jour une
partie de ses effectifs le quitter pour entrer dans la
composition du 17ᵉ corps, et d'ailleurs il recevait de
M. de Freycinet, lequel ne croyait pas à un mouvement
du grand-duc vers l'ouest, l'ordre télégraphique de serrer sur la gauche de l'armée de la Loire. M. de Freycinet
se trompait grandement, ainsi qu'on va le voir.

Jusqu'à ce moment, en effet, la subdivision d'armée
placée sous les ordres du grand-duc avait eu à remplir
un rôle assez complexe : faire face à une offensive française de l'ouest, qu'on croyait imminente[3], et contenir,
le cas échéant, les forces massées à Orléans. Mais l'arrivée du prince Frédéric-Charles venait de modifier
avantageusement une situation qui n'avait rien de ras-
surant pour nos adversaires. Aussi, dès que le grand
état-major eut connaissance de l'entrée à Milly du
IXᵉ corps, s'empressa-t-il de partager les rôles ; au
grand-duc incombait dorénavant la tâche de couvrir le
blocus à l'ouest, jusqu'à la route de Chartres ; au prince,
celle de le couvrir au sud, en poussant sur Orléans dès
que ce serait possible.

1. Voir plus haut, page 112.
2. *La 2ᵉ armée de la Loire*, page 39.
3. A ce moment, outre les escarmouches constantes qui révélaient
la présence de forces françaises dans l'ouest, l'état-major allemand
trouvait à puiser largement dans les journaux des renseignements
très capables de l'induire en erreur. Il n'y était question que des
armées de Normandie et de Bretagne, lesquelles en réalité, se rédui-
saient à quelques milliers de mobilisés croupissant, sans armes ni
vêtements, dans des camps boueux, et de la sortie de l'armée de
Paris par l'ouest, dont le secret avait transpiré.

Lorsque, le 16, ces instructions parvinrent au grand-duc de Mecklembourg, à Nogent-le-Roi où il avait porté son quartier général, ses troupes étaient réparties entre ce point (17ᵉ division), Chartres (22ᵉ division et 6ᵉ division de cavalerie), Gallardon (Iᵉʳ bavarois) et Allonnes (4ᵉ division de cavalerie). Il changea de front sans perdre un instant et dirigea la 17ᵉ division sur Dreux, où des troupes françaises venaient de lui être signalées[1], la 22ᵉ sur Châteauneuf-en-Thimerais ; le Iᵉʳ corps bavarois suivait en deuxième ligne derrière cette ville. La 5ᵉ division de cavalerie devait éclairer le mouvement vers l'ouest, tandis que les 6ᵉ et 7ᵉ le couvriraient au sud-ouest, vers Nogent-le-Rotrou et, au sud, entre Bonneval et Chartres. Il ne restait donc plus, devant le général d'Aurelle, que la 2ᵉ division de cavalerie, et cette situation essentiellement favorable pour nous se prolongea jusqu'au 18, date à laquelle le IXᵉ corps arriva à Angerville. Comment n'a-t-elle pas été exploitée! Comment le général d'Aurelle qui, même contre ce dernier corps, avait une supériorité numérique incontestable, n'a-t-il rien voulu faire, rien voulu essayer! Ce serait là un fait inexplicable, si on ne savait quels déplorables résultats amène la confiance aux *belles positions*, et à quel point la théorie fallacieuse qui préconisait leur valeur hypothétique, comptait d'adeptes en 1870!

Le 17 novembre, vers une heure de l'après-midi, l'avant-garde de la 17ᵉ division débouchait devant Dreux, par la route de Nogent-le-Roi. Les troupes françaises[2], aux ordres du général du Temple, avaient été disposées en cordon entre La Blaise et l'Eure, avec une réserve dans la ville même ; elles occupaient une ligne de 10 kilomètres environ, beaucoup trop étendue pour leur effectif. Il ne fut pas difficile aux Allemands de refouler les deux ailes de la position, à Tréon et à Chérisy,

---

1. Une escarmouche eut lieu le 15 novembre entre des uhlans et des cavaliers français du général Fiéreck, à quelques kilomètres au sud de Dreux, vers Villemeux.
2. 8 bataillons de mobiles et 4 compagnies de fusiliers marins.

malgré la bravoure que déployèrent nos soldats[1], et
de s'emparer de Dreux. La colonne du Temple battit
en retraite sur Nonancourt dans un assez grand désordre. Pendant ce temps, la 5ᵉ division refoulait derrière la forêt de Dreux les détachements que le lieutenant-colonel Thomas avait jetés le long de la Vègre,
vers Berchères[2], et la 6ᵉ division poussait devant elle
ceux qui étaient postés sur la route de Chartres à la
Loupe, vers Landelles[3].

Marche sur Nogent-le-Rotrou. — Maître de la ligne
de l'Eure, depuis Anet jusqu'au sud de Chartres[4], le
grand-duc résolut de se porter sur Tours, en dispersant
au préalable les troupes françaises en formation autour
du Mans. La facilité avec laquelle il avait, dans cette
journée du 17, bousculé les faibles détachements éparpillés devant lui montrait clairement qu'il n'avait eu
affaire qu'à un simple rideau et qu'il fallait pousser
plus loin pour trouver le gros de nos forces. Il ordonna
donc à la 5ᵉ division de cavalerie de marcher sur Évreux,
pour achever de purger le pays des bandes disséminées
qui auraient pu inquiéter son flanc droit, et fit reprendre, dès le lendemain, la marche vers l'ouest[5].

---

1. Le 2ᵉ bataillon des mobiles d'Eure-et-Loir, qui était à Tréon,
perdit son chef, le commandant de Briqueville, un autre officier et
16 hommes tués, plus 17 blessés et 8 disparus. Les Allemands comptaient en tout 41 hommes hors de combat.

2. Un détachement de mobiles de l'Ardèche et de francs-tireurs de
l'Iton déploya là une résistance admirable qui lui coûta des pertes
sensibles.

3. Le 8ᵉ bataillon de chasseurs de marche défendit vigoureusement
Landelles et tint en échec toute la journée la 15ᵉ brigade de cavalerie.

4. Le 17 au soir, la position des Allemands était la suivante : la
17ᵉ division, autour de Dreux, la 22ᵉ au nord de Châteauneuf-en-
Thimerais ; le Iᵉʳ bavarois sur la route de Chartres à Dreux ; la
5ᵉ division de cavalerie à Mantes et Houdan ; la 6ᵉ à Courville, à
l'ouest de Chartres ; la 4ᵉ à Thivars, sur la route de Chartres à
Bonneval.

5. Nous ne croyons ni intéressant ni utile d'exposer par le menu
tous les petits combats livrés par des troupes mal organisées, mal
armées, mal vêtues, sans artillerie et dépourvues de cohésion. D'ailleurs, le procédé est toujours le même : usage à outrance du canon,
jusqu'à ce que les bandes françaises, désorganisées, soient hors
d'état de tenir devant un simple bataillon allemand. La bravoure
montrée par des unités éparses ne pouvait compenser ce qui leur
manquait.

Mais déjà son mouvement avait eu des conséquences
assez graves; le général Fiéreck, accouru sur la Conie.
d'après les ordres reçus de Tours, s'était inquiété outre
mesure des suites que pourraient avoir pour lui les
événements du 17, et, reculant aussitôt sur Nogent-
le-Rotrou, il avait poussé la prudence jusqu'à faire
sauter le pont de Varize, sur la Conie, seul point de
passage que nous eussions. Le général d'Aurelle dut
aussitôt le faire rétablir[1].

Les Allemands pénétrèrent donc dans le Perche, où
la nature coupée et boisée du terrain allait leur offrir
des difficultés sérieuses, augmentées encore par l'état
brumeux du ciel. Le 18, la 17e division prit la route de
Brézolles, mais ne dépassa pas Laons, arrêtée par le
bruit d'une canonnade vers le sud; la 22e atteignit
Ardelles[2] (43e brigade et 6e division de cavalerie) et
Châteauneuf, après divers combats livrés à Fontaine-
les-Ribouts, Bijoncelle et Digny, aux troupes du lieutenant-colonel Marty, lequel s'était porté de Senonches
vers Dreux à la nouvelle de l'occupation de cette ville
par le général du Temple[3], et tenait, le 18, les bois
autour de Châteauneuf. De même le Ier corps bavarois
avait affaire, à Saint-Maixme, à un bataillon du 36e de
marche et n'atteignait Jaudrais qu'après avoir été obligé
de refouler des groupes de mobiles, probablement égarés, qui s'étaient montrés sur ses derrières, à la lisière
de la forêt de Châteauneuf. Enfin, à l'aile gauche, la
4e division de cavalerie s'était heurtée, au sud-ouest
de Thivars, à des groupes français pourvus d'une mitrailleuse[4], qu'elle avait refoulés à coups de canon sur
Illiers, mais sans pouvoir les déloger de ce bourg,
« malgré une canonnade suivie d'une attaque exécutée

1. La 1re armée de la Loire, page 130.
2. La 43e brigade avait même poussé jusqu'à Digny, mais en avait
été repoussée par la fusillade d'un bataillon du 36e de marche et
des mobiles de la Mayenne. — Le Ier corps bavarois avait envoyé à
son secours un bataillon d'infanterie, deux pelotons de cavalerie et
une batterie qui ne firent rien. (La Guerre franco-allemande, 2e partie,
page 431.)
3. Il avait avec lui 7 ou 8,000 hommes de mobiles et de francs-
tireurs.
4. Deux bataillons de la Manche et des francs-tireurs.

par deux pelotons de dragons à pied[1] » ; cette division était forcée de se replier sur l'Eure, au sud de Chartres.

La journée du 18 « faisait donc peu d'honneur aux Allemands[2] », car avec des forces très supérieures, ils avaient été tenus en échec, sur plusieurs points, par des troupes dont le défaut de consistance ne se révélait cependant que trop aisément. Mais que dire aussi de cette défense désordonnée, qui laissait nos forces s'épuiser par petits paquets, et n'aboutissait qu'à des pertes sans résultat ? N'eût-il pas été préférable cent fois de se concentrer en arrière, et d'opposer ainsi à l'ennemi une masse de quelque valeur ? Cette dissémination des efforts, produit de la défense locale, était absolument déplorable, et n'aboutissait qu'à jeter le désordre dans nos malheureuses troupes, condamnées à se faire battre en détail.

Les soldats du grand-duc étaient néanmoins tellement fatigués par cette marche à l'aveugle avec des escarmouches continuelles qu'il fallut les laisser reposer le 19. Pendant ce temps, nos contingents se retiraient vers l'ouest, dans une débandade complète. Il avait suffi, ce même jour, aux troupes qui occupaient Évreux, sous les ordres du général de Kersalaun, de recevoir quelques obus, envoyés par l'artillerie de la 5e division (brigade Bredow), pour évacuer la ville et se retirer derrière la Rille[3]. Quant aux forces du général du Temple, des colonels Thomas et Marty et du général Fiéreck, elles erraient à l'aventure entre l'Huisne et le Loir. Le général Fiéreck, commandant de la défense de l'Ouest, fut remplacé par le contre-amiral Jaurès, nommé général de division au titre auxiliaire, et, en attendant l'arrivée de ce dernier, le général Rousseau, chef d'état-major, s'occupa, d'après les ordres de M. de Freycinet, de rassembler tout son monde autour de Nogent-le-Rotrou ;

---

1. *La Guerre franco-allemande*, 2e partie, page 432.
2. P. Lehautcourt, *loc. cit.*, page 192.
3. Ces troupes formèrent plus tard le corps de défense de Rouen et du Havre. Le département de l'Eure tomba donc au pouvoir de l'ennemi, mais sans que celui-ci poussât plus avant ; bien au contraire, le 19 au soir, le général de Bredow rentrait à Dreux.

ce fut là le noyau du 21ᵉ corps, qu'il eût certes mieux valu constituer plus tôt.

Le 20, le grand-duc reprenait sa marche, et poussait, sans la moindre difficulté, la 17ᵉ division jusqu'à Senonches, la 22ᵉ jusqu'à la Loupe. Quant à la 4ᵉ division de cavalerie, toujours extrêmement timorée, elle prenait pour un mouvement offensif de notre part quelques reconnaissances faites par le 17ᵉ corps entre Bonneval et Illiers, et était cause que le Iᵉʳ corps bavarois, au lieu de marcher vers l'ouest, s'infléchissait vers le sud et venait cantonner le soir entre Champrond-en-Gâtine[1] et Courville, ayant au milieu de lui, à Saint-Denis-des-Puits, la 6ᵉ division de cavalerie.

Cependant le terrain devenait de plus en plus difficile, à mesure qu'on s'avançait dans le Perche ; d'autre part, le grand-duc, croyant toujours rencontrer le gros de nos forces, s'attendait à une vive résistance[2]. Il résolut donc de se concentrer davantage, et donna l'ordre au Iᵉʳ corps bavarois de se porter, le lendemain 21, entre Condé-sur-Huisne et Thiron-Gardais, à la 17ᵉ division de renforcer sa droite, à la Madeleine-Bouvet. Ainsi massé, il comptait attaquer Nogent-le-Rotrou avec toutes ses forces[3]. Au moment où, ce jour-là, l'avant-garde de la 22ᵉ division arrivait à la Haie-Neuve, elle fut assaillie par une fusillade assez nourrie. Un régiment refoula nos tirailleurs, mais ce fut pour voir les hauteurs de Bretoncelles occupées par des troupes assez nombreuses qui avaient du canon[4]. Il fallut que l'avant-garde allemande se déployât ; deux batteries (dont une appelée du gros) entrèrent en action et, sous leur protection, un mouvement débordant sur notre flanc fut exécuté par un bataillon (venu également du gros). A une heure, nos soldats, menacés de se voir coupés de Nogent, se retirèrent, abandonnant un canon ; l'artillerie

1. Cette localité était occupée et barricadée. La nuit empêcha les Bavarois de l'attaquer.
2. *La Guerre franco-allemande*, 2ᵉ partie, page 432.
3. *Ibid.*
4. 1 bataillon de marche de l'infanterie de marine, 4 pièces de montagne, la moitié du 8ᵉ bataillon de chasseurs de marche et 1 bataillon des mobiles de l'Orne.

ennemie, tirant à toute volée, leur infligea des pertes
telles que la retraite se changea bientôt en déroute[1], et
la 22° division put s'établir en cantonnement sur les
points qui lui avaient été assignés.

Pendant ce temps, la 1re division bavaroise était
venue s'établir à la Fourche[2], après avoir soutenu un
combat assez vif en cet endroit avec les troupes françaises qui, dans la nuit, avaient évacué Champrond-en-
Gâtine[3]. L'avant-garde de la division dut être appuyée
par un bataillon et deux batteries du gros, et il fallut,
là aussi, dessiner une menace sur les flancs pour venir
à bout de la résistance des Français. Les Allemands
perdirent près de 80 hommes ; nous, 21 tués et
55 blessés. De même pour la 2° division bavaroise, qui
marchait avec la brigade de cuirassiers sur Thiron-
Gardais, et s'était heurtée, près de ce village, à des
forces en position[4]. Elle dut aussi renforcer son avant-
garde et dessiner un mouvement contre notre ligne de
retraite. Cette division perdit 20 hommes ; les Français,
une centaine environ. Enfin, la 17° division ne put
occuper la Madeleine-Bouvet qu'après un combat livré
à un bataillon de mobiles du Finistère et aux francs-
tireurs qui défendaient la position.

Ainsi, le mouvement prescrit par le grand-duc avait
été exécuté complètement, quoique non sans difficultés
ni pertes. Les troupes allemandes étaient harassées ;
mais il fallait cependant profiter de leur concentration.
Le grand-duc se décida à attaquer Nogent ; le 22, la
22° division devait s'y porter par l'ouest, le 1er corps
bavarois par le nord et l'est ; la 6° division de cavalerie,
venue à Chassant le 21, menacerait vers la Ferté-Bernard
notre ligne de retraite ; la 17° division menacerait celle
que nous pourrions prendre sur Mamers par Bellême.

1. Nous avions près de 300 hommes hors de combat ou prisonniers.
2. A la croisée des routes de Nogent à la Loupe et de Nogent à
Courville.
3. 3 bataillons de mobiles de l'Orne, 2 sections d'artillerie (une
de 12 et une de 4 de montagne).
4. 2 bataillons de mobiles (Orne et Manche), 1 section de 12 et
1 mitrailleuse.

Enfin, la 4ᵉ division de cavalerie rentrerait à Illiers, couvrant la route de Chartres, et occuperait Bonneval, si faire se pouvait[1].

De notre côté, le général Rousseau avait rassemblé à Nogent nos détachements partout refoulés ; mais dans quel état ! Ces combats incessants, ces marches désordonnées en tous sens, cette retraite mouvementée sous l'eau, dans la boue, sans vivres ni vêtements, tout cela avait achevé la désorganisation commencée par un éparpillement sans excuse. Espérer, dans de pareilles conditions, pouvoir tenir tête, avec quelque chance de succès, aux masses qui menaçaient de nous envelopper, était absolument chimérique, et ni le général Rousseau, ni le général Jaurès, arrivé le 22, ni même M. de Freycinet ne le crurent possible. « Faites la part du feu, télégraphiait le délégué à la guerre, le 22 novembre, et allez, avec tout ce que vous pourrez rassembler, organiser la défense du Mans. » Le général Jaurès évacua Nogent et prit la direction de Mamers ; mais la route fut épouvantable pour ces malheureuses épaves, qui, démoralisées et souffrant atrocement, se débandèrent complètement. « Il ne fallut rien moins que de la grosse cavalerie et la menace des pièces d'artillerie pour arrêter les fuyards[2]. » Enfin, on arriva au Mans, tant bien que mal. Gambetta y était accouru ; il envoya l'ordre à M. de Kératry, qui commandait le camp de mobilisés de Conlie, de diriger aussitôt sur le 21ᵉ corps tout ce qu'il aurait de disponible ; M. de Kératry ne put mettre en ligne que quelques bataillons à peine habillés, armés de fusils de tous les modèles, et ignorant jusqu'à la manière de les charger. D'autre part, avec une activité vraiment extraordinaire, on put mobiliser 13 batteries venues de Rennes, de Carentan, et d'ailleurs[3], on espérait ainsi réunir 35,000 hommes, et opposer au duc de Mecklembourg « une barrière respectable[4] ». Fort heureusement, cette barrière, sur

1. *La Guerre franco-allemande*, 2ᵉ partie, page 436.
2. CH. DE FREYCINET, *La Guerre en province*, page 118.
3. *Ibid.*, page 119 (*en note*).
4. *Ibid.*

laquelle il semble que l'on ait compté avec un peu trop d'optimisme, devint inutile, au moins pour le moment, car l'armée du grand-duc allait recevoir une autre destination.

Retour vers le Loir. — En arrivant vers Nogent, le 22, dans l'après-midi, le grand-duc avait trouvé la ville évacuée. Il continua donc à marcher et poussa la 3e brigade bavaroise jusqu'à la Ferté-Bernard, où eut lieu une courte escarmouche avec trois bataillons de mobiles. Le soir, la subdivision d'armée occupait Bellême (17e division) [1], le Theil (22e division et 1re brigade bavaroise), Nogent-le-Bernard (2e et 4e brigades), Authon et Charbonnières (6e division de cavalerie). Quant à la 4e division de cavalerie, sous le prétexte que l'ordre de prendre Bonneval lui était arrivé trop tard, elle n'avait pas bougé de ses cantonnements. A Nogent-le-Rotrou, où était son quartier général, le grand-duc reçut une dépêche du prince Frédéric-Charles lui annonçant l'arrivée devant Artenay de ses têtes de colonnes, et lui faisant part de la conviction qu'il avait de la présence à Orléans du gros des forces françaises. Mais comme, en même temps, le grand quartier général télégraphiait de se porter promptement sur le Mans et Tours [2], le grand-duc ne changea rien à ses projets ; le 23, il dirigeait la marche de ses colonnes sur la ligne Mamers-Bonnétable [3], quand, sur la route de Nogent-le-Rotrou au Theil, il reçut une nouvelle communication télégraphique, expédiée dès la veille par M. de Moltke et lui enjoignant de revenir rapidement sur Beaugency, en ne laissant sur la Sarthe qu'un rideau. La raison de ce brusque changement de front était dans un télégramme envoyé de l'est par le général de Werder, et annonçant l'embarquement en chemin de fer, à Chagny,

---

1. A l'ouest de ce point, les Allemands trouvèrent une arrière-garde composée de deux bataillons (infanterie de marine et mobiles), qui leur opposèrent une énergique résistance et les obligèrent à dessiner une attaque à la baïonnette.

2. *La Guerre franco-allemande*, 2e partie, page 437.

3. Ce jour-là, la 4e division de cavalerie, sortant enfin de sa torpeur, occupa Brou et chercha à attaquer Bonneval. Elle fut repoussée par les troupes du 17e corps.

d'un nouveau corps d'armée français[1], qui était dirigé
sur Gien. Elle était aussi dans une appréciation plus
exacte de la véritable situation, dont M. de Moltke, éclairé
par l'inutilité de tous les mouvements du grand-duc,
venait enfin de se rendre compte. Le danger, pour l'armée
allemande de blocus, n'était pas à l'ouest ; il était au sud,
et c'est de ce côté, vers Orléans, qu'allaient maintenant
être dirigés les efforts combinés de la IIe armée et du
grand-duc. Toutefois, on faisait à notre jeune armée
l'honneur, mérité par son attitude à Coulmiers, de la
croire bien plus redoutable qu'elle n'était en réalité ; car
on ne voulait l'attaquer qu'après avoir réuni ces deux
groupes de forces, et on craignait tellement d'être devancé,
qu'à la demande du grand-duc, de laisser à ses troupes
épuisées la journée du 24 pour se reposer, on répondait
par l'ordre formel de ne pas perdre un instant[2].

Le 24 donc, la subdivision d'armée opéra un nouveau
changement de direction, et se mit en marche vers
Châteaudun et Vendôme[3], sauf deux bataillons, cinq
escadrons et une section d'artillerie, laissés sur l'Huisne.
Au soir, après de nombreuses escarmouches entre ses
diverses unités et les francs-tireurs ou gardes nationaux[4],
elle s'installait à Vibraye (Ier corps bavarois), à la Ferté-
Bernard (17e division) et à Nogent-le-Rotrou (22e), couverte au sud-est par la 6e division de cavalerie, dont
les patrouilles poussaient jusqu'à Châteaudun. La 4e ne
bougeait pas de Brou, autour duquel avaient lieu également
quelques escarmouches. Cette apparition de la cavalerie
allemande sur le Loir jeta une vive inquiétude au sein
de la Délégation de Tours, qui se hâta de prendre des
mesures pour protéger sa résidence et la gauche menacée
du général d'Aurelle. Le 17e corps, passé aux ordres du
général de Sonis[5], fut concentré en avant de Châ-

1. Le 20e corps, commandé par le général Crouzat. On verra plus
loin ce qui le concerne.
2. *La Guerre franco-allemande*, 2e partie, page 438.
3. Elle n'avait plus avec elle la 5e division de cavalerie, rentrée
aux ordres du Prince royal.
4. A Mondoubleau, Cloyes, Epuisay et la Chapelle-Royale.
5. Venu d'Algérie et précédemment commandant de la cavalerie
du 17e corps. — Il fut demandé par le général d'Aurelle à qui

teaudun [1], vers Marboué, et dut envoyer une brigade
occuper Vendôme ; en même temps on appelait à Tours
deux régiments venant l'un d'Orléans, l'autre de Lyon.
Enfin, on prescrivait au 21e corps, en formation au
Mans, de venir menacer, par Saint-Calais et Vendôme,
les derrières du grand-duc, s'il continuait sa marche
sur Tours.

Le général de Sonis, ayant à Marboué tout son corps
d'armée, avait pensé d'abord à se porter sur la Ferté-
Bernard. Mais, se rendant aux observations de M. de
Freycinet, qui jugeait l'opération dangereuse, il trans-
forma son premier projet en une pointe sur Brou, pour
menacer la subdivision d'armée, pendant sa marche de
l'Huisne sur le Loir. Cette dernière entreprise ne devait
pas être très heureuse, ainsi qu'on va le voir.

Combats de Brou, de Guillonville, etc. — Le 25, à
sept heures et demie du matin [2], il partait de Marboué,
avec sa 3e division (Deflandre), un régiment de cavalerie
et deux batteries. Au moment où son avant-garde
débouchait sur Brou, elle se heurta à une colonne de
munitions bavaroise, accompagnée de l'équipage de pont
du corps de von der Tann, qui, sous l'escorte de la
2e division de cavalerie [3] et de quelques troupes d'infanterie,
se rendait à Arville. A l'aspect de nos troupes, dont
l'artillerie s'était déployée face à Yèvres, cette escorte
fit tête et mit huit pièces en batterie de chaque côté du
village ; c'est à cette canonnade que se borna l'affaire,
car l'infanterie française n'ayant dessiné qu'une attaque

M. de Freycinet, trouvant le général Durrieu trop peu actif, avait
offert le choix entre lui et l'amiral Jauréguiberry. C'était un officier
général vigoureux, actif, d'une admirable bravoure et d'un caractère
antique. Il ne garda malheureusement pas longtemps son commandement. Quant au général Durrieu, il ne put se consoler de sa dis-
grâce, et son moral en subit une atteinte profonde. (*La 1re armée de la
Loire, passim.*)

1. La 3e division y était déjà ; les deux autres se trouvaient à l'est
de la forêt de Marchenoir. Mais le général de Sonis, qui l'ignorait,
fut obligé de leur envoyer ses ordres par l'intermédiaire du ministre
à Tours. (P. Lehautcourt, *loc. cit.*, page 237, *en note.*)

2. La première intention du général de Sonis avait été de partir
avant le jour ; il en fut empêché par la lenteur de transmission des
ordres.

3. Sauf la 8e brigade, laissée sur la route de Chartres à Bonneval.

indécise, toutes les voitures bavaroises purent traverser Brou sans encombre, et gagner la Bazoche-Gouet, où vinrent également les 9° et 10° brigades de cavalerie. Ce combat incohérent, qui nous coûtait une centaine d'hommes [1], n'avait donc servi à rien, si ce n'est à nous permettre d'entrer à Brou, résultat qui aurait pu être obtenu un peu plus tard sans brûler une amorce. Ou bien il n'eût pas fallu entamer l'affaire, ou bien il eût fallu la mener plus énergiquement.

Pendant ce temps, le grand-duc, prévenu, avait amené ses troupes sur la ligne d'Arville, la Bazoche-Gouet et Brou (26 novembre), en laissant au sud de Mondoubleau un détachement pour observer Tours. Bien qu'ayant reçu, dans la nuit du 25 au 26, une dépêche du grand quartier général qui le mettait désormais sous les ordres du prince Frédéric-Charles et lui prescrivait d'accélérer sa marche sur Beaugency, il avait l'intention d'attaquer Brou pour en chasser le 17° corps. Mais celui-ci le prévint, car dès le 25 au soir, le général de Sonis ramena ses troupes sur Marboué, qu'elles atteignirent dans la nuit [2].

Là, tout le 17° corps reçut du ministre et du général en chef l'ordre de battre en retraite sur Écoman. On craignait toujours pour Tours, où le bruit, propagé par le général de Sonis lui-même [3], courait que des forces ennemies considérables s'approchaient de Châteaudun ; par suite, ordre était donné de masser le 17° corps à l'abri de la forêt de Marchenoir, et de le dérober au besoin par une marche de nuit [4]. Le général Chanzy devait, le cas échéant, protéger cette retraite, mais sans sortir de ses positions, pour ne pas découvrir Orléans [5].

---

1. Les Allemands n'avaient que 10 hommes hors de combat.
2. Cette marche de nuit, succédant à une journée aussi fatigante, désorganisa profondément la division Deflandre, qui laissa derrière elle quantité de traînards. (P. LEHAUTCOURT, *loc. cit.*, page 241.)
3. *Dépêche du général de Sonis au général d'Aurelle*, en date du 26 novembre.
4. *Dépêche du général d'Aurelle au général de Sonis*, du même jour.
5. *Dépêches du général d'Aurelle au général Chanzy* (26 novembre) *et au ministre* (27 novembre)

Le général de Sonis partit donc de Marboué le 26 au
soir ; quand il arriva à Ecoman et Marchenoir, son
corps d'armée était entièrement désorganisé. Des troupes
aussi jeunes n'avaient pu résister à la double épreuve
qu'elles venaient de supporter en si peu de temps, et il
fallut trois jours pour les reconstituer à peu près [1]. Le
commandant du 17ᵉ corps rendit compte au général en
chef de cette fâcheuse situation dans des termes qui
montrent bien la noblesse de son caractère ; prodigue
d'éloges pour le dévouement de ses officiers, il n'adressait
qu'à lui-même le blâme d'une aventure dont il n'était
pas seul responsable assurément [2].

Au moment même où nos malheureuses troupes atteignaient dans ce désordre leur point de ralliement, les
Allemands entraient à Châteaudun pour la seconde fois.
Le grand-duc venait de recevoir, dans l'après-midi du
26, un nouvel ordre télégraphique lui enjoignant d'abandonner tout à fait la direction du sud, et de se porter
le plus rapidement possible, non plus sur Beaugency,
mais sur Janville, où il opérerait sa jonction avec là
IIᵉ armée. Le 27 donc, il avait donné l'ordre à ses forces
de s'établir sur la ligne Bonneval-Châteaudun ; de là
elles poussèrent des reconnaissances qui eurent quelques
petites escarmouches à livrer à nos francs-tireurs et à
des gardes nationaux. Des habitants d'Alluyes, qui
avaient voulu résister, furent bousculés, et, à son habitude, l'ennemi passa ses prisonniers par les armes.
Mais le terme des fatigues imposées à la *subdivision
d'armée* par cette course désordonnée à travers la
Beauce et le Perche était arrivé, car le même jour, ayant
opéré sa jonction avec un fort détachement jeté par le
prince Frédéric-Charles à Orgères et Patay [3], elle pouvait
enfin s'arrêter, et prendre, le 28, un repos dont son

---

1. Quatre compagnies et une batterie s'égarèrent et allèrent à
Tournoisis butter dans le 16ᵉ corps ; 1,500 à 2,000 hommes allèrent
à Beaugency.
2. Voir *La 1ʳᵉ armée de la Loire*, page 212.
3. La cavalerie de ce détachement refoulait, de Guillonville sur
Patay, les francs-tireurs de la Sarthe, qui se défendirent avec énergie.

état matériel et moral lui faisait une nécessité[1]. Elle cantonna donc entre Bonneval et Châteaudun, couverte au sud par la 6e division de cavalerie, au nord par la 4e.

III. — SITUATION DEVANT ORLÉANS.

Concentration de la IIe armée allemande. — Il nous faut maintenant revenir quelque peu en arrière, pour étudier les mouvements exécutés par la IIe armée, du 15 novembre, date où nous avons laissé ses avant-gardes sur l'Essonne, au 28. Très pressé, d'après ses instructions, d'atteindre Angerville avec les seules forces qu'il eût encore sous la main, le prince Frédéric-Charles avait, dès le 16, poussé la 1re division de cavalerie sur Pithiviers, et de là, le 17, sur Bazoches-lès-Gallerande. En ce point, elle donnait la main à la 2e, postée aux environs de Toury et chargée à elle seule de défendre la route de Paris contre l'armée de la Loire.

Opérant derrière le rideau formé par cette cavalerie, le IXe corps atteignit, le 17, Angerville[2], où il reçut l'ordre de rester jusqu'au 20 en se bornant à chercher à se procurer des renseignements. A cette date du 20, dit la *Relation allemande*, le IIIe corps devait être à Pithiviers, le Xe à Montargis, et le prince se proposait de marcher sur Orléans avec le IXe et le IIIe, tandis que le Xe serait dirigé sur Bourges. Mais les renseignements de la cavalerie, les rapports des espions et une reconnaissance faite par le prince en personne ne tardèrent pas à convaincre ce dernier qu'il avait devant lui, autour d'Orléans, des forces assez nombreuses pour nécessiter l'emploi de ces trois corps, et le projet sur Bourges fut abandonné. Toutefois, il n'était pas encore question, à ce moment, d'appeler à la rescousse le grand-duc de Mecklembourg, puisque, au moment où le prince comptait

---

1. Les hommes n'avaient plus de chaussures et la colonne traînait derrière elle un nombre énorme d'éclopés.
2. Le IXe corps avait parcouru 234 kilomètres en 7 jours (du 11 au 17 novembre inclus), soit une moyenne de plus de 33 kilomètres par jour.

pouvoir attaquer avec toute la II° armée réunie, c'est-à-dire le 26 novembre, il faisait précisément expédier au grand-duc l'ordre de se porter par le Mans sur Tours.

Tandis que le IX° corps, assez fatigué par sa marche longue et rapide, prenait à Angerville un repos relatif, avec des avant-postes toujours tenus sur le qui-vive, le reste de la II° armée achevait son mouvement, sans autre incident que quelques escarmouches avec des francs-tireurs [1]. A la date du 20, le III° corps atteignit Pithiviers et Boynes, avec des avant-postes vers la forêt d'Orléans, relié à droite à la 1re division de cavalerie, et couvert à gauche, vers Egry, par un petit détachement [2]. Le X° corps, qui avait été avisé seulement le 19, à Joigny, de l'ordre (donné le 16) qui lui prescrivait d'être le 20 à Montargis, n'arriva dans cette ville que le 21 et le 22; il y trouva six escadrons hessois (du IX° corps) que le prince lui envoyait comme renfort. Sur tout le front de la II° armée, encore disséminée sur un espace très étendu, les reconnaissances continuaient, rendues assez difficiles par les francs-tireurs qui sortaient de la forêt d'Orléans, et par la malveillance des habitants; cependant, sur certains points, si l'on en croit M. de Cathelineau, ceux-ci, soit par crainte, soit pour tout autre motif, ne faisaient rien pour entraver l'exploration faite par des officiers de cavalerie ennemie qui venaient, la nuit, rôder à pied autour de nos bivouacs. D'autre part, le manque de discipline et de cohésion des francs-tireurs causait de graves désordres; enfin, il paraît qu'un déserteur alla donner aux Allemands des renseignements précieux. Par suite, le prince persistait dans son projet de réunir ses trois corps dont, au dire des historiens prussiens, l'effectif total se montait à en-

1. Au III° corps, la 5° division avait dû, le 18, en quittant Sens, refouler des francs-tireurs de Château-Landon sur Montargis; de même entre Sens et Passy. Le 20, un détachement du flanc avait eu affaire à des groupes armés qui lui disputèrent Beaune-la-Rolande et Nancray, et qu'on ne put disperser qu'avec du canon; ces groupes appartenaient au corps Cathelineau. — Au X° corps, on eut à soutenir entre Châtillon-sur-Seine et Joigny de fréquentes escarmouches. Le 18, en avant de ce dernier point, la 38° brigade ne put parvenir à déblayer la route qu'en se servant d'artillerie et de cavalerie.
2. C'était le détachement envoyé précédemment sur Nancray.

viron 50,000 fantassins, 10,000 cavaliers et 276 pièces ;
c'était là une mesure prudente, car leur dissémination
les exposait à de sérieux dangers si le général d'Aurelle
ne s'était pas confiné dans une défensive obstinément
gardée.

Le 22, la II⁰ armée commença à se concentrer sur
une ligne plus avancée ; le IX⁰ corps vint s'établir entre
Allaines et Toury, couvert par la 2⁰ division de cavalerie ; le III⁰, couvert part la 1ʳᵒ, vint à Bazoches-lès-
Gallerandes (6⁰ division) et entre Boynes et Pithiviers
(5⁰). Le X⁰ serra ses unités autour de Montargis. Un
escadron de dragons, envoyé par lui à Châtillon-sur-
Loing, eut à se défendre contre des mobiles venus de
Gien[1]. Le lendemain, Beaune-la-Rolande était occupée
par la 31⁰ brigade et les escadrons hessois. Quant aux
reconnaissances, elles signalaient à Bellegarde la présence de troupes de ligne françaises[2] ; et les habitants
disaient que, la veille encore, 25,000 hommes étaient à
Lorris, tandis que 80,000 hommes, avec une artillerie
nombreuse, s'étaient portés de Gien sur Montargis[3].

D'après ces renseignements, Frédéric-Charles pouvait
croire que l'armée française renforçait son aile droite.
Or, voici que tout à coup la 2⁰ division de cavalerie,
placée en face de notre extrême gauche, rendait compte,
au contraire, de mouvements de troupes exécutés depuis
quelques jours de Santilly dans la direction de l'ouest.
En outre, des reconnaissances d'officiers s'étaient
heurtées, le 23, sur la Conie, à de gros détachements.
Tout cela était bien contradictoire et le prince demeurait
assez perplexe, quand, dans la soirée de ce même jour,
il reçut de M. de Moltke communication de la dépêche
envoyée par le général de Werder et annonçant le transport par voies ferrées d'un corps d'armée venu de l'est.
Ce n'était donc pas un renforcement partiel des lignes
françaises qui s'était opéré, mais bien une concentration
de forces qui se faisait autour d'Orléans. Le prince jugea

1. Ces mobiles appartenaient à la division Feillet-Pilatrie, du
18⁰ corps.
2. Du 20⁰ corps, comme on le verra plus loin.
3. *La Guerre franco-allemande*, 2⁰ partie, page 425.

que cette situation lui imposait l'obligation d'attaquer avec toutes les siennes une fois qu'il serait complètement renseigné sur les emplacements de l'armée française ; il appela immédiatement à lui le grand-duc et, comme on l'a vu plus haut, décida d'attendre son arrivée pour agir.

Projets de la Délégation. — Revenons maintenant à l'armée de la Loire, qui, occupée uniquement à compléter ses dispositions défensives, avait été maintenue pendant tout ce temps dans une complète passivité. « Ce n'est que lorsque les travaux du camp retranché seront achevés, écrivait le général d'Aurelle au ministre de la guerre, que l'armée aura sa liberté d'action », et il n'entendait ni s'étendre vers la Conie, comme le demandait Chanzy, ni s'aventurer hors de ses positions. Il craignait toujours que les mouvements des Allemands vers Dreux et Nogent-le-Rotrou n'eussent un but caché, qui était de l'attirer entre les forces du grand-duc et celles de Frédéric-Charles, afin de l'anéantir, et il estimait n'avoir rien autre chose à faire qu'à attendre le choc de l'armée ennemie là où il se trouvait[1]. Cette manière étroite d'envisager la situation n'était point celle de Gambetta ni de M. de Freycinet qui, dans la pensée d'une offensive prochaine, s'étaient empressés de diriger sur la Loire tout ce qui existait alors de forces organisées, ou à peu près ; c'est-à-dire le 20° corps, formé des éléments assez hétérogènes qui jusque-là avaient opéré dans les hautes Vosges et le bassin de la Saône, et dont le commandement venait d'être donné au général Crouzat[2]. Le 16 novembre, celui-ci était à Chagny, couvrant Lyon et se préparant à de nouvelles opérations, quand il reçut de M. de Freycinet un télégramme lui enjoignant d'embarquer immédiatement en chemin de fer une partie de ses troupes pour les transporter à Gien[3]. Il obéit, mais rien n'ayant été préparé pour ce transport de 40,000 hommes, l'opération s'accomplit dans des con-

---

1. Général d'Aurelle, *La 1re armée de la Loire*, page 145.
2. Voir tome V, l'*Histoire de la campagne de l'Est*.
3. 10,000 mobiles et 5,000 hommes d'armée de ligne, sur 55,000 dont disposait le général Crouzat, devaient aller renforcer la garnison de Lyon.

ditions assez fâcheuses et demanda trois jours ; toutefois, chose rare dans cette campagne, elle fut entourée d'un secret absolu, que le grand état-major ne réussit point à percer, puisqu'il n'eut communication du mouvement que le 23 (quatre jours après l'arrivée à Gien), par le télégramme cité plus haut du général de Werder.

A vrai dire, l'état des troupes ainsi amenées sur la Loire laissait singulièrement à désirer. Les échecs constants qu'elles subissaient depuis deux mois, la pénurie de l'équipement et des vivres, les souffrances endurées, le manque presque complet de cadres aux divers degrés de la hiérarchie, tout cela influençait profondément et d'une façon déprimante aussi bien le moral que la valeur matérielle de ces soldats improvisés, dont certains étaient vêtus de blouses et marchaient les pieds enveloppés de linges ou de peaux de mouton[1]. Néanmoins, à n'envisager que la situation numérique, il y avait maintenant autour d'Orléans une armée que l'on peut évaluer à 230,000 rationnaires environ, c'est-à-dire 200,000 combattants, avec au moins 250 bouches à feu[2]. Même en tenant compte de tout ce qui lui manquait, c'est là une force respectable, et dont la seule existence suffit à montrer l'effort prodigieux qui avait été fait. La Délégation entendait s'en servir. « Paris a faim et nous réclame, écrivait le 19 novembre M. de Freycinet. Étudiez donc la marche à suivre pour arriver à nous donner la main avec Trochu, qui marcherait à notre rencontre avec 150,000 hommes, en même temps qu'une diversion serait tentée vers le nord[3]. » D'ailleurs,

1. *Lettre du général Martin des Pallières au général d'Aurelle,* en date du 1er décembre.
2. Cette armée était disposée de la manière suivante : dans le camp retranché, les 15e et 16e corps ; à l'aile gauche, aux environs de la forêt de Marchenoir, le 17e corps ; à l'aile droite, près de Gien, le 20e corps ; en réserve, le 18e, qui se complétait à Nevers avec une partie des troupes amenées par le général Crouzat et avait pour chef provisoire le colonel Billot, chef d'état-major, en attendant le général Bourbaki, nommé en remplacement du général Abdelal et non encore arrivé.
3. Dans cette lettre, M. de Freycinet demandait si, pour renforcer les ailes et mettre les corps nouvellement formés sous la coupe directe et sévère du général en chef, il n'y aurait pas lieu de faire permuter entre eux les 16e et 17e corps, et plus tard le 15e avec

l'oisiveté des troupes, combinée avec des circonstances climatériques détestables, commençait à produire ses effets ordinaires. La vie au bivouac, dans la boue, sous la pluie ou la neige, devenait intolérable; la dysenterie, la petite vérole, les maladies des organes respiratoires faisaient des ravages de plus en plus considérables [1]. » Il était urgent de sortir les troupes de cette dangereuse stagnation. Enfin le gouvernement de Paris, qui, après la nouvelle du succès de Coulmiers, venait de modifier ses plans de sortie, insistait pour une action commune dans un délai rapproché; ses dépêches, trop intermittentes d'ailleurs pour permettre de combiner les mouvements de la province avec ceux de la capitale, fixaient au 15 décembre la limite des approvisionnements de celle-ci [2].

Cependant le général d'Aurelle, qui avait de moins en moins confiance dans les troupes successivement rangées sous son commandement, ne semblait pas encore décidé à sortir de son inaction. Aux instances pourtant suffisamment pressantes de M. de Freycinet, il se bornait à répondre le 20 que, pour agir de concert avec Paris, il fallait être au courant des intentions du général Trochu; si bien que Gambetta s'irritait et, prenant la plume lui-même, écrivait aussitôt au commandant en chef une lettre comminatoire, dans laquelle il l'invitait à méditer sur-le-champ « un projet d'opérations ayant Paris pour suprême objectif [3] ».

---

le 20 [a]. Le général d'Aurelle répondit avec raison qu'un pareil mouvement de flanc était trop dangereux pour être tenté, et l'affaire en resta là. Cette idée, que le général d'Aurelle, très passionné contre le délégué à la guerre, a attribuée, sans preuves à l'appui d'ailleurs, à une pensée égoïste (celle de retirer au commandant en chef ses meilleures troupes pour pouvoir en disposer directement dans l'opération qui était à l'étude en ce moment), était peu heureuse, il faut bien en convenir.

1. P. Lehautcourt, *loc. cit.*, page 214.
2. *La Guerre en province*, page 112.
3. « Je ne peux compter, ajoutait Gambetta, que cette préparation implique pour vous la connaissance préalable des projets du général Trochu. Nous sommes sans nouvelles, le hasard seul nous permet d'une façon tout à fait intermittente d'en obtenir; c'est une inconnue de plus dans notre problème, que nous devons être résolus à vaincre comme tant d'autres. Pour cela, il suffit de supposer une

Mais, pas plus cette fois que la première, le général d'Aurelle ne s'émut. « La solution du problème que vous me proposez, répondit-il le 23, n'est pas la moindre de mes préoccupations... Vous pouvez compter sur mon dévouement absolu. Dieu veuille mettre mes forces à sa hauteur ! » Ce n'était pas de ces protestations que pouvait se contenter Gambetta ; voyant que le commandant en chef ne voulait décidément rien proposer, il chargea M. de Freycinet de se substituer à lui dans l'élaboration d'un plan, quel qu'il fût, et c'est ainsi que fut décidée la marche sur Fontainebleau dont on verra plus loin les résultats.

Certes, il y avait là une regrettable confusion de rôles. Mais à qui la faute ? En opposant au gouvernement, qui, tant par tendance naturelle que par obligation de justifier son existence, voulait à tout prix *faire quelque chose* [1], une sorte d'inertie irréfragable et préméditée, le général d'Aurelle s'exposait un jour ou l'autre à se voir imposer des opérations qu'il lui faudrait exécuter à son corps défendant. Personne ne pouvait comprendre qu'une force aussi considérable que l'armée de la Loire s'immobilisât volontairement, et se bornât à attendre, sur des positions dont l'importance stratégique n'était nullement démontrée, une attaque qui, du reste, ne faisait que reculer la solution ; car, en admettant un échec des Allemands, il faudrait bien alors prendre l'offensive, quelle que soit la valeur des troupes, et abandonner le camp retranché, sous peine de n'avoir qu'un succès sans résultats. « Nous ne pouvons pas vous laisser passer l'hiver à Orléans, » écrivait M. de Freycinet, qui ajoutait : « Si vous m'apportiez un plan meilleur que le mien, *ou même si vous m'apportiez un plan quelconque*, je pourrais abandonner le mien et révoquer mes ordres [2]. » C'est pour n'avoir pas voulu

simple chose, c'est que Paris connaît notre présence à Orléans et que, dès lors, c'est dans l'arc de cercle dont Orléans est le point médium que les Parisiens seront fatalement amenés à agir. » (*Dépêche du 20 novembre* 1870.)

1. *Dépêche de M. de Freycinet au général d'Aurelle,* en date du 23 novembre.

2. *Ibid.*

proposer d'autre plan que celui d'un *statu quo* indéfini, que le général d'Aurelle, dont l'esprit méthodique et ponctuel ne pouvait se plier aux exigences d'une situation exceptionnelle, s'est vu forcé de prêter la main à des projets absolument contraires à ses idées, et de céder à une direction aussi étrangère que peu compétente une part de l'autorité qui eût dû être son apanage exclusif.

D'après les détails donnés par M. de Freycinet lui-même, le mouvement qui allait être décidé avait un double but : commencer le mouvement vers Paris, et dégager les provinces de l'ouest ainsi que l'aile gauche de l'armée de la Loire, alors fortement menacée par le grand-duc de Mecklembourg [1]. On pensait que l'armée de Paris sortirait par le sud, et, dès lors, c'était la direction de Pithiviers et de Beaune-la-Rolande qu'il fallait prendre pour lui donner la main vers la forêt de Fontainebleau. Mais on attribuait aussi au mouvement du grand-duc sur Dreux et le Mans une portée stratégique bien autrement considérable que celle qu'il avait réellement ; on craignait que son but fût d'attirer vers l'ouest les corps de gauche de l'armée de la Loire, pour permettre à la IIe armée allemande de percer celle-ci par son centre [2] ; tout au moins admettait-on que le grand-duc avait mission d'aller désorganiser le gouvernement à Tours, pour prendre de là à revers les forces du général d'Aurelle, pendant que le prince Frédéric-Charles les attaquerait de front. On espérait parer à tous ces dangers en opérant sur la gauche ennemie une diversion qui obligerait l'état-major allemand à rappeler le grand-duc [3] ; et l'on chargea en conséquence de ce rôle les troupes de notre aile droite, c'est-à-dire 18e et 20e corps et 1re division du 15e.

Les intentions de la Délégation furent communiquées

1. *La Guerre en province*, page 114.
2. Un moment le grand-duc faillit obtenir, sans le chercher, la première partie de ce résultat, l'apparition de sa cavalerie sur le Loir, le 21 novembre, ayant fait agiter, à Tours, la question de savoir si on n'appellerait pas, pour couvrir la ville, tout le 17e corps.
3. Ch. DE FREYCINET, *La Guerre en province*, pages 114 et suivantes.

le 21 au général d'Aurelle par M. de Serres ; puis, dans la nuit du 22 au 23, suivit une dépêche qui indiquait nettement les mouvements préparatoires à exécuter : le général des Pallières, avec 30,000 hommes, devait se porter le 24 à Chilleurs-au-Bois ; le général Crouzat était envoyé entre Beaune-la-Rolande et Juranville. Quant au 18ᵉ corps, il recevait l'ordre de se porter à Gien, pour y achever son organisation, et servir de réserve. Le général en chef transmit immédiatement ces ordres, en ce qui le concernait ; mais il ne put s'empêcher de communiquer au ministre ses impressions sur un mouvement qui lui semblait inopportun autant que dangereux[1]. « On allait, disait-il, attaquer avec une fraction de l'armée une position très forte par elle-même, Pithiviers, où il serait facile à l'ennemi de jeter des forces imposantes placées à proximité ; il y avait donc lieu de craindre que l'affaire ne dégénérât en une bataille générale, qui ferait perdre à l'armée de la Loire *le bénéfice des bonnes positions qu'elle occupait.* » Ce n'eût été là, à tout prendre, que demi-mal, si l'armée avait été concentrée et en état de faire agir de concert tous ses éléments ; la vérité est qu'elle allait opérer par paquets séparés, sans accord ni entente. Voilà le vice capital de la combinaison imaginée par M. de Freycinet. Mais le délégué à la guerre, fatigué des résistances et des atermoiements, ne voulut tenir aucun compte des remontrances qui lui étaient faites, et, répondant à la lettre du général en chef par celle dont on a pu lire ci-dessus les passages les plus saillants[2], il maintint telles quelles les mesures qu'il avait cru devoir adopter. Toutefois, par une nouvelle dépêche, il prescrivait, on ne sait pourquoi, que le général des Pallières s'arrêtât à Chilleurs, sans sortir de la forêt, et que le général Crouzat, au lieu de pousser jusqu'à Beaune, allât seulement prendre position entre Bellegarde et Boiscommun, en occupant Ladon et Maizières avec ses avant-postes.

---

1. *Lettre du 23 novembre,* à deux heures du matin. (*La 1ʳᵉ armée de la Loire,* page 169.)
2. Voir page 136.

C'est dans ces positions qu'on devait attendre l'ordre de pousser plus avant.

Le désaccord entre la Délégation et le commandant en chef était donc flagrant. Malgré tout, l'opération commença le 24, et débuta d'une manière fâcheuse, ainsi qu'on va le voir. Ce jour-là, en effet, le prince Frédéric-Charles avait ordonné sur tout son front des reconnaissances destinées à lui donner des indications plus précises sur la situation des Français, et, en avant des cantonnements allemands, de nombreux détachements s'étaient mis en mouvement dès la pointe du jour[1]. D'autre part, les fractions du Xe corps, encore à Montargis, devaient se concentrer à Beaune-la-Rolande, sous la protection des troupes jetées vers la forêt d'Orléans. La 39e brigade et l'artillerie de corps marchaient par Panne, la 37e par Ladon et Maizières; c'est-à-dire qu'une collision avec les troupes du général Crouzat était inévitable.

Combats de Ladon, Maizières, etc. (24 novembre). — Il était dix heures et demie du matin environ, quand, en approchant de Ladon, l'avant-garde de la 37e brigade trouva la route barrée par des contingents français[2]. Elle déploya aussitôt ses deux bataillons et deux batteries, qui prirent position à hauteur de Villemoutiers et mirent rapidement hors de cause les deux pièces que nous avions placées sur la route. Puis comme nos tirailleurs gagnaient du terrain sur la droite ennemie, du côté des Arlots, le général de Woyna, commandant la 37e brigade, fit porter sur ce point trois bataillons tirés du gros, qui nous délogèrent. A deux heures, toute la ligne allemande se portait sur Ladon, que nos deux bataillons évacuaient sans attendre le choc, puis la 37e brigade reprenait sa marche sur la route de Maizières[3].

Au moment même où débutait cet engagement, le

---

1. *La Guerre franco-allemande*, 2e partie, page 443.
2. Il y avait, à Ladon, un bataillon du 44e de marche, un bataillon de mobiles de la Loire, une compagnie de francs-tireurs du Doubs et une section d'artillerie. (P. LEHAUTCOURT, *loc. cit.*, page 225.)
3. *La Guerre franco-allemande*, 2e partie, page 445.

général de Voigts-Rhetz avait envoyé à la 39e brigade l'ordre de se porter sur ce même point de Maizières, qu'il savait occupé par nous. Le colonel de Valentini, commandant cette brigade, était à Venouille, se dirigeant sur Beaune, quand il le reçut, et il l'exécuta aussitôt, avec les deux bataillons et les deux batteries dont il disposait[1]. Malgré la violente fusillade qui les a accueillis, les Allemands refoulent le bataillon de mobiles de la Haute-Loire qui gardait Maizières et le poursuivent jusqu'à Fréville. Mais là ils se trouvent en présence de la 2e division du 20e corps, dont une partie se porte en avant et les contient[2]. Bien qu'à ce moment arrivât le secours de la 37e brigade, le général de Voigts-Rhetz ne jugea pas à propos de s'engager plus avant, et ramena tout son monde sur Beaune-la-Rolande, autour de laquelle cantonnèrent les Allemands[3].

Les pertes dans les deux affaires se montaient pour chaque partie à 200 hommes environ[4]. Mais le Xe corps avait réussi à opérer sa concentration malgré des circonstances qui auraient pu être dangereuses pour lui, si le général Crouzat, dépassant la lettre de ses instructions, avait dessiné sur le flanc des colonnes ennemies un mouvement plus énergique et plus vigoureux. Le 20e corps avait eu d'ailleurs, dans la même journée, à livrer une autre escarmouche; une reconnaissance prussienne partie de Beaune-la-Rolande, et forte de deux compagnies et deux escadrons, s'était heurtée,

1. *La Guerre franco-allemande*, 2e partie, page 4:5. — La *Relation allemande* dit bien que l'artillerie de corps avait déjà gagné Beaune-la-Rolande, mais n'explique pas comment cette brigade était réduite à 2 bataillons.

2. Un bataillon du 3e zouaves de marche, et deux bataillons de mobiles du Haut-Rhin, soutenus par une batterie de 12, déployèrent là une énergie remarquable et refoulèrent vigoureusement l'ennemi à la baïonnette en chantant la *Marseillaise*. (Général CROUZAT, *Le 20e corps de l'armée de la Loire*.)

3. La 38e brigade à Beaune, avec 6 escadrons hessois; la 37e à Romainville; la 39e à Gondreville. La ligne des avant-postes allait de Vergonville à Lorcy.

4. Dont, pour nous, 170 prisonniers. (Une compagnie tout entière du 44e de marche, qui dans le combat de Ladon dut mettre bas les armes au hameau de la Mothe où on l'avait laissée, ne fut prise, dit la *Relation allemande*, qu'après une défense acharnée.)

près de Montbarrois, à une partie du 2e lanciers français,
appartenant à la 1re division du 20e corps, et l'avait
rejetée sur Boiscommun, en lui prenant 10 cavaliers [1].
De ces divers épisodes pouvaient déjà résulter pour
l'ennemi certaines indications sur les dispositions de
nos forces. D'autre part, le IIIe corps avait également
lancé une reconnaissance sur la forêt d'Orléans. Quatre
bataillons, deux escadrons et deux batteries de la
6e division, partis de Bazoches-lès-Gallerande, avaient
refoulé, dès le grand matin, nos avant-postes sur Neuville-aux-Bois, sans pouvoir cependant emporter ce
village [2] ; mais le déploiement des trois armes, ainsi que
l'apparition de fortes colonnes françaises vers Chilleurs,
leur démontrait clairement que derrière cette ligne
d'avant-postes il devait y avoir des forces imposantes.
La lumière commençait donc à se faire dans l'esprit du
commandant en chef de la IIe armée.

Pendant ce temps, le général des Pallières avait
marché, suivant ses instructions, de Chevilly vers
Chilleurs, au milieu de difficultés considérables provenant tant du mauvais état des chemins que des nombreuses coupures et abatis qui les barraient ; c'est seulement le lendemain 25 que toutes les troupes qu'il
amenait furent concentrées en ce dernier point. Il paras-
sait d'ailleurs, comme les autres généraux, exécuter le
mouvement à contre-cœur [3], et ne prenait pas en tout
cas les précautions imposées par la situation. C'est ainsi
que le général en chef ayant prescrit aux 2e et 3e divisions du 15e corps d'armée d'appuyer à droite pour
remplacer la 1re, dirigée sur Chilleurs [4], le général des
Pallières, qui était parti avec cette dernière en emme-

---

1. Dont le lieutenant-colonel commandant le 2e lanciers de marche.
Les Hessois avaient perdu une quinzaine d'hommes.
2. Neuville était occupé par un bataillon du 29e de marche, deux
escadrons et une batterie de montagne. Une compagnie du 29e,
postée derrière des barricades, opposa une résistance énergique
aux Allemands, qui perdirent là 170 hommes. Nous en avions une
trentaine hors de combat.
3. Général D'AURELLE, loc. cit., page 191.
4. Le 16e corps devait, de son côté, envoyer sa 3e division entre
Gidy et Boulay, pour combler le vide produit par le resserrement
du 15e corps sur sa droite.

nant un convoi de 25,000 rations de pain destinées au
20ᵉ corps[1], se bornait à transmettre l'ordre sans se
préoccuper d'en assurer l'exécution. Par suite, un
bataillon du 39ᵉ de ligne, aux avant-postes, à Artenay,
fut laissé sans soutien par son régiment, qui appuyait
à droite[2], et se trouva, dans la matinée du 24, assailli
par une forte reconnaissance envoyée de ce côté par le
IXᵉ corps[3]. Ses grand'gardes furent délogées d'Assas;
lui-même dut évacuer Artenay que l'ennemi canonnait,
et la cavalerie allemande, détruisant la voie ferrée et le
télégraphe, poussa jusqu'à la Croix-Briquet, où elle put
voir en partie la marche de la division des Pallières.
Cette escarmouche aurait même entraîné vraisemblablement des conséquences plus graves, si le général Martineau, dont la division (2ᵉ du 15ᵉ corps) se portait à ce
moment sur Chevilly, n'avait pas envoyé vers la
Croix-Briquet deux bataillons et 4 pièces qui arrêtèrent
les Allemands et permirent au 39ᵉ de reprendre sa
position d'Artenay.

Cette journée du 24 était donc, en résumé, très mauvaise pour nous. Le mouvement prescrit s'était opéré
d'une façon incomplète et, sur tout le front, l'adversaire
avait pu se rendre un compte assez exact de nos positions, sinon même deviner nos projets. Comme si ces
circonstances n'étaient pas encore assez défavorables,
le malheur voulut qu'un officier envoyé par le ministre
au général Crouzat, le capitaine Ogilvy[4], tombât mortellement frappé à Ladon, et que sur son corps, laissé sur
le champ de bataille, l'ennemi trouvât les instructions
complètes données au général Crouzat au sujet de l'opération à exécuter ! Il faut convenir que la fortune réser-
vait à nos adversaires la plus large part de ses faveurs !

Le 24 au soir, le général d'Aurelle rendait compte à
M. de Freycinet des événements de la journée, en des

1. Général D'AURELLE, *loc. cit.*, page 190. — Le général en chef
donna l'ordre de les rendre à ce corps.
2. Le 39ᵉ de ligne appartenait à la 2ᵉ division du 16ᵉ corps.
3. Un régiment d'infanterie, une brigade de cavalerie, deux batteries à cheval.
4. Ogilvy était anglais. Il venait d'entrer, on ne sait comment, au
service de la France et dans l'état-major même du ministre.

termes qui montraient clairement combien il était opposé à l'opération projetée ; mais, de son côté, le délégué à la guerre envoyait aux généraux Crouzat et des Pallières des ordres confirmatifs ; il prescrivait même au colonel Billot de pousser vers Montargis avec le 18ᵉ corps, et au général d'Aurelle de préparer l'envoi à Chilleurs du reste du 15ᵉ corps. En attendant, deux batteries de montagne devaient être envoyées au général Crouzat, dont le corps était le moins abondamment pourvu d'artillerie. D'Aurelle, de plus en plus inquiet de cette persistance, faisait tous ses efforts pour la vaincre ou en atténuer les conséquences. Après avoir, dans la soirée du 24, envoyé le corps de Cathelineau, qui gardait la forêt d'Orléans, entre Chilleurs et Boiscommun pour opérer la jonction entre les généraux Crouzat et des Pallières, il adressa à M. de Freycinet une nouvelle dépêche, où, pour la première fois, il proposait un plan d'opérations. Montrant l'excessive dissémination des forces destinées, dans la pensée du ministre, à marcher de l'avant[1], insistant surtout sur la nécessité, qui, suivant lui, primait toutes les autres, de ne pas dégarnir Orléans, il proposait de faire rentrer la division des Pallières dans ses positions primitives, afin que « les 15ᵉ et 16ᵉ corps réunis, et soutenus par Crouzat à notre droite pour empêcher un mouvement tournant, se portassent à la rencontre de l'ennemi, ou *allassent le chercher partout où on le trouverait*. Le 17ᵉ corps couvrirait la gauche[2] ». Ces objections étaient parfaitement fondées, et les propositions très judicieuses ; elles n'avaient qu'un seul tort, celui de venir trop tard. Le délégué à la guerre ne voulut pas en tenir compte ; il continua à diriger lui-même et directement les opérations, dans des conditions qui, certes, n'étaient point faites pour assurer l'unité ni la concordance des efforts. « Tous les jours, a écrit le général d'Aurelle,

1. Il y a, entre Montargis et Chilleurs, plus de 50 kilomètres. Les forces chargées de la marche sur Pithiviers, réparties sur une semblable étendue, étaient donc dans l'impossibilité de se prêter, en cas d'attaque, un appui mutuel et opportun.
2. Général d'Aurelle, *loc. cit.*, page 194.

les commandants de corps d'armée (des Pallières, Crouzat et colonel Billot) recevaient directement de lui leurs
instructions, avec recommandation expresse, chaque
fois, *d'attendre de nouveaux ordres*... Cette succession
de mouvements tantôt en avant, tantôt en arrière, ces
temps d'arrêts automatiques exécutés d'après des ordres
expédiés chaque jour par le télégraphe, et donnés loin
du théâtre des événements, est-ce là de la guerre
savante, comme on avait la prétention de le faire croire?
N'est-ce pas annihiler cette *liberté d'action, cette initiative, ces inspirations* que doit avoir, sur le champ de
bataille, le commandant d'un corps d'armée[1]? » Assurément; et sous cette forme passionnée, le commandant en
chef de l'armée de la Loire fait ici leur procès à des
errements déplorables déjà formellement condamnés par
Napoléon. Mais il faut bien ajouter à la décharge de la
Délégation, que, jusqu'au 25 novembre, cette liberté
d'action, cette initiative, ces inspirations, dont il
réclame le monopole, s'étaient réduites pour lui à la
passivité la plus complète, la plus improductive, et que
rien dans sa correspondance ni dans son attitude
n'avait pu faire espérer qu'il voulût en sortir.

Quoi qu'il en soit, d'après les ordres de M. de Freycinet, le 18ᵉ corps poussa, le 26, jusqu'à Montargis, le
20ᵉ jusqu'à Ladon et Saint-Loup[2]. Ces deux corps
devaient occuper, le 27, Beaune-la-Rolande, Maizières
et Juranville, et s'y retrancher, toujours *en attendant
des ordres.* C'était aller au-devant d'une collision certaine, car à chaque instant il se produisait des rencontres d'avant-postes qui montraient que les deux
adversaires se trouvaient en contact. Quant au prince
Frédéric-Charles, croyant deviner d'après les événements du 24 que notre intention était de marcher sur
Paris par Fontainebleau, il avait légèrement resserré

---

1. Général D'AURELLE, *loc. cit.*, page 197.
2. Ce jour-là, une brigade du 20ᵉ corps partit de Ladon, sous les
ordres du colonel Girard, pour faire une reconnaissance sur Lorcy
et Juranville. Attaquée par un détachement ennemi qui avait été
envoyé vers Château-Landon, elle perdit son chef et dut se replier
sur nos avant-postes.

1. Général de Roon.   2. Général de Werder.
3. Général de Manteuffel.   4. Général de Blumenthal.

IV. 4

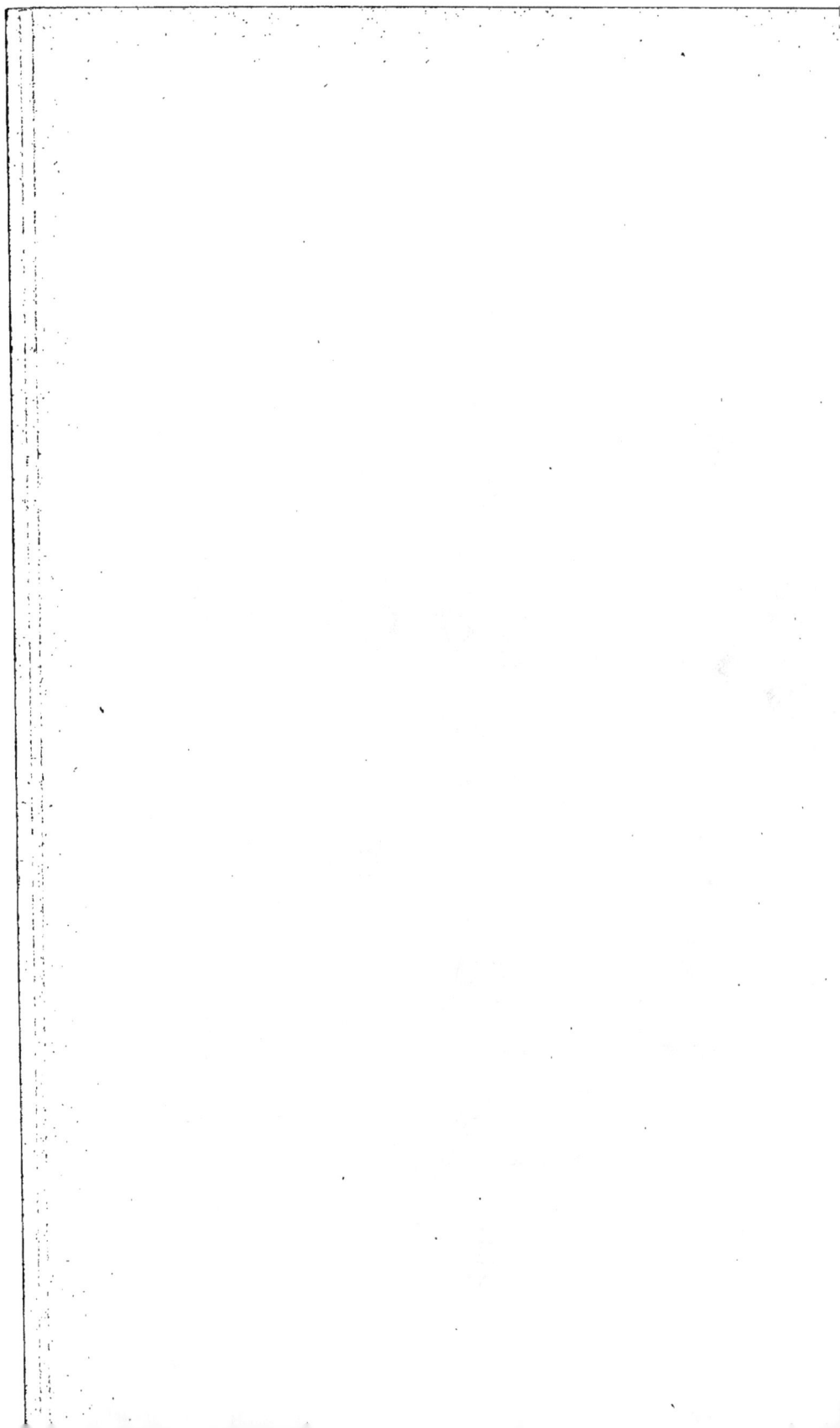

ses troupes sur leur gauche et prescrit, pour le 25, à la 1re division de cavalerie de se masser vers Boynes, tandis que le IIIe corps en ferait autant autour de Pithiviers et le IXe au sud de Toury. Le Xe corps restait à Beaune-la-Rolande, s'éclairant vers Montargis et Château-Landon. La 2e division de cavalerie couvrait la droite de l'armée. Il faut convenir, qu'en fait de dissémination, la disposition des forces allemandes ne le cédait en rien à la nôtre; elles occupaient, elles aussi, une ligne de plus de 50 kilomètres, et le grand-duc, vers lequel, au delà d'Orgères, le IXe avait jeté une brigade pour lui tendre la main, était à 60 kilomètres au moins de l'extrême gauche de leurs positions! Que serait-il advenu des combinaisons stratégiques de l'état-major allemand si tout à coup l'armée de la Loire, forte de 200,000 hommes, *concentrée* et décidée à attaquer résolument, se fût portée contre l'un quelconque de ces corps, exposé à être écrasé sans espoir de secours!

IV. — BATAILLE DE BEAUNE-LA-ROLANDE.

Le 28 novembre au matin, le Xe corps prussien occupait autour de Beaune-la-Rolande une position offensive constituée par les hauteurs situées des deux côtés de la ville et les ondulations qui avoisinent Longcourt[1]. La petite ville de Beaune, entourée d'une muraille ruinée de 4 mètres de hauteur moyenne, et située au milieu d'un terrain difficilement praticable en raison de la multiplicité des maisons, des clôtures et des vergers, avait été mise en état de défense; les forces réparties autour d'elle se montaient à 20,000 hommes tout au plus, y compris les non-combattants[2].

---

1. Des trois brigades composant alors le Xe corps, la 38e était à Beaune, la 37e à Marcilly, avec l'artillerie de corps, la 39e aux Côtelles. Ces dispositions furent prises le 27.
2. En tenant compte de la 1re division de cavalerie, postée à Boynes et à Barville, très près. Quant au IIIe corps, à Pithiviers, il avait 19 kilomètres à parcourir pour arriver sur le champ de bataille.

De notre côté, la direction des opérations, *sur le terrain*, avait été confiée au général Crouzat, qui ordonna les dispositions suivantes : la 1re division du 20e corps, débouchant de Boiscommun, à huit heures du matin, devait marcher sur Nancray, Saint-Michel et Beaune ; la 2e irait directement de Montbarrois sur Beaune ; la 3e servirait de réserve à Saint-Loup. D'autre part, le 18e corps, moins une brigade laissée à Ladon[1], devait se porter de ce point sur Maizières, Juranville et Beaune, en envoyant une brigade de flanc-garde à Lorcy. En résumé, l'intention du général Crouzat était de lancer le 20e corps à l'attaque de Beaune par le sud et l'ouest, tandis que le 18e dessinerait par l'est une attaque enveloppante. Quant au général des Pallières, chargé de garder les débouchés de la forêt, il avait reçu, le 27, du général d'Aurelle une dépêche ainsi conçue : « Je vous laisse *votre liberté d'action*, pour vous porter au secours de Crouzat s'il est *véritablement attaqué*. » Le rôle de sa division était donc éventuel, mais il pouvait, comme on le verra, devenir très important.

De son côté, le prince Charles avait fini par se rendre compte du danger qui menaçait sa gauche ; mais ne voulant pas abandonner encore la route de Paris à Orléans, il s'était contenté d'ordonner à la 5e division d'infanterie (IIIe corps) de se porter le 28 vers Boynes et Barville, pour appuyer, le cas échéant, le Xe corps. La 6e devait venir de Châtillon-le-Roi à Pithiviers remplacer la 5e et était elle-même relevée à Bazoches-lès-Gallerande, par une brigade du IXe corps. Enfin, le grand-duc de Mecklembourg était avisé de se presser, et recevait l'ordre d'atteindre, avec ses avant-gardes pour le moins, la route de Paris à Orléans avant le 29[2]. Ces mesures étaient certainement insuffisantes pour compenser l'infériorité numérique des Allemands, dans la bataille qui allait s'engager[3], car, sauf le concours

---

1. Cette brigade venait de Montargis.
2. *La Guerre franco-allemande*, 2e partie, page 448.
3. Le Xe corps prussien, réduit à 3 brigades par le détachement de la 40e, ne comptait pas plus de 11 à 12,000 hommes, avec 70 pièces. Avec la 1re division de cavalerie, il pouvait atteindre un effectif total de 17 à 18,000 combattants.

assez problématique de la 5ᵉ division[1], le Xᵉ corps ne
pouvait compter que sur lui-même et sur la 1ʳᵉ division de cavalerie pour résister à l'attaque des
30,000 hommes du général Crouzat[2].

Début de l'action. — Conformément à ses instructions, le général Billot mit sa 1ʳᵉ division en marche[3]
de Ladon sur Maizières (1ʳᵉ brigade) et sur Lorcy (2ᵉ)[4]
dès cinq heures du matin. Une heure après, les avant-
postes prussiens de Lorcy étaient bousculés par la brigade Bonnet, qui les refoulait jusque dans Corbeilles,
derrière la voie ferrée[5]. Là, leurs compagnies de réserve
les recueillirent et s'opposèrent à un mouvement débordant que le 9ᵉ chasseurs de marche dessinait par l'est,
sur le parc du château. Mais la mission du colonel Bonnet étant surtout d'attaquer Juranville, il ne poursuivit
pas son offensive sur Corbeilles, et obliqua aussitôt à
gauche avec le 19ᵉ mobiles et un bataillon du 42ᵉ[6].
Déjà la brigade Robert s'était emparée de Juranville,
culbutant les deux compagnies d'avant-postes prussiens
qui s'y trouvaient. Par suite, vers neuf heures du
matin, la 1ʳᵉ division du 20ᵉ corps était déployée en
avant de la ligne Juranville-Lorcy, ses deux brigades
reliées par un bataillon du 73ᵉ mobiles.

Le général Feillet-Pilatrie donna alors l'ordre de
pousser sur les Côtelles et déploya son artillerie division-

---

1. On verra plus loin que le général des Pallières aurait pu facilement empêcher ce concours et que, dans tous les cas, il ne fut
apporté que fort tard.

2. En comptant l'ensemble des forces dont disposait le général
Crouzat, on peut évaluer leur effectif total, dit le général des Pallières, à 53,000 hommes et 138 pièces, mais ni de notables fractions
du 18ᵉ corps, encore en marche, ni la division des Pallières, ni le
corps Cathelineau ne prirent part au combat. Si donc 30,000 hommes
ont été engagés de notre côté, c'est un maximum absolu.

3. Simple général de brigade au titre auxiliaire, le général Billot
expédiait ses ordres *au nom du général en chef*, lequel n'existait pas.

4. La 1ʳᵉ brigade (colonel Bonnet) comprenait le 42ᵉ de marche,
le 19ᵉ mobiles (Cher) et le 9ᵉ bataillon de chasseurs à pied. La 2ᵉ
(lieutenant-colonel Robert, du 44ᵉ de marche), était composée de ce
régiment et du 73ᵉ mobiles (Loiret et Isère).

5. La brigade Bonnet avait marché sur trois lignes : les deux
premières en tirailleurs, la troisième en colonne serrée.

6. Il laissait autour de Lorcy deux bataillons du 42ᵉ et le 9ᵉ bataillon de chasseurs.

naire[1] ; de son côté, le colonel de Valentini, qui commandait la 39e brigade allemande cantonnée autour de ce point, avait jeté dans les Côtelles un bataillon, soutenu, à Venouille, par deux autres bataillons, et appuyé par deux batteries au sud du moulin des Hommes-Libres[2]. Ces forces recueillirent d'abord les troupes d'avant-postes; puis bientôt la 39e brigade, presque tout entière, appuyée par un bataillon de la 37e, accouru de Marcilly, reprit l'offensive contre le 44e de marche qui marchait en tête, le repoussa dans Juranville et finit, à une heure après midi, par reprendre le village « après une lutte acharnée dans laquelle elle fut obligée d'emporter chaque maison, les barricades et le cimetière[3] ». Inutilement renforcé par un bataillon du 73e mobiles[4], et un du 47e de marche, envoyé par le général Crouzat pour aider son action, le 44e, qui comptait 250 hommes hors de combat, recula vers Maizières, où le colonel Robert reforma sa brigade. Puis, comme la majeure partie de la brigade Bonnet s'avançait à ce moment de Lorcy sur Juranville, le colonel Robert se prépara à reprendre, de concert avec elle, l'offensive qui venait d'échouer; il appela à lui une colonne de troupes non embrigadées qui, sous les ordres du colonel Goury[5], avait suivi, avec les trois bataillons de la réserve, son mouvement depuis le début, réunit les trois bataillons un peu épars du 73e mobiles, et se reporta en avant. Les Prussiens, assaillis sur leur flanc gauche par le 19e mobiles, sur leur flanc droit par le bataillon du 47e, reculèrent devant la poussée vigoureuse de nos soldats, et, malgré les efforts de leur artillerie, durent se replier jusque sur les Côtelles et

1. Deux batteries seulement. C'est ce que possédait chaque division du 20e corps.

2. Ces batteries avaient pour soutien deux escadrons de dragons

3. Capitaine BOIS, du 76e régiment d'infanterie, *Sur la Loire, Batailles et combats;* Paris, Dentu et Cie, 1888, page 172.

4. Le seul qui restât. Le second était entre Juranville et Lorcy, donnant la main à la 1re brigade; le troisième avait été envoyé sur le flanc gauche, vers la route de Beaune.

5. Ce détachement était fort de 1 bataillon d'infanterie légère d'Afrique, de 1 bataillon de tirailleurs algériens et de 4 bataillons appartenant pour ordre au 20e corps.

Longcourt. Les deux brigades françaises, maîtresses de Juranville, se jetèrent aussitôt vers le nord, et la brigade Bonnet menaça Longcourt, mais sans en faire au préalable préparer l'attaque par le canon ; comme nos troupes avaient conservé leur formation du début, en colonnes épaisses précédées de lignes compactes de tirailleurs, elles ne tardèrent pas à être désorganisées par le feu des trois batteries en position auprès de Longcourt, et durent s'arrêter. Alors, les deux batteries allemandes postées auprès du moulin des Hommes-Libres criblèrent leur flanc gauche de projectiles ; la retraite devint générale, et il fallut toute l'énergie du colonel Bonnet et des officiers pour qu'elle ne dégénérât point en déroute [1].

Cependant, plus à gauche, une partie de la brigade Robert avait pu s'approcher à couvert jusqu'à 200 mètres des Côtelles, où se trouvait un bataillon prussien. Après une première attaque, exécutée sans succès vers deux heures, les soldats du 44ᵉ et les mobiles du 73ᵉ se reformèrent, et au bout d'une demi-heure revinrent à la charge. Deux pièces prussiennes traversèrent alors le hameau au grand trot et accoururent au débouché sud ; elles étaient à peine en batterie que notre fusillade leur abattait assez de servants et de chevaux pour que l'une d'elles ne pût se retirer qu'à grand'peine et que l'autre fût abandonnée sur le terrain. En même temps, le colonel Goury marchait sur Venouille par l'ouest. Le bataillon prussien, très compromis, n'eut que le temps de battre en retraite pour ne pas être pris ; il était trois heures du soir.

A ce moment, un escadron du 3ᵉ lanciers de marche, appartenant au 18ᵉ corps, arrivait à Juranville. Informé par le capitaine Brugère, officier d'ordonnance du général Billot, de notre succès et de l'abandon d'une pièce ennemie, le commandant Renaudot se porte au grand trot sur les Côtelles, charge les fuyards allemands, et bouscule, malgré un fossé, des barricades

1. Le commandant Achilli, du 42ᵉ, atteint de deux blessures, maintint énergiquement son bataillon sous le feu. (*Historique du* 42ᵉ.) — Le régiment de mobiles du Cher avait perdu 10 officiers et 200 hommes. (Capitaine Bois, *loc. cit.*, page 173.)

et un feu violent parti des maisons, un petit détachement laissé au débouché nord pour protéger la retraite[1]. Il est bientôt, il est vrai, contraint de tourner bride par deux bataillons envoyés en toute hâte de Venouille, mais nous n'en restons pas moins maîtres des Côtelles, et nous emmenons, avec pas mal de prisonniers[2], la pièce que le capitaine Brugère a pu, sous les balles, fixer par une prolonge à l'un de nos avant-trains[3].

Le 18e corps avait rempli vaillamment une partie de la tâche qui lui était imposée ; malheureusement, il ne poussa guère plus loin son offensive. Se bornant à entretenir un feu d'artillerie sans grande efficacité contre la 39e brigade refoulée entre Venouille et Longcourt, il obliqua à gauche pour marcher sur Beaune, mais ne dépassa pas Foncerive, comme on le verra. Par suite, la tâche de s'emparer de la position principale des Prussiens incomba tout entière au 20e corps, dont nous allons maintenant exposer les mouvements depuis le matin.

Opérations du 20e corps. — Parti, dès l'aube, de Montbarrois et de Boiscommun, pour se diriger sur Batilly et Beaune-la-Rolande, ce corps s'était, dès huit heures et demie, heurté aux avant-postes de la 38e brigade, répartis entre Batilly, Orme et Foncerive. Sous la protection d'une batterie de 12, postée par le général Crouzat au nord de Saint-Loup, la 1re division (colonel de Polignac) avait refoulé, non sans difficultés, les grand'gardes ennemies, et marché de Batilly sur Beaune, en essayant de déborder la droite du Xe corps. Mais comme, vers onze heures, elle débouchait du bois de le Leu, une batterie prussienne lui lança une volée d'obus qui l'arrêtèrent ; ses deux batteries, aussitôt engagées, ne purent tenir, et c'est seulement grâce à l'arrivée des têtes de colonnes de la 3e division (général Ségard[4]), venant de Saint-Loup, qu'elle put

---

1. *La Guerre franco-allemande,* 2e partie, page 456.
2. La *Relation allemande* dit une cinquantaine. Les rapports français en accusent presque le double.
3. L'escadron de lanciers se comporta avec une extrême bravoure et perdit 10 hommes, dont 7 tués.
4. Lieutenant-colonel de l'armée, général de brigade auxiliaire.

reprendre son mouvement. Le bataillon prussien, chassé de Batilly, se replia sur le carrefour situé au nord-ouest de Beaune, où il prit position avec deux batteries et quelques cavaliers hessois. « Malgré le feu violent d'artillerie et de mousqueterie ouvert contre elles, les lignes de tirailleurs français, gagnant du terrain par bonds successifs, s'approchèrent cependant jusqu'à cent pas de la nouvelle position des Allemands et menacèrent leur droite[1]. » Ceux-ci durent donc, à midi et demi, se remettre en retraite sur la voie romaine (d'Orléans à Sens), en laissant sur le terrain une pièce qu'ils tentèrent inutilement de reprendre. Nos tirailleurs atteignaient déjà la Pierre-Percée.

Pendant ce temps, la 2e division (général Thornton) avait marché directement de Saint-Loup et Montbarrois sur Beaune, et refoulé les avant-postes d'Orme et d'Orminette. Avec beaucoup d'entrain et de bravoure, les mobiles du Haut-Rhin, de la Savoie et le 3e zouaves de marche s'avancèrent, déployés, jusqu'à 300 mètres de Beaune, au sud de laquelle ils formèrent, jusqu'au mamelon des Roches, une longue ligne enveloppante, tandis que la batterie de Saint-Loup s'approchait et canonnait la ville, où l'ennemi s'était barricadé. Sous cette menace, le général de Woyna dut faire rétrograder tous ses avant-postes sur la route d'Egry[2]; puis, deux batteries à cheval, accourues de Marcilly, et couvertes par la compagnie de pionniers, s'approchèrent à moins de 800 mètres de nos tirailleurs, qu'elles arrêtèrent un instant par une grêle de mitraille. Obligées bientôt elles-mêmes de rétrograder, elles vinrent rejoindre l'infanterie prussienne à la Rue Boussier.

La situation des Allemands, à ce moment, était extrêmement critique. Fractionnés en trois tronçons, dont les deux extrêmes étaient séparés par une distance de 3 kilomètres, ils voyaient la position de Beaune presque cernée, celle de Venouille et Longcourt tenue

---

1. *La Guerre franco-allemande*, 2e partie, page **457**.
2. Jusqu'au lieu dit la *Rue Boussier*.

en échec, et leurs troupes de Corbeilles immobilisées derrière la ligne du chemin de fer. Une intervention vigoureuse du 18ᵉ corps devait infailliblement faire tomber Beaune, et, par suite, la ligne entière ; cette intervention se produisit, mais alors qu'il n'était plus temps. D'autre part, l'offensive de la division de Polignac sur les derrières de la 38ᵉ brigade ne tarda pas à être arrêtée par la brusque apparition de la 1ʳᵉ division de cavalerie [1], qui arrivait de Boynes, sur l'ordre du général de Voigts-Rhetz. Dès une heure de l'après-midi, une de ses batteries, accourue sur la butte de l'Ormeteau, où, protégée par deux escadrons de uhlans, elle avait pris position, canonnait le flanc de nos troupes débouchant de Batilly ; de là, elle s'était rapprochée encore, et avait couvert de projectiles la voie romaine. Elle fut bientôt chassée par nos tirailleurs, que deux escadrons essayèrent vainement de charger ; mais la présence, à courte distance, de cette masse de cavaliers n'en constituait pas moins une menace, qui enraya net les progrès du colonel de Polignac.

Cependant Beaune n'était pas dégagée ; les trois bataillons prussiens qui, répartis sur la lisière au sud-ouest, au sud et à l'est, l'occupaient avec deux compagnies laissées par les avant-postes refoulés à la Rue Boussier, essayaient de tenir tête au flot grossissant des assaillants. Déjà nos tirailleurs étaient tout près du cimetière et de la barricade qui fermait la route d'Orme [2], et avaient tenté d'enlever ces points d'appui. Une pointe hardie, faite par le commandant de Verdière, chef d'état-major du général Thornton, pour pénétrer, à la tête de groupes de mobiles des Deux-Sèvres, du Haut-Rhin et de la Savoie, dans une rue dont la barricade était abandonnée, aurait peut-être réussi si les Prussiens, prévenus, n'étaient venus aussitôt en force pour réoccuper celle-ci. Cette tentative audacieuse était soutenue par le feu à mitraille d'une pièce que le maréchal

---

1. Cette division comptait 14 escadrons seulement, les 8 autres étant détachés, soit au IIIᵉ corps (la 3ᵉ brigade), soit aux avant-postes (1 escadron), soit à Nemours (1 escadron).

2. *La Guerre franco-allemande*, 2ᵉ partie, page 458.

des logis Réveillot, du 12e, avait amenée jusqu'à 300 mètres du mur d'enceinte, et qu'il ramena à sa batterie, après l'échec du commandant de Verdière, bien qu'il eût été blessé deux fois[1]. Les fantassins prussiens, réduits aux seules munitions de leurs gibernes[2], avaient toutes les peines du monde à garder leurs positions, et Beaune, presque cernée, allait être évacuée, quand, fort heureusement pour lui, le général de Woyna put faire rentrer en ligne son ancien régiment d'avant-postes, le 57e, rallié à la Rue Boussier, et les batteries qui avaient été se ravitailler sur ce point. Trois compagnies allèrent occuper la face ouest de Romainville; une quatrième essaya, sans succès, de prendre pied dans les fourrés de la Pierre-Percée[3]. Sept autres réussirent, vers trois heures, à s'établir sur le plateau des Roches et dans la partie orientale de la muraille qui borde la ville. Enfin, les quatre batteries prussiennes prirent position au nord-est de Beaune ; l'une, tirant au sud, contint l'infanterie du général Thornton, les trois autres empêchèrent les progrès de la division Polignac.

Mais un renfort important n'allait pas tarder à arriver au Xe corps. Tandis que de notre côté le général Crouzat, inquiet de ne pas voir déboucher le 18e corps, se portait vers Juranville pour demander au général Billot de hâter sa marche[4], la 5e division, du IIIe corps, amenée spontanément au canon par son chef, le général de Stülpnagel, se montrait sur la butte

1. P. LEHAUTCOURT, loc. cit., page 257. — Capitaine de vaisseau AUBE, Le 20e corps de l'armée de la Loire.
2. La Guerre franco-allemande, 2e partie, page 459. — Les caissons de munitions s'étaient repliés avec les trains régimentaires, dès le début de l'action.
3. Ibid. — Cette compagnie éprouva une telle résistance qu'elle fut contrainte de chercher un abri dans un fossé.
4. Le général Billot, croyant le 20e corps déjà maître de Beaune, avait jugé prudent, avant d'aller l'y soutenir contre tout retour offensif, de s'assurer la possession de tous les points conquis à droite. C'est ce qui explique la lenteur du 18e corps à déboucher devant Beaune, où son intervention opportune aurait certainement produit un heureux dénouement. Après son entrevue avec lui, le général Crouzat, comptant sur une marche plus rapide, était revenu devant Beaune, vers trois heures et demie.

de l'Ormeteau [1]. A peine son avant-garde atteignait-
elle ce point, qu'elle se déploya tout entière, un régiment (52°) au sud, le bataillon de chasseurs face à
Arconville, pour couvrir le flanc droit. Ce dernier
refoula sur Batilly les quelques troupes que nous
avions vers Arconville, et engagea, avec les fractions de
la division de Polignac postées à Batilly, un combat de
pied ferme auquel vinrent prendre part, vers quatre
heures et demie, trois batteries et deux compagnies
de la 9° brigade. Nos troupes essayèrent bien de déloger l'ennemi, mais ne purent y parvenir.

D'autre part, deux batteries prussiennes, prenant
position au nord de la Fosse-des-Prés, tiraient contre
les têtes de colonnes de la division de Polignac. Bientôt
renforcées par deux autres batteries, elles permettent à
un bataillon du 52° de rallier les troupes du 57° qui
avaient échoué à la Pierre-Percée ; toutes ces forces se
portent en avant, s'emparent des fourrés que nous
tenions encore, et reprennent le canon abandonné le
matin par l'artillerie du général de Woyna. Pendant ce
temps, six autres compagnies du 52° poussaient sur le
bois de le Leu et, soutenues bientôt par un régiment
venu du gros, chassaient vers le sud tout ce qui restait
encore de la division de Polignac entre Beaune et
Batilly [2].

Le général Crouzat, désespéré de cet échec qui venait
de si subitement détruire ses espérances justifiées, se
jette lui-même contre les assaillants, à la tête de son
état-major et d'une poignée d'hommes. Il ne peut pousser plus loin qu'une rangée d'abatis auxquels on a mis
le feu. Cependant la nuit tombait, et les défenseurs de
Beaune étaient à bout de forces comme de munitions ;
mais, bien que le 18° corps, qui débouchait enfin de
Foncerive, ait alors jeté sur la ville le bataillon

---

1. Fidèle au sentiment de solidarité militaire que les généraux
allemands tenaient si fort en honneur, le général de Stülpnagel avait
déjà mis sa division en marche quand l'ordre du prince Frédéric-
Charles lui arriva de se porter au secours du X° corps.

2. Le colonel Boisson, commandant la 1ʳᵉ brigade de la division
de Polignac, venait d'être tué.

d'Afrique et le 53e de marche, bien que la 3e division
du 20e corps ait dessiné par le sud un mouvent offensif,
on ne réussit pas à les déloger. C'était trop tard ; l'obscurité ne permettait plus de diriger l'action, et amenait
même des confusions déplorables entre nos soldats qui
se fusillaient réciproquement. Vainement le général Billot
insista pour qu'on gardât les positions occupées ; le
général Crouzat, convaincu de l'impossibilité qu'il y
avait de rester là dans un pareil désordre, ordonna de
battre en retraite et de reprendre les positions occupées
le matin.

Fin de la bataille. — Nos soldats, exténués par
cette longue journée de lutte, regagnèrent donc, non
sans désordre, leurs bivouacs antérieurs. Au 20e corps,
la 1re brigade de la division Thornton, commandée
par le capitaine de vaisseau Aube, garda seule ses positions jusqu'à onze heures du soir ; à ce moment, elle
se reporta sur Saint-Loup. Quant au 18e corps, il passa
la nuit en arrière de la ligne Lorcy-Juranville et ne
rentra à Ladon que le lendemain. Les Allemands ne
nous poursuivirent point, quoi qu'ils en aient dit, si
ce n'est à coups de canon ; leur Xe corps campa auprès
de Beaune et de Longcourt, la 5e division à la Pierre-
Percée et à Marcilly, la 6e division et la 1re division de
cavalerie à Boynes [2].

Les pertes se montaient, du côté français, à
3,000 hommes environ, dont 1,600 prisonniers ; du
côté allemand, à 38 officiers, 858 hommes (dont une
centaine de prisonniers), et un canon. Quant aux effectifs, nous avons déjà dit quel chiffre ils atteignaient
de part et d'autre ; mais on vient de voir que, somme
toute, à peine la moitié des nôtres avaient été engagés.
Dans le 20e corps, la 3e division ne prit à la lutte
qu'une part insignifiante ; dans le 18e, la 1re division
seule combattit le 28. C'est donc 30,000 Français tout
au plus, mal armés, peu aguerris, à peine vêtus, qui
luttèrent contre 22 ou 25,000 Allemands [3], et des

1. *La Guerre franco-allemande*, 2e partie, page 462.
2. *Ibid.*
3. Y compris la 5e division.

meilleurs [1]. Nous aurions pu certainement mieux profiter de notre grande supériorité numérique, qui seule pouvait compenser l'insuffisance de nos moyens d'action.

Il nous reste à parler maintenant de la fâcheuse inaction où demeurèrent, toute la journée, deux importantes fractions de nos troupes, dont l'intervention aurait probablement modifié la tournure des choses. Le corps Cathelineau, arrivé de Nancray à Batilly vers huit heures du matin, se tint immobile pendant la bataille et regagna à la nuit, sans avoir rien fait, ses emplacements dans la forêt. Un de ses détachements [2], envoyé à Courcelles, laissa défiler devant lui la 5e division prussienne et fut tenu en échec par un bataillon qu'elle avait envoyé pour couvrir son flanc droit [3]. Quant à la division Martin des Pallières, répartie le 28 sur une énorme étendue [4], avec toutes ses unités confondues, entre Saint-Lyé et Chambon, à la lisière nord de la forêt, elle n'avait reçu que des instructions générales, qui lui laissaient une liberté d'action dont son chef ne sut pas profiter. Il crut plus important de garder les routes allant à Orléans, lesquelles n'étaient nullement menacées, que de marcher au canon, dispersa son monde sur une longue ligne mince et ne bougea pas. Le soir, à la demande du général Crouzat, il essaya bien de concentrer à Chambon une partie de ses forces, mais à un moment où elles ne pouvaient plus servir à rien.

Ainsi, malgré une bravoure remarquable déployée par nos jeunes soldats, bravoure que certains écrivains allemands ont qualifiée de sauvage, malgré une supériorité numérique incontestable, notre première tentative d'offensive se terminait par un échec. Nous

1. Les IIIe et X[e] corps étaient ceux-là même qui avaient montré à Rezonville une si remarquable ténacité et dont l'inébranlable énergie avait pour ainsi dire sauvé la IIe armée.
2. Légion bretonne et provençale avec la compagnie d'éclaireurs de la 1re division du 15e corps.
3. A la tombée du jour, ce bataillon essaya de s'emparer de Courcelles ; il fut repoussé et perdit une soixantaine d'hommes.
4. Près de 30 kilomètres.

n'avions réussi à amener au feu, après une série de
mouvements lents et difficiles, qu'une minime partie de
nos forces, tandis que la masse de l'armée, éparpillée
sur un front démesuré, ne pouvait pas intervenir. Ce
triste résultat tenait avant tout au dualisme créé dans
le commandement par l'intervention directe du délégué
à la guerre, intervention qui n'aurait probablement pas
eu les mêmes conséquences, si le général d'Aurelle,
avec un peu plus d'esprit d'entreprise, avait résolument pris la direction des mouvements, et compris
qu'une armée de 200,000 hommes n'est point faite
pour s'enfermer dans un camp retranché, tandis que
devant elle l'ennemi se concentre pour l'attaquer avec
tous ses moyens. La dissémination est toujours dangereuse; quand elle se complique de l'incertitude et du
désarroi dans le commandement, elle mène directement aux désastres. Ajoutons enfin qu'une des causes
immédiates de l'insuccès du 20e corps devant Beaune
réside dans les scrupules du général Crouzat, qui n'uti-
lisa qu'incomplètement son artillerie, déjà insuffisante
par elle-même, afin de ne pas canonner une ville française. Le sentiment auquel il cédait en cette circonstance est assurément des plus honorables, mais la
nécessité de vaincre était de celles devant qui toute
autre considération aurait dû fléchir.

CHAPITRE IV

L'OFFENSIVE

I. — SITUATION APRÈS BEAUNE-LA-ROLANDE.

Combat de Maizières, Montbarrois, Saint-Loup, etc.
— A la nouvelle de l'échec du 28, la première pensée
du général d'Aurelle, pensée qu'on a quelque peine à
s'expliquer quand on connaît les motifs de son opposition à l'entreprise sur Pithiviers, avait été de maintenir les 18° et 20° corps sur les positions qu'ils occupaient [1]. Ce fut le ministre au contraire, qui, comprenant peut-être enfin les dangers de leur dissémination
et apprenant par le général Crouzat l'inutilité d'un
nouvel effort, ordonna de les resserrer sur leur gauche
et de les rapprocher de la division des Pallières. Le
29, en conséquence, le 18° corps se retira sur Ladon,
mais sans évacuer Maizières; le 20° rétrograda sur
Bellegarde en laissant une brigade à Saint-Loup [2].
Quant au général des Pallières, il jeta dans Boiscommun
quelques troupes et à Chambon un assez fort détachement, afin de faciliter la liaison [3].

1. *Télégramme du général d'Aurelle au général Crouzat, 29 novembre, midi et demi.*
2. Cette brigade, ayant vu les Prussiens opérer quelques mouvements devant elle, rétrograda sur Montbarrois, puis sur Boiscommun,
enfin sur Nibelle, le 30 au soir.
3. Ce détachement, aux ordres du lieutenant-colonel Choppin, du
29° de marche, se composait de 8 bataillons, 2 régiments de cavalerie
et 4 batteries. Il se trouvait à Chambon avec une partie du corps
franc de M. de Cathelineau.

A tout prendre, il n'y avait encore là ni concentration réelle, ni restauration de l'unité si nécessaire de commandement. Par contre, à travers ces marches et contremarches, la situation apparaissait de plus en plus nébuleuse, de plus en plus embrouillée. Le général des Pallières, craignant une attaque, demandait du secours au général en chef, tandis que celui-ci, s'imaginant que sa gauche était menacée, envoyait l'ordre à des Pallières d'accourir à l'aide des 16e et 17e corps, si ceux-ci étaient obligés de s'engager. De fait, ces inquiétudes n'avaient pas de raison d'être, car, d'une part, le grand-duc de Mecklembourg, arrivant sur notre gauche, n'avait d'autre préoccupation que de joindre la IIe armée ; d'autre part, le prince Frédéric-Charles, un peu surpris de la vaillance de nos soldats, jugeait prudent de se garantir contre une nouvelle attaque, et massait ses troupes sur son aile gauche, le Xe corps à Longcourt, le IIIe à Beaune-la-Rolande, deux brigades du IXe à Bazoches-lès-Galle-rande et Boynes [1]. Lorsque, le 29, les renseignements des avant-postes eurent montré au prince que ses craintes étaient vaines, il fit reprendre à ses troupes des cantonnements moins étroits, entre Lorcy et Pithiviers [2].

Le lendemain 30, sur l'ordre de M. de Freycinet, nos troupes continuèrent à appuyer à gauche ; le 20e corps se porta de Bellegarde à Nibelle et Chemaut ; le 18e gagna Bellegarde et Montliard. Ces mouvements donnèrent lieu à divers engagements, dont l'un assez sérieux. Le prince Frédéric-Charles, qui entendait nous serrer de près, avait en effet, pour ce jour-là, prescrit aux Xe et IIIe corps d'éclairer dans la direction de Boiscommun et de Montargis, tandis que le IXe se rapprocherait de Beaune. De son côté, le général de

---

1. *La Guerre franco-allemande*, 2e partie, page 403. — Le reste du IXe corps devait suivre aussitôt que les troupes du grand-duc seraient à Toury.

2. *Ibid.* — La 18e division (IXe corps) restait sur la route de Paris à Orléans, où venait d'ailleurs de déboucher la 4e division de cavalerie, tête de colonne du grand-duc.

Voigts-Rhetz avait lancé sa 39ᵉ brigade sur Saint-Loup, Maizières et Lorcy, la 38ᵉ sur Longcourt et Corbeilles, le 37ᵉ sur Montargis, avec ordre d'occuper cette ville si c'était possible[1]. Au moment où, à huit heures et demie du matin, la 39ᵉ brigade venant de Côtelles était sur le point d'atteindre les Gouilloux. elle fut accueillie par des coups de feu, tirés par une flanc-garde qu'avait postée à Maizières le général Billot[2]. Elle déploya aussitôt son avant-garde, face à la lisière nord-ouest du village, et mit en batterie dix pièces au carrefour des Gouilloux ; puis, jetant ses lignes d'infanterie en avant, le colonel de Valentini essaya de s'emparer de Maizières par une attaque de front combinée avec un mouvement débordant par le sud. Mais son offensive échoua devant la ferme attitude des défenseurs, soutenus par le feu d'une batterie postée devant Montigny ; les Allemands revenaient cependant à la charge, quand deux bataillons du 42ᵉ, accourus de Montigny à travers champs et fossés, arrivèrent à la rescousse, suivis à quelque distance par trois batteries et deux régiments de cavalerie (3ᵉ lanciers et 2ᵉ hussards de marche), qui s'avançaient sur les Gouilloux par la route de Beaumont. Devant cette menace dirigée sur son flanc, le colonel de Valentini ordonna la retraite qui s'opéra sous la protection de tirailleurs postés dans le fosse de Barvilette. Deux bataillons envoyés en hâte à Juranville par la 38ᵉ brigade, vinrent alors la soutenir ; malgré ce renfort, les Prussiens regagnèrent la Côtelle, où ils trouvèrent encore un bataillon et deux batteries, et où ils s'arrêtèrent enfin. Nos soldats les avaient poursuivis jusque dans Juranville, mais sans pousser davantage ; on ne pouvait en effet s'engager plus avant sans compromettre le mouvement général. Cette pointe énergiquement menée suffit cependant à faire croire à l'ennemi que nous reprenions l'offensive. « S'attendant à une

---

1. *La Guerre franco-allemande*, 2ᵉ partie, pages 464 et 465.
2. A Maizières, il y avait 1 bataillon de tirailleurs algériens et 2 compagnies d'infanterie légère d'Afrique ; à Montigny, le 42ᵉ de marche avec une batterie.

attaque générale des Français, dit la *Relation alle-mande*, le commandant de corps avait prescrit, à onze heures du matin, de concentrer sur Longcourt toutes les troupes qui se trouvaient aux environs, et *de ramener également sur ce point la 37ᵉ brigade*, que son mouvement sur Montargis avait déjà conduite à Mignerette. Mais l'ennemi ne débouchait pas au delà de Maizières, et comme, l'après-midi, il repliait aussi ses troupes avancées, les Allemands reprenaient possession, dans la soirée, de Juranville et de Lorcy [1]. » Il ne fallait pas grand'chose, on le voit, pour mettre, à cette époque, nos adversaires en émoi [2].

Au 20ᵉ corps s'était produit une affaire de moindre importance. Une reconnaissance de la brigade Durochet [3], poussée vers Montbarrois, était tombée sur le régiment du IIIᵉ corps embusqué dans les fermes situées au nord du village, et sur un bataillon de chasseurs accouru pour le renforcer. Elle fut refoulée et laissa entre les mains de l'ennemi une centaine de prisonniers. Du côté de Saint-Loup, une autre reconnaissance française avait été repoussée à coups de canon. Enfin, le détachement du colonel Choppin, à Chambon, fut attaqué aussi par des avant-gardes du IIIᵉ corps ; mais, grâce au concours des mobiles de la Nièvre et de la Charente, il put rejeter l'ennemi sur Nancray [4].

Assez inquiet de la constatation qui avait été faite de l'existence de forces françaises sur un front aussi étendu, le prince Frédéric-Charles activa autour de Pithiviers la concentration du IXᵉ corps, dont une partie avait, dans la journée, poussé jusqu'à Courcelles. Malheureusement pour nous, dans la soirée du 30, le commandant en chef de la IIᵉ armée allemande avait enfin à sa disposition la masse entière de ses troupes,

---

1. *La Guerre franco-allemande*, 2ᵉ partie, page 466.
2. L'affaire de Maizières coûta des pertes assez sérieuses. Le 42ᵉ de marche et le bataillon d'Afrique eurent ensemble environ 350 hommes hors de combat. Les Allemands, de leur côté, accusent 228 hommes tués, blessés ou disparus.
3. 1ʳᵉ de la 3ᵉ division (47ᵉ de marche et mobiles de la Corse).
4. Il y eut dans cette affaire une perte d'environ 100 hommes de chaque côté.

jusque-là assez éparses [1] car, d'une part, la 40ᵉ brigade (du Xᵉ corps) restée devant Langres, pendant la marche de Metz sur la Loire, venait de rejoindre l'armée dans la vallée du Loing [2] ; de l'autre, le grand-duc de Mecklembourg atteignait la route d'Orléans à Paris.

Arrivée du grand-duc. Combat de Varize. — Nous avons laissé l'*Armee-Abtheilung* cantonnée le 28 entre Châteaudun et Bonneval et poussant vers la Conie des escadrons de la 4ᵉ division de cavalerie. Invité de la façon la plus pressante à hâter sa marche, le grand-duc, après une journée de repos à peine suffisante pour refaire ses soldats harassés, avait, dès le 29, repris le mouvement en avant; il s'agissait pour lui d'effectuer, devant le front des 17ᵉ, 16ᵉ et 15ᵉ corps français une marche de flanc à allure rapide qui pouvait devenir extrêmement dangereuse, si le général d'Aurelle se décidait à faire sortir ses troupes de leur complète immobilité. Quoiqu'il n'en ait rien été, elle ne put cependant se terminer sans incidents. Le 29 au matin, le Iᵉʳ corps bavarois, venant de Châteaudun, rencontra sur la Conie, à Varize, les francs-tireurs Lipowski, qui essayèrent de lui barrer le passage naturellement sans succès. La majeure partie des francs-tireurs purent se retirer, mais une compagnie de Girondins, embusquée dans le parc de Brissac, ne fut pas prévenue de la retraite, et continua à soutenir une lutte aussi disproportionnée. Après trois heures de défense héroïque, la petite troupe [3], à bout de munitions, décimée et entièrement cernée, dut mettre bas les armes; elle avait perdu 47 hommes, dont 10 tués. « Le général von der Tann eut l'âme assez basse pour faire fusiller sur place une dizaine de ces braves

---

1. Le 28, jour de Beaune-la-Rolande, le seul IXᵉ corps occupait devant le camp retranché d'Orléans une ligne de plus de 30 kilomètres de longueur.
2. Elle laissait devant Langres 2 bataillons, 1 escadron et une batterie.
3. 110 francs-tireurs girondins et quelques francs-tireurs de Paris.

gens[1]. » Pendant ce temps, la brigade de cavalerie
Digard (du 16ᵉ corps), attaquée à Maury et à Villentier,
par la 6ᵉ division de cavalerie prussienne qui marchait
de Courtalin sur Cloyes, s'était repliée sur Tournoisis.
Le général Chanzy, informé de ces faits, fit alors partir en hâte pour la Chapelle-Onzerain, où s'était réfu-
gié le colonel Lipowski, le 3ᵉ bataillon de chasseurs de
marche, et lança contre la cavalerie allemande le général Guyon-Vernier avec tous les escadrons dont il pouvait disposer. Une rencontre se produisit où nos cavaliers chargèrent avec vigueur ; mais, trop inférieurs en
nombre, ils furent bientôt refoulés sur Tournoisis, où
les recueillit le 3ᵉ bataillon de chasseurs ; le général
Guyon-Vernier avait reçu trois coups de sabre. Quant
aux troupes du grand-duc de Mecklembourg, elles continuèrent leur mouvement, et vinrent, le 29 au soir,
occuper les positions suivantes : 4ᵉ division de cavalerie, Toury ; 22ᵉ division, Allaines et environs ; 17ᵉ division, Germignonville ; 1ᵉʳ corps bavarois, Orgères ;
6ᵉ division de cavalerie, Villampuy. Un régiment de
cavalerie occupait Loigny.

Avec une remarquable perspicacité, le général
Chanzy se rendait parfaitement compte de la portée des
mouvements qui s'effectuaient devant lui ; il comprenait
que l'armée du grand-duc allait prendre sa place d'a-
près le plan arrêté de concert avec le prince Charles et
il demandait avec instance que l'on profitât du moment
pendant lequel l'ennemi manœuvrait, pour l'attaquer
vigoureusement en se jetant sur le flanc de ses
colonnes et de ses convois [2]. Il est de fait que, le 29
au soir, les fractions de l'*Armee-Abtheilung* étaient
disséminées sur une ligne de plus de 40 kilomètres
dont la consistance semble avoir été médiocre. Non
seulement le général d'Aurelle ne songea point à profiter de cette situation, sous prétexte de ne point faire
d'attaques partielles, mais il prit au contraire les
diverses escarmouches dont il vient d'être question

1. P. LEHAUTCOURT, *loc. cit.*, page 202. — Voir également l'ouvrage
cité du capitaine Bois, page 148, et *La 2ᵉ armée de la Loire*, page 450.
2. *La 2ᵉ armée de la Loire*, page 56.

pour des symptômes précurseurs d'une attaque sur sa gauche, et il prescrivit des mesures qui témoignent de sa préoccupation à ce sujet. C'est ainsi que le général des Pallières fut, comme on l'a vu plus haut[1], invité à aller appuyer le 16ᵉ corps, dont le 17ᵉ se rapprochait aussi, en venant, le 30, à Coulmiers[2]. Précautions bien inutiles, car le prince Frédéric-Charles, loin de chercher à menacer notre gauche, continuait au contraire à se masser sur la sienne. Le 30, la 22ᵉ division fut portée à Toury et la 17ᵉ la remplaça à Allaines. Le prince, pensant qu'un prochain mouvement offensif de l'armée de la Loire était d'autant plus probable qu'une communication reçue du grand quartier général annonçait précisément une sortie générale des troupes de Paris dans la direction du sud-est, avait pris le parti d'attendre tout d'abord notre attaque avec ses forces réunies[3]. On va voir qu'il ne se trompait pas.

La reprise de l'offensive est décidée. — Tandis que ces événements se passaient, M. de Freycinet assez bien renseigné sur la situation générale et sachant que nous n'avions rien à craindre sur notre gauche[4], avait formé de nouveaux projets, dont malheureusement les événements avancèrent l'exécution plus qu'il n'eût été désirable. On voulait, avant de mettre en marche l'armée entière dans la direction de Fontainebleau, « attendre l'annonce positive que la grande sortie de Paris, annoncée par Jules Favre, avait effectivement eu lieu[5] ». Or, nous le savons déjà, les communications entre les deux tronçons du gouvernement étaient extraordinairement précaires, et ne revêtaient pas toujours, au sur-

---

1. Voir page 159.
2. Le 17ᵉ corps avait, on s'en souvient, une brigade à Vendôme D'après les ordres du général d'Aurelle, cette brigade devait si rendre à Morée, et être relevée par les troupes organisées à Tours, sous les ordres du général Camô. — Il faut ajouter que le mouvement du 17ᵉ corps avait été ordonné sur la demande du général Chanzy, qui jugeait utile de renforcer la gauche de l'armée, et avait cru, lui aussi, après l'affaire de Varize, à la possibilité d'une attaque.
3. *La Guerre franco-allemande*, 2ᵉ partie, page 468.
4. Il l'avait même dit de la façon la plus affirmative, le 29, au général d'Aurelle. (*La 1ʳᵉ armée de la Loire*, page 219.)
5. CH. DE FREYCINET, *La Guerre en province*, page 132.

plus, un caractère suffisant de précision, ni même de
sincérité ; le gouvernement de Paris se plaignait vivement de la pénurie des renseignements fournis par la
Délégation[1], laquelle, de son côté, jugeait insuffisantes
et incomplètes les nouvelles que lui adressaient Jules
Favre et le général Trochu. Après Coulmiers, ce dernier
écrivait : « Votre dépêche excite au plus haut point
mon intérêt et mon zèle. Mais elle a cinq jours de retard et il faudra probablement huit jours pour être en
mesure[2]... *Nous avons de quoi vivre largement jusqu'à
la fin de l'année*, mais l'esprit public pourrait ne pas
nous suivre jusque-là, et il faut que notre problème
soit résolu bien avant[3] ». D'autre part, Gambetta envoyait à Paris, le 26 novembre, une dépêche très
longue, très détaillée, où la valeur et le caractère des
généraux de la Défense nationale étaient appréciés en
des termes presque dithyrambiques, mais qui fourmil-
lait sur l'état général des affaires de renseignements à
ce point inexacts qu'on en est à se demander si réellement Gambetta l'a lue avant de l'expédier. Elle n'eut,
d'ailleurs, aucune influence sur les décisions immédiates du gouvernement de la capitale, car elle ne lui
parvint que le 15 décembre, c'est-à-dire bien après
l'échec de la grande tentative faite par le général Ducrot. Dans la circonstance, ce retard n'était donc pas à
regretter ; malheureusement, il n'en allait pas toujours
de même, comme on va le voir.

Le 24 novembre, le général Trochu écrivait ce qui
suit : « Les nouvelles reçues de l'armée de la Loire
m'ont naturellement décidé à sortir par le sud et à aller
au-devant d'elle, coûte que coûte ; c'est lundi (28 novembre) que j'aurai fini mes préparatifs poussés de
jour et de nuit. Mardi, 29, l'armée extérieure, commandée par le général Ducrot, *le plus énergique de*

---

1. « Il ne peut entrer dans la tête d'un homme de sens, écrivait
J. Favre, que lorsque le salut de la France peut dépendre d'un renseignement exact ou inexact, vous ne preniez la peine de nous en
donner aucun. » (*Enquêt parlementaire*, rapport de M. Perrot.)
2. De faire la sortie annoncée.
3. Cette dépêche étant du 18, on pouvait penser que la sortie aurait
lieu vers le 26.

nous, abordera les positions de l'ennemi, et, s'il les enlève, poussera vers la Loire, *probablement dans la direction de Gien.* » Or cette dépêche si grave, cette dépêche qui obligeait moralement l'armée de la Loire à se porter immédiatement en avant, non seulement pour tendre la main aux forces du général Ducrot[1], mais encore pour leur amener des vivres dont elles devaient, en cas de succès, avoir le plus grand besoin, cette dépêche ne fut expédiée *qu'à un seul exemplaire*, confié *à un seul ballon.* Il en résulta, comme c'était à prévoir, qu'elle ne parvint à sa destination que le 30, à cinq heures et demie du matin, six jours après son départ de Paris ! Les vents avaient poussé jusqu'en Norvège l'aérostat qui la portait !

La Délégation était prise de court, car elle pouvait supposer le général Ducrot en route depuis la veille, et, par suite, elle avait juste le temps d'agir. Il fallait que l'armée de la Loire se mobilisât sans délai. Le 30, M. de Freycinet prévint donc le général d'Aurelle d'avoir à se tenir prêt à marcher ; et celui-ci ayant répondu qu'il pouvait le faire avec le 15e et le 16e corps, en laissant le 17e devant Orléans, le délégué lui fit connaître, dans la même journée, que les deux corps d'armée auraient à déboucher aussitôt par les routes d'Étampes et de Pithiviers. Les détails de l'opération devaient être réglés dans un conseil de guerre tenu, le soir, au quartier général de Saint-Jean-de-la-Ruelle, où M. de Freycinet allait se transporter[2].

A neuf heures du soir, en effet, les généraux d'Aurelle, Chanzy, Borel, MM. de Freycinet et de Serres se réunissaient en conférence, et reconnaissaient, d'un commun accord, la nécessité de marcher à la rencontre de l'armée de Paris. Mais, au point de vue de l'exécution, leurs vues étaient beaucoup moins unanimes ;

---

1. Il est à remarquer que, depuis Coulmiers et la reconstitution du camp retranché d'Orléans, le général Trochu n'avait reçu que des renseignements très vagues sur les positions occupées par l'armée de la Loire. De là, comme l'a écrit M. de Freycinet, une source d'erreurs possibles qu'il fallait éviter en se portant au-devant des troupes du général Ducrot.

2. *La 1re armée de la Loire*, page 223.

tandis que M. de Freycinet voulait pousser de l'avant nos forces en deux masses, l'une formée des 15ᵉ et 16ᵉ corps, sur Pithiviers, l'autre formée des 18ᵉ et 20ᵉ corps, sur Beaune, le général d'Aurelle entendait au préalable concentrer ses troupes, et surtout « battre l'armée allemande qui se trouvait vers Janville, et qu'on ne pouvait sans péril laisser sur notre flanc gauche [1] ». Or, le délégué, qui n'attribuait aux troupes du grand-duc qu'un effectif très inférieur à la réalité, soutenait au contraire que le 16ᵉ corps était plus que suffisant pour les mettre hors de cause. Bref, on ne s'entendit point, et M. de Freycinet clôtura la discussion en déclarant que le plan qu'il indiquait était irrévocablement arrêté par le gouvernement de Tours [2]. Voici, d'après M. de Freycinet lui-même, quelle en était l'économie générale :

Quatre corps, les 15ᵉ, 16ᵉ, 18ᵉ et 20ᵉ, ensemble 160 à 170,000 hommes, formeraient l'armée expéditionnaire proprement dite. Le 17ᵉ corps resterait à Orléans pour garder la position, soutenu au besoin par le 21ᵉ corps qui venait de se constituer sous les ordres du général Jaurès et arrivait en ce moment à Vendôme. Le 16ᵉ corps, pivotant en quelque sorte autour d'Orléans, traverserait la route de Paris entre Artenay et Toury et attaquerait Pithiviers par la plaine, c'est-à-dire sur la rive gauche du ruisseau de la Laye. On calculait que cette attaque aurait lieu le troisième jour. Le mouvement serait appuyé par les 2ᵉ et 3ᵉ divisions du 15ᵉ corps, qui se porteraient au delà d'Artenay et se rabattraient ensuite sur leur droite. La 1ʳᵉ division du 15ᵉ corps, actuellement portée vers Loury, s'avancerait sur Chilleurs-aux-Bois et de là sur Pithiviers, de manière à menacer la ville par le sud au même moment où les autres forces la menaceraient à l'ouest. Enfin, les 18ᵉ et 20ᵉ corps marcheraient sur Beaune-la-Rolande et Beaumont, et au besoin seraient appelés en tout ou en partie vers Pithiviers, si le général en chef jugeait utile de les faire concourir à l'attaque par l'est; en tous cas, ils menaceraient l'ennemi et lui fermeraient la retraite sur la droite. Enfin, Pithiviers tombé, l'armée s'acheminerait vers la forêt de Fontainebleau, dans les directions de Malesherbes et de Nemours. Des convois considérables d'approvisionnements, réunis par les soins de l'intendance et pouvant fournir huit jours de vivres à

---

1. *La 1ʳᵉ armée de la Loire*, page 227.
2. *Ibid.* — La *Relation allemande* prétend que M. de Freycinet était porteur d'un décret destituant le général d'Aurelle, si celui-ci se refusait à accepter le plan qui lui était fourni. (Page 470, *en note.*)

300,000 hommes, devaient suivre au moment opportun, c'est-à-dire aussitôt qu'on serait maitre de la position de Pithiviers et qu'on aurait refoulé l'ennemi par le nord[1].

Ce projet avait un double défaut : la dissémination extrême des forces et des efforts, et le manque complet d'unité. Les généraux ne l'acceptaient que contraints et forcés, et aucun d'eux ne semblait avoir foi dans sa réussite[2]. En outre, deux des corps d'armée continuaient, du moins au début, à échapper à la direction immédiate du commandant en chef; c'est en effet, seulement le 1er décembre, et quand le mouvement était commencé, que M. de Freycinet télégraphia au général d'Aurelle :

Mettez-vous immédiatement en rapport avec les 17e, 18e et 20e corps, et *donnez-leur vos instructions* pour que rien ne manque à cet ensemble offensif.

C'est seulement le 2 décembre que le délégué à la guerre abdiqua définitivement ses prétentions à la direction stratégique de l'armée :

Il demeure entendu, écrivait-il, *qu'à partir de ce jour,* et par suite des opérations en cours, vous donnerez *directement* vos instructions stratégiques aux 15e, 16e, 17e, 18e et 20e corps. *J'avais dirigé jusqu'à hier les 18e et 20e et par moments le 17e.* Je vous laisse ce soin désormais.

Enfin, des deux corps en question, l'un, le 18e, était encore incomplètement organisé ; l'autre, le 20e, se trouvait à tous égards dans un état lamentable, ainsi qu'en font foi une lettre adressée au général en chef par le général des Pallières (lequel était allé visiter les positions du général Crouzat) et une dépêche alarmante envoyée par ce dernier à M. de Freycinet, dépêche qui valut même à son auteur une sévère et injuste admonestation[2].

1. Ch. de Freycinet, *La Guerre en province,* page 137.
2. Voir à ce sujet les ouvrages des généraux Chanzy et des Pallières, et les dépositions, devant la *Commission d'enquête parlementaire,* du général Borel et de M. de Serres. On y lit, exprimée par tous, la profonde divergence de vues qui séparait le commandement et le gouvernement.
3. Le général Crouzat n'avait fait que son devoir en signalant au

Quoi qu'il en soit, les opérations commencèrent le 1er décembre ; avant d'en entamer le récit, il n'est pas hors de propos d'exposer rapidement la situation générale qui leur servait de point de départ. A la date du 30 novembre au soir, les forces allemandes se montant à 10 divisions d'infanterie et 4 de cavalerie, soit en tout 140,000 hommes environ, occupaient un front de 80 kilomètres, 100 kilomètres même, si l'on tient compte de leur détachement dans la vallée du Loing[1]. L'armée française, forte de 15 divisions d'infanterie et de 4 de cavalerie, soit 170,000 hommes (y compris le 17e corps), s'étendait en face, sur une longueur de 70 kilomètres, avec des détachements de flanqueurs qui portaient également l'étendue totale de son front à une centaine de kilomètres[2].

ministre l'extrême pénurie de ses soldats. « Si l'attitude de votre corps continuait à paraître aussi incertaine, répondait M. de Freycinet le 1er décembre, trois jours après Beaune-la-Rolande, *je vous en considérerais comme personnellement responsable, et vous auriez à rendre compte au gouvernement des conséquences que cette situation pourrait avoir.* »

1. *Positions des forces allemandes,* le 30 au soir :

Armée-Abtheilung.
> 1er corps bavarois, à Orgères.
> 17e division, à Allaines.
> 22e division, à Toury.
> 6e division de cavalerie, à Nottonville et Dancy, plus au nord. Elle s'était retirée là après avoir reconnu les positions françaises.
> 4e division de cavalerie, à Sancheville et Viabon.
> 2e division de cavalerie, au sud de Toury, surveillant les abords de la route.

IIe Armée.
> IXe corps, à Pithiviers.
> IIIe corps, à Beaune-la-Rolande.
> X^e corps, à Beaune-la-Rolande.
> 1re division de cavalerie, aux environs de Boynes, avec de forts détachements dans la vallée du Loing, où était la 40e brigade.

2. *Positions des forces françaises :*
> 16e corps, Saint-Péravy-la-Colombe.
> 17e corps, Coulmiers.
> 15e corps { (2e et 3e divisions) Chevilly et Gidy.
> { (1re division) Chilleurs et Neuville.
> 20e corps, Chambon et Nibelle.
> 18e corps, Bellegarde.
> 21e corps, Marchenoir, où sa concentration était à peine commencée.

Du côté allemand, l'*Armee-Abtheilung* se trouvait à l'ouest de la route de Paris et la II° armée à l'est de cette même route ; mais les communications entre ces deux groupes étaient faciles et le terrain sur lequel elles avaient à opérer favorable aux évolutions des différentes armes. Du côté français, au contraire, les mouvements se trouvaient gênés par les bois, dont nous avions, d'ailleurs, réduit singulièrement la viabilité par des tranchées et des abatis, de sorte que les relations entre le 15° corps d'une part, le 20° et le 18° de l'autre, étaient devenues très précaires. Enfin, notre énorme supériorité numérique du début se réduisait maintenant à une quasi-égalité. Alors que, pendant l'expédition du grand-duc vers Nogent-le-Rotrou, nous disposions d'un effectif plus que triple de celui qui était devant nous ; alors qu'au moment de l'affaire de Beaune-la-Rolande, les 15° et 16° corps n'avaient eu en face d'eux que des forces de beaucoup inférieures et extraordinairement dispersées, contre lesquelles ils n'avaient rien tenté, les dispositions actuelles allaient mettre, le 1ᵉʳ décembre, ces deux derniers corps incomplets et faiblement soutenus par le 17°, aux prises avec toutes les forces du grand-duc. L'inaction des 18° et 20° corps, ce jour-là, permettra au prince Frédéric-Charles de se concentrer, et, le 3, le prince se trouvera en mesure de prendre vigoureusement l'offensive à son tour. C'est ainsi, qu'après avoir pu, pendant dix jours, attaquer deux contre un, nous allons combattre, le 1ᵉʳ décembre, à armes à peine égales, pour voir, quarante-huit heures après, ceux de nos corps qui peuvent encore lutter, assaillis par des forces de beaucoup supérieures auxquelles il ne sera que trop facile, hélas ! de briser les dernières résistances de notre malheureuse armée. Triste mais fatale conséquence de l'indécision du général d'Aurelle et de l'immixtion excessive du gouvernement dans la direction des opérations.

En résumé, la tentative projetée s'annonçait mal. Le commandant en chef, obligé d'agir contre son gré et au milieu des entraves, n'avait aucune confiance dans le succès Une partie des troupes qui prenaient part à l'opération se trouvaient dans un état déplorable. Enfin, chose étrange! celle-ci s'exécutait sous la pression d'événements dont la réciprocité pesait à la fois sur les décisions de Paris et sur celles de Tours. Car, de même que dans la capitale, la sortie du général Ducrot avait été décidée très à la hâte et uniquement en conséquence de la nouvelle de Coulmiers, de même, en province, la marche offensive, dans les conditions actuelles, n'avait d'autre raison que l'annonce de la sortie de Paris! De combinaison étudiée, de concordance et de simultanéité dans les deux opérations, il n'y en avait aucune; il ne pouvait même pas y en avoir. Et la situation était telle que chacune des deux armées françaises courait la chance d'être écrasée, avant d'avoir pu opérer sa jonction avec celle au-devant de laquelle elle marchait avec cet empressement irréfléchi!

II. — COMBAT DE VILLEPION (1ᵉʳ décembre).

Il était onze heures du soir quand, le 30 novembre, la conférence tenue au quartier général de Saint-Jean-de-la-Ruelle prit fin. Aussitôt de retour à Saint-Péravy, c'est-à-dire à minuit seulement, le général Chanzy envoya à ses commandants de division les instructions nécessaires à l'opération du lendemain, instructions qui se résument ainsi qu'il suit :

La division Michel, réunie à Renneville, devait, à dix heures du matin, envoyer deux brigades à la ferme de Pérolait, la troisième à Patay [1], avec deux batteries à cheval. De là, cette division aurait à reconnaître tout le pays compris entre la route de Châteaudun à Janville et les positions occupées. Elle était secondée par l'escadron d'éclaireurs qui devait aller s'installer à Terminiers, et soutenue par les francs-tireurs Lipowski qui avaient ordre d'aller, le soir, coucher à Lignerolles. Couvert ainsi sur son flanc gauche, le 16ᵉ corps irait, dans la journée, s'établir sur la ligne Terminiers-

---

1. Un de ses régiments s'y trouvait déjà.

Sougy, la division Jauréguiberry à gauche, la division Barry au centre, la division Morandy à droite[1]. Mais, en même temps qu'il donnait ces ordres, le général Chanzy écrivait ce qui suit au général en chef :

Les reconnaissances poussées ce matin en avant de Patay constatent que les forces prussiennes signalées hier se sont maintenues et même renforcées de Péronville jusqu'à Terminiers, par Pruneville, Guillonville et Gommiers, masquant d'autres forces plus considérables que l'on dit être à Villepion, Loigny et Orgères. Afin d'assurer mon installation ce soir au nord-est de Patay, de Terminiers à Sougy, je fais couvrir le mouvement d'ensemble du 16e corps par la 1re division et la cavalerie, qui, avant de s'installer dans les bivouacs qui leur ont été assignés, reconnaîtront l'ennemi à Pruneville, à Guillonville et Gommiers, *avec l'ordre de le déloger s'il fait mine de vouloir y rester.*

Si l'ennemi résiste aujourd'hui et si nous le délogeons de ses positions, il est probable qu'il se retirera sur celles d'Allaines, Janville et Toury, où il a préparé des défenses, et il me paraîtrait imprudent de marcher directement sur Artenay et Santilly, sans l'avoir forcé à quitter les positions que je viens d'indiquer et d'où, s'il s'y maintenait, il pourrait menacer sérieusement notre gauche, et peut-être tomber sur nos derrières, s'il était en forces de ce côté, ou s'il appelait à lui des renforts qui bien certainement doivent exister dans cette direction.

Je crois donc qu'il est prudent que le 16e corps remonte par Loigny, Tillay-le-Peneux jusqu'à Allaines, Janville et Toury ; que le 17e corps établisse sa gauche à La Conie, sur la ligne de Patay et Sougy, et que le 15e corps se porte demain sur Santilly par Dambron, de façon à s'établir en avant de Santilly, en avançant sa droite sur Ruan et Aschères-le-Marché...

Ce n'était plus là le plan d'opérations arrêté le 30, et le mouvement du 16e corps prenait une amplitude beaucoup plus considérable. Le général en chef se borna à répondre que les mesures proposées étaient très sages, qu'elles méritaient une attention particulière, mais qu'avant de prendre une détermination, il voulait attendre les résultats de la marche que Chanzy allait entreprendre le 1er décembre. Or, cette marche devait provoquer un incident inattendu.

Tandis que les troupes du général Chanzy se mettaient

---

1. « Les divisions, était-il dit, marcheront le plus possible dans l'ordre adopté au 16e corps, c'est-à-dire en lignes de bataillons en colonnes à distance de déploiement, l'infanterie à travers champs, l'artillerie autant qu'elle le pourra sur les routes et les chemins. »

en mouvement, les Allemands du grand-duc demeuraient sur leurs positions, sauf la 22ᵉ division, qui
poussait jusqu'à Bazoches-lès-Gallerandes, et la 6ᵉ division de cavalerie, qui, restituée, comme on l'a vu
plus haut, à la IIᵉ armée, s'était portée de Guillonville
vers Toury. Des reconnaissances exécutées sur le front
avaient, dans la matinée, éventé les mouvements du
16ᵉ corps et produit même quelques légères escarmouches entre les patrouilles françaises et allemandes.
Informé de la marche de nos colonnes sur Patay, le
général von der Tann lança aussitôt sur Terminiers la
brigade de cuirassiers bavarois, que vint soutenir à
Gommiers la 1ʳᵉ brigade d'infanterie. Puis il mit le
reste de son corps d'armée sous les armes et le concentra à la Maladerie[1]. Mais comme, vers une heure, sa
cavalerie lui faisait dire qu'il ne s'agissait que d'une
reconnaissance, il donnait à ses troupes l'ordre de regagner leurs cantonnements. Cependant, les cuirassiers bavarois, en continuant leur mouvement, n'avaient
pas tardé à s'apercevoir de leur erreur. A deux heures,
comme ils débouchaient sur Rouvray-Sainte-Croix, ils
rencontrèrent les avant-gardes du 16ᵉ corps français,
en marche de Patay sur Terminiers. Immédiatement
prévenu, le général de Dietl, commandant la 1ʳᵉ brigade bavaroise, fit occuper Gommiers et encadra le village avec ses deux batteries ; quant aux cuirassiers,
ils allèrent, avec deux batteries à cheval, se former
près de la ferme de la Touriette ; enfin la 9ᵉ brigade de
cavalerie prussienne, qui, elle aussi, patrouillait de la
Conie vers Patay, se massa auprès de Guillonville
qu'occupa un bataillon bavarois. Ces dispositions étaient
à peine prises que l'attaque des Français commençait[2].

En arrivant à Patay, le général Chanzy avait, en
conformité du plan indiqué ci-dessus, ordonné à l'amiral Jauréguiberry de déloger les Allemands de Guillonville et de Gommiers ; le général Michel devait aider

---

1. A 1,500 mètres à l'est d'Orgères.
2. *La Guerre franco-allemande,* 2ᵉ partie, page 469.

son attaque, en menaçant avec ses escadrons, l'aile droite ennemie. En conséquence, l'amiral changea de direction à gauche et monta vers le nord à travers champs, dans la formation tactique prescrite par le général Chanzy. Il était environ deux heures et demie.

Cette brusque offensive mettait dans une position assez critique la 1re brigade bavaroise, qui justement venait de recevoir du général von der Tann l'ordre de rentrer dans ses cantonnements. Le général de Dietl comprenait parfaitement qu'un pareil ordre ne correspondait plus à la situation et qu'il lui fallait répondre à l'attaque. Mais, d'un autre côté, il se voyait aux prises avec des forces supérieures, sur un terrain absolument découvert et sans abris [1], trop éloigné d'Orgères pour recevoir de son corps d'armée un secours immédiat. Impossible de reculer cependant. Après avoir tiré le plus rapidement possible parti des points d'appui, il ordonna à son artillerie de diriger un feu aussi violent que possible sur nos têtes de colonnes qui débouchaient de Muzelles et de la ferme Guillard [2]. C'était la brigade Bourdillon, laquelle, sous cette pluie de projectiles, s'arrêta; à sa droite, une partie des escadrons du général Michel en fit autant entre Muzelles et Rouvray; enfin, à gauche, la brigade Deplanque, menacée par la 9e brigade de cavalerie, dut ralentir sa marche et la suspendre même un moment.

Voyant cette hésitation de ses têtes de colonnes, l'amiral fait avancer ses trois batteries divisionnaires pour répondre à l'artillerie ennemie, puis, reprenant la marche, il ordonne au général Deplanque de pousser sur Guillonville, tandis que la brigade Bourdillon fera enlever par un bataillon du 39e de marche la ferme

---

1. Il faisait, le 1er décembre, un temps sec et clair; la neige, durcie par le froid, était épaisse et les mouvements de troupes s'exécutaient sans grande fatigue pour les hommes.

2. Voici quel était le détail des dispositions prises par le général de Dietl : dans Gommiers, 5 compagnies; 1 compagnie de réserve au nord; 1 compagnie à la ferme Guillard; à la sortie ouest du village, 1 bataillon; à la sortie est, 1 bataillon; au château de Villepion, 1 bataillon. Chaque groupe de deux batteries, aux deux côtés de Gommiers, avait un bataillon de soutien.

Guillard, d'ailleurs faiblement occupée, et se dirigera sur Gommiers; la trouée produite entre les deux brigades par cette marche divergente est bouchée par un bataillon du 39ᵉ de marche, établi en avant du bois Guillard, par le 3ᵉ bataillon de chasseurs de marche, enfin par une batterie de 12 de la réserve, envoyée par le général Chanzy. Bientôt les batteries à cheval de la division Michel viennent remplacer celles de l'amiral; Gommiers est vigoureusement canonné et, ses défenseurs commençant à faiblir, l'amiral lance sur le village le 3ᵉ bataillon de chasseurs, que le 2ᵉ bataillon du 39ᵉ vient appuyer par un mouvement débordant vers l'est. Mais l'ennemi n'avait pas attendu notre attaque; en voyant se dessiner l'offensive des chasseurs, le général de Dietl venait, sous une grêle de balles et d'obus, de replier ses forces sur Villepion. Il plaça un bataillon à l'est du hameau, un bataillon dans les maisons du côté est, un troisième en réserve dans le parc. Deux batteries prirent position à l'est du château, deux autres entre Nonneville et Villepion, ayant, comme soutien, un bataillon à l'ouest du parc, enfin un bataillon forma extrême réserve au nord de Villepion, et la brigade de cuirassiers prit position vers Faverolles [1].

A notre gauche, le général Deplanque avait, de concert avec la cavalerie Michel, continué son mouvement sur Guillonville et refoulé sur Cormainville la 9ᵉ brigade de cavalerie allemande. L'amiral lui donna l'ordre de se rabattre sur le flanc droit du général de Dietl; en même temps, il poussait sur Villepion et Faverolles la brigade Bourdillon, maîtresse de Gommiers et de la ferme Touriette. Il était environ trois heures et demie.

Cependant, le général de Dietl avait informé le commandant du Iᵉʳ corps d'armée bavarois, à Orgères, de la gravité de la situation, et, en l'absence du général von der Tann, le colonel de Heinlett, chef d'état-major, s'était empressé de diriger sur Bonneville la 2ᵉ brigade, dont l'avant-garde débouchait, juste à ce moment, en

---

1. Cette brigade avait évacué sans combat le village de Terminiers, qu'occupait maintenant le 3ᵉ bataillon du 39ᵉ français.

face de la brigade Deplanque, en marche sur la ferme Chauvreux. D'autre part, le général Chanzy, arrivé sur le terrain, venait de prescrire à sa cavalerie de menacer Loigny, sur les derrières des Bavarois ; le général Michel laissa une brigade (de Tucé) à gauche de la route de Guillonville et porta ses deux autres sur Villepion. « Accueillie par le feu très vif d'une batterie placée entre ces deux villages, notre cavalerie dut appuyer à droite pour la tourner et déborder les jardins de Faverolles et le flanc gauche des Allemands, soutenue par son artillerie qui se mit plusieurs fois en position. Cette démonstration hardie, exécutée sous les obus, à une distance de 600 mètres, mais assez rapide pour éviter des pertes sensibles, détermina la retraite de la batterie ennemie de Villepion, et contribua puissamment à faciliter à la brigade Bourdillon sa marche sur Faverolles[1]. » Celle-ci accentua son mouvement sur Faverolles, tandis que le groupe qui avait pris Gommiers marchait résolument sur Villepion, et qu'à sa gauche, la brigade Deplanque s'engageait contre la 2ᵉ brigade bavaroise. Le général de Orff, commandant cette dernière, avait disposé deux bataillons et une batterie au nord de Chauvreux, deux batteries entre cette ferme et Nonneville, quatre bataillons et un régiment de cavalerie sur son flanc droit[2] ; le 37ᵉ de marche, appuyé par le 33ᵉ mobiles (Sarthe) et une batterie de 12, refoula ces forces, puis, obliquant à droite, marcha sur Nonneville ; mais, malgré l'aide de deux mitrailleuses envoyées à notre aile gauche par le général Deplanque, il ne parvint pas à déloger l'ennemi[3]. Quant à notre aile droite, elle n'était plus qu'à 800 mètres des batteries bavaroises.

---

1. Général CHANZY, *La 2ᵉ armée de la Loire*, page 63.
2. Cette précaution était bien inutile, le flanc droit des Allemands n'étant nullement menacé, et se trouvant d'ailleurs protégé par la 9ᵉ brigade de cavalerie.
3. Dans cette défense de Nonneville, les Bavarois subirent des pertes sensibles ; le général de Stephan, commandant la 1ʳᵉ division, reçut deux blessures graves ; l'artillerie fut presque complètement désemparée et réduite à quatre pièces en état de faire feu. Sans le secours apporté par le bataillon de réserve posté au nord de Ville-

La nuit baissait et il y avait urgence à précipiter le dénouement, d'autant plus que l'ennemi venait de recevoir de nouveaux renforts ; en effet, la 4e brigade bavaroise, accourue au canon, arrivait à Loigny. Successivement, une batterie et un demi-escadron, puis trois bataillons de cette brigade, devançant le reste du gros, se portèrent à Faverolles (1 bataillon) et au sud de Villepion (2 bataillons et une batterie). L'offensive de la brigade Bourdillon fut un instant arrêtée ; ce que voyant, l'amiral réunit deux bataillons (1er et 2e) du 39e, le 3e bataillon de chasseurs et le 2e bataillon des mobiles de la Sarthe, et, les électrisant par son exemple, les lança au pas de course contre la lisière sud-est de Villepion, tandis qu'une batterie de 12 et quatre pièces de montagne[1] canonnaient à outrance la position. Vigoureusement enlevés, nos jeunes soldats pénétrèrent avec élan dans le parc[2], puis dans le hameau, surprirent un bataillon bavarois qui n'eut que le temps de se sauver, en laissant entre nos mains 4 officiers et 26 hommes, et faillirent s'emparer d'une batterie qui était à l'entrée du château[3]. En même temps, le 75e mobiles (Loir-et-Cher et Maine-et-Loire), secondé par un bataillon du 39e de marche, se précipitait à la baïonnette sur Faverolles, et y faisait 33 prisonniers, tandis que la brigade Deplanque s'emparait enfin de Nonneville[4].

Il faisait nuit noire, et partout les Bavarois étaient en pleine retraite ; la 1re brigade, les cuirassiers et la

---

pion, la 2e brigade bavaroise eût été certainement bousculée. (Voir la Guerre franco-allemande, 2e partie, page 473.)

1. Ces pièces suivaient habituellement les francs-tireurs Lipowski. Ce jour-là, on les avait mises à la disposition de l'amiral.

2. Ce parc était bordé d'un mur de 2m,50 de haut ; les Bavarois, n'ayant pas eu le temps d'établir des banquettes en arrière, ne le garnissaient pas.

3. Général DERRÉCAGAIX, La Guerre moderne, tome II, page 128.

4. Ibid. — Il y a lieu de remarquer le savant laconisme avec lequel l'état-major allemand expose ces divers incidents : « Cependant, dit-il, trois bataillons de la brigade Bourdillon, entraînés par l'amiral Jauréguiberry en personne, avaient atteint la face est de Villepion. La nuit tombait, le manque de munitions se faisait sentir partout ; les considérations déterminaient le général de Dietl à replier la 1re brigade..., etc. » — Et c'est tout.

3e brigade sur Loigny, la 2e sur Orgères. Quant à nos troupes victorieuses, elles s'installaient sur les positions mêmes qu'elles avaient si vigoureusement enlevées, sauf la division Michel, qui, impuissante à poursuivre l'ennemi dans l'obscurité, regagna son bivouac du matin, entre Muzelles et Pérolait; elle laissait la brigade de Tucé à l'ouest de la route de Guillonville, pour observer la direction de Bazoches-en-Dunois et de la Conie. L'amiral établit son quartier général au château de Villepion. « Dans la nuit, le général Chanzy, rentrant à son quartier général de Patay, apprit qu'un poste ennemi était resté dans la ferme de Bourneville[1]; il la fit cerner par une compagnie de francs-tireurs de Paris et un escadron de chasseurs qui y enlevèrent 40 cavaliers bavarois, dont 3 officiers[2]. »

Pertes. — Observations. — « Le combat de Villepion, écrit le général Chanzy, a été, pour le 16e corps, un brillant succès, dont l'honneur revient tout entier à l'amiral et à sa belle division. » C'est là une appréciation beaucoup plus exacte et plus juste que celle du grand état-major allemand, qui traite dédaigneusement ce combat d'*affaire insignifiante;* car ce n'est point une affaire insignifiante que celle où deux brigades de jeunes troupes, allant au feu pour la seconde fois à peine, réussissent à chasser de leurs positions un nombre égal de troupes aguerries et exaltées par de nombreux succès. Les forces de l'amiral Jauréguiberry se montaient à environ 17,000 hommes, 7 batteries et 4 pièces de montagne[3]; celles de l'ennemi étaient à peu près équivalentes et atteignaient le chiffre de 15,940 hommes (sans compter la 9e brigade de cavalerie prussienne, dont le rôle fut plus effacé), et 8 bat-

1. De la 4e division de cavalerie (10e uhlans).
2. Général CHANZY, *loc. cit.*, page 65. — Ici encore, la *Relation allemande* glisse sans appuyer. Elle ne parle d'ailleurs que d'une surprise, et omet, si ce n'est dans les *Verlusten-listen*, de relater les pertes, qui se montèrent exactement à 4 hommes tués (dont un officier), 4 blessés et 34 prisonniers.
3. 14,500 hommes d'infanterie et d'artillerie et 2,696 chevaux. — La division Barry n'arriva qu'après le combat et bivouaqua à Muzelles (1re brigade) et à Terminiers (2e). La division Morandy resta à Sougy, la réserve d'artillerie à Patay.

teries. On voit qu'il n'y a pas sujet ici de parler de supériorité numérique. Quant aux pertes, elles se montaient,
pour les Bavarois comme pour nous, à un millier
d'hommes environ[1].

Mais l'effet moral produit sur nos soldats était considérable. Ce premier succès, bien qu'assez chèrement
acheté, semblait d'un heureux augure pour les opérations qui allaient s'ouvrir, et les troupes auxquelles on
en était redevable y puisaient une confiance féconde
en même temps qu'un légitime orgueil. Leur attitude
dans la journée du lendemain devait montrer tout ce
qu'elles avaient gagné d'énergie et de cohésion dans les
quelques heures de lutte où leur jeune ardeur avait
reçu sa récompense, et combien peu il leur aurait fallu
de ces sourires de la fortune pour devenir redoutables.
Malheureusement de nouvelles fautes allaient être com-
mises, qui devaient annihiler tant d'espérances et
rendre vains de si généreux efforts.

Les nouvelles de Paris font hâter l'offensive. —
Tandis que nos braves soldats, déjà si éprouvés par
leur long séjour dans les boues nauséabondes du camp
retranché, s'installaient sans feux[2] au bivouac, le
1er décembre, par une nuit glaciale, le gouvernement
communiquait au général d'Aurelle des nouvelles aussi
graves qu'exagérées. « Paris, disait M. de Freycinet, a
fait hier un *sublime effort*. Les lignes d'invasion ont
été *rompues, culbutées* avec un héroïsme admirable.
Le général Ducrot *avance vers nous* avec son armée,
décidée à vaincre ou à mourir... Il va évidemment se
diriger sur la forêt de Fontainebleau, en s'appuyant sur
la Seine, par la route de Melun. Général, cet héroïsme
nous trace notre devoir ! Volez au secours de Ducrot !... »
En même temps, Gambetta faisait partout afficher et
envoyait à l'armée une proclamation enflammée, où la

---

1. De notre côté, le 37e de marche avait été particulièrement
éprouvé et comptait 6 officiers et plus de 300 hommes hors de combat.
— La 2e brigade bavaroise avait perdu 20 officiers et 521 hommes.
2. En raison de la proximité de l'ennemi, défense avait été faite
d'allumer les feux de bivouac. Les Allemands, moins timorés, en
allumaient au contraire partout.

réalité des choses, vue à travers le prisme de l'enthousiasme et de l'exaltation, était malheureusement travestie d'une bien étrange façon. « Après soixantedouze jours d'un siège sans exemple dans l'histoire, tout entiers consacrés à préparer et organiser les forces de la délivrance, Paris *vient de jeter hors de ses murs une nombreuse et vaillante armée... L'amiral Roncière s'est avancé sur Longjumeau et a enlevé les positions d'Épinay*[1], positions retranchées des Prussiens, qui ont laissé de nombreux prisonniers et deux canons... *Tous ces renseignements sont officiels.* » Hélas! ils n'étaient même pas officieux, et constituaient bien plutôt un roman, entièrement tissu d'erreurs fatales et de décevantes illusions, que Gambetta avait échafaudé sur une dépêche à la vérité trop laconique du général Schmitz[2]. Emporté du reste par une ardeur irréfléchie, le ministre de la guerre accompagnait sa communication de commentaires dont l'exagération même suffisait à montrer le peu de solidité : « Grâce aux efforts du pays tout entier, disait-il, la victoire nous revient, et, comme pour nous faire oublier la longue série de nos infortunes, *elle nous favorise sur presque tous les points. En effet, notre armée de la Loire a déconcerté, depuis trois semaines, tous les plans des Prussiens et repoussé toutes leurs attaques. Leur tactique a été impuissante sur la solidité de nos troupes, à l'aile droite comme à l'aile gauche.* Etrépagny a été enlevé aux Prussiens, et Amiens évacué à la suite de la bataille de Paris[3]... L'envahisseur est maintenant sur la route où l'attend le feu de nos populations soulevées. Voilà ce que peut une grande nation... qui ne verse son sang et celui de l'ennemi que pour le triomphe du droit et de la justice dans le monde!... etc. »

1. C'est là cette confusion si fâcheuse entre *Epinay-sur-Seine* et *Epinay-sur-Orge*, que nous avons déjà signalée en parlant du combat du 30 novembre à Paris.

2. Le ballon *Jules-Favre*, qui apportait cette dépêche, était allé tomber à Belle-Ile-en-Mer. Néanmoins, la nouvelle de la bataille de Villiers-Cœuilly et des combats concomitants arriva à Tours dans la journée du 1er décembre.

3. On verra par la suite ce qu'il y avait de vrai dans ces nouvelles.

S'il faut en croire le général d'Aurelle, l'effet de ces dépêches éblouissantes fut à peu près nul dans l'armée, et soldats et officiers les accueillirent assez froidement. Leur emphase même, dont l'excès ne répondait pas aux résultats des légers succès que l'armée de la Loire venait d'obtenir au prix de fatigues énormes et de lourdes pertes, semait le doute dans les esprits et faisait naître des commentaires d'où, manifestement, l'enthousiasme était absent[1]. Néanmoins, la situation devenait telle, qu'un refus d'aller de l'avant eût été taxé de lâcheté, pour le moins. Déjà, le gouvernement venait d'adresser des dépêches aux généraux Briand, à Rouen, et Faidherbe, à Lille, pour les engager à seconder, par une marche concentrique sur Paris, *l'action commune* du général Ducrot et de l'armée de la Loire[2]. D'Aurelle n'avait donc plus qu'à donner son assentiment aux projets que lui avait soumis le général Chanzy et dont le combat de Villepion marquait la première phase; c'est ce qu'il fit en prescrivant au 16e corps de marcher sur Allaines, Janville et Toury, tandis que les 2e et 3e divisions du 15e iraient s'établir au nord d'Artenay, à cheval sur la route de Paris à Orléans. Le 17e corps, qui avait reçu l'ordre de venir à Saint-Péravy, le 1er décembre, dut se porter de là sur Patay et Sougy, pour servir de réserve au 16e. Le 17e corps, encore sous le coup de sa retraite désordonnée de Brou, était dans un état extrêmement précaire et son mouvement allait s'exécuter dans les plus mauvaises conditions.

Pendant ce temps, le grand-duc de Mecklembourg, informé, dans la soirée du 1er décembre, de l'échec de son aile droite à Villepion, prenait le parti de réunir toutes ses forces pour les porter à la rencontre des nôtres. En conséquence, il expédiait le 2, à l'aube, l'ordre au Ier corps bavarois de se masser entre Loigny et le château de Goury, à la 17e division de se porter de Santilly sur Lumeau, à la 22e de marcher de Tiver-

---

1. *La 1re armée de la Loire*, page 245.
2. *La Guerre en province*, page 241. — Le général Faidherbe devait entraîner vers Paris toutes ses forces disponibles, *aussitôt que possible, mais sans les compromettre.*

non sur Baigneaux, avec la 3ᵉ brigade de cavalerie[1].
Les deux autres brigades de la 2ᵉ division de cavalerie
devaient garder la route d'Orléans à Paris ; quant à la
4ᵉ division de même arme, elle était chargée de couvrir
le flanc droit[2]. C'est contre ces troupes concentrées, et
se disposant comme nous à prendre l'offensive, qu'allait se porter l'aile gauche de l'armée de la Loire, sans
espoir d'être soutenue. Il suffit, en effet, de jeter les
yeux sur une carte pour voir sur quelle étendue disproportionnée à son nombre cette armée était éparpillée,
et quelle distance séparait ses différents corps. De fait,
ni le 18ᵉ, ni le 20ᵉ corps ne participèrent au combat
qui allait s'engager ; ils étaient trop loin. Mais, trom-
pée par une aveugle confiance, la Délégation ne croyait
pas à la nécessité de leur concours. « D'après l'ensemble de mes renseignements, télégraphiait Gambetta
le 2 au soir[3], je ne crois pas que vous trouviez à Pithiviers, *ni sur les autres points*, une résistance prolongée. *Selon moi, l'ennemi cherchera uniquement à
masquer son mouvement vers le nord-est à la rencontre
de Ducrot...* » Erreur fatale, qui allait entraîner l'avortement de toutes nos espérances, de tous nos projets et
de tous nos efforts !

III. — BATAILLE DE LOIGNY.

En conformité des ordres du général d'Aurelle, le
commandant du 16ᵉ corps avait prescrit les dispositions suivantes :

Les directions d'Orgères, de Villeraud, de Loigny et
de Lumeau seraient observées la nuit et reconnues dès
la pointe du jour. A quatre heures du matin, la division Morandy (3ᵉ) se mettrait en mouvement de Sougy

1. Avant de connaître exactement ce qui se passait à Villepion, le
grand-duc, qui jugeait une attaque imminente, avait porté la 17ᵉ division d'Allaines à Santilly et la 22ᵉ de Toury à Tivernon. Là, les
deux divisions devaient attendre des ordres.
2. *La Guerre franco-allemande*, 2ᵉ partie, page 475.
3. Au moment même où le 16ᵉ corps, refoulé de Loigny, entraînait
dans sa retraite toute l'armée de la Loire.

sur Terminiers, puis, de là, sur Lumeau et Baigneaux ; la division Barry (2ᵉ), partant à huit heures, marcherait sur Loigny et Tillay-le-Peneux ; la division Jauréguiberry (1ʳᵉ), réunie à Villepion, formerait réserve et suivrait la 2ᵉ à 2 kilomètres de distance. La division de cavalerie Michel devait marcher, par Gommiers et Nonneville, sur Orgères, afin de couvrir la gauche du mouvement, et déborder, si possible, la droite ennemie ; elle laissait une brigade à 3 kilomètres derrière elle, afin d'observer la direction de Cormainville, et était appuyée par les francs-tireurs Lipowski et de Foudras. L'escadron des éclaireurs, qui était aux Echelles, avait mission d'éclairer la marche de la division Morandy. Enfin, la 1ʳᵉ brigade du 17ᵉ corps (de Jancigny), arrivée la nuit à Patay, devait aller prendre position à Terminiers[1].

Il semble que les reconnaissances prescrites par l'ordre si détaillé et si précis du général Chanzy n'aient pas été faites avec toute la rigueur désirable, car au moment où la 3ᵉ division s'ébranlait, Lumeau était encore libre, et il ne tenait qu'à nous de l'occuper sans coup férir. Quoi qu'il en soit, Chanzy indiquait comme résultat à atteindre : Toury pour la 2ᵉ division, Janville pour la 1ʳᵉ, Poinville pour la 3ᵉ, le Puiset pour la cavalerie[2]. Il avait pleine confiance dans ses jeunes troupes et télégraphiait, le 1ᵉʳ décembre, au général d'Aurelle : « Je crois à un grand succès[3]. »

Le terrain sur lequel allait se dérouler l'action est absolument découvert et très faiblement ondulé ; des fermes, des villages, des châteaux jetés çà et là dans la plaine, rompent seuls la monotonie de ce paysage de Beauce, et à travers ces points d'appui, assez nombreux, les différentes armes ont toute facilité pour évoluer. D'ailleurs, le sol durci par la gelée se prêtait admirablement aux mouvements de l'artillerie et, à cet égard, le général d'Aurelle devait être débarrassé des craintes qu'il avait si souvent manifestées. Mais nos soldats,

1. Général Chanzy, *La 2ᵉ armée de la Loire*, page 67.
2. *Ibid.*, page 68.
3. Pierre Lehautcourt, *loc. cit.*, page 301.

engourdis par une nuit glaciale passée sans feu en face
de l'ennemi, qui ne se gênait pas pour montrer les
siens[1], étaient très fatigués ; en plus, ils allaient être
obligés de combattre à découvert, et c'était là, pour des
troupes jeunes et impressionnables, une cause manifeste
d'infériorité. Le 2 décembre, de grand matin, un escadron partit en reconnaissance et signala la présence de
vedettes prussiennes en avant de Villours, Loigny et
Villeraud ; d'autre part, les éclaireurs et des officiers,
montés dans les combles du château de Villepion,
avaient vu les mouvements exécutés par le Ier corps
bavarois pour se masser, comme il en avait reçu l'ordre, au nord-est de Loigny ; on avait vu aussi la marche
de la 17e division se dirigeant sur Lumeau. Quelque
inquiétants que fussent ces indices, les trois divisions
du 16e corps s'ébranlèrent à l'heure dite, dans les directions qui leur avaient été assignées, et, dès huit heures
et demie, les tirailleurs de la division Barry s'engagèrent, devant Loigny, avec les avant-gardes du Ier corps
bavarois.

Début de l'action. — Le 38e de marche qui formait
la tête de colonne, avait assez facilement refoulé sur
Goury et Beauvilliers les faibles détachements qui occupaient Loigny. Vers neuf heures, dépassant Loigny,
il marcha sur ces deux points, tandis qu'à sa gauche
la 1re brigade se dirigeait vers la ferme Morâle ; mais,
à ce moment, le Ier corps bavarois avait déjà pris ses
dispositions de combat, et nos troupes allaient se heurter à des forces imposantes. En effet, les 3e et 4e brigades bavaroises réparties entre Goury et Beauvilliers,
qu'elles tenaient solidement, formaient là une ligne de
14 bataillons avec 5 batteries qui occupaient l'espace
compris entre les deux points d'appui ; derrière elles,
un régiment de cavalerie et une batterie étaient en réserve ; enfin, la 1re division, la brigade de cuirassiers

---

1. Général D'AURELLE, *loc. cit.*, page 251. — « La nuit du 1er au
2 décembre avait été calme ; de grands feux de bivouac qu'on aper-
cevait dans toute la plaine, depuis Orgères jusqu'à Baigneaux,
signalaient le voisinage immédiat de forces ennemies considérables. »
(Général CHANZY, *loc. cit.*, page 70.)

et le reste des batteries avaient pris position à Villeprévost, tandis que la 4° division de cavalerie couvrait,
à Tanon, l'aile droite[1].

L'offensive de la division Barry, à peine préparée
par l'artillerie, et agissant sur un terrain sans abris,
s'exécutait dans des conditions particulièrement défavorables ; les batteries ennemies ne tardèrent pas à la
rompre, et le 8° régiment bavarois ayant dessiné une
contre-attaque, nos soldats reculèrent en désordre. Le
38° de marche, très éprouvé par des pertes considérables[2], est renforcé sans succès par le 66° mobiles ; la
1ʳᵉ brigade, après plusieurs efforts infructueux contre
Beauvilliers, est également condamnée à la retraite.
Bref, à dix heures, toute la division Barry est désorganisée et se retire sur Fougeu, Loigny et Écuillon, poursuivie l'épée dans les reins par six bataillons bavarois,
et ayant grand'peine à ramener en arrière son artillerie très éprouvée aussi.

Cependant la 1ʳᵉ division (Jauréguiberry) avait continué sa marche à la suite de la 2ᵉ ; voyant la situation
critique des troupes du général Barry, Chanzy ordonne
à l'amiral de les faire soutenir. Aussitôt la brigade
Bourdillon s'élance en avant; le 3ᵉ bataillon de chasseurs et le 39ᵉ de marche, bousculant les Bavarois, les
rejettent sur le parc de Goury et résistent victorieuse-
ment à un retour offensif[3]. En vain, l'artillerie et les
troupes postées à Beauvilliers dirigent-elles sur eux un
feu meurtrier ; en vain, un régiment de cavalerie bavaroise essaye-t-il de les menacer : « Ces braves gens
cherchent à se maintenir, et déploient une fermeté et
un courage que de vieilles troupes n'auraient pu dé-

---

1. *La Guerre franco-allemande*, 2ᵉ partie, page 477.
2. Deux de ses chefs de bataillon étaient grièvement blessés. Un
sergent-major, *âgé de 54 ans*, et rengagé pour la durée de la guerre,
nommé Anthoine, eut ses vêtements criblés de balles en essayant de
rapporter son commandant. Ce brave sous-officier devait être tué
deux jours plus tard sous les murs d'Orléans. (*Historique du 38° de
ligne*, par le capitaine d'IzARNY-GARGAS.)
3. Cinq bataillons bavarois, sur les six, avaient perdu 31 officiers
et 580 hommes. Le colonel et un major du 3ᵉ régiment étaient mortellement frappés. (*La Guerre franco-allemande*, 2ᵉ partie, page 478.)

passer [1]. » Le général Bourdillon jette alors le 75ᵉ mobiles à droite de Loigny et essaye de lui faire enlever Goury; cette attaque échoue, mais toute notre ligne, mélangée aux troupes de la 2ᵉ division ramenées au feu, continue son mouvement en avant, et finit par arriver tout près des batteries bavaroises, dont la sécurité est menacée [2].

Pendant ce temps, le général Deplanque avait gagné du terrain à gauche, et déjà le 37ᵉ de marche occupait la ferme Morâle; grâce à cette diversion, les troupes que nous avions devant Goury purent tenter un dernier et vigoureux effort, et pénétrèrent dans le parc; cependant le château demeura inexpugnable.

Il était environ dix heures et demie, et la situation paraissait bonne, malgré l'échec du début, quand l'entrée en ligne de renforts ennemis considérables vint brusquement la modifier. En voyant les progrès du général Deplanque, von der Tann avait dirigé entre Tanon et Beauvilliers toute sa 1ʳᵉ division et la réserve d'artillerie; deux bataillons de la 2ᵉ avaient été jetés dans Tanon; puis la majeure partie de la 1ʳᵉ brigade s'était avancée avec deux batteries jusqu'à la crête qui s'étend entre Villeprévost et Beauvilliers, tandis que les deux batteries de la 4ᵉ division de cavalerie prenaient position à droite de Tanon, et que trois autres s'établissaient des deux côtés de Villeprévost. Enfin, trois batteries de la réserve accouraient à Beauvilliers, où venaient se rallier les six bataillons si rudement menés par la brigade Bourdillon. Six bataillons et trois batteries étaient encore en réserve derrière Villeprévost. Tout cela constituait une supériorité numérique contre laquelle il devenait difficile de lutter. Tout d'abord notre offensive fut arrêtée; nous perdîmes même un petit bois situé au nord de la ferme de Morâle. Cependant nos soldats tenaient bon, et les Allemands ne réussissaient pas à les refouler, quand, vers onze heures, l'entrée en ligne de la 2ᵉ brigade

---

1. Général CHANZY, *loc. cit.*, page 72.
2. *La Guerre franco-allemande*, 2ᵉ partie, page 478.

bavaroise et de la 4ᵉ division de cavalerie vint enfin dessiner le succès de l'ennemi[1].

Retraite des 1ʳᵉ et 2ᵉ divisions. — Depuis quelque temps déjà, les deux batteries à cheval de cette dernière canonnaient avec une certaine efficacité la brigade Deplanque ; renforcé de la brigade de cuirassiers bavarois, le prince Albrecht se dirigea vers la Frileuse. Or le général Michel, qui, dans la matinée, était venu s'établir à 3 kilomètres à l'ouest d'Orgères pour couvrir notre flanc gauche, venait justement de quitter cette position ; il avait cru la bataille perdue au moment de la déroute de la division Barry, et s'était porté du côté de Gommiers et de Muzelles, sur les derrières du 16ᵉ corps. Nous n'avions donc plus personne pour nous protéger contre les masses de cavalerie qui débordaient à l'ouest la brigade Deplanque. Son chef avait bien envoyé vers la grande route de Châteaudun quelques détachements joints aux francs-tireurs ; les escadrons allemands en eurent facilement raison et les bousculèrent en leur faisant pas mal de prisonniers. Il fallut que l'amiral Jauréguiberry déployât au nord de Villepion le 33ᵉ mobiles (Sarthe), jusque-là en réserve, tandis que les mitrailleuses et une partie des batteries divisionnaires abandonnaient leurs objectifs pour se tourner contre les nouveaux arrivants. Mais ceux-ci n'étaient déjà plus seuls à redouter. En effet, à peine arrivée sur le champ de bataille, la 2ᵉ brigade bavaroise avait lancé dans la direction de Villeraud cinq de ses bataillons. Ils furent, à la vérité, accueillis par un tel feu de mousqueterie, partant à la fois de la ferme Morâle et de Fougeu, qu'ils durent se replier sans délai[2]. Mais, grâce à l'appui de l'artillerie qui, encore renforcée de deux batteries[3], s'était rapprochée, ils ne tardèrent

---

. *La Guerre franco-allemande*, page 479.

2. Une partie alla chercher un refuge dans le petit bois de Morâle, déjà occupé par un détachement bavarois ; l'autre resta sur place, exposée à de lourdes pertes ; enfin, le bataillon de chasseurs se retira complètement, sous prétexte de reconstituer ses munitions.

3. De quatre même, en comptant les deux batteries de la brigade de cuirassiers, postées, avec celles de la 4ᵉ division de cavalerie, autour de la Maladerie.

pas à revenir à la charge et à s'emparer de la ferme, dont les bâtiments flambaient.

Malgré tout, devant Beauvilliers et Goury, les braves soldats de la brigade Bourdillon, pêle-mêle avec les débris de la division Barry, tenaient toujours en échec les Bavarois, qui ne réussissaient qu'avec peine à contenir leur « impétueux élan [1] ». Les batteries de Goury avaient dû rétrograder et la situation de von der Tann sur ce point devenait assez difficile, quand, malheureusement, le succès de son aile droite lui permit de porter ses bataillons contre les nôtres déjà débordés. Débouchant à la fois de Beauvilliers et de Goury, il parvient, vers midi et demi, à refouler les troupes de l'amiral, mais n'avance cependant qu'à grand'peine. A gauche, trois bataillons qui ont poussé vers Loigny sont rejetés sur Goury [2]. Le général Bourdillon tente alors un énergique retour offensif; hélas! une nouvelle division prussienne, la 17°, vient justement de déboucher sur son flanc droit et arrive pour consommer sa défaite!

Entrée en ligne de la 17° division prussienne. — Pour pouvoir se rendre un compte exact de la situation à ce moment de la journée, il est nécessaire de revenir un peu en arrière, et de voir ce qui s'était passé à notre aile droite. Là, la division Morandy, partie vers huit heures de Terminiers, avait marché, conformément à ses instructions, sur Lumeau appuyant ainsi la droite de la 2°; mais, à ce dernier point, arrivait en même temps qu'elle l'avant-garde de la 17° division prussienne, qui, voyant les troupes françaises approcher, avait hâté sa course au point d'appui [3]. Un bataillon prussien pénétra dans le village avant nous et, garnissant immédiatement la lisière sud, fit pleuvoir sur nos tirailleurs une fusillade meurtrière [4]. Ceux-ci s'arrêtèrent et, avec eux,

1. *La Guerre franco-allemande*, 2° partie, page 481.
2. Ici encore, la *Relation allemande* excipe du *manque prochain de munitions* pour expliquer cette retraite; c'est là une excuse trop facile pour tromper personne.
3. Un bataillon de chasseurs était laissé dans Baigneaux en attendant que la 22° division y arrivât
4. La division Morandy était formée en ligne de colonnes de bataillons, précédé par l'artillerie et une ligne de tirailleurs. Elle ne comptait que trois régiments (40° de marche, 7° et 8° mobiles).

toute la division ; mais notre artillerie, prenant position entre Neuvilliers et Domainville, engagea aussitôt une canonnade soutenue à laquelle ripostèrent les quatre batteries de la 17ᵉ division à mesure qu'elles arrivaient. Au bout d'une demi-heure de feu, le général de Morandy lance toutes ses troupes à l'attaque ; avec beaucoup d'élan et de bravoure, les soldats du 40ᵉ de marche arrivent presque aux premières maisons de Lumeau ; mais, là, « un feu combiné de mousqueterie et de mitraille[1] », les rejette sur Domainville. Le bataillon prussien laissé à Baigneaux accourt prendre en flanc notre ligne déjà désorganisée[2], et l'offensive si vigoureuse, quoique un peu prématurée, de la division Morandy est définitivement brisée.

A ce moment entrait en ligne à son tour la 22ᵉ division prussienne, dernier élément de l'*Armee-Abtheilung* qui ne fût pas encore engagé. En approchant de Baigneaux, le général de Wittich avait en effet envoyé ses six batteries au secours de la 17ᵉ division. Puis, il dirigeait sur Auneux sa 44ᵉ brigade, laquelle acheva de porter le désordre dans la division Morandy en retraite. Une batterie française, envoyée en avant pour essayer d'enrayer la poursuite, est capturée par les uhlans ; notre ligne, écrasée, dispersée et très réduite, roule pêle-mêle jusque vers Neuvilliers et Domainville. A sa suite, l'artillerie allemande vient, accompagnée de contingents importants des 17ᵉ et 22ᵉ divisions, s'établir au moulin à vent d'Auneux, et repousse les retours offensifs que quelques braves gens essayent de dessiner. A une heure, la division Morandy, débandée, a quitté le terrain de la lutte, et ses épaves se groupent péniblement aux Echelles et à Terminiers. Le général Chanzy est obligé, pour protéger son aile droite, de jeter aux environs de Terre-Noire quelques bataillons de la division Barry, ralliés en hâte, et il les fait appuyer par les batteries dont il peut disposer[3].

---

1. *La Guerre franco-allemande*, 2ᵉ partie, page 483.
2. Ce bataillon avait quitté Baigneaux en voyant approcher les têtes de colonnes de la 22ᵉ division.
3. Une batterie de 12, envoyée précédemment comme appui par le

Dégagé de toute préoccupation de ce côté, l'ennemi pouvait maintenant porter tous ses efforts contre les troupes de l'amiral, qui seules tenaient encore, car dès midi et demi la division Barry, complètement rompue et en désordre, ne formait plus autour du château de Villepion qu'un amas de débris [1]. Le général de Tresckow, commandant la 17e division, s'empresse de diriger sa 33e brigade vers la gauche des Bavarois fortement engagés; quatre bataillons débouchent de Champdoux, tandis que neuf batteries (six de la 17e division et trois bavaroises), s'échelonnant à l'ouest de Lumeau, criblent d'obus la brigade Bourdillon, qui, pour la troisième fois, marche sur Goury. Ecrasés par ces forces supérieures, décimés et brisés de fatigue, nos soldats, que cette attaque de flanc a désorientés, rétrogradent sur Loigny; en vain ils essayent de tenir encore dans les gravières situées à l'est du village : un bataillon prussien les en déloge. En même temps, Fougeu est emporté par l'ennemi, qui s'y cramponne malgré nos retours offensifs, et dont deux bataillons pénètrent dans Loigny.

Il était environ deux heures et demie ; notre droite, désorganisée, avait complètement fléchi. Notre centre, extrêmement réduit, perdait peu à peu le terrain ; enfin, à notre gauche, le 33e mobiles luttait seul contre toute la cavalerie du prince Albrecht. A la vérité, ce régiment déployait une admirable bravoure, et, « obligé de plier, il reculait en ordre, en rangs formés comme à la manœuvre, s'arrêtant fréquemment pour essayer de nouveau l'offensive [2] ». Mais son courage ne suffisait pas à rétablir les affaires si gravement compromises partout. Dans Loigny se trouvaient deux bataillons du 37e de marche et un bataillon du 75e mobiles qui continuaient à résister vigoureusement. Voyant qu'il ne peut en venir à bout, le général de Tresckow pousse en avant ses quatre bataillons, qui, de concert avec un bataillon bavarois, entourent le village en flammes.

---

général Chanzy, avait été abandonnée par ses soutiens et venait de perdre deux pièces. (*La 2e armée de la Loire*, page 74.)

1. *La 2e armée de la Loire*, page 73.

2 *Ibid.*, page 74.

« A la vue des Allemands qui font irruption de tous
côtés, la brigade Bourdillon se met en retraite sur Villepion ; seule, une petite troupe[1], retranchée dans la
position dominante du cimetière sur la face ouest, continue à lutter avec opiniâtreté[2]. » Pendant ce temps, les
8 batteries allemandes s'étaient rapprochées si près du
village qu'elles ne pouvaient plus tirer ; quelques braves
du 37ᵉ essayent de menacer leur aile gauche ; ils sont
sabrés ou enlevés par les dragons prussiens. Par
contre, trois escadrons ennemis, qui ont voulu pousser
sur Villepion, sont mis en fuite par nos obus[3].

Cependant les Allemands se préparaient à une offensive générale ; tandis que les troupes de l'amiral
essayent de reprendre pied dans Villepion, 80 pièces
de canon, s'avançant par échelons sur Loigny, vo-
missent sur elles une pluie d'obus[4]. En même temps
la 1ʳᵉ division bavaroise, reformée et ravitaillée,
est venue se masser entre Beauvilliers et la ferme
Morâle. A deux heures et demie, le général von der
Tann la lance de Villeraud sur Villepion, en la faisant
appuyer par la réserve d'artillerie (12 batteries) ; à
gauche, la 2ᵉ division bavaroise et la 17ᵉ division
prussienne reprennent l'offensive contre Loigny, par
Fougeu. Sous cette avalanche d'assaillants, les tirailleurs jetés par le général Deplanque dans les boqueteaux situés sur le chemin de Loigny à Villepion sont
débusqués ; mais le feu partant de ce dernier point est
tellement intense qu'ordre est donné aux Allemands de
ne pas pousser plus loin[5]. Von der Tann essaye alors de
déborder notre gauche avec sa cavalerie et la pousse de
Villevé et Cornières sur Villepion ; elle est arrêtée par
les batteries de la réserve et une partie du 17ᵉ corps qui,
comme on le verra plus loin, viennent d'arriver au
sud-est de Nonneville. Laissant alors à Nonneville trois
batteries à cheval protégées par quelques escadrons[6],

1. Deux bataillons du 37ᵉ de marche.
2. *La Guerre franco-allemande*, 2ᵉ partie, page 485.
3. *Ibid.*
4. *Ibid.*, page 486.
5. *Ibid.*, page 487
6. La cavalerie Michel, débouchant de Guillonville, fit mine de se

les cavaliers allemands se retirent sur Chauvreux, sans
pouvoir reprendre l'offensive.

Ainsi, dans Villepion comme dans le cimetière de
Loigny, nos héroïques soldats demeuraient inexpu-
gnables devant des forces dix fois supérieures. Le
37e de marche, cramponné au cimetière de Loigny,
voyait, sans faiblir, ses rangs se creuser, ses munitions s'épuiser, ses chefs tomber [1], tandis qu'autour de
lui, dans la plaine et les maisons avoisinantes, grossis-
sait toujours le flot des assaillants. Dans Villepion,
soumis à un feu d'artillerie épouvantable, nos bataillons
décimés tenaient toujours, tirant sans relâche sur les
Allemands qui essayaient d'approcher. C'est à ce moment qu'apparut sur le champ de bataille, avec une
partie de son corps d'armée, le général de Sonis, à qui
son admirable dévouement dans cette journée fatale a
conquis une gloire éclatante et une impérissable renommée.

Charge du général de Sonis sur Loigny. — Parti
de Coulmiers le 1er décembre au soir, avec une brigade
et son artillerie de réserve, à laquelle il avait donné
pour escorte les troupes qu'il jugeait les plus solides
(mobiles des Côtes-du-Nord, 300 volontaires de l'Ouest[2],
deux compagnies de francs-tireurs de Tours et de
Blidah), le général de Sonis était arrivé à Patay au petit
jour. La brigade de Jancigny avait été prendre position
d'abord à Terminiers, puis à Faverolles, où elle contribua à refouler sur Chauvreux les cavaliers allemands.
Bientôt, sur les instances du général Chanzy, le commandant du 17e corps avait envoyé, comme on l'a vu,
son artillerie de réserve à Villepion et engagé même,
au sud-ouest de ce point, vers trois heures, sa 3e division (Deflandre), qui, l'ayant suivi à distance, débou-

---

porter contre ces batteries. Après avoir reçu quelques obus, elle fit
demi-tour.

1. Un de ses chefs de bataillon, le commandant Varlet, était tué ;
un autre, le commandant de Fouchier, grièvement blessé. — Dans
l'église de Loigny étaient entassés les blessés du 16e corps, en proie
à tous les dangers et à d'horribles angoisses dues aux progrès rapides
de l'incendie. Une partie seulement put échapper à cette mort affreuse.

2. Zouaves pontificaux, aux ordres du colonel de Charette.

Les zouaves pontificaux chargeant à la baïonnette.

IV. 5

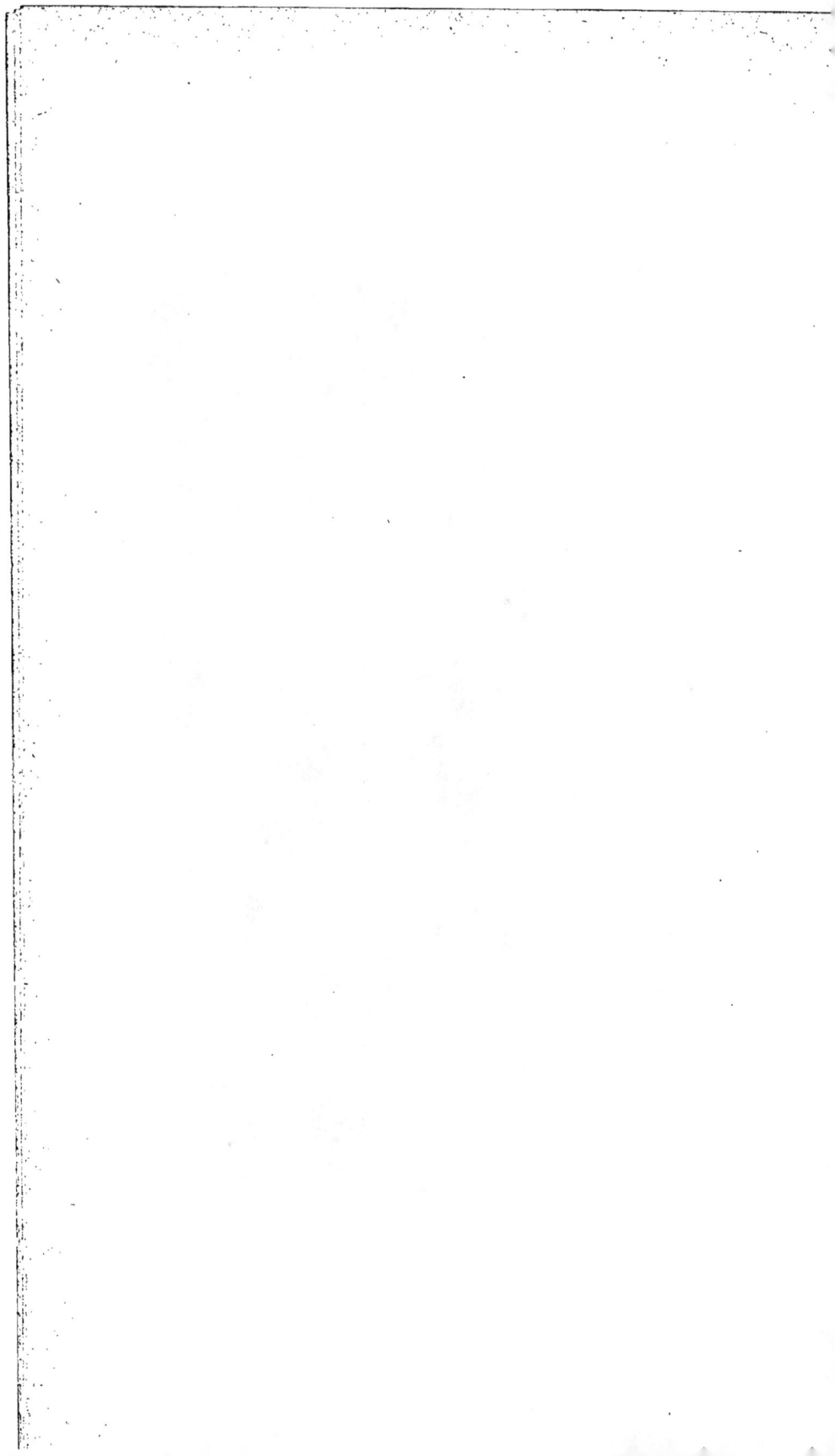

chait à ce moment de Gommiers. Cette intervention
avait donné un peu de répit aux troupes de l'amiral et
obligé les batteries allemandes de Nonneville à modérer
sensiblement leur feu ; malheureusement, les troupes
du 17e corps, encore très ébranlées et peu solides, ne
déployaient pas, tant s'en faut, la même fermeté que
celles du 16e. Au bout de quelques instants de lutte,
elles se rompirent pour se livrer à une retraite désordonnée.

A ce spectacle douloureux, Sonis comprit toute
l'étendue du péril. Nous avions là, entre le château de
Villepion et Nonneville, une longue ligne d'artillerie
qui se trouvait compromise, et à peine deux brigades
de braves gens qui restaient abandonnés à la formidable pression de plus d'un corps d'armée allemand.
Villepion évacué, c'était la déroute. Sonis comprit que
l'heure du dévouement suprême avait sonné; il réunit
les 800 hommes qu'il avait amenés, fit passer dans leurs
âmes les sentiments qui l'animaient lui-même, puis, se
mettant à leur tête, il se lança résolument à l'attaque de
Loigny [1].

D'un élan irrésistible et avec un courage admirable,
la poignée d'hommes s'ébranle à la voix de son chef.
Elle enlève sans brûler une amorce la ferme de Villours,
où sont six compagnies prussiennes, et les boqueteaux
situés entre ce point et Loigny [2]. Cette charge de
1,200 mètres, en terrain absolument découvert et balayé
par la mitraille, est faite à la baïonnette et avec une
telle vigueur, que l'ennemi, ébranlé, recule jusque dans
Loigny ; mais elle a coûté des pertes sanglantes. Déjà
le général de Sonis a roulé à terre, la jambe fracassée [3] ;
le colonel de Charette a son cheval tué sous lui ; le com-

1. La troupe d'attaque était déployée dans l'ordre suivant : à droite
les mobiles, au centre les zouaves, à gauche, les francs-tireurs.
Deux compagnies de mobiles des Côtes-du-Nord étaient laissées en
soutien de l'artillerie.
2. Le dernier, situé à gauche de la route, et nommé depuis *bois
des Zouaves*, a été défriché. C'est là que reposent les porte-drapeaux
tués en portant la *Bannière du Sacré-Cœur*.
3. Le général de Sonis dut passer la nuit, qui fut glaciale, sur le
champ de bataille, la tête appuyée sur son harnachement. Le lendemain, on lui fit subir l'amputation de la jambe gauche et peu s'en

mandant de Troussures, des zouaves pontificaux, est grièvement atteint. Néanmoins nos courageux soldats mar-
chent toujours de l'avant. Les premières maisons de
Loigny sont prises, et cette pointe si hardie va peut-être
réussir, quand le général de Tresckow appelle à lui sa
dernière réserve[1], deux bataillons qui viennent d'arriver de Champdoux, et, les réunissant à toutes les
troupes qui luttent dans Loigny ou aux abords, il les
jette sur les héroïques assaillants. Ceux-ci sont bientôt
décimés. L'étendard des zouaves passe successivement
des mains du sergent de Verthamon à celles de Fernand
de Bouillé et de son fils, tous trois tués, puis à celles
de M. de Cazenoves de Pradines, qui, grièvement atteint,
remet le précieux trophée au sergent de Traversay. La
retraite est devenue une nécessité. Le colonel de Charette l'ordonne et ramène sur Villours les quelques
hommes encore debout; en arrivant au petit bois, lui-
même tombe grièvement blessé, et c'est privés de leurs
chefs que les héroïques survivants atteignent enfin les
abords du château de Villepion. Les *Volontaires de
l'Ouest*, partis au nombre de 300, laissaient sur le terrain
18 officiers et 198 soldats; les deux compagnies de
mobiles des Côtes-du-Nord, 110 hommes ; les francs-
tireurs de Tours et de Blidah, 4 officiers et 58 hommes.

L'ennemi, qui a capturé chemin faisant une de nos
mitrailleuses, s'arrête exténué, à la hauteur de Villours ;
derrière lui, les défenseurs de Loigny tiennent encore,
bien qu'enveloppés de toutes parts, réduits à une poignée, à bout de munitions et de forces ; c'est seulement
à six heures et demie qu'ils se décident à mettre bas les
armes, et que les Allemands prennent définitivement
pied dans le village. Loigny n'est plus qu'un monceau
de ruines, couvert de cadavres et de blessés.

Cependant la nuit est devenue complète. Au milieu
de l'obscurité, les troupes de l'amiral, que la retraite du
17° corps n'a pu ébranler, défendent encore le parc de
Villepion (mobiles de la Sarthe et 39° de marche); près

fallut qu'on ne coupât aussi son pied droit qui avait été gelé. Mort
en 1887, il repose dans la crypte de la nouvelle église de Loigny.
1. *La Guerre franco-allemande*, 2° partie, page 487.

du moulin, un bataillon du premier de ces régiments disperse une charge de cavalerie allemande. Mais la lutte n'est plus possible ; il faut partout reculer. Nos soldats se replient sur Terminiers (1re division) [1], Gommiers (2e) et Huêtres (3e) [2], laissant sur le champ de bataille, que la neige commençait à recouvrir, à peu près tous les blessés, auxquels il est impossible de donner des soins !

Combat de Poupry. — Tandis qu'à l'aile gauche de l'armée de la Loire le **16e** corps et une minime fraction du **17e** subissaient cette glorieuse défaite dont le souvenir s'éclaire de tant d'héroïsme et de bravoure, un autre combat, complètement indépendant, avait, à quelques kilomètres plus à l'est, mis aux prises la **22e** division prussienne avec certaines parties du **15e** corps.

On se rappelle que les deux divisions de gauche du **15e** corps avaient ordre de se diriger, le 2 au matin, la **2e** (Peytavin) sur Santilly, la **3e** (Martineau des Chenez) sur Ruan et Aschères. La **22e** division prussienne ayant évacué Santilly, pour marcher sur Baigneaux et Lumeau, juste au moment où le général Peytavin se mettait en mouvement, les deux divisions françaises n'avaient plus devant elles que la **3e** brigade de cavalerie prussienne (général de Colomb), attachée provisoirement à la **22e** division et laissée en observation vers Dambron [3]. Ces divisions, entendant le canon de Loigny, sur leur gauche, pouvaient, par un simple changement de direction, se porter en deux ou trois heures sur le flanc ou les derrières des troupes du grand-duc. Mais, esclaves, comme on l'était alors, de la lettre des ordres, elles continuèrent leur route vers les objectifs qui leur avaient été indiqués.

1. Cependant Villepion ne fut complètement évacué qu'à minuit.
2. Derrière les premiers retranchements établis en avant d'Orléans. — Le 17e corps s'était réuni à Patay.
3. La 5e brigade de cavalerie était vers Toury ; la 4e encore plus à l'est du côté de Pithiviers. L'infanterie du grand-duc était tout entière en marche vers Loigny et Lumeau. Quant à la IIe armée, certaine maintenant que les Français ne menaçaient plus ni Beaune-la-Rolande ni la route de Nemours, elle revenait à la vérité vers l'ouest, mais était encore très loin.

De son côté, le général de Colomb observait nos mouvements et, tout en reculant lentement vers le nord, en prévenait le général de Wittich, lequel, d'après ses instructions, devait marcher d'abord sur Baigneaux, puis sur Loigny, à la suite de la 17° division. Toute son artillerie était déjà en ligne et son infanterie commençait à se déployer contre le 16° corps français, quand il fut avisé de l'approche de nos troupes vers Artenay et Poupry. Aussitôt il dirigea sur Poupry celle de ses deux brigades (43°) qui n'était pas encore entrée en ligne, et retira successivement du feu les six batteries qui venaient d'aider la 17° division à écraser et à disperser la division française Morandy[1], avec ordre d'aller se placer, quatre au sud et deux au nord de Poupry[2]. Pendant ce temps, la 44° brigade rompait, elle aussi, peu à peu, le combat engagé aux environs de Lumeau et se dirigeait sur Poupry.

Cependant la division Peytavin marchait toujours vers le nord, sans s'éclairer ; après avoir dépassé Artenay, elle s'arrêta un instant pour canonner la cavalerie prussienne de Colomb, qui se replia de Dambron vers Poupry, puis elle jeta sur ce dernier point un détachement qui se heurta aux avant-gardes de la 22° division. Celles-ci venaient de pénétrer en même temps que nous dans le village ; elles en chassèrent nos tirailleurs ; un bataillon occupa la lisière orientale, un autre se jeta dans le bois situé au nord de Poupry, enfin les batteries prussiennes canonnèrent vigoureusement nos colonnes prises en flanc. Le détachement français jeté dans Poupry n'était, à proprement parler, dans la pensée du général Peytavin, qu'une flanc-garde destinée à protéger contre la cavalerie sa division en marche vers le nord ; cependant, quand il vit des masses épaisses, appuyées d'artillerie, apparaître ainsi sur son flanc gauche et ses derrières, cet officier général comprit que son mouvement était arrêté, et il se décida alors à se porter sur Poupry.

---

1. Voir plus haut, page 189.
2. Sous la protection de la cavalerie divisionnaire.

Aussitôt le 27° de marche est lancé contre le village ; trois batteries divisionnaires, soutenues par un bataillon du 33°, se déploient entre Poupry et la grande route, et un combat très vif s'engage entre nos soldats et ceux du 95° prussien postés en face d'eux. A ce moment (une heure), le général d'Aurelle, qui arrive d'Artenay, envoie chercher la réserve d'artillerie ; mais le colonel Chappe, qui commande cette réserve, n'a pas attendu cet appel, et répondant à celui du canon, accourt déjà d'Artenay. Il place ses quatre batteries vers Autroches et le château d'Auvilliers, en face des quatre batteries prussiennes qui sont au sud de Poupry, et il ouvre immédiatement le feu. En même temps, le général en chef qui, bien que sans nouvelles du général Chanzy, se rend compte de l'absolue nécessité de mettre hors de cause la 22° division, le général en chef fait mander la division Martineau des Chenez, qui vient précisément d'atteindre Ruan et Aschères et commence à attirer sur elle les faibles détachements de cavalerie prussienne qui observent la route de Paris.

L'entrée en action de nos batteries de réserve n'avait pas tardé à produire son effet. Dès trois heures, le feu de l'artillerie allemande était éteint au sud de Poupry ; une heure et demie plus tard, il l'était partout. Mais il n'en allait pas de même de la fusillade. Les Prussiens, renforcés par la 44° brigade, dont les différents éléments arrivaient peu à peu, repoussaient tous les efforts que le 27° de marche, avec une incontestable bravoure, tentait pour prendre pied dans Poupry. Les pertes des deux côtés étaient sanglantes [1] ; cependant cette lutte acharnée se prolongeait sans aucun résultat. A notre droite, un combat violent était également engagé entre le reste de la division Peytavin et les forces allemandes assez considérables qui tenaient le bois de Poupry. Grâce à l'appui de l'artillerie, nos soldats avaient pu gagner pas mal de terrain et nos tirailleurs s'étaient

---

1. Le 27° de marche avait 30 officiers, dont ses trois chefs de bataillon, hors de combat. Du côté allemand, le colonel de Kontzki, commandant la 43° brigade, avait été blessé mortellement.

avancés à 200 mètres à peine de la lisière ; ils furent arrêtés là par la mitraille d'une batterie prussienne et par une charge de cavalerie qui, bien que repoussée à coups de fusil, suffit cependant à arrêter leur élan.

Il était quatre heures du soir et la division Martineau commençait à déboucher sur la grande route. Le général Peytavin voulut tenter un dernier effort et lança de nouveau toutes ses troupes en avant. Nos tirailleurs réussirent, dans cet élan suprême, à atteindre les premières maisons de Poupry (34e de marche), à pénétrer dans le bois (69e mobiles et 33e de marche) et à refouler jusqu'au chemin de Baigneaux les fractions ennemies qui l'occupaient[1]. Mais les bataillons que l'ennemi tenait encore en réserve se jetèrent sur l'assaillant, qui n'avait pas de renforts à attendre, et le refoulèrent, tandis que la cavalerie du général de Colomb essayait, sans succès, de porter le désordre dans sa retraite[2].

La nuit était tombée ; l'arrivée de la division Martineau ne pouvait ni changer la face des choses ni donner une solution à cette lutte indécise. Le général Peytavin ramena sa division sur Artenay, laissant des avant-postes entre Poupry et Dambron. Quant aux Allemands, ils se repliaient, à onze heures du soir, sur Anneux et Damainville où ils cantonnaient

Résultats de la journée du 2 décembre. — Pertes. — Telle fut la journée du 2 décembre, journée funeste qui condamnait désormais à l'impuissance tous les efforts de l'armée de la Loire. A vrai dire, nous n'avions pas perdu beaucoup de terrain ; mais l'affaiblissement des troupes, et le coup porté à leur moral par ce grave échec, étaient tels qu'il devenait impossible de songer encore à l'offensive. Nos pertes étaient très sensibles : près de 7,000 hommes hors de combat[3], dont 2,500 prisonniers ; 3 généraux blessés[4] ; 9 pièces perdues, dont

---

1. *La Guerre franco-allemande*, 2e partie, page 491.
2. *Ibid.*, page 492.
3. Tout naturellement le 16e corps était le plus éprouvé ; le 15e ne comptait que 1,000 hommes hors de combat, dont 500 disparus. Le 17e n'avait d'autres pertes que celles éprouvées dans l'admirable charge de Loigny.
4. Les généraux de Sonis, de Bouillé et Deplanque.

une mitrailleuse, tel était le bilan de cette glorieuse mais déplorable défaite. Quant aux Allemands, ils avaient 201 officiers et 3,938 hommes, au total 4,139 soldats hors de combat, sur lesquels le Ier corps bavarois, déjà si fortement éprouvé à Coulmiers et à Villepion, en comptait 2,296 [1].

L'ennemi avait mis en ligne quatre divisions d'infanterie, quatre brigades de cavalerie et 208 pièces, approximativement 35,000 combattants. L'armée de la Loire, forte de près de 200,000 hommes, n'en avait engagé que 40 ou 45,000 au maximum [2]. Comme à Villepion, c'était la division Jauréguiberry qui avait supporté presque tout le poids de la lutte ; les deux divisions Barry et Morandy, assez mollement conduites, n'avaient pas donné tout ce qu'on aurait pu attendre d'elles. Quant au 17e corps, une faible partie seulement s'était engagée, avec quel héroïsme, on le sait ! Le reste était arrivé trop tard, ou dans un état de fatigue et de démoralisation qui en faisait un troupeau confus. Enfin, du 15e corps, la 3e division avait seule combattu, d'une façon absolument imprévue, livrant de son côté une bataille isolée qui était demeurée sans résultat. Telle était la conséquence de l'éparpillement et du désordre qui présidaient à nos mouvements. A n'en pas douter, une intervention plus énergique du 15e corps aurait pu changer singulièrement la face des choses ; mais il eût fallu pour cela que ces deux divisions, au lieu de s'en tenir à la lettre d'instructions très vagues, marchassent au canon délibérément. Bien loin de cela, la 3e ne s'engagea que quand elle ne put plus faire autrement ; l'autre (la 2e) continua son chemin et alla bivouaquer tranquillement aux points qui lui avaient été assignés. Quand elle reçut l'ordre du général d'Aurelle de se rabattre à l'ouest, il était déjà deux heures ; la brigade d'Ariès s'ébranla avec une lenteur déplorable,

1. Les Bavarois, dans cette campagne de la Loire, payèrent un peu chèrement l'honneur de combattre sous les drapeaux prussiens.
2. Avec 200 pièces de canon. On voit qu'en tenant compte de l'infériorité professionnelle de nos troupes, les forces étaient à peine égales.

prit le chemin le plus long, mit plus de deux heures et demie à faire 6 kilomètres et ne déboucha sur le champ de bataille que quand tout était fini. De même, la brigade Rébilliard n'atteignit Artenay qu'à sept heures.

Mais pouvait-il en être autrement? Pouvait-on fonder un espoir quelconque sur un mouvement entrepris dans des conditions aussi défectueuses, exécuté sur un front aussi étendu par des colonnes sans liaison entre elles, et opérant sans unité comme sans direction? Pouvait-on rien attendre de favorable de cette absolue divergence de vues, de cet antagonisme latent entre le commandement et la Délégation, qui se traduisait, chez l'un, par une irrésolution mécontente, chez l'autre par un entêtement uniquement nourri d'illusions? Évidemment non. Un point de départ aussi vicieux ne devait conduire qu'à des désastres, et ni la bravoure admirable des soldats de Jauréguiberry, ni le dévouement sublime de ceux de Sonis, ne suffisaient à réparer tant d'erreurs. Tout ce sang généreux devait, hélas! être perdu pour la France, par la faute de ceux qui essayaient de la sauver!

CHAPITRE V

ORLÉANS

I. — Situation générale le 2 décembre au soir.

Le résultat de la journée de Loigny venait de détruire les dernières illusions qu'on pût encore se faire sur la possibilité de donner la main aux troupes de Paris. L'offensive de notre aile gauche était définitivement brisée, comme celle de l'aile droite l'avait été cinq jours avant. L'armée de la Loire tout entière, sauf la division des Pallières et le corps Cathelineau [1], avait été engagée par fractions, et ses efforts décousus venaient d'échouer successivement devant deux groupes de forces ennemies que sa supériorité numérique lui aurait peut-être permis d'écraser séparément, si elle eût agi condensée et réunie. Au surplus, sa situation devenait périlleuse, car la dispersion même de nos forces constituait un danger qui d'heure en heure allait s'aggravant.

Le 15° corps, dont la 1re division occupait Chilleurs, tandis que les deux autres étaient aux environs d'Artenay, formait deux masses séparées par plus de 15 kilomètres, entre lesquelles, à Ruan, se montrait déjà l'ennemi. Les deux corps du général Crouzat, 18° et 20°,

_____

1. Le corps Cathelineau, formé de francs-tireurs vendéens et autres, auxquels on avait joint un escadron, un bataillon de tirailleurs, un de mobiles de la Dordogne et deux sections de montagne, devait agir isolément et gagner la forêt de Fontainebleau par Montargis et la vallée du Loing.

essayaient, conformément aux ordres reçus, d'appuyer vers l'ouest ; mais ils étaient, surtout le 20e, dans un état lamentable, au point que, par le terrible froid qu'il faisait, certains bataillons de mobiles n'avaient encore que des vêtements de toile ! En outre, le général Crouzat, démoralisé par l'insuccès de Beaune-la-Rolande, semblait ne songer qu'à rallier quelque part ses troupes pour les reconstituer[1]. Le 16e corps lui-même, qui venait de donner des preuves si éclatantes de sa valeur, était profondément atteint : « Beaucoup de troupes ont quitté le champ de bataille en désordre, écrivait le général Chanzy au commandant en chef, le soir même de Loigny... Je redoute une attaque pour demain matin ; dans l'état moral où se trouvent les troupes, je crois indispensable que le 15e corps appuie sur nous... Je ferai tout pour reprendre l'offensive, mais un secours m'est indispensable...[2] » Enfin le 17e corps errait dans une débandade si complète que, de l'avis de ses généraux, il lui était impossible de faire un mouvement.

Telle était la situation de l'armée de la Loire, situation inquiétante, comme on le voit. De leur côté, les Allemands se préparaient à attaquer à leur tour. Jusquelà, le prince Frédéric-Charles, avec une prudence peutêtre exagérée, s'était borné à achever sa concentration autour de Pithiviers, et les quelques escarmouches qui s'étaient produites le 1er et le 2 décembre sur le front de la IIe armée n'avaient pas modifié ses dispositions[3] ; toutefois, le 2, à la nouvelle de l'affaire de Loigny, Frédéric-Charles, voyant que l'offensive française se manifestait, non pas contre son aile gauche, comme il l'avait cru, mais contre son aile droite, s'empressa de

1. Le 2 décembre, il fut mis aux ordres du commandant du 18e corps, général Bourbaki, lequel prit possession de son poste le 3. Le général Billot restait chef d'état-major.

2. Dépêche adressée par Chanzy au général en chef, le 3 décembre, à quatre heures du matin. — Le général Guépratte avait pris le commandement du 17e corps en remplacement du général de Sonis.

3. La division Martineau avait refoulé sur Toury et Bazoches-les-Gallerandes la 5e brigade de cavalerie prussienne qu'accompagnaient deux batteries à cheval. Mais l'affaire s'était arrêtée là, la division Martineau ayant, comme on l'a vu, été appelée sur Dambron pour appuyer les troupes du général Peytavin.

diriger le IXᵉ corps sur Bazoches-les-Gallerandes, pour
s'opposer à tout mouvement de l'armée de la Loire
contre la route de Paris. Il était une heure et demie, et
ce corps était déjà en marche, quand le prince reçut de
M. de Moltke un télégramme lui ordonnant de passer
décidément de la défensive à l'offensive et d'attaquer
immédiatement Orléans. Le grand quartier général était
à ce moment certain de n'avoir plus rien à redouter du
côté de Champigny et il voulait frapper sur la Loire un
coup décisif. Immédiatement le prince prit ses dispositions pour se mettre en mouvement, dès le lendemain,
avec toutes ses forces. Il concentra le IIIᵉ corps autour
de Pithiviers, le IXᵉ autour de Boynes et Beaune-la-
Rolande ; puis, à dix heures du soir, quand il connut
les résultats de la bataille de Loigny-Poupry, il donna
ses ordres définitifs pour l'attaque.

Le IXᵉ corps, qui avait atteint les abords de la route
de Paris, devait, à neuf heures et demie du matin, le 3,
se porter contre Artenay ; le IIIᵉ avait ordre de marcher
sur Loury par Chilleurs-aux-Bois, tandis que le Xᵉ, en
seconde ligne, se dirigerait sur Villereau. La 6ᵉ division de cavalerie suivrait l'aile droite, vers Artenay ;
la 1ʳᵉ, renforcée d'une brigade d'infanterie avec une
batterie, surveillerait la région comprise entre l'Yonne
et le Loing [1].

Quant au grand-duc, chargé d'opérer à l'ouest de la
route de Paris, il donna à ses troupes les instructions
suivantes : la 22ᵉ division, avec la 2ᵉ division de cavalerie, appuierait l'attaque du IXᵉ corps sur Artenay ;
le Iᵉʳ bavarois, avec deux brigades de la 4ᵉ division de
cavalerie, marcherait sur Lumeau ; la 17ᵉ division resterait à Anneux jusqu'à nouvel ordre. La troisième brigade de la 4ᵉ division de cavalerie, appuyée par quelques
bataillons et de l'artillerie, était chargée d'éclairer à
l'ouest de la route de Chartres à Orléans [2].

Bien que le général d'Aurelle ne connût pas ces projets offensifs, il pouvait cependant se douter que l'en-

---

1. *La Guerre franco-allemande*, 2ᵉ partie, page 403.
2. *Ibid.*, page 494.

nemi ne tarderait pas à poursuivre ses succès de la
veille ; il comprenait que « mener de nouveau au combat des troupes démoralisées qui n'avaient plus confiance en elles-mêmes, et qui allaient trouver devant
elles une armée deux fois plus nombreuse, enivrée par
ses succès [1] », c'était courir à un désastre certain. La
retraite s'imposait donc, et, puisqu'on avait à portée un
camp retranché solide, le moment semblait venu de s'y
retirer pour y soutenir, à l'abri des fortifications, une
attaque qui ne pouvait manquer de se produire. C'est
dans cet ordre d'idées que furent, pendant la nuit,
expédiés les ordres qui devaient ramener l'armée de la
Loire sur ses anciennes positions. Les 16e et 17e corps,
placés sous les ordres du général Chanzy, étaient chargés de couvrir Orléans au sud-ouest. Le 15e se concentrerait vers Chevilly et Gidy ; quant aux 18e et 20e corps,
bien que rendus au général d'Aurelle, ils ne reçurent
de lui aucune instruction [2].

Le parti adopté par le général d'Aurelle était évidemment le seul admissible en raison des circonstances.
Toutefois, les mesures qu'il adoptait ne réalisaient pas
encore la concentration indispensable de ses forces ; au
général Chanzy, il ordonnait purement et simplement
de reprendre ses positions. Le 15e corps allait, il est
vrai, chercher à se rassembler vers l'ouest, mais par
des mouvements décousus, sans liaison, et où chacun
agissait comme s'il était seul. Quant à la Délégation,
ses illusions étaient telles encore, que le 2 décembre,
à quatre heures du soir, Gambetta télégraphiait, comme
on l'a vu ci-dessus, au commandant en chef : « Je ne
crois pas que vous trouviez *à Pithiviers ni sur les
autres points* une résistance prolongée. Selon moi,

---

1. Général D'AURELLE, *loc. cit.*, page 262.
2. La dépêche de Gambetta rendant au général d'Aurelle la libre
disposition de tous ses corps est datée du 2 décembre, quatre heures
du soir. C'est cependant le lendemain seulement que le commandant
en chef se mit en relation avec le général Bourbaki. Il lui prescrivait d'appuyer sur sa gauche, pour soutenir des Pallières, trop isolé
à Chilleurs. Cet ordre ne parvint à Bellegarde, où était le général
Bourbaki, qu'à sept heures du soir, et à ce moment, comme on le
verra plus loin, des Pallières était déjà repoussé sur Orléans. (*La
1re Armée de la Loire*, page 276.)

*l'ennemi cherchera uniquement à masquer son mou-
vement vers le nord-est, à la rencontre de Ducrot*. La
colonne à laquelle vous avez eu affaire hier et peut-
être aujourd'hui n'est sans doute qu'une fraction isolée
qui cherche à nous retarder. *Mais, je le répète, le gros
doit filer sur Corbeil*[1]. »

Telles étaient les conditions de désarroi au milieu
desquelles débutait le mouvement rétrograde de l'armée
de la Loire. De son côté, l'ennemi, comprenant qu'il
avait devant lui une force nombreuse, couverte en partie par des retranchements garnis de pièces de position,
avait pris déjà son parti ; concentré en face de notre
centre, il allait chercher à le percer en l'écrasant de feux.
Son infanterie, en formations très denses, se tenait
prête, derrière l'artillerie, à donner le coup de bélier ;
couvert sur ses deux ailes, gardant sa cavalerie en arrière pour achever l'œuvre des autres armes, il s'avançait concentriquement contre nos positions qu'il se
disposait à attaquer presque simultanément partout.

Description du camp retranché d'Orléans. — C'est
ici le moment de jeter un rapide coup d'œil sur ce
fameux camp retranché, en qui le général d'Aurelle
avait mis de si belles espérances, et qui devenait maintenant pour notre armée battue et dispersée la suprême
chance de salut. Et tout d'abord, la possession D'Orléans
offrait-elle toutes les garanties auxquelles on semblait
croire, toute la sécurité dont on avait besoin ? Il suffit
de regarder une carte pour voir que malheureusement
il n'en était rien. S'il ne se fût agi que de constituer
là une tête de pont destinée à faciliter le passage sur
la rive droite, ou d'établir une base de ravitaillement et
d'opérations pour une armée manœuvrant entre la
Seine et la Loire, la position eût été bonne, en ce sens
qu'elle était rapprochée autant que possible de Paris et
qu'elle couvrait à la fois Tours, Bourges et Vierzon.
Mais la situation même de la ville au coude du fleuve
ne permettait pas d'en faire le pivot d'une installation

---

1. C'est dans cette même dépêche que Gambetta remettait les 18e
et 20e corps sous les ordres directs du général d'Aurelle.

défensive. Une armée réfugiée dans le camp retranché établi là, si solidement que ce fût, se trouvait exposée à de graves dangers; car l'ennemi disposait d'assez de monde pour franchir la Loire aussi bien à l'est qu'à l'ouest, et alors c'était pour nous l'enveloppement. A la vérité, M. de Freycinet, ou l'a déjà vu, ne croyait pas à ce péril [1]; le général Borel, au contraire, le considérait comme très redoutable, et nous pensons qu'il n'avait pas tort [2]. Au surplus, les conditions topographiques se prêtaient assez mal à la construction judicieuse d'ouvrages et de batteries, de même que la proximité de la forêt exigeait pour le tracé des lignes un développement excessif, si on voulait ôter à l'ennemi la libre disposition de fourrés et d'abris qui pouvaient lui devenir très utiles. De tout ceci il semble résulter que la valeur militaire du camp retranché d'Orléans était assez médiocre, et qu'il n'eût guère été possible, sans courir de gros risques, d'y prolonger la défense un peu longuement.

Quoi qu'il en soit, le camp retranché se trouvait constitué par une double ligne, la première partant de la Chapelle à l'ouest, et allant par Ormes, Gidy et Chevilly rejoindre la forêt dont toutes les routes avaient été mises en état de défense et coupées par des tranchées profondes [3]. Cette ligne ne comptait que trois batteries (Ormes, Gidy et Chevilly), armées chacune de 8 ou 10 pièces de 14 de marine. En arrière, une deuxième ligne enveloppait, à très courte distance, les faubourgs même de la ville; elle renfermait six batteries de 4, 6,

1. « Une armée concentrée dans Orléans peut être forcée, *mais elle ne peut être entourée et investie, comme à Metz ou à Sedan*. Elle peut toujours battre en retraite en traversant la Loire, sur des ponts préparés d'avance, qu'elle détruit derrière elle, et elle trouve un refuge en Sologne. » (*La Guerre en province*, page 76.)

2. « Si l'ennemi débouchait par Nevers, l'armée qui serait à Orléans n'aurait qu'une chose à faire, ce serait de battre immédiatement en retraite en descendant la Loire, car la route de Vierzon serait déjà trop dangereuse pour elle. Pour peu qu'elle tardât, il serait à craindre qu'on vît encore une fois dans cette guerre un nouvel exemple d'une armée tournée et enveloppée avec les désastreuses conséquences qui en découlent. » (*Lettre adressée le 4 novembre par le général Borel au général en chef.*)

3. Capitaine Bois, *loc. cit.*, page 131.

8 et 10 pièces. Le 25 novembre, le général d'Aurelle donna l'ordre d'en construire une troisième intermédiaire et comptant dix-sept batteries ; les travaux furent immédiatement entrepris, mais on n'eut pas le temps d'armer les ouvrages [1].

Le personnel (780 fusiliers marins et 200 canonniers brevetés) et le matériel avaient été fournis par la marine ; le tout était sous les ordres du capitaine de vaisseau Ribourt, assisté des capitaines de frégate Pierre et Cosmao-Dumanoir. Enfin, quatre chaloupes canonnières avaient remonté la Loire jusqu'à Orléans ; mais la baisse des eaux empêcha de les utiliser (on peut se demander d'ailleurs comment on l'aurait fait), et elles furent capturées par les Allemands. Quant aux communications d'une rive à l'autre, elles étaient assurées d'abord par le pont de pierre et le viaduc, ensuite par le pont de bateaux jeté sur le fleuve, enfin par une passerelle que les Allemands avaient construite et abandonnée au moment de leur brusque départ. On disposait en outre du matériel nécessaire pour jeter un deuxième pont de bateaux.

Tel était, dans son ensemble, le camp retranché d'Orléans au moment où, le 3 décembre, l'ennemi en commença l'attaque.

II. — Journée du 3 décembre.

La nuit du 2 au 3 avait été particulièrement pénible et froide. Pendant cinq heures, la neige ne cessa pas de tomber, et nos soldats, raidis dans leurs bivouacs glacés, étaient exténués de fatigue, de souffrance et de besoin. A l'aube, les Allemands sortirent des cantonnements où ils avaient pu prendre un repos réparateur, pour entamer leur mouvement concentrique ; leur ligne s'étendait sur un front de 30 kilomètres environ, qui devait, par suite de l'identité du but fixé à chaque frac-

_____

1. Le détail très complet de la constitution du camp retranché et de son armement, avec une carte à l'appui, a été donné par le capitaine Bois, dans son ouvrage cité, pages 131 et suivantes.

tion de l'armée ennemie, aller sans cesse en se rétrécissant. Nous allons examiner rapidement chacun des combats auxquels donna lieu cette attaque, pendant la journée du 3 et celle du lendemain.

Combat de Santeau ou Chilleurs. — Le général Martin des Pallières était toujours à Chilleurs avec le gros de la 1re division du 15e corps[1]. A quatre heures cinquante du matin, il reçut l'ordre général qui le rappelait vers Saint-Lyé et Chevilly et dut immédiatement annuler les instructions qu'il avait déjà données pour la marche sur Pithiviers ; il chargea ensuite le détachement Cathelineau de veiller à la défense de la forêt, sur son flanc droit, puis prépara son mouvement vers Chevilly. Ce mouvement n'était pas encore commencé que les têtes de colonnes du IIIe corps prussien se montraient déjà vers Santeau. En pareille circonstance, le mieux eût été, ce semble, de constituer une forte arrièregarde pour contenir l'adversaire[2], et de battre en retraite sous sa protection. Le général des Pallières jugea au contraire préférable de résister avec toutes ses forces ; en conséquence, il fit filer son convoi sur Orléans, envoya à Saint-Lyé sa division de cavalerie, sauf le régiment de dragons qui se porta en arrière de Santeau pour observer la marche de l'ennemi, puis disposa son infanterie et son artillerie en demi-cercle sur un mouvement de terrain en avant de ce même point, à cinq kilomètres du débouché de la forêt.

Pendant ce temps, les Prussiens s'étaient méthodiquement déployés de chaque côté de la route, menaçant de déborder nos positions. Quatre batteries, postées à cheval sur cette route, à hauteur de la Brosse, ouvrirent le feu aussitôt et engagèrent avec les nôtres une lutte d'une extrême violence ; bientôt l'artillerie de corps, accourue à la rescousse, vint renforcer la ligne, en sorte que nos huit batteries[3] eurent à lutter contre 78 pièces, qui ne tardèrent pas à les écraser. Vers midi, après une défense opiniâtre, nos canonniers durent se retirer,

1. 11 bataillons, 8 batteries, 16 escadrons.
2. C'était, d'ailleurs, ce que prescrivait le général d'Aurelle.
3. Quatre de 8, trois de 4, une de mitrailleuses.

emmenant par la route d'Orléans leur matériel à moitié
détruit ; seule une batterie de 8 resta en position pour
couvrir les troupes qui combattaient encore.

Le général des Pallières comprit alors que la retraite
était inévitable ; il donna l'ordre à son artillerie de
s'esquiver promptement et de venir ensuite, en faisant
les détours nécessaires, le rejoindre à Chevilly ; puis il
ramena son infanterie sur Chilleurs. Mais l'ennemi devenait de plus en plus pressant ; la 6e division à l'ouest,
la 5e à l'est nous suivaient de près ; les batteries légères
de celle-ci s'étaient avancées jusqu'à 2 kilomètres de
Chilleurs et toute l'artillerie ennemie concentrait son
feu sur le débouché de la forêt. Nos troupes se repliaient
avec beaucoup de bravoure et de méthode, par échelons,
s'accrochant aux haies, aux bouquets de bois et luttant
sans défaillance ; après avoir tenu un instant à la lisière
même des fourrés, elles finirent par se jeter sous bois
et gagner l'allée transversale de Nibelle, que des coupures inintelligentes avaient malheureusement rendue
impraticable. De là l'infanterie prit sa direction vers
Saint-Lyé et Cercottes ; la batterie de 8 (capitaine War-
telle), restée en position à l'entrée de la forêt pendant
tout le temps que l'infanterie avait tenu la lisière, se
retira alors par sections et prit au galop la direction
d'Orléans.

A six heures du soir, la division des Pallières arrivait
à Saint-Lyé, faisait la soupe et ralliait ses fractions
encore éparses [1]. A onze heures, elle allait partir pour
Chevilly, quand son chef fut informé que ce point était
déjà au pouvoir de l'ennemi. Il la dirigea alors sur
Cercottes, où elle arriva vers trois heures du matin ;
là, le général des Pallières trouva une dépêche du général d'Aurelle qui l'appelait à Orléans, pour en défendre
l'enceinte. Il fallut repartir et faire encore une marche

---

1. Un détachement fort de deux bataillons du 38ᵉ et de deux
batteries de montagne, aux ordres du colonel Courtot, avait été
posté à Courcy-aux-Loges, sur le flanc droit de la division des
Pallières. Il fut oublié. Apprenant, dans la soirée, que Chilleurs et
Loury étaient au pouvoir de l'ennemi, le colonel Courtot se mit en
retraite sur Fay-aux-Loges ; le 4 dans la journée, il arrivait à Orléans.

IV.   14

de nuit ; nos malheureux soldats, quand ils atteignirent Orléans, assez tard dans la matinée du 4, étaient
absolument exténués.

De leur côté, les têtes de colonnes du III° corps
prussien avaient atteint assez tard l'entrée de la forêt ;
au lieu d'enfiler par son feu d'artillerie l'immense tran-
chée rectiligne formée devant lui par la route d'Orléans,
le général d'Alvensleben engagea lentement sur cette
route une de ses divisions, tandis que l'autre suivait
une allée latérale. C'est seulement à la nuit close que
fut atteinte la grande clairière de Loury, où l'on bivouaqua, sans chercher autrement à inquiéter l'ennemi
en retraite [1].

A droite de des Pallières, Cathelineau, chargé, on s'en
souvient, d'effectuer la liaison avec les troupes du général Crouzat, mais aussi de pousser sur Fontainebleau
par Montargis, s'était mis en marche le 3 au matin ; il
venait dans la soirée de s'établir en cantonnement dans
des villages situés entre Lorris et Ladon, quand il reçut
l'ordre de des Pallières lui enjoignant de défendre la
forêt. Il rétrograda le 4 au matin, et, apprenant la
retraite des autres troupes, se replia aussi sur Orléans.

Combat de la Tour et de Neuville-aux-Bois. —
En même temps que le III° corps, le IX° corps prussien
s'était, le 3 au matin, mis en marche sur Artenay,
flanqué à gauche par un fort détachement hessois [2],
aux ordres du colonel de Winckler, lequel avait l'ordre
de forcer, par Saint-Lyé, l'entrée de la forêt. En arrivant à la ferme de la Tour, vers dix heures, ce détachement reçut des coups de fusil partant des avant-postes
que formait à Puiseaux un bataillon de marche d'infanterie de marine, appartenant à la 1re brigade (Minot)
de la division des Pallières. Depuis le matin, cette brigade occupait en effet Neuville-aux-Bois. Les Allemands
essayèrent de débusquer nos grand'gardes ; mais l'infanterie de marine, appuyée par une batterie, tint bon

---

1. Le III° corps n'avait avec lui, à Loury, que 4 batteries ; 60 pièces,
avec une forte escorte d'infanterie, avaient été laissées à l'entrée de
la forêt.
2. Trois bataillons et demi, un escadron, une batterie.

toute la journée, et résista à tous les assauts. A quatre
heures du soir, par une nuit déjà noire et sous une
épaisse tempête de neige, les deux adversaires se sépa-
rèrent, le colonel de Winckler pour regagner la Tour,
et même Aschères-le-Marché, l'infanterie de marine pour
regagner Neuville-aux-Bois. Mais, comme un peu plus
tard, nos soldats harassés se disposaient à prendre un
repos bien gagné, voici que tout à coup une violente
fusillade retentit vers la lisière orientale du village. On
prit aussitôt les armes, et toute la brigade accourut
garnir les barricades qui avaient été établies à l'entrée
du pays. Le 18ᵉ mobiles (Charente) et le 29ᵉ de marche
firent pleuvoir sur les assaillants une grêle de projectiles qui les arrêta net ; l'obscurité empêchant les Prussiens de faire usage de leur artillerie, leur attaque subite
échoua, malgré la surprise complète de nos troupes,
et bientôt ils se retirèrent, remettant la reprise de l'affaire au lendemain. C'était la 20ᵉ division, du Xᵉ corps,
qui venait d'être ainsi repoussée. On sait que le Xᵉ corps
avait ordre de suivre, en deuxième ligne, les IIIᵉ et IXᵉ,
et d'occuper Chilleurs et Neuville ; dans l'après-midi,
la 19ᵉ division avait atteint son objectif et s'y était
établie ; quant à la 20ᵉ, apprenant l'insuccès du IXᵉ corps
à la Tour, elle avait voulu pousser jusqu'à Neuville,
espérant, en raison de l'heure tardive, nous y surprendre. Sa tentative manquée lui coûtait 60 hommes
et 4 officiers.

Cependant le général Minot, malgré son désir de
garder le débouché de Saint-Lyé, comprenait que sa
situation devenait périlleuse. Il venait au surplus de
recevoir du général des Pallières l'ordre de se replier
et de venir, à Saint-Lyé, former l'arrière-garde de la
division, à ce moment en marche vers la route de Paris
à Orléans. Il ordonna donc la retraite ; mais, par un
déplorable hasard, et aussi par défaut de clarté dans
les ordres donnés, il s'égara dans la forêt. Ses troupes
s'engagèrent dans des sentiers couverts de neige, encombrés de barricades et de coupures, dans lesquels
elles n'avançaient qu'avec beaucoup de peine et de lenteur. Le froid était très vif et la bise glaciale ; personne

n'avait pris la moindre nourriture ; les chevaux étaient incapables de traîner les pièces. Pour comble d'infortune, le chemin pris par la colonne, celui de Rebrechien, la rapprochait du III° corps, installé depuis quelques heures à Loury. Les conséquences de cette fâcheuse erreur, doublée d'une seconde qui la dirigea vers ce dernier village, ne se firent point attendre ; comme la colonne débouchait dans une clairière, elle fut arrêtée net par la fusillade brusquement allumée des avant-postes prussiens. C'en était assez pour jeter le désordre parmi ces soldats exténués et mourant de faim ; les bataillons se débandèrent, l'artillerie fut en grande partie abandonnée dans les sentiers bourbeux où elle était enlizée[1]. Bref, c'est dans le plus complet désarroi que cette malheureuse brigade, réduite dans des proportions énormes, put, le lendemain matin, atteindre Orléans, où elle fut installée sur le Mail.

Combats d'Artenay et de Chevilly. — Au centre de notre ligne, la retraite s'était effectuée au milieu d'incidents moins fâcheux assurément, mais tout aussi décisifs pour l'ennemi. Tandis que la division Peytavin (3° du 15° corps) se dirigeait sur ses anciennes positions de Gidy et de Provenchères en deux colonnes marchant respectivement par Sougy et Chevilly, la division Martineau (2°), chargée de fournir l'arrière-garde, avait ordre de reculer lentement, par échelons de brigade ; elle était soutenue par la réserve d'artillerie

---

1. Cette affaire, en ce qui concerne l'artillerie, est particulièrement pénible. Sur les deux batteries de la brigade, l'une (de 4) put revenir n'ayant perdu que deux pièces ; l'autre (8 de marine) exécuta l'ordre incroyable du général Minot, de couper les traits et d'emmener seulement les attelages. A son arrivée à Cercottes, le capitaine d'artillerie de marine qui la commandait reçut du général de Blois, entré dans une violente colère, l'injonction formelle de retourner, sous la protection d'un régiment de cuirassiers, chercher son matériel. Il revint peu après, n'ayant pu trouver son chemin. Cependant le fait suivant prouve que la mission qu'il avait reçue n'était pas impraticable : un sergent de zouaves, nommé Villart, et le lancier Jeanmot réussirent à ramener, à bras, ou avec des chevaux abandonnés, attelés avec des cordes, l'une des six pièces laissées sur le terrain. Le premier de ces braves gens fut décoré, l'autre médaillé. (Général Thoumas, *Paris, Tours, Bordeaux*, page 174. — Pierre Lehautcourt, *loc. cit.*, page 345.)

(moins deux batteries). Les convois suivaient la division Peytavin.

D'autre part, dès la soirée du 2, la brigade d'Ariès, bivouaquée près de Dambron, avait été avisée de s'établir le 3, à six heures du matin, au nord d'Artenay, de façon à retarder au moins jusqu'à trois heures du soir les progrès de l'ennemi. Elle y arriva vers huit heures et demie ; le village était rempli d'hommes isolés de toutes armes, cherchant les corps qu'ils avaient perdus la veille, et l'aspect désordonné de cette cohue était assez inquiétant[1]. D'autre part, l'ennemi apparaissait au nord. Le général Martineau jugea que ses deux brigades n'étaient pas de trop pour lui tenir tête, et, au lieu de faire filer vers le sud la brigade Rébilliard, il la déploya à droite de la brigade d'Ariès. Cette dernière brigade se trouvait donc à l'ouest de la route, avec un bataillon à l'est, qui donnait la main au général Rébilliard ; l'artillerie était à cheval sur cette même route ; quelques tirailleurs avaient été envoyés pour réoccuper Dambron[2].

Du côté allemand, le IX° corps, au lieu de marcher directement sur Artenay, était allé se concentrer à Château-Gaillard, tandis que la 17° division se rassemblait à Anneux et que la 22° se rendait de Poupry à Baigneaux[3]. Vers neuf heures, le général de Manstein mit son corps d'armée en mouvement ; l'avant-garde suivait la route ; un régiment marchait, à droite, sur Dambron, un autre, à gauche, sur Assas, avec une batterie à cheval. Dambron fut enlevé très facilement, mais les têtes de colonnes ennemies ne tardèrent pas à se trouver placées sous le feu nourri de nos avant-postes. Aussitôt le général de Manstein déploya une masse considérable

---

1. « La terre était couverte de neige et les troupes avaient eu beaucoup à souffrir pendant la nuit. Les soldats grelottaient et pouvaient à peine boucler leurs sacs. Les couvertures et les sacs-tentes se trouvaient imprégnés de terre et de neige à moitié gelées ». (*Souvenirs inédits du commandant Méric de Bellefond*, cités par le capitaine Bois, page 250.)

2. *Ibid.*

3. Ce mouvement avait été amené, comme on le verra plus loin, par l'offensive sur Poupry des fractions de la division Peytavin.

d'artillerie ; cinq batteries d'abord, puis sept autres [1]
vinrent se poster au nord d'Artenay et criblèrent de
projectiles ce village, ainsi que les 18 pièces du général
Martineau, établies à l'ouest. Déjà, nos avant-postes,
avec la batterie qui les accompagnait, avaient dû se
replier ; malgré le secours apporté par deux batteries
de la réserve du 15ᵉ corps, la position ne tarda pas à
devenir intenable. Nos troupes, prises d'écharpe par les
batteries du grand-duc [2], durent évacuer Artenay ;
l'ennemi y entra sur nos talons, après un long engagement, et y captura pas mal de soldats attardés. Autroches était enlevé presque en même temps [3].

Le prince Frédéric-Charles, qui assistait à l'affaire,
avait été frappé de la ténacité inattendue de l'artillerie
française et du bon ordre dans lequel s'effectuait la
retraite des lignes d'infanterie [4]. S'attendant à une vigoureuse résistance à l'entrée de la forêt, il jugea utile
de préciser les ordres donnés par lui la veille au soir
et prescrivit au grand-duc d'acheminer la 22ᵉ division
droit sur la pointe nord-ouest de Chevilly, tandis que
la 17ᵉ se porterait sur le château situé à l'ouest du
bourg. Ces deux divisions devaient faire agir sur notre
flanc le plus d'artillerie possible ; pendant ce temps,
le IXᵉ corps, après s'être reposé une demi-heure à Artenay, reprendrait sa marche sur la grande route pour
attaquer de front. Le mouvement recommença donc
vers midi et demi ; sur la route, trois régiments et une
batterie s'ébranlèrent ; un régiment marchait d'Autroches sur la Croix-Briquet, un autre de Vilchat sur la
ferme d'Arblay ; le gros suivait en arrière. Sur notre
gauche, la 22ᵉ division, précédée d'un régiment de cavalerie et disposant des batteries de la 2ᵉ division de cette
arme, s'avançait vers le château d'Auvilliers. Sur ces
entrefaites, notre artillerie s'était repliée à la Croix-

1. Toutes les batterie du IXᵉ corps, et d'autres appartenant à la
22ᵉ division. (*La Guerre franco-allemande*, 2ᵉ partie, page 498.)
2. Sept batteries des 17ᵉ et 22ᵉ divisions, en position au sud-est
de Poupry. (*Ibid.*)
3. *La Guerre franco-allemande*, 2ᵉ partie, page 498.
4. *Ibid.*, page 499.

Briquet; là, aidée du reste de la réserve (4 batteries), elle rouvrit très énergiquement le feu et permit ainsi à la brigade d'Ariès d'effectuer sa retraite par échelons, avec une ferme contenance. Malheureusement, elle ne tarda pas à être prise d'écharpe en même temps que de front par la masse des batteries déployées contre elle; 90 pièces au moins, tantôt même 120 tonnaient à la fois en avant et sur les côtés. Sous un pareil ouragan de projectiles, il n'était plus possible de tenir; notre artillerie amena ses avant-trains. En même temps, la ligne de l'infanterie française, qui tenait encore les points d'appui d'Arblay et du moulin d'Auvilliers, était menacée sur les ailes et obligée, pour se dégager, de dessiner de vigoureux retours offensifs. Elle se retira sur la Croix-Briquet, où elle opposa encore une opiniâtre résistance[1]; mais, prise d'enfilade, elle aussi, par les obus allemands, elle dut, vers trois heures, battre en retraite dans la direction de Chevilly.

Cependant la batterie de position (8 pièces de 16 de la marine), établie au nord de ce village, avait commencé à faire sentir son action. Grâce à son appui, la brigade Rébilliard put prendre position vers Andeglou, tandis que notre artillerie de campagne rouvrait le feu. Mais cette nouvelle résistance fut bientôt brisée par la masse énorme et toujours en action des batteries prussiennes; en vain le château de Chevilly fut-il occupé par le 5e bataillon de chasseurs qui s'y était précipité au moment où les Allemands allaient y entrer; l'ennemi devint bientôt tellement menaçant, que malgré l'héroïque ténacité de la batterie de marine, il fallut reculer encore. A la nuit close (six heures et demie), la division Martineau se mit en route vers Cercottes; Chevilly fut incendié par les projectiles allemands, et le brave lieutenant de vaisseau Gambar, commandant la batterie de position qui n'avait pas cessé un instant de faire feu, se vit contraint d'abandonner ses pièces après les avoir enclouées.

Un instant après, comme la 18e division se dispo-

1. *La Guerre franco-allemande*, page 500.

sait à enlever Chevilly, qu'elle ne savait pas évacué, le prince Frédéric-Charles donna l'ordre de cesser le combat, remettant au lendemain l'attaque décisive. La 18ᵉ division bivouaqua à la Croix-Briquet; la 25ᵉ, avec l'artillerie de corps, entre Dambron et Artenay; la 6ᵉ division de cavalerie autour de Ruan et de Trinay[1]. Sur ces entrefaites, la 22ᵉ division, retardée assez longtemps par un incident dont il va être question tout à l'heure, s'était enfin déployée derrière les batteries, au nord-ouest de Chevilly. Comme elle commençait à s'avancer, une patrouille de cavalerie vint rendre compte au général de Wittich que le bourg était évacué par nous; aussitôt ordre fut donné de l'occuper, et un régiment fut poussé, en avant-postes, vers Gidy et la forêt d'Orléans; en arrière, la 2ᵉ division de cavalerie s'installait à Beaugency.

Quant à la division Martineau, qui venait, avec une remarquable énergie, de lutter pendant dix heures contre un ennemi très supérieur et pourvu d'une artillerie à peu près dix fois plus nombreuse que la sienne, elle bivouaqua autour de Cercottes, que les soldats, épuisés, avaient atteint à huit heures du soir; une pluie glacée avait succédé à la neige de la matinée et aucune distribution ne pouvait être faite. Les hommes se débandèrent pour chercher à manger et à s'abriter, en sorte que cette brave division, à qui sa valeureuse attitude eût mérité un meilleur sort, se désagrégea presque complètement, comme l'avait fait déjà la division des Pallières. Le lendemain, ces deux unités ne formaient plus qu'une cohue d'hommes, sans vigueur, sans confiance et sans cohésion.

Combats de l'Encornes et de Huêtre. — Voyons maintenant ce qui s'était passé devant le front du 16ᵉ corps. Là, le général Chanzy, investi du commandement supérieur des 16ᵉ et 17ᵉ corps, avait au préalable fait répartir les munitions entre eux, et dirigé ses convois sur l'arrière. Puis il avait préparé une retraite méthodique, en disposant, derrière une ligne de tirail-

---

1. *La Guerre franco-allemande*, 2ᵉ partie, page 502.

leurs, des bataillons déployés sur la crête des mamelons
en avant de Terminiers et de Gommiers ; dans les intervalles de ceux-ci, des batteries étaient en position,
prêtes à faire feu ; enfin le gros de l'infanterie, par bataillons en colonnes, et le reste de l'artillerie étaient en
seconde ligne, abrités par des plis de terrain [1]. Devant
lui, les Allemands avaient leur 17ᵉ division à Anneux
et Lumeau, le Iᵉʳ corps bavarois à Loigny. Dès huit
heures du matin, ce dernier se mit en mouvement et
marcha sur Lumeau, couvert à droite par la brigade
de cuirassiers ; mais comme nous avions encore du
monde à Villepion, celle-ci ne tarda pas à recevoir des
coups de fusil. Elle se fit alors soutenir par un bataillon
qui captura pas mal de nos soldats débandés, et par une
batterie dont le feu fut bientôt éteint par nos pièces en
position au moulin de Terminiers. Les Bavarois, fatigués par des marches prolongées et les combats des
deux jours précédents, étaient très lourds et marchaient
avec une grande mollesse ; ils n'atteignirent Lumeau
qu'à neuf heures et demie [2].

Pendant ce temps, les 16ᵉ et 17ᵉ corps s'étaient mis
en retraite par échelons et « avec un ordre parfait [3] »,
sous la protection de la division Jauréguiberry, formant
arrière-garde au nord de Terminiers ; à l'extrême
gauche, la cavalerie Michel surveillait les mouvements
que l'ennemi aurait pu faire pour les inquiéter. Chanzy
envoya alors ses dernières instructions ; la brigade de
cavalerie de Tucé, soutenue par les francs-tireurs Lipowski et deux bataillons du 75ᵉ mobiles, avait ordre
d'occuper Patay, le 3ᵉ bataillon de ce dernier régiment
formant réserve, à Lignerolles, avec une batterie ; la
division Jauréguiberry devait s'établir à hauteur de
Saint-Péravy ; la division Barry, autour de Bricy ; la
division Morandy, de Boulay à Gidy. La division Michel,
avec deux batteries à cheval, reprendrait ses anciens

---

1. Général CHANZY, *loc. cit.*, page 82.
2. La 4ᵉ division de cavalerie, chargée de couvrir la droite, avait
deux brigades à Loigny, la 3ᵉ en observation dans la direction du
Loir.
3. Général CHANZY, *loc. cit.*, page 83.

cantonnements autour de Tournoisis, avec des avant-
postes sur la Conie. Quant au 17ᵉ corps, il avait à couvrir notre gauche à Saint-Sigismond, Rozières et Coulmiers, avec sa cavalerie à Champs et Épieds[1].

Tandis que ces divers mouvements s'exécutaient,
les Allemands avaient continué à marcher, la 17ᵉ division dans la direction de la ferme de Murville, et
les Bavarois sur Sougy; vers deux heures, les batteries de la 17ᵉ division, arrivées près du hameau de
Chameul, se mirent à prendre en flanc les troupes de
la division Martineau, en retraite sur Chevilly. Au bruit
de la canonnade, Chanzy, comprenant que le 15ᵉ corps
devait se trouver fortement pressé et qu'une diversion
pouvait lui être d'un grand secours, donna l'ordre au
général Barry de se porter sur l'Encornes et Huêtre,
avant de gagner ses cantonnements de Boulay. D'autre
part, le général Peytavin, en route sur Gidy, avait occupé les Francs et Trogny. Les Prussiens furent obligés
d'abandonner la division Martineau pour se retourner
contre ces nouveaux adversaires; six batteries furent
aussitôt déployées par eux et canonnèrent Trogny;
trois autres, portées au sud de Sougy, dirigèrent leur
feu contre les troupes du général Barry; enfin la 1ʳᵉ division bavaroise se déploya entre Sougy et Chameul.
Le feu violent de l'artillerie allemande eut bientôt raison de la nôtre, d'autant plus que le général Peytavin
n'avait mis en ligne qu'une seule de ses trois batteries;
Donzy fut occupé par les Bavarois, puis les Francs, et
enfin Trogny; un escadron de chevau-légers se jeta sur
nos troupes en retraite et leur enleva 80 hommes, qui,
d'ailleurs, réussirent à s'échapper en débouchant devant
Huêtre, où se trouvaient des ouvrages dont le feu
meurtrier obligea les cavaliers bavarois à tourner bride
avec rapidité[2]. La nuit cependant vint mettre fin au
combat; les troupes du général Peytavin gagnèrent
Gidy, celles du général Barry, Boulay. Leur dévouement n'avait pas été inutile; grâce à lui, non seule-

1. Général CHANZY, *loc. cit.*, pages 83 et 84.
2. *La Guerre franco-allemande*, 2ᵉ partie, page 504.

ment la 17ᵉ division avait été détournée de la poursuite
de la division Martineau[1], déjà en pleine retraite, mais
la 22ᵉ division elle-même, qui marchait entre la 17ᵉ et
le IXᵉ corps, avait fortement ralenti son mouvement,
par crainte d'être prise de flanc, et ne s'était présentée
devant Chevilly qu'à nuit close. Les Allemands bi-
vouaquaient sur les positions mêmes, où ils furent
rejoints par la 4ᵉ division de cavalerie[2].

Situation après la journée du 3 décembre. — Pendant que les trois corps de l'aile gauche française commençaient leur retraite mouvementée, les 18ᵉ et 20ᵉ corps,
auxquels, ainsi qu'il a été dit plus haut, le général
d'Aurelle n'avait point envoyé d'ordres, esquissaient
une reconnaissance dans la direction de Beaune-la-
Rolande. Dans la journée, M. de Freycinet fit dire au
général Bourbaki de se replier sur Orléans, *à moins
d'instructions contraires du général en chef;* au même
moment, celui-ci l'invitait à appuyer à gauche pour
soutenir le général des Pallières. Mais il était trop tard
pour que le concours de cette importante fraction pût
être apporté en temps utile, et la distance où elle se
trouvait des autres trop grande pour être parcourue en
une journée. Le 3, au soir, les 18ᵉ et 20ᵉ corps étaient
encore autour de Chambon et de Nibelle; ils furent
donc perdus pour la bataille du lendemain.

Cependant le général d'Aurelle, installé à Saran, ac-
quérait d'heure en heure la douloureuse conviction que
la cohésion de son armée était définitivement rompue.
« La route d'Orléans, dit-il, était couverte de fuyards
qui n'écoutaient plus la voix de leurs officiers. La démoralisation, dont les progrès sont si rapides, se mettait partout. Il gelait très fort; la terre était couverte
de neige; les officiers, comme les soldats, souffraient
cruellement du froid, par une température de 6 à 7 de-

---

1. Cependant, après la prise de Trogny, la 17ᵉ division fit canonner
le château de Chevilly, où il n'y avait plus personne, et y envoya
ensuite l'infanterie.
2. Dans la journée, un régiment de cuirassiers et un bataillon
bavarois, qui s'étaient portés vers Varize, avaient été refoulés avec
pertes par la brigade Pâris (du 17ᵉ corps), envoyée sur le soir pour
couvrir notre gauche.

grés au-dessous de zéro, et cherchaient des abris dans les maisons. Ils étaient épuisés par deux jours de combats continuels et meurtriers, avaient besoin de repos, et trouvaient une excuse dans leurs souffrances. Une dépêche télégraphique du général Chanzy avertissait le général en chef que les soldats exténués ne tiendraient pas le lendemain[1]. »

Le général d'Aurelle comprenait que, dans de pareilles conditions, la défense du camp retranché ne pourrait se prolonger bien longtemps ; d'autre part, dans la crainte très justifiée de l'enveloppement, il ne voulait à aucun prix s'enfermer dans la ville avec son armée, « dont il avait par-dessus tout l'honneur à sauvegarder[2] ». Sur l'avis très sage du général Borel, il se résolut donc, après de longues tergiversations, à ordonner l'évacuation d'Orléans. Il fit jeter sur la Loire le deuxième pont de bateaux dont le matériel était préparé[3], avisa l'intendant en chef de l'armée de prendre ses dispositions pour qu'au premier ordre les approvisionnements réunis à Orléans pussent être enlevés[4], et adressa au gouvernement de Tours une dépêche où il annonçait sa détermination. « L'ennemi sera demain sur nous, écrivait-il, et, je vous le répète avec douleur, mais avec une profonde conviction, nos troupes, éprouvées et démoralisées par ces deux dernières journées, ne tiendront pas. Il ne nous reste qu'un parti à prendre, c'est de battre en retraite. » Or cette dépêche si alarmante se croisa avec une autre, précisément envoyée par M. de Freycinet, et où le délégué à la Guerre, ouvrant enfin les yeux sur la situation qu'il avait si puis-

1. Général d'Aurelle, *loc. cit.*, page 273. — Le général Chanzy demandait l'autorisation de se retirer sur Beaugency, pour éviter l'encombrement qui ne pouvait manquer de se produire à Orléans.

2. *Ibid.*

3. L'opération, faite dans l'obscurité et au milieu de difficultés inouïes, fut cependant terminée à minuit. L'armée disposait donc de cinq passages sur la Loire.

4. Dans son ordre à l'intendant, il semble que d'Aurelle ait été encore hésitant sur la nécessité de la retraite. « Si j'étais forcé de le faire, disait-il, mon intention serait de diriger les 16e et 17e corps sur Beaugency et Blois, les 18e et 20e sur Gien, et le 15e sur la rive gauche de la Loire. » On voit, en outre, que les projets du général en chef ne tendaient encore à rien moins qu'à la concentration.

samment contribué à créer, laissait échapper cet aveu
dépouillé d'artifice : « Il me semble que, dans les divers combats que vous avez soutenus, vos divers corps
ont agi plutôt successivement que simultanément, d'où
il suit que chacun d'eux a presque partout trouvé l'ennemi en forces supérieures. » Et M. de Freycinet ajoutait : « Pour y remédier dorénavant, je suis d'avis que
vos corps soient le plus concentrés possible. » C'était
bien tard, il faut en convenir

Quoi qu'il en soit, les termes mêmes de ce télégramme, daté du 3 à 10 heures 50 du soir, montrent
que la Délégation ne connaissait nullement, à cette
date, toute la gravité de la situation. Quand, le 4, à la
première heure, on reçut à Tours la communication
du général en chef, la confiance montrée jusque-là fit
place à une émotion profonde et à une douloureuse
stupéfaction. « Je ne m'explique pas votre résolution
désespérée, répondit presque instantanément le délégué.
L'évacuation dont vous parlez serait un immense désastre. *Ce n'est pas au moment où l'héroïque Ducrot
cherche à venir vers nous que nous devons nous retirer
de là* [1]... Je ne vois rien à changer quant à présent aux
instructions que je vous ai envoyées hier soir. Opérez,
comme je vous l'ai mandé, un mouvement général de
concentration. Rappelez à vous les 18e et 20e corps,
dont on me paraît ne s'être pas assez occupé ; resserrez
les 15e, 16e et 17e corps, etc. » Hélas ! il n'était plus
temps de prendre toutes ces mesures ; l'ennemi, formant déjà au nord du camp retranché un cercle puissamment soudé, atteignait notre ligne avancée de batteries et allait les faire tomber au premier choc ; tout,
dans l'armée, n'était que désordre, débandade, épuisement, et la concentration, qui eût probablement donné,
huit jours auparavant, de si bons résultats, était devenue absolument impossible. A cet égard, le général
d'Aurelle, complètement éclairé par le douloureux spectacle qu'il avait sous les yeux, ne se faisait aucune il-

1. On voit que, le 4 décembre, le gouvernement ne connaissait
pas encore le résultat de la bataille de Champigny.

lusion. « Je suis sur les lieux et mieux en état que
vous de juger la situation, répondait-il le 4, à huit
heures du matin. C'est avec une douleur non moins
grande que la vôtre que je me suis déterminé à prendre
cette résolution extrême... Je crois devoir maintenir
les ordres qui ont été donnés. » Cette réponse était
trop comminatoire, et aussi, hélas ! fondée sur des
motifs trop graves pour que le gouvernement pût encore insister. Il se rangea donc, bien à regrets cependant, à l'opinion du général en chef, et autorisa celui-ci
à exécuter une retraite qu'il considérait désormais comme
la seule chance de salut[1].

III. —'Journée du 4 décembre[2].

Les ordres donnés par le prince Frédéric-Charles
pour la reprise du mouvement se résumaient en ceci :
les troupes du grand-duc et le IXᵉ corps devaient entamer, le 4, dès le matin, une nouvelle attaque concentrique contre Gidy et Cercottes, tandis que le détachement hessois, qui, après le combat de la Tour, avait
passé la nuit à Aschères-le-Marché, reprendrait sa
marche par la voie romaine sur Saint-Lyé et Orléans.
Le IIIᵉ corps avait mission de pousser de Loury sur

---

1. La dépêche adressée par le gouvernement au général d'Aurelle,
le 4, à 11 heures 15 du matin, était signée de *tous* les membres de
la Délégation.
2. Il ne semble pas inutile de récapituler ici les positions occupées, le 3 au soir, par les différentes forces en présence.

ARMÉE FRANÇAISE. Quartier général : Saran.	17ᵉ *corps*,	à Saint-Sigismond, Rozières, Coul-miers et Grémigny. La cavalerie en avant, face au nord-ouest.
	16ᵉ *id.*	Saint-Péravy (1ʳᵉ division), Bricy (2ᵉ) et Boulay (3ᵉ). Cavalerie à Tour-noisis et Coulimelle, sauf la bri-gade de Tucé, qui est à Patay, avec deux bataillons du 75ᵉ mo-biles.
	15ᵉ *id.*	Cercottes (2ᵉ division), Gidy (3ᵉ). La première (des Pallières) est en marche vers Orléans.
	20ᵉ *id.*	Environs de Nibelle.
	18ᵉ *id.*	Environs de Boiscommun.

cette dernière ville en se gardant du côté de Bellegarde;
le X⁰, venant derrière le IX⁰, formerait réserve à Chevilly,
où il arriverait vers une heure[1].

C'était là un formidable assaut que préparaient contre
le centre français dix divisions d'infanterie. A la vérité,
les Allemands occupaient encore, au début de leur
mouvement, un front de 25 kilomètres, mais ce front
devait aller sans cesse en se rétrécissant; en tous cas,
sur le point d'attaque principal, en face de Gidy et
Cercottes, ils avaient quatre divisions en première ligne,
sur un front de 6 à 7 kilomètres seulement.

Combats de Patay, Bricy, Boulay. — La journée
s'annonçait froide, il soufflait un vent glacial ; les
troupes, bivouaquées à deux pas de l'ennemi, n'avaient
pu prendre aucun repos, et la démoralisation générale,
déjà si profonde, s'augmentait encore, maintenant que
la décision du général en chef était connue, par la
hâte de gagner les ponts de la Loire et de mettre le
fleuve entre l'ennemi et soi. A huit heures du matin,
comme le général Chanzy venait de renforcer son déta-

ARMÉE ALLEMANDE. Quartier général. Artenay.	*I⁰ᵉ corps bavarois*......	La Provenchère, Sougy et Chevaux. La brigade de cuirassiers est aux Bordes.
	17⁰ *division*	Chameul et château de Chevilly.
	22⁰ *id.*	Chevilly.
	4⁰ *division de cavalerie.*	Sougy (9⁰ brigade), Trogny (10⁰) et Cormainville (8⁰).
	IX⁰ *corps*..............	Vers la Croix-Briquet et Artenay.
	III⁰ *id.*	Loury.
	X⁰ *id.*	Chilleurs et Neuville-aux-Bois.
	6⁰ *division de cavalerie.*	A Ruan et Trinay.
	1ʳ⁰ *id.*	Vers Beaune-la-Rolande, en contact avec les 18⁰ et 20⁰ corps.

1. Les Allemands comptaient avoir encore à vaincre une vive résistance, et peut-être à bombarder Orléans; en outre, certains corps étaient à bout de munitions. Le prince Frédéric-Charles dut hâter tellement l'arrivée des colonnes de munitions, que, dans la journée du 3 et la nuit suivante, deux d'entre elles parcoururent d'une seule traite 98 kilomètres, tandis que quatre autres en faisaient 68.

chement de Patay de cent cavaliers arabes [1], et d'envoyer
au général Páris, alors à Châteaudun et à Varize avec
une brigade du 17e corps, l'ordre de se rapprocher du
général de Tucé, le canon retentit tout à coup devant
le front de celui-ci ; c'était la 8e brigade de cavalerie,
accompagnée de trois bataillons bavarois et d'une batterie, qui attaquait. Aussitôt l'infanterie que nous avions
là occupe les barricades et les créneaux, tandis que la
batterie de Lignerolles [2] accourt se poster à l'est de
Patay, et que la cavalerie se masse entre Patay et Lignerolles. La fusillade de nos mobiles tient l'ennemi
en respect ; bientôt arrive à son tour un bataillon du
39e de marche, envoyé par l'amiral Jauréguiberry ; les
Allemands sont refoulés sur Terminiers, avec une perte
de 35 hommes, sans compter de nombreux prisonniers
laissés entre nos mains.

Pendant ce temps, les Bavarois, protégés à droite
par les 9e et 10e brigades de cavalerie qui marchaient
de Trogny sur Huètre, avaient quitté la Provenchère,
se dirigeant vers Janvry. Chemin faisant, leur artillerie
canonnait Briey, faisait taire celle de la division Barry,
qui occupait ce village, et obligeait cette division, complètement découverte sur sa droite par la retraite des
autres, retraite dont il va être question, à se replier
sur Boulay [2], où elle se retranchait dans des ouvrages
précédemment établis là. Vers neuf heures et demie,
les Bavarois occupaient Janvry sans combat, ainsi que
la ferme de Coudray ; la division Morandy, dont une
partie occupait Janvry, avait rétrogradé sur Boulay et
était venue se joindre à la division Barry. Embusqués
dans leurs tranchées, nos soldats opposent d'abord aux
projets des Bavarois une résistance vigoureuse ; mais,
bientôt menacés sur leur flanc gauche par les contingents de la ferme de Coudray, sur leur flanc droit par

---

1. C'étaient des cavaliers volontaires venus d'Algérie, au nombre
de 400.
2. Cette batterie était restée la veille à Lignerolles et y avait cantonné.
3. Elle perdit à Bricy une centaine d'hommes, qui furent capturés
par la cavalerie allemande à son entrée dans le village.

les progrès de la 17ᵉ division prussienne, déjà désor-
ganisés par le feu écrasant d'artillerie qu'ils avaient eu
à soutenir, ils se mettent en retraite. Malheureusement,
leur recul s'opère dans le plus grand désordre: six
pièces sont abandonnées sur place et capturées par les
Bavarois. La 2ᵉ division de cavalerie allemande, venue
entre Gidy et Boulay, intervenant à son tour, la confusion devient inexprimable, et c'est pêle-mêle, au milieu
d'un affreux désarroi, que les deux divisions Barry et
Morandy s'écoulent dans la direction du sud. La première gagne péniblement les Barres; la seconde, d'après
les ordres primitivement donnés d'atteindre Beaugency,
reflue sur Bucy-Saint-Liphard et la direction des bois
de Montpipeau. Toutes deux sont maintenant séparées
du reste des forces françaises. Poursuivies par la cavalerie allemande, nos troupes ne sont dégagées que
grâce à l'attitude énergique des volontaires algériens,
qui chargent à plusieurs reprises, mais elles sont réduites à l'état de cohue, où la démoralisation fait des
progrès effrayants. Aucune direction n'existe plus;
chacun va où il veut, ou plutôt où il peut, et le soir,
ces deux divisions ne sont plus que débris. « Certaines
unités se retirent sur Orléans; le plus grand nombre
gagne Meung, Beaugency, Mer ou même Blois. Ainsi
le 31ᵉ de marche arrive à Mer, fort avant dans la nuit,
après vingt heures de marche et de combat, dans un
état de complet épuisement. L'artillerie de réserve du
16ᵉ corps pousse jusqu'à Blois; à Mer, le 5 décembre,
la division Barry se compose uniquement de quelques
centaines d'hommes du 31ᵉ de marche. Elle a perdu un
tiers de son matériel d'artillerie[1]. »

Ce désastre était en partie causé, il faut bien le dire,
par l'indécision du commandement. Après le premier
ordre donné de battre en retraite sur Beaugency, le
général d'Aurelle avait, dans la matinée, envoyé télégraphiquement, mais trop tard, celui de tenir sur les
positions jusqu'à ce qu'on fût contraint de les évacuer[2].

1. P. Lehautcourt, *loc. cit.*, page 350.
2. Général Chanzy, *loc. cit.*, page 91.

A midi, une nouvelle direction était encore assignée par lui aux deux corps du général Chanzy, qu'il faisait reculer maintenant, non plus sur Beaugency, mais sur Orléans. Tant de tergiversations demeureraient inexplicables, si l'on ne pouvait se rendre compte, par ses aveux mêmes, de l'état d'esprit du malheureux général en chef. En arrivant, le 4, au matin, dans cette ville, il avait appris que la division des Pallières, numériquement la plus forte et, suivant lui, une des mieux commandées de l'armée[1], venait d'y entrer aussi. Ignorant sa déplorable retraite de la veille, retraite qui l'avait aux trois quarts débandée, il crut pouvoir, avec elle, défendre la ville, tenir tête à l'ennemi et ressaisir la fortune[2]. En conséquence, il appela à lui tous les corps de l'armée (ceci se passait à onze heures du matin), et prévint M. de Freycinet de sa nouvelle détermination.

La nouvelle de ce revirement subit dans l'attitude du général d'Aurelle devait tout naturellement causer à Tours une vive satisfaction, et M. de Freycinet s'en fit sans tarder l'interprète enthousiaste ; sa dépêche exprimait une foi entière dans le succès, qu'il croyait certain grâce aux batteries de marine et à la présence, entre Marchenoir et Beaugency, de 60,000 hommes envoyés là par ses soins pour couvrir la gauche de l'armée de la Loire. Il annonçait, au surplus, que Gambetta, voulant activer la résistance et enflammer les courages par sa présence, partait à l'instant pour Orléans[3]. Malheureusement, au moment où le général Chanzy recevait les dernières instructions du général en chef, deux de ses divisions se trouvaient déjà dans un désarroi tel qu'il lui était impossible de les rassembler. Un mouvement sur Orléans devenait donc inexécutable, et

1. Général d'Aurelle, loc. cit., page 282.
2. Ibid.
3. Dépêche adressée de Tours, le 4 décembre, à 1 heure 35 du soir. — Dans cette dépêche, M. de Freycinet évaluait à 200,000 hommes les forces que le général d'Aurelle pouvait concentrer dans les quarante-huit heures. Or, l'effectif réel de l'armée atteignait à peine le chiffre de 140,000 hommes ; encore étaient-ils éparpillés dans toutes les directions.

tout ce que pouvait faire le commandant du 16ᵉ corps
était de tenter une contre-attaque, avec la division
Jauréguiberry et ce qu'il parviendrait à réunir du
17ᵉ corps[1]. Il rassembla alors la première vers Coinces,
en rappelant le détachement de Patay, et forma tant
bien que mal le second au nord de Saint-Sigismond ;
puis il ordonna à la cavalerie du général Michel de se
porter vers Bricy pour menacer les derrières des
Bavarois.

Ces mouvements n'avaient pas échappé au général
von der Tann, qui, devant la menace d'une attaque
par Coinces, disposa aussitôt la 3ᵉ brigade bavaroise,
avec les cuirassiers et la réserve d'artillerie, au nord
de Bricy, face à l'ouest, tandis que la 9ᵉ brigade de
cavalerie, avec deux batteries à cheval, se portait de
Huêtre sur Coinces[2]. Cette dernière force refoula les
tirailleurs de la division Jauréguiberry et rejeta la brigade de Tucé sur l'infanterie qu'elle éclairait ; la fusillade du 75ᵉ mobiles arrêta les escadrons allemands,
que les éclaireurs algériens menacèrent de flanc avec
une grande bravoure, et les empêcha de nous serrer de
trop près. Néanmoins, les Allemands occupèrent Patay,
et gagnèrent du terrain sur notre flanc gauche, où la
cavalerie Michel n'avait rien fait. Chanzy comprit que
sa contre-attaque ne réussirait pas ; voulant cependant
obéir aux ordres du général en chef, il essaya de passer
à travers les bois de Bucy-Saint-Liphard, pour gagner
de là Ormes et Orléans. Mais bientôt il entendit la
canonnade se rapprocher tellement de la ville qu'il ne
put plus douter que les Prussiens n'en eussent atteint
les portes ; sa marche dans les bois était fort lente, et
il perdait tout espoir d'arriver ; dans ces conditions, il
jugea que la seule chose à faire était de gagner Huisseau,
d'abord pour couvrir ses convois en retraite sur Beaugency et dont la marche en pleins bois était très difficile, ensuite pour essayer, le lendemain matin, de se
jeter sur le flanc des Bavarois[3]. La nuit qui survint

1. Général CHANZY, *loc. cit.*, page 91.
2. *La Guerre franco-allemande*, 2ᵉ partie, page 516.
3. Général CHANZY, *loc. cit.*, page 93.

peu après l'obligea à cesser tout mouvement; la division Jauréguiberry bivouaqua donc sur la route même, entre Coulmiers et la ferme Descures; la cavalerie Michel au nord de ce dernier point[1]. Quant au 17e corps, il avait une division à Baccon et deux aux environs d'Huisseau; une de ses brigades (Pâris), envoyée le matin entre Varize et Patay, n'avait pas rejoint.

Combats de Gidy et de Cercottes. — Voyons maintenant ce qui s'était passé sur notre centre. A Gidy, où existait une batterie fixe, se trouvait la division Peytavin, qui s'était, à la première attaque de la 17e division, déployée en partie au nord du village[2]. Dès sept heures et demie, la lutte commençait, et les pièces de marine ouvraient le feu, tenant en respect les avant-gardes allemandes; mais ce feu ne put durer plus de deux heures; à neuf heures et demie, il était éteint, et le lieutenant de vaisseau commandant la batterie était contraint d'abandonner ses pièces enclouées. Pressée par les Allemands, la division Peytavin recula dans la direction d'Ormes; or, à ce moment même, les divisions Barry et Morandy, placées à gauche, commençaient la retraite que l'on sait, en sorte que le grand-duc n'eut plus qu'à pousser ses forces droit devant lui. Le Ier corps bavarois était à gauche, la 17e division au centre, la 22e à gauche, se reliant au IXe corps, qui marchait, nous le verrons bientôt, sur la route de Paris; ces troupes n'eurent que des combats insignifiants à soutenir. Au sud de Boulay, une fraction de la division Barry, encore en position à Heurdy, essaya de tenir tête; elle fut refoulée. Quant à la division Peytavin, après un semblant de résistance à Ormes, elle se retira en désordre; la majeure partie reflua dans Orléans; le reste, que dirigeait le général en personne, prit position quelque temps vers Saint-Jean-de-la-Ruelle. Malgré tout, à six heures du soir, l'ennemi était aux portes de la ville et en occupait les abords ouest. Pendant ce temps, la 2e division de cavalerie s'était dirigée du côté

---

1. La brigade de Tucé seule avait pu atteindre Huisseau.
2. Le grand-duc de Mecklembourg avait dirigé sur Gidy les 17e et 22e divisions suivies de la 2e division de cavalerie.

de la Chapelle-Saint-Mesmin, d'où elle canonnait le
pont jeté par nous à la sortie d'Orléans, pont que les
pontonniers essayèrent vainement de replier et dont
les nacelles désarrimées furent emportées par le courant. La voie ferrée de Blois fut occupée peu d'instants
plus tard, et les communications entre Orléans et Tours
interrompues[1].

Tandis que ces douloureux événements se passaient
à notre gauche, le IX⁰ corps prussien s'était avancé de
la Croix-Briquet sur la grande route de Paris à Orléans;
il avait en tête la 18⁰ division (36⁰ brigade sur la
chaussée même, 35⁰ sur la voie ferrée). Cercottes était
occupé par la division Martineau, et la brigade d'Ariès,
postée en avant du village, en défendait les abords.
Les bois forment là une assez vaste clairière, dans
laquelle nos troupes étaient disposées, ayant à l'extrême droite le 39⁰ de ligne, déployé tout entier sous
bois. De grand matin, les avant-gardes prussiennes
débouchèrent devant nos positions, déterminant une
panique parmi les mobiles, qui les accueillirent par
une fusillade affolée[2], et s'enfuirent en désordre vers
Orléans. On parvint cependant, vers neuf heures, à
reformer tant bien que mal les bataillons épars de la
brigade d'Ariès, entraînés dans la déroute des mobiles,
et à leur faire prendre position à quelque distance en
arrière, tandis que la brigade Rébilliard venait se mettre
à leur place; la retraite put être menée alors plus régulièrement et par échelons. Celle du 39⁰ de ligne, com
plètement sous bois, fut particulièrement difficile.
Quant à la brigade Rébilliard, découverte sur son flanc

---

1. Le train qui amenait de Tours Gambetta reçut, vers quatre
heures, en arrivant auprès de la Chapelle, quelques coups de fusil
qui le firent rétrograder. Un train de blessés, parti d'Orléans peu
d'instants après, put néanmoins franchir la voie en sens inverse,
malgré de grandes difficultés, culbuta, grâce à la vitesse imprimée
à la locomotive, les traverses déjà posées sur les rails par les cavaliers allemands, et réussit à gagner Beaugency. C'est le dernier qui
sortit de la ville. (Général THOUMAS, *loc. cit.*, pages 181 et suivantes.)

2. Capitaine Bois, *loc. cit.*, page 275. — Le 25⁰ mobiles (Gironde),
le 5⁰ bataillon de chasseurs et la légion étrangère étaient à l'ouest
de la route, vers le chemin de Gidy; l'artillerie, à cheval sur la route
de Paris. (*Ibid.*)

gauche par l'abandon de la batterie de Gidy et le départ de la division Peytavin[1], elle dut évacuer, vers onze heures et demie, Cercottes, que les Prussiens, appuyés par 42 pièces de canon, abordaient en masse par la gare. Passant au travers des troupes du général d'Ariès, elle vint se poster à la Tuilerie, mais pas pour long-temps ; mal protégée par une artillerie très éprouvée, réduite à des effectifs dérisoires, épuisée par cette lutte de trois jours soutenue dans les conditions les plus pénibles, elle ne se composait plus que de groupes épars d'hommes pelotonnés les uns contre les autres, et guidés seulement par un instinct machinal. Seule, la légion présentait encore quelque apparence de cohésion[2].

C'est dans cet état misérable que, toujours serrée de près par l'ennemi, la division Martineau arriva, entre midi et une heure, au débouché du faubourg des Aydes. La confusion y était inexprimable, et personne ne pou-vait plus songer à rétablir les liens tactiques complè-tement rompus ; le 39e et les zouaves[3], qui marchaient pêle-mêle à l'est de la route, s'y établirent sous les ordres du général d'Ariès ; le reste, avec le général Rébilliard, se posta à l'ouest. Une batterie de mitrail-leuses, en position sur la route même, enfilait celle-ci. Mais rien n'était capable désormais d'opposer une bar-rière assez puissante aux progrès de l'ennemi ; la résis-tance décousue que fournissaient çà et là des troupes démoralisées faiblissait d'heure en heure ; les munitions devenaient rares, et le nombre des fuyards allait sans cesse grossissant[4]. Les batteries de marine conti-nuaient, à la vérité, leur feu, mais peu à peu celui-ci diminuait d'intensité, et, vers sept heures et demie du soir, deux d'entre elles étaient seules encore en état de

1. Voir plus haut, page 228.
2. Capitaine Bois, *loc. cit.*, page 275.
3. Les zouaves appartenaient à la division du général des Pallières, qui, d'Orléans où ils étaient arrivés dans la matinée, les avait envoyés là avec quelques autres fractions de ses troupes.
4. Dans le faubourg Bannier, le commandant Ribourt cherchait vainement à ramener au feu des soldats de tous les régiments qui gagnaient la ville et les ponts. (Capitaine Bois, *loc. cit.*, page 277.)

tirer, encore à de longs intervalles[1]. A neuf heures, la dernière s'éteignait[2].

Cependant l'obscurité empêchait la lutte de se prolonger davantage ; le général de Manstein, commandant le IX⁰ corps d'armée, venait de donner l'ordre de cesser le combat, pour éviter une affaire de nuit dans les rues d'Orléans, « contre un adversaire qui paraissait décidé à résister à outrance[3]. » Les Allemands s'établirent donc en cantonnement d'alerte dans les maisons extrêmes du faubourg Bannier, où ils furent rejoints par le détachement hessois de Winckler ; derrière le IX⁰ corps, le X⁰ occupait Cercottes, la 6⁰ division de cavalerie était à Artenay. Les avant-postes prussiens étaient complètement en contact avec nos soldats, et les coups de fusil continuaient dans la nuit ; une dernière tentative faite par nous pour reprendre la gare des Aubrais fut repoussée à neuf heures du soir.

Combats de Vaumainbert et de Saint-Loup. Retraite du 20⁰ corps. — Il nous reste maintenant à examiner rapidement, pour en terminer avec cette désastreuse journée, les événements qui s'étaient passés à notre droite. Là, le III⁰ corps, prévenu à huit heures du matin seulement des intentions du prince Frédéric-Charles[4], s'était mis en mouvement à neuf heures. Couvert à droite par une colonne qui marchait par Rebrechien[5], à gauche par un autre flanc-garde s'avançant sur Vennecy et Chécy, il avait suivi la grande route de Loury à Orléans. En arrivant à Boigny, vers midi, il se scinda ;

---

1. Capitaine Bois, *loc. cit.*, page 278. — C'étaient les batteries pacées aux lieux dits les *Acacias* et le *Mont-Bedhet*, entre la gare des Aubrais et celle d'Orléans.
2. Celle du Mont-Bedhet. — Le prince de Joinville, sous le nom de colonel Lutteroth, servit là en volontaire jusqu'au dernier moment. Il s'était vu refuser par Gambetta l'autorisation de prendre officiellement du service dans l'armée française.
3. *La Guerre franco-allemande*, 2⁰ partie, page 511. — L'énergie déployée sur certains points par nos soldats et par les batteries de marine pouvait donner à l'ennemi cette impression. S'il avait pu se rendre compte du désarroi bien explicable qui régnait à cette heure dans nos rangs, il n'aurait pas ressenti une semblable crainte.
4. Le porteur de l'ordre s'était égaré dans la forêt.
5. Cette colonne trouva dans sa marche 7 pièces abandonnées la veille sur l'ordre du général Minot, et les captura.

la 5ᵉ division prit la direction de Châteauneuf, la 6ᵉ continua sa marche directe. Comme cette dernière arrivait vers deux heures en face de Vaumainbert, elle se heurta à des troupes françaises en position qui l'accueillirent par une violente fusillade ; c'était une partie de la 1ʳᵉ division du 15ᵉ corps, que son nouveau chef, le général de Colomb [1], avait ramenée d'Orléans et disposée à l'est de la ville. La nature du terrain ne permettait pas à l'ennemi de déployer son artillerie, pour écraser d'obus, à son habitude, nos positions ; force lui fut donc d'attaquer Vaumainbert avec son infanterie, et il ne s'en empara pas sans peine. Ce point une fois conquis, il marcha sur Saint-Loup, et put alors mettre ses pièces en batterie sur une hauteur située au nord du village, d'où elles tirèrent sur le faubourg Bourgogne. Mais, malgré un commencement de panique, nos soldats, particulièrement le 38ᵉ de marche et l'infanterie de marine, tinrent bon dans les tranchées qu'ils occupaient ; notre artillerie soutint la lutte avec un certain succès, si bien que, malgré le concours apporté par une fraction de la 5ᵉ division, revenue de Pont-aux-Moines vers l'ouest, les Prussiens ne réussirent pas à nous déloger. A la nuit, le feu cessa ; le IIIᵉ corps allemand s'établit sur ses positions à Vaumainbert, Boigny et Saint-Jean-de-Braye.

Pendant ce temps, le 20ᵉ corps avait, sur l'ordre de M. de Freycinet, quitté Chambon au petit jour, pour se diriger par Fay-aux-Loges sur Orléans. Apprenant, vers deux heures, la situation critique de l'armée de la Loire, le général Crouzat avait très bravement résolu de se faire jour à travers les lignes prussiennes pour rejoindre la ville, et immédiatement dirigé ses convois sur Jargeau, avec ordre de venir le retrouver par la rive gauche de la Loire. Mais, en débouchant de Pont-aux-Moines, la 1ʳᵉ brigade de la 3ᵉ division, qui marchait en tête, fut brusquement assaillie par l'avant-garde de la 5ᵉ division prussienne. Le 47ᵉ de marche

---

1. Le général de Colomb arrivait d'Afrique ; il remplaça séance tenante le général des Pallières, qui gardait le commandement de tout le 15ᵉ corps.

fit bonne contenance ; néanmoins, le général Crouzat
jugea imprudent de pousser plus loin et fit prendre à
tout son monde la route de Jargeau, sous la protection
de la 3ᵉ division formant arrière-garde. Le lendemain,
tout le 20ᵉ corps était sur la rive gauche de la Loire, et
le pont coupé. Les Allemands, de leur côté, n'avaient
pas poursuivi, et la 5ᵉ division rejoignait, le soir même
du 4, la 6ᵉ à Saint-Jean-de-Braye.

Évacuation d'Orléans. — Ainsi, à la nuit tombante,
nous étions partout refoulés sur la lisière de la ville ; à
l'est, la division de Colomb, encore à peu près organisée, occupait le faubourg Bourgogne et s'étendait de
la route de Saint-Lyé à celle de Gien ; quelques fractions, débris de la division Peytavin, étaient du côté
nord ; une masse de 5 à 6,000 hommes formait une
sorte de réserve sur le Mail. Dans la ville, la division
Martineau des Chenez, très éprouvée, décimée et en
désordre, occupait les rues en arrière du faubourg Bannier fermé par une barricade. A l'ouest, une minime
fraction de la division Peytavin, complètement désorganisée, tenait des tranchées entre Orléans et Saint-
Jean-de-la-Ruelle ; le reste était déjà éparpillé soit sur
les routes de la rive gauche, soit dans les bivouacs du
16ᵉ corps. Enfin, deux divisions du général Chanzy
erraient à la débandade vers Beaugency, tandis que le
reste, une division à peine, tout à fait en désordre,
campait aux abords des bois de Montpipeau. Les Allemands, au contraire, massés autant que leur permettaient la nature du terrain et leur état d'extrême
fatigue, s'étendaient en arc de cercle de la Chapelle-
Saint-Mesmin à Saint-Jean-de-Braye, à la porte même
d'Orléans[1].

C'était là une situation presque désespérée pour l'armée
de la Loire, placée sous le coup d'une destruction imminente que tous les efforts humains étaient désormais
impuissants à conjurer. Le général d'Aurelle, revenu

1. La subdivision d'armée du grand-duc occupait le secteur entre
la Loire et la route de Paris ; à cheval sur celle-ci était le IXᵉ corps,
suivi du Xᵉ, donnant la main au IIIᵉ corps qui bordait la lisière sud
de la forêt et s'étendait jusqu'au fleuve, en amont d'Orléans.

bien vite de ses espérances de la matinée, assistait, le cœur dévoré d'angoisse, à cette désagrégation rapide que ni ses prières, ni ses menaces ne parvenaient à arrêter. En vain s'efforçait-il de rallier les fuyards qui encombraient les rues de la ville ; les officiers, découragés, ne lui prêtaient qu'un concours sans conviction ; quant aux soldats, anéantis et semblables à un troupeau égaré, ils opposaient à ses prières et à ses menaces une incoercible inertie. Dès quatre heures, convaincu définitivement de l'inutilité de toute tentative nouvelle pour garder Orléans, il ordonna aux troupes qui y étaient encore de se replier sur la rive gauche, sous la protection des fractions du 15° corps que le général des Pallières pourrait réunir. L'artillerie de réserve commença le mouvement, franchit le pont, et vint se mettre en batterie sur les quais, prête à tirer sur les troupes prussiennes si celles-ci poursuivaient les nôtres ; pendant ce temps, les généraux des Pallières et Peytavin prenaient quelques dispositions défensives vers le nord de la ville, sans grand succès, on l'a vu. Sur ces entrefaites, à huit heures du soir, le général de Tresckow, qui, avec la 17° division prussienne, occupait les abords du faubourg Saint-Jean, envoya aux deux petits postes que nous avions de ce côté un officier porteur d'une sommation aux termes de laquelle la ville devait être évacuée à onze heures et demie du soir, sous peine de bombardement. Informé de ce fait, le général des Pallières en fit rendre compte au commandant en chef et se hâta de diriger sur le faubourg Saint-Jean, défendu seulement par une quarantaine de chasseurs à pied, postés derrière une barricade, et par l'escadron d'escorte du 15° corps, un des bataillons qu'il avait en réserve sur le Mail. Puis, après avoir pris cette précaution assez vaine, il envoya un officier de son état-major auprès du général de Tresckow. Mais déjà les prétentions de ce dernier avaient grandi ; il exigeait maintenant non seulement la reddition de la ville, mais l'évacuation de tout le terrain qui s'étend au sud de la Loire, jusqu'au Loiret. Cependant, sur les observations du capitaine Pendezec, l'envoyé du général des Pallières, il consentit sans trop de difficultés à faire bon marché de cette dernière clause, et se borna à demander que la ville fût évacuée à minuit, ce qui fut accordé[1]. Au fond, les Prussiens, ignorant notre situation exacte, n'avaient aucun désir d'entamer un combat dans les rues de la ville, combat dont ils ne pouvaient calculer les conséquences et dont ils redoutaient singulièrement l'aléa ; ils préféraient avec raison se montrer coulants.

Les choses en étaient là quand arriva la réponse du général d'Aurelle, qui acceptait la reddition de la ville, mais aurait voulu que l'ennemi n'y entrât pas avant dix heures du matin, le lendemain. C'était montrer une exigence qui avait bien peu de chance d'être accueillie ; sans se faire d'illusion, des Pallières renvoya au général de Tresckow le général d'Ariès, porteur des conditions demandées par le général en chef. Tout ce qu'il fut possible d'obtenir, fut la prolongation du délai jusqu'à minuit et demi.

Restait à procéder à l'évacuation, dont les difficultés étaient énormes, tant en raison du peu de temps dont on disposait que du désordre inimaginable qui régnait partout. Le commandant Ribourt, chargé de faire partir tous les isolés, prévint aussitôt le maire de la situation et expédia dans les casernes, les hôtels, cafés et auberges des agents de police et des gendarmes pour en expulser les nombreux soldats qui s'y trouvaient. Mais, ainsi qu'il fallait s'y attendre, beaucoup de ces malheureux furent oubliés ; il arriva même que des fractions constituées occupaient encore sous les armes le Mail et les halles quand l'ennemi s'y présenta. En outre, beaucoup d'hommes refusèrent de partir et ne cédèrent qu'à la force ; une énorme quantité de soldats, brisés de fatigue, et même certains officiers, s'obstinèrent à rester et furent faits prisonniers[1]. Vers dix heures, le commandant

---

1. Le général de Tresckow, dont la montre retardait de dix minutes sur celle de l'officier français, l'avança sans rien dire aussitôt que l'heure de l'occupation eut été fixée. Le capitaine Pendezec s'en étant aperçu et en ayant fait l'observation, le général allemand nia d'abord ; puis, pris sur le fait, il consentit à attendre jusqu'à minuit, au lieu d'onze heures et demie. (*Rapport du capitaine Pendezec,* cité par le capitaine Bois, page 285.)

2. Général D'AURELLE, *loc. cit.,* page 287.

Ribourt fit détruire les ponts de bateaux, enclouer les pièces de position qui restaient en batterie et noyer les poudres ; les marins regagnèrent la rive gauche, après des efforts infructueux pour faire naviguer les canonnières vers Beaugency[1]. Quant aux ponts de pierre, ils ne furent pas détruits faute de poudre[2].

Entre temps, les troupes françaises avaient passé sur la rive gauche. C'était un spectacle lamentable que cette cohue d'hommes exténués, mourant de faim et de lassitude, qui se pressaient sur les ponts dans un désordre et dans un abattement dont rien ne saurait donner l'idée. Le froid était terrible, la nuit très noire ; les glaçons charriés par le fleuve venaient s'entre-choquer contre les piles et heurter les nacelles avec un bruit sinistre. Et le troupeau d'êtres humains, roulant pêle-mêle avec les voitures, s'écrasait dans sa marche hâtive, indifférent aux horreurs de cette déroute, qui ne lui laissait plus que l'instinct animal ! L'immense file de soldats s'engagea sur les routes boueuses qui de la Loire se dirigent vers le sud, et dans un morne silence, que troublaient çà et là des bruits de chute éclatant tout à coup dans un cliquetis d'armes, ce qui restait des vainqueurs de Coulmiers et de Villepion s'en fut confusément vers la Ferté-Saint-Aubin.

Les ponts n'étaient pas encore complètement dégagés à minuit et demi, quand, à l'entrée du faubourg Saint-Jean, les Allemands, conduits par le grand-duc de Mecklembourg et le général de Tresckow, pénétrèrent dans la ville, musique en tête et tambours battants. Les maisons étaient partout fermées et les lumières éteintes. Le grand-duc poussa ses avant-gardes aux ponts et fit occuper la ville sans difficulté ; à la gare, cependant,

---

1. On promit 500 francs au pilote qui réussirait à dégager les canonnières échouées, par suite de la baisse des eaux, au milieu des glaçons et à les faire flotter. Pas un ne put y réussir. (Capitaine Bois, *loc. cit.*, page 289,)

2. Le colonel du génie, qui était chargé de faire sauter les ponts au moment opportun, ne se précautionna pas en temps voulu de la poudre nécessaire. Quand il reçut l'ordre de destruction, il ne put trouver les 5 ou 600 kilos de poudre qu'il lui fallait. Cette négligence permit aux Prussiens de passer sur la rive gauche et d'aller, quelques jours après, jusqu'à Vierzon. (Général d'Aurelle, *loc. cit.*, p. 268.)

quelques hommes oubliés opposèrent un semblant de résistance qui ne dura pas. Le lendemain, ce fut au tour des III° et IX° corps de pénétrer dans Orléans; ils y firent prisonniers les nombreux retardataires qui s'y trouvaient[1].

Telle fut cette malheureuse bataille de deux jours, qui consommait la ruine de la 1re armée de la Loire et la chute d'une position qu'on avait crue inexpugnable. C'en était fait définitivement des espoirs d'offensive, des projets de déblocus de Paris, des tentatives même de résistance passive en qui le général d'Aurelle avait cru voir le salut. 160,000 hommes au moins, levés et réunis à grand'peine s'enfuyaient en désordre, éparpillés sur un espace énorme, et séparés en deux masses qui ne devaient plus se réunir. Le désastre était complet et coûtait des pertes énormes : environ 20,000 hommes, dont 2,000 tués ou blessés, 74 pièces et un matériel dont l'importance ne se peut évaluer. Quant aux Allemands, grâce à la puissance de leur artillerie, à la manière prudente dont ils avaient été dirigés, à l'expérience et à la cohésion de leurs troupes, aguerries déjà à l'égal de vieilles bandes, ils ne comptaient que 1,746 hommes hors de combat, dont 123 officiers.

---

1. Aussitôt après la 17° division prussienne, le 1er corps bavarois avait fait entrer dans la ville sa 2° brigade, tandis que le reste s'installait à l'ouest, entre la Loire et la route de Châteaudun. Quant aux autres troupes ennemies, elles cantonnèrent : la 22° division prussienne entre les Aydes et Saran; la 2° division de cavalerie à Ingré, la 4° à Sougy, Saint-Péravy et Patay; les III° et IX° corps à l'est de la ville, le X° à Cercottes, la 6° division de cavalerie à Artenay. La 1re division de cavalerie, qui, on s'en souvient, avait été chargée d'observer le pays entre Yonne et Loing, vint canonner à Bellegarde avec les troupes qui l'accompagnaient.

La marche du III° corps, le matin du 5, fut signalée par un épisode dont le souvenir doit être conservé. Un tirailleur algérien, resté dans la forêt après la retraite de son régiment, se trouvait seul, à Chanteau. Quand, le lendemain matin, il vit apparaître les têtes de colonnes ennemies, il s'en alla avec son fusil s'embusquer à la lisière de la forêt, au bord de la clairière, et fit feu jusqu'à ce qu'il tombât mort. Un modeste monument, situé sur les lieux mêmes, témoins de la bravoure du héros anonyme, rappelle qu'il fit feu cinq fois encore, avec le bras droit cassé.

IV. — LA RETRAITE.

16ᵉ et 17ᵉ corps. — Tandis que le général d'Aurelle
emmenait sur la route de Salbris le 15ᵉ corps complètement désorganisé, Chanzy avait, pendant la nuit du
4 au 5, tenté une série d'efforts infructueux pour se
mettre en communication avec lui. Quand, à l'aube
du 6, il se vit complètement coupé du reste de l'armée,
il comprit qu'essayer de rejoindre celle-ci le conduirait
infailliblement à un nouveau désastre et il prit le parti
de replier ses deux corps sur une position où il pourrait
chercher, dans une sécurité relative, à renouer ses communications avec le commandant en chef. Cette position
était celle de Beaugency-Josnes-Lorges, appuyée par sa
droite à la Loire, où se trouvait un pont, par sa gauche
à la forêt de Marchenoir, dont le 21ᵉ corps occupait les
débouchés ; elle offrait l'avantage de n'exiger qu'une
marche relativement courte et de couvrir Tours, tout
en permettant de refaire les troupes dans des conditions
défensives relativement avantageuses. Aussitôt sa décision prise, le commandant du 16ᵉ corps donna donc
ses ordres en conséquence ; les convois, filant en avant
à 12 kilomètres de distance, reprirent au petit jour leur
marche interrompue par la nuit ; puis les troupes, couvertes par la cavalerie, se replièrent par échelons de
force déterminée, c'est-à-dire par division, en formation
telle que chacune d'elles était toujours prête au combat[1].
Le mouvement, que l'ennemi ne chercha point à entraver,
s'exécuta sans encombre ; grâce à son énergie communicative, le général Chanzy sut remettre de l'ordre et
de la cohésion dans ces bandes si éprouvées et moralement si déprimées[2]. Le soir, les deux corps étaient

---

1. Chaque division formait une ligne de bataillons en colonne, à
distance de déploiement, avec l'artillerie dans les intervalles, et une
ligne de tirailleurs déployés en arrière, à 800 ou 1,000 mètres. C'était
la formation inverse de Coulmiers.
2. Les troupes du grand-duc, chargées d'abord de poursuivre,
obtinrent une journée de repos. Seule la 4ᵉ division de cavalerie,
soutenue par un bataillon d'infanterie, fut dirigée sur le Loir, tandis

établis à l'est et au nord de Josnes, de Beaugency à
Poisly, par Lorges, Ourcelles et Villorceau, jusqu'à la
Loire. Seules les divisions Barry et Morandy, plus
éprouvées et plus démoralisées que les autres, poussèrent jusqu'à Blois et Mer, pour s'y refaire et s'y
reformer[1]. Chanzy s'arrêta alors, car, d'une part, son but
était atteint ; de l'autre, il jugeait très justement que
« continuer la retraite dans l'état moral qu'avaient produit sur ses jeunes troupes les insuccès subis depuis
Loigny, c'était les exposer à une complète débandade,
qui pourrait être la perte de la plus grande partie de
l'armée[2] ». Il rendit compte au ministre de ses opérations, lesquelles furent approuvées[3], et reçut avis que
sa droite allait être appuyée par une division formée
à Tours pour entrer dans la composition du futur
19e corps, et placée sous les ordres du général Camò.
Cette division vint à Beaugency.

15e corps. — Ainsi les deux corps de l'aile gauche se
trouvaient en sûreté, dès le 6, après une retraite relativement facile. Malheureusement, il n'en allait pas de
même pour les autres, et le 15e, en particulier, devait
passer, avant de se ressaisir, par une série de péripéties
cruelles dont son état déjà si misérable ne pouvait
qu'être douloureusement aggravé. Parti d'Orléans,
comme on l'a vu, dans la nuit du 4 au 5 décembre, ce
corps avait suivi la route de Vierzon, déjà prise par ses
convois dans la journée. Afin de dégager la chaussée
encombrée, sa 3e division (Peytavin) reçut l'ordre de

---

que la 2e division (moins une brigade) et les cuirassiers bavarois
marchaient sur Beaugency, avec un bataillon et une batterie. L'autre
brigade de la 2e division, avec deux bataillons et six pièces, eut
ordre d'aller menacer Blois par la rive gauche de la Loire. Mais ces
divers mouvements, exécutés d'ailleurs avec une certaine mollesse,
ne gênèrent en aucune façon notre retraite. Ce fut assurément un
grand bonheur, pour les troupes si éprouvées du général Chanzy, de
ne pas avoir été poursuivies plus sérieusement. Elles se trouvaient
en tel état que leur résistance eût été problématique.
 1. Général DERRÉCAGAIX, *loc. cit.*, tome II, page 447.
 2. Général CHANZY, *loc. cit.*, page 102.
 3. Tandis que le général Chanzy prenait les dispositions dont il
vient d'être question ci-dessus, la Délégation lui envoyait des ordres
similaires et mettait sous ses ordres les 16e, 17e et 21e corps, en
l'avisant que *désormais il relèverait du ministre seul.*

suivre, sur la rive gauche, la direction de Blois, pour se rabattre ensuite sur Salbris par Romorantin; mais l'obscurité où l'on errait à l'aventure donna lieu à une série de confusions bien naturelles, en sorte qu'une partie seulement de cette division prit la route indiquée, emmenant avec elle le convoi de la deuxième. Ayant, on ne sait pourquoi, poursuivi sa route jusqu'à Blois, le général Peytavin rallia les troupes de Chanzy, et par suite les troupes qu'il commandait furent perdues pour le 15ᵉ corps.

Dans la matinée du 6, cependant, le gros de ce dernier corps avait atteint la Ferté-Saint-Aubin. Là, le général des Pallières put organiser une petite arrière-garde (un régiment d'infanterie, trois de cavalerie, huit pièces de 4), dont il confia le commandement au général Rébilliard. Puis il continua sa retraite au milieu de difficultés inouïes. Les routes étaient encombrées par les convois et l'artillerie; la neige couvrait le sol; le froid était glacial. Les chevaux d'attelage, harassés et affamés, tombaient en masse, de sorte que la marche des convois allait sans cesse en se ralentissant. L'infanterie, qui se traînait péniblement sur les côtés de la route, était à bout de forces et il semblait que bientôt elle se trouverait hors d'état d'avancer. On chemina néanmoins tout le jour et l'on vint, à la nuit, bivouaquer autour de la Motte-Beuvron. Là, le bruit courut tout à coup de l'arrivée des Allemands, et cette nouvelle produisit le plus fâcheux désordre; elle n'avait cependant rien de fondé, car l'ennemi ne tentait aucune poursuite sérieuse. Dans la matinée du 6, il est vrai, la division hessoise (du IXᵉ corps), poussée sur la rive gauche, vers le Loiret, avait lancé des patrouilles de cavalerie sur les routes de Vierzon, de Tours et de Gien, capturé des quantités de traînards, des voitures et des armes; mais aucune de ces patrouilles ne dépassait la Ferté-Saint-Aubin. Néanmoins une partie du 15ᵉ corps se remit aussitôt en marche vers Salbris et le reste suivit dès le 7 au matin. Ce jour-là, vers midi, le 15ᵉ corps étant arrivé derrière la Sauldre, il devint enfin possible de remettre un peu d'ordre dans ses divisions. Quelques

1. Général d'Aurelle de Paladines. 2. de Freycinet.
3. Amiral Jauréguiberry. 4. Général Chanzy.

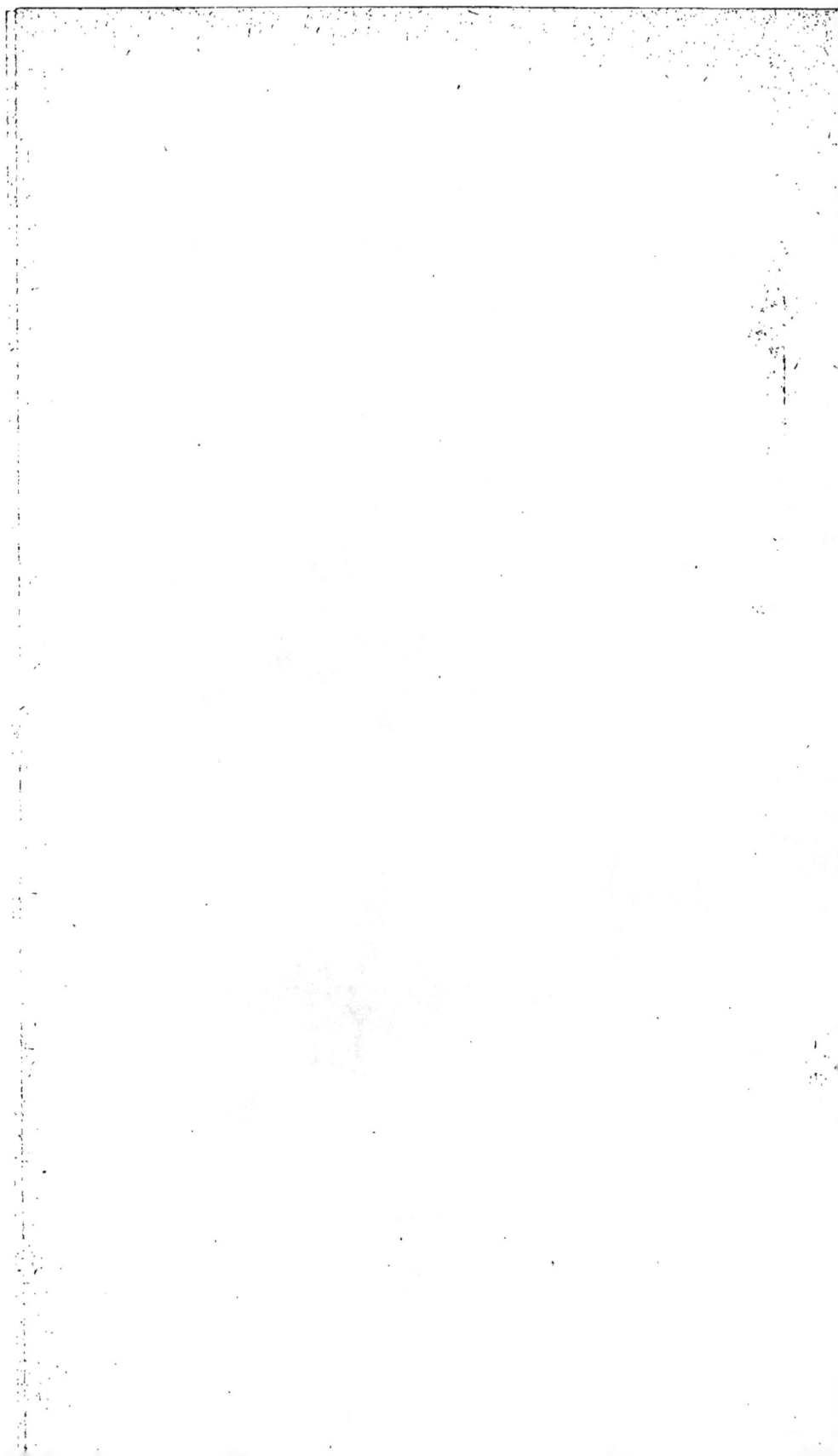

milliers d'hommes, appartenant aux 16° et 17° corps et qui avaient suivi le 15°, avec une batterie de la division Jauréguiberry, furent même formés en détachements et dirigés sur Blois dans la soirée et le lendemain matin. L'arrière-garde avait pris position à Nouan-le-Fuzelier.

De leur côté, les 18° et 20° corps avaient continué leur mouvement rétrograde. Tandis que le 20° franchissait la Loire à Jargeau, le 18° faisait de même à Sully et à Gien ; enfin, le corps Cathelineau avait également gagné la rive gauche par Châteauneuf, où se trouvait un pont volant, et, de là, atteint Sully. Dans les conditions où étaient ces troupes, on devait s'estimer très heureux qu'elles aient pu se dérober ainsi, sans avoir eu à soutenir d'autre assaut que la petite escarmouche de Pont-aux-Moines, dont il a été question ci-dessus. Il n'en reste pas moins vrai que leur concours à la défense d'Orléans avait été nul et que leur présence sur le flanc gauche du III° corps allemand n'avait en rien entravé la marche offensive de ce dernier. Certes, il ne manque pas de motifs pour expliquer une pareille inertie ; le premier et le plus concluant est sans contredit le désarroi du commandement, dont l'action, à proprement parler, avait cessé de s'exercer.

Les choses en étaient là, quand, dans la soirée du 5, le général Bourbaki reçut de Tours l'ordre de concentrer ses forces à Gien, *en attendant de nouvelles instructions*. Le gouvernement, laissait entendre le télégramme de M. de Freycinet, n'avait rien abdiqué de ses espérances ; il voulait frapper un grand coup et reformer sa base d'opérations[1]. C'était pousser bien loin la confiance. « Un instant le ministre avait conçu la pensée de reprendre une vigoureuse offensive sur Montargis et Fontainebleau au moyen des 15° et 18° corps, le 20°, moins nombreux, devant être employé à couvrir Vierzon et Bourges... On s'acquittait ainsi, dans la mesure du possible, de l'engagement pris de se rendre à Fontainebleau, *engagement auquel on ignorait encore que le général Ducrot serait obligé de manquer*[2]. « Mais la

---

1. Télégramme daté de Tours, le 5, à 2 heures 5 minutes du soir.
2. Ch. de Freycinet, *loc. cit.*, page 189.

manière dont s'était accomplie la retraite du 15ᵉ corps ne permettait plus de compter sur lui, au moins pour le moment. Sa désorganisation, après la panique de la nuit du 5 au 6, était telle que certains de ses détachements avaient fui jusqu'à Limoges[1]. Il n'y avait plus qu'une chose à faire, c'était de le reconstituer. Il reçut donc l'ordre d'aller à Bourges, où devaient venir le rejoindre les 18ᵉ et 20ᵉ corps; mais, avant d'être avisés de cette dernière décision, ceux-ci avaient déjà été reportés en avant, en conformité des prescriptions précédentes de M. de Freycinet. Le 7, les 1ʳᵉ et 3ᵉ divisions du 18ᵉ corps repassèrent la Loire à Gien et vinrent se former sur les hauteurs au nord de la ville; elles furent attaquées à Neuvoy par l'avant-garde du IIIᵉ corps prussien, enfin lancé à la poursuite des forces françaises, et durent se replier sur la rive gauche, sans avoir pu détruire complètement le pont. La 2ᵉ division s'ébranla pour venir au secours des deux autres; après un combat sans grande importance, tout le 18ᵉ corps alla bivouaquer au sud de Gien. A minuit, il repartait et se dirigeait sur Autry, où il arrivait à six heures du matin; enfin, à midi, il se remettait en route pour venir bivouaquer, à six heures du soir, à Cernoy.

Tous ces mouvements en sens divers, ces ordres et ces contre-ordres incessants, ces marches en zigzag sur des routes défoncées, boueuses, par des journées humides ou des nuits glaciales, achevèrent la désorganisation de notre malheureuse armée. Quand, du 9 au 11, elle se trouva de nouveau concentrée devant Bourges, c'est dans un état moral et matériel à ce point déplorable qu'il n'était plus possible de lui rien demander[2]. Fort

---

1. CH. DE FREYCINET, *loc. cit.*
2. Pour se rendre compte de la désagrégation des troupes, il faut lire le tableau suivant que le général des Pallières a tracé des épreuves subies par ses infortunés soldats. « Les hommes, dit-il, souffrirent beaucoup dans les marches, non seulement de la fatigue, mais aussi du manque de nourriture. Un convoi de biscuits marchait bien avec nous; l'intendance ne nous laissait pas manquer de vivres; mais on ne pouvait songer à s'arrêter pour faire des distributions que la confusion des corps n'eût pas permises... Parmi les régiments placés sous mes ordres, un grand nombre n'avaient pas eu le loisir, du 1ᵉʳ au 7 décembre, *de faire cuire deux fois leurs vivres*. Cepen-

heureusement pour elle, les Allemands, fatigués, eux aussi, par une série de luttes pénibles et sanglantes, lui avaient laissé un répit sans lequel elle eût été certainement anéantie. Tout d'abord, la 6ᵉ division de cavalerie fut jetée à la poursuite du 15ᵉ corps français, avec la mission de couper toutes les voies ferrées pouvant faciliter une offensive ultérieure; elle était appuyée par la 18ᵉ division (du IIIᵉ corps)[1]. Cette dernière arriva le 6 devant la Motte-Beuvron, qu'elle trouva occupé par nous; elle s'y arrêta, et le lendemain, la 6ᵉ division de cavalerie, soutenue par deux compagnies d'infanterie et une de pionniers, continua seule sa marche sur Salbris, trop tard pour atteindre les troupes du général des Pallières; c'est à cela que se borna la poursuite.

Nouvelle organisation des armées. — Mais déjà la 1ʳᵉ armée de la Loire avait cessé d'exister. Le 6, en effet, le gouvernement avait pris une décision en vertu de laquelle les 15ᵉ et 18ᵉ corps étaient réunis sous les ordres du général Bourbaki, dont le général Borel devenait le chef d'état-major; le 20ᵉ corps devait relever directement du ministre; les 16ᵉ, 17ᵉ et 21ᵉ passaient aux ordres du général Chanzy. Quant au général d'Aurelle, dont le commandement en chef était supprimé, il se trouvait appelé à celui des lignes du Cotentin. Le gouvernement, oublieux des services rendus par cet officier général dans le rôle ingrat d'éducateur de troupes, le rendait ainsi seul

---

dant, ils avaient le plus grand besoin d'une nourriture substantielle pour les soutenir dans nos marches forcées de nuit et de jour, sans abri contre la pluie, la neige et un froid de plusieurs degrés au-dessous de zéro. Aussi, qu'arriva-t-il? Les hommes jetaient la viande qu'ils ne pouvaient faire cuire et qui les surchargeait inutilement. Ils ne mangeaient plus que du biscuit, et la ration de plusieurs jours était consommée en un seul. Aussi tombaient-ils dans un affaiblissement physique et moral d'autant plus pernicieux que la situation de l'armée, de jour en jour plus mauvaise, ne pouvait que s'accroître. »

Dans cette page douloureuse, on trouvera l'excuse de toutes les défaillances qui ont été signalées au cours de ce récit, et un motif de plus d'honorer le souvenir de troupes jeunes et inexpérimentées, qui, après avoir tant souffert, ont puisé dans leur seul patriotisme la force de ne pas se débander complètement.

2. Cette division remplaçait la 25ᵉ (hessoise), primitivement envoyée sur la rive gauche et chargée maintenant de se porter sur Blois, pour appuyer par cette rive les forces du grand-duc en marche contre les deux corps du général Chanzy.

responsable de l'échec de ses propres combinaisons, et lui faisait durement expier la faute de n'avoir pas su résister plus énergiquement à son immixtion dans les opérations militaires. Tout naturellement, le général d'Aurelle ne voulut pas accepter une pareille déchéance. A une dépêche de M. de Freycinet qui le priait, après sa destitution, d'aider de ses conseils le général des Pallières, et de donner des ordres au général Crouzat, *si celui-ci lui en demandait*, il répondit fort dignement que donner des conseils au général des Pallières serait enlever à celui-ci une partie de son autorité morale et le prestige nécessaire à tout commandant de corps d'armée; que, n'ayant plus d'autorité légale, il ne pouvait donner d'ordres au général Crouzat; que, par suite, il n'avait qu'un parti à prendre, celui de quitter l'armée. C'est ce qu'il fit le 7 décembre, emportant dans sa retraite l'estime due, sinon à un grand caractère et à une haute valeur militaire, du moins à un brave et loyal soldat.

Quelques jours plus tard, le général des Pallières était également, sur sa demande, remplacé à la tête du 15° corps par le général Martineau des Chenez; enfin, le général Billot, nommé général de division à titre provisoire, prenait définitivement le commandement du 18° corps. Quant à l'armée de la Loire, elle était fractionnée en deux groupes :

La première armée (15°, 18° et 20° corps) aux ordres du général Bourbaki; soit une centaine de mille hommes.

La deuxième armée (16°, 17° et 21° corps) aux ordres du général Chanzy; soit cent vingt mille hommes environ.

Nous retrouverons plus tard les troupes du général Bourbaki aux prises avec les Allemands autour de Belfort. Nous allons suivre le général Chanzy dans ses efforts pour tenir tête, avec ses médiocres ressources, aux forces combinées du prince Frédéric-Charles et du grand-duc de Mecklembourg. Mais, avant de poursuivre le récit des événements, il est du devoir de l'historien de saluer une dernière fois l'armée qui, à peine formée au mois d'octobre, a remporté le 9 novembre la victoire de Coulmiers et sauvé l'honneur du pays par l'héroïsme qu'elle a déployé, quelques semaines plus tard, à Villepion et à Loigny. Si, en définitive, elle n'a pas entièrement répondu aux espoirs enflammés qu'avait fondés sur son nombre l'ardent patriote qui, plus que personne, s'était dévoué à sa création ; si elle n'a pas su profiter de l'éparpillement des masses allemandes pour les battre en détail, si elle n'a pas tiré tout le parti possible du succès de Coulmiers si, enfin, elle a terminé son existence éphémère dans un des plus graves désastres de cette guerre, du moins elle a vaillamment supporté de terribles souffrances, et, à part de rares défaillances, déployé une énergie surprenante quand on songe à sa composition. Nous avons exposé longuement les causes de la défaite ; nous n'y reviendrons donc pas. Nous exprimerons seulement un regret : c'est qu'à son patriotisme, à son dévouement et à sa vigueur peu commune, le général d'Aurelle n'ait pas joint cette fermeté de caractère sans laquelle, dans les circonstances critiques, le commandement n'existe pas. Ses tergiversations du début, sa défiance de lui-même, ses hésitations continuelles ont amené une interversion des rôles qui ne pouvait être que fâcheuse, et l'ont condamné à un effacement impatiemment supporté. L'action latérale et funeste d'une autorité sans qualité comme sans compétence a produit la dissémination la plus déplorable des forces, et la diffusion la plus stérile des efforts. Un Pélissier n'eût jamais toléré qu'une aussi grave atteinte fût portée à sa légitime influence. Ou bien il se fût démis, ou bien il eût revendiqué l'exercice intact de ses prérogatives, et refusé un commandement dont l'indépendance aurait été entamée ou même seulement contestée. Il est juste d'ajouter qu'il eût aussi probablement mieux profité des avantages que lui donnait, après Coulmiers, une position centrale entre les deux groupes des forces allemandes encore si éloignés l'un de l'autre, et qu'il eût énergiquement concentré, à portée de sa main et de ses ordres, les éléments qu'une volonté incompétente s'acharnait à vouloir tenir dispersés. Mais le général d'Aurelle, s'il partageait avec l'illustre vainqueur de Malakoff de précieuses qualités d'ordre, de discipline et de rigueur militaire, ne possédait malheureusement ni son indomptable énergie, ni sa haute conception de la guerre, ni la trempe irréductible de son tempérament de fer.

Occupation d'Orléans. — Les Allemands signalèrent leur victoire par la série habituelle des représailles et des brutalités dont ils semblaient s'être fait une règle. Le prince Frédéric-Charles, après avoir chassé de son hôtel, pour s'y installer lui-même, le préfet, M. Pereira, dont la santé était fortement ébranlée par les fatigues et les émotions de sa pénible administration[1], fit séquestrer dans son propre palais le vénérable évêque d'Orléans, Msgr Dupanloup, coupable d'avoir, pendant l'occupation des Bavarois, protesté contre leurs violences et demandé dans un mandement les prières de ses diocésains pour la France. Les prisonniers français furent traités avec une inhumanité révoltante, et la ville dut payer une contribution de 600,000 francs. Officiers et soldats allemands se firent en outre nourrir, copieusement, il va sans dire, par les habitants ; et s'il faut en croire un témoin oculaire, la table seule du prince Frédéric-Charles et de son état-major ne coûta pas à la municipalité moins de 3,000 francs par jour[2]. Cependant la préoccupation de son bien-être et de celui de ses troupes n'absorbait pas seule l'activité du commandant en chef ; il fit organiser solidement la ville et les abords du côté sud, réalisant ainsi à son profit, mais en sens inverse, et dans des conditions tactiques beaucoup plus favorables, l'utilisation que le général d'Aurelle avait voulu faire de la position d'Orléans. « Dès le mois de janvier, a écrit le capitaine du génie Gœtze, l'armée allemande de la Loire se trouva ainsi dotée d'un point d'appui extrême-

---

1. M. Pereira mourut peu de jours après. La ville d'Orléans, en reconnaissance de son dévouement pendant ces jours de deuil, lui a élevé un monument funèbre. Il était le père du colonel du 39e de marche, mort général de brigade en 1886.

2. L'abbé Th. Cochard, *Les Prussiens à Orléans.* — Capitaine Bois, *loc. cit.*, page 305.

ment solide, dont une seule division suffisait à assurer l'occupation, laissant ainsi le gros des forces de la II° armée disponible pour frapper des coups décisifs. »

L'occupation d'Orléans, dont le souvenir cruel ne s'est pas effacé, devait durer jusqu'au 16 mars, après la conclusion de la paix

LA DEUXIÈME ARMÉE DE LA LOIRE

CHAPITRE PREMIER

LES LIGNES DE JOSNES

L'armée dont le commandement venait d'être donné au général Chanzy, et qui est connue sous le nom de *deuxième armée de la Loire*, atteignait l'effectif important de 120,000 hommes, ou plutôt de 120,000 *rationnaires*; se décomposant comme suit : 100,000 fantassins, 10,000 cavaliers, 5,000 artilleurs, 1,000 soldats du génie, 4,000 soldats du train ou des services administratifs. Elle disposait de 360 bouches à feu, de 4,000 voitures de transport, et comptait 24,000 chevaux. Parmi les corps qui la composaient, le 21ᵉ, de formation toute nouvelle, était numériquement le plus considérable, et représentait à lui tout seul une petite armée. Comptant quatre divisions d'infanterie, fortes chacune de 13 à 18 bataillons avec 2, 3 ou 4 batteries, il avait, en plus, une division de cavalerie de 5 régiments, une brigade de réserve et une réserve spéciale comprenant à la fois des fusiliers marins, des corps francs, des escadrons de marche (cavalerie et gendarmerie) et 3 batteries[1]. Mais

---

1. Voir à l'appendice la pièce nᵒ 3.

sa composition, encore moins homogène que celle des autres corps précédemment levés, se ressentait de la rapidité avec laquelle il avait été constitué ; certains de ses éléments, créés depuis six semaines par Gambetta, étaient à peine organisés, d'autres comptaient leur existence par journée. La garde nationale mobilisée, très mal habillée, sans instruction comme sans esprit militaire, entrait pour une bonne part dans la constitution de certaines de ses divisions ; des compagnies de marche. qu'on n'avait pas eu le temps de grouper en bataillons ou en régiments, étaient réparties dans les brigades à l'état d'unités. En un mot, ces troupes, véritablement improvisées, se trouvaient fondues au hasard dans un ensemble assez disparate, et n'avaient de valeur réelle qu'autant qu'elles se trouvaient soutenues par quelque bataillon d'infanterie de marine ou de fusiliers marins, ce qui n'arrivait pas toujours. A côté de l'artillerie formée par les services de la guerre ou de la marine, des batteries fournies en matériel et en personnel par les départements faisaient leur apparition dans le rang. Des mitrailleuses américaines, de modèle parfois étrange, s'alignaient à côté de pièces de montagne traînées à la bricole par des marins. Enfin l'armement de l'infanterie, constitué par des fusils de toutes les espèces connues, commençait à présenter une diversité qui n'avait d'égale que celle de ses uniformes, où se trouvaient réunies toutes les variétés de coupe et de couleurs.

Outre les 16°, 17° et 21° corps, dont une partie assez importante était momentanément indisponible[1], le général Chanzy avait sous ses ordres, comme on l'a vu ci-dessus, la colonne mobile de Tours, commandée par le général Camò. Cette colonne, détachée du 19° corps encore en formation, avait la force d'une division ; elle

1. Les divisions Barry et Morandy, occupées à se réorganiser à Blois et la division Gougeard (du 21° corps), non arrivée; en outre, les détachements envoyés à Vendôme et au nord de la forêt de Marchenoir ne prirent point part aux combats dont le récit va suivre. L'armée de la Loire ne disposait, dans la défense des lignes de Josnes, que de 75,000 combattants environ.

se composait de 12 bataillons (infanterie et chasseurs de marche, mobiles, gendarmerie), de 5 régiments de cavalerie (gendarmerie et escadrons de marche) et de 5 batteries, soit environ 12,000 combattants.

Il est assez surprenant, quand on réfléchit à la constitution bizarre de cette armée, à l'ébranlement causé dans les deux premiers de ses corps par les combats malheureux des jours précédents, par les terribles souffrances dues à la rigueur de la saison et au manque de vivres, enfin par les ravages des maladies épidémiques, il est assez surprenant, disons-nous, qu'elle ait pu témoigner encore de quelque force de résistance et même, comme on le verra par la suite, d'un certain esprit offensif. Ce résultat tient à plusieurs causes, dont certaines méritent qu'on s'y arrête. Sans parler de l'habile énergie de son chef, dont l'activité ne se lassait jamais, il y a lieu de tenir compte de ce fait que, dans sa retraite de quatre jours, elle n'avait pas fait une seule marche de nuit ; que, dès le 6 décembre, le général Chanzy s'était décidé à faire cantonner ses troupes ; qu'enfin, en arrivant sur ses positions de retraite, la deuxième armée de la Loire y avait trouvé, appuyant ses deux flancs, des troupes fraîches dont la présence, si médiocres qu'elles fussent, suffisait à exercer sur le moral des hommes une action salutaire. Tant il est vrai qu'à la guerre il n'est pas de précaution inutile et que, parfois, des causes infimes en apparence peuvent produire les plus heureux effets.

L'intention du général Chanzy n'était nullement, d'ailleurs, de s'immobiliser sur la position de repli où il avait amené ses troupes ; voulant tout d'abord couvrir Tours, il entendait tenir tête à l'ennemi, le plus près possible d'Orléans et de Paris, mais seulement jusqu'à ce que les circonstances lui permissent de reprendre l'offensive. Il comptait se reformer rapidement sur la forte ligne où il se trouvait, attendre que la première armée, réorganisée de son côté, pût lui apporter de nouveau son concours, et chercher alors à reprendre Orléans. Les instructions qu'il donna, dans la soirée même du 5, indiquent nettement quelles étaient ses tendances [1]. Malheureusement, les événements devaient être plus forts que lui.

Quant aux Allemands, leur tactique aussitôt après la prise d'Orléans semble avoir été assez hésitante. Tout d'abord, le grand quartier général décidait que le grand-duc serait chargé de poursuivre la fraction de nos forces réfugiée à l'ouest, et de marcher sur Tours, tandis que la II⁰ armée s'attacherait à anéantir les corps réunis à Salbris et irait s'emparer de Bourges. C'est-à-dire que M. de Moltke revenait au plan d'opérations que la présence de l'armée de la Loire devant Orléans avait fait abandonner trois semaines auparavant. Par suite de ces premières instructions, données dans la soirée du 5 décembre, on avait dirigé sur Gien, à la recherche des 18⁰ et 20⁰ corps français, la 1ʳᵉ division de cavalerie et le III⁰ corps; pendant ce temps, le IX⁰ corps, moins la 25⁰ division (hessoise), cédée au grand-duc [2], devait se lancer en Sologne; le reste des forces allemandes poursuivrait les troupes du général Chanzy dans la direction de l'ouest [3]. Seul, le X⁰ corps restait à Orléans où s'était installé le général en chef. Certaines modifications ne tardèrent pas à être apportées, comme on va le voir, à ces dispositions; mais elles furent entamées telles quelles. Le III⁰ corps, marchant vers Gien, rencontra, le 7, à Ouzouer-sur-Loire, quelques tirailleurs embusqués qui reçurent son avant-garde à coups de fusil; celle-ci, grâce à sa batterie, les refoula sur Nevoy, mais se trouva là aux prises avec des troupes du 18⁰ corps en position, auxquelles elle dut livrer un combat assez vif, dont il a été question ci-dessus. Nos troupes purent repasser la Loire le jour même, et, l'ennemi, qui montrait là une prudence excessive, ne les poursuivit pas.

1. Général Chanzy, *loc. cit.*, pages 103 et suivantes.
2. Cette division, relevée sur le Loiret par la 18⁰, devait, avec une brigade de la 2⁰ division de cavalerie, flanquer, sur la rive gauche de la Loire, la marche du grand-duc, bien que la destruction des ponts de Meung et de Beaugency donnât à celui-ci toute sécurité de ce côté.
3. En raison de l'extrême fatigue des troupes, il avait été décidé que le mouvement du grand-duc ne commencerait que le 7.

Pendant ce temps, la cavalerie hessoise avait poussé jusqu'à la Ferté-Saint-Aubin, sans obtenir d'autre résultat que la capture de quelques traînards. Le 6, elle fut relevée par les escadrons de la 18ᵉ division, puis par la 6ᵉ division de cavalerie tout entière qui venait, le même jour, d'être envoyée sur Vierzon avec l'ordre d'y détruire au plus vite et à fond les lignes ferrées qui se croisent en ce point[1]. Celle-ci, essaya, le 7, de pousser plus avant la poursuite; mais, arrêtée par nos avant-postes, elle ne put, malgré le concours de son artillerie et des trois compagnies qui la soutenaient, pénétrer dans Salbris. Après une série d'escarmouches qui lui avaient coûté des pertes sensibles, elle dut reculer jusqu'à Nouan-le-Fuzelier.

Quant à l'*Armee-Abtheilung*, elle avait été autorisée, comme il a été dit plus haut, à demeurer jusqu'au 7 dans ses cantonnements; mais les deux divisions de cavalerie qui lui étaient attachées (2ᵉ et 4ᵉ) devaient immédiatement se mettre en mouvement et venir occuper, le 6 décembre, la ligne d'Ouzouer-le-Marché à Beaugency. Ce jour-là donc, ces deux divisions quittèrent leurs cantonnements dès le matin et arrivèrent, la 4ᵉ à Ouzouer, la 2ᵉ devant Meung [2]; partout elles s'étaient heurtées à des avant-postes, mais n'avaient eu à soutenir que des engagements sans importance. A Meung cependant, il leur fallut déloger à coups de canon et de fusil [3] le régiment de gendarmerie qui occupait la ville et qui opposa une résistance opiniâtre [4]. Cette attitude vigoureuse, jointe à la constatation inattendue de la présence, à si peu de distance d'Orléans, de troupes importantes en position, détermina les cavaliers prussiens à la prudence; ils rétrogradèrent sans insister davantage, aussi bien à droite qu'à gauche, et

---

1. *La Guerre franco-allemande*, 2ᵉ partie, page 611.
2. La 2ᵉ division de cavalerie, dont une brigade, la 2ᵉ, était sur la rive gauche de la Loire avec la division hessoise, avait été reconstituée à trois brigades au moyen des deux régiments de cuirassiers bavarois.
3. Un bataillon du 12ᵉ bavarois soutenait la 2ᵉ division de cavalerie.
4. *La Guerre franco-allemande*, 2ᵉ partie, page 613.

vinrent passer la nuit, sous la protection de l'infanterie, à Baccon (4ᵉ division), Huisseau (cuirassiers bavarois) et Saint-Ay (2ᵉ division).

Ainsi, deux jours à peine après la bataille d'Orléans, le contact était repris entre les deux adversaires de Loigny, et les hostilités à la veille de recommencer d'elles-mêmes. Elles vont se résumer en une bataille de quatre jours, pendant lesquels l'ennemi fera des efforts énergiques et violents pour percer nos lignes, frappant droit devant lui, sans combinaisons tactiques et sans manœuvre, comme un taureau furieux qui cherche à enfoncer un obstacle. Il compte sur sa cohésion et sur son nombre pour venir à bout de troupes qu'il croit démoralisées et sans consistance. Mais il va se trouver cette fois en face d'un adversaire résolu et maître de sa pensée, qui sait que la défensive absolue ne mène à rien, et combinera une résistance énergiquement soutenue avec des attaques vigoureuses dont la fréquence déconcertera un assaillant habitué à plus de passivité. Peut-être aurons-nous à constater que les Français ne tirent pas tout le parti désirable de leurs succès partiels et qu'ils hésitent parfois à pousser à fond des contre-attaques sur le point de réussir ; c'est que l'instrument est d'une trempe encore bien fragile, et que Chanzy craint peut-être de le briser en frappant trop fort. Il n'en est pas moins vrai que la défense des lignes de Josnes par la deuxième armée de la Loire est l'épisode à la fois le plus instructif et le plus glorieux de la guerre en province. Il montre tout ce que peut faire un chef d'armée qu'anime le sentiment militaire et qu'inspire la foi en lui-même et en ses soldats ; il témoigne de la puissance infinie des forces morales, et prouve une fois de plus qu'à la guerre, le commandement est le facteur principal du succès.

Journée du 7 décembre. — Combat de Foinard. — En prévision d'une attaque qu'il jugeait imminente, et dans la pensée que les Allemands, pour nous couper de Tours, dirigeraient leurs principaux efforts sur sa droite, le général Chanzy avait, dès le 6, fait serrer ses troupes de ce côté. La 1ʳᵉ division du 16ᵉ corps fut

donc envoyée entre Villorceau et Messas, avec ordre
d'appuyer au besoin la colonne du général Camô en
position. à Foinard et Langlochère, et remplacée dans
ses cantonnements de Lorges et de Poisly par la division Collin, du 21ᵉ corps. Puis, pour se garantir la
possession de Blois, dont le pont pouvait lui être si
utile pour se porter au-devant des forces allemandes
s'avançant par la rive gauche, le commandant en chef
y envoya le général Morandy, alors à Mer, en l'invitant à occuper également le parc de Chambord. Quant
au général Barry, il recevait l'ordre de reconstituer au
plus vite sa division et de venir reprendre sa place au
16ᵉ corps[1]. Ces précautions n'étaient point inutiles,
car, dès le 7, dans la matinée, les Allemands reprenaient leur mouvement en avant.

Derrière les deux divisions de cavalerie prussiennes,
qui s'avançaient avec une circonspection significative,
marchaient toutes les troupes d'infanterie du grand-
duc, parties assez tard, il est vrai, de leurs cantonnements. Vers midi, la 17ᵉ division traversa Meung, resté
inoccupé toute la nuit, et suivit la route de Beaugency; à sa droite était déployée la 1ʳᵉ division bavaroise; plus au nord, et échelonnée assez loin en arrière,
venait la 2ᵉ division bavaroise, tandis que la 22ᵉ division se dirigeait vers Ouzouer-le-Marché, derrière la
4ᵉ division de cavalerie, qui atteignait Binas. Tout d'a-
bord, celle-ci essaya de pousser sur Marolles et sur
Vallières; mais elle trouva là les troupes du 21ᵉ corps
qui la reçurent à coups de fusil et de canon. Après une
lutte assez vive, où l'ennemi n'eut pas l'avantage, et
une tentative infructueuse opérée du côté de Villermain contre la 3ᵉ division du 17ᵉ corps, les cavaliers
allemands se rendirent compte qu'ils n'étaient pas de
force à venir à bout des masses imposantes qui occupaient la forêt. Ils se retirèrent donc, dans l'après-
midi, et s'en allèrent cantonner vers le nord.

De son côté, l'avant-garde de la 17ᵉ division s'était
heurtée, en sortant de Meung, aux troupes du général

1. Général CHANZY, loc. cit., pages 110 et suivantes.

Camô, qui l'accueillirent par un feu d'artillerie très vif,
et l'obligèrent à engager rapidement toute l'artillerie

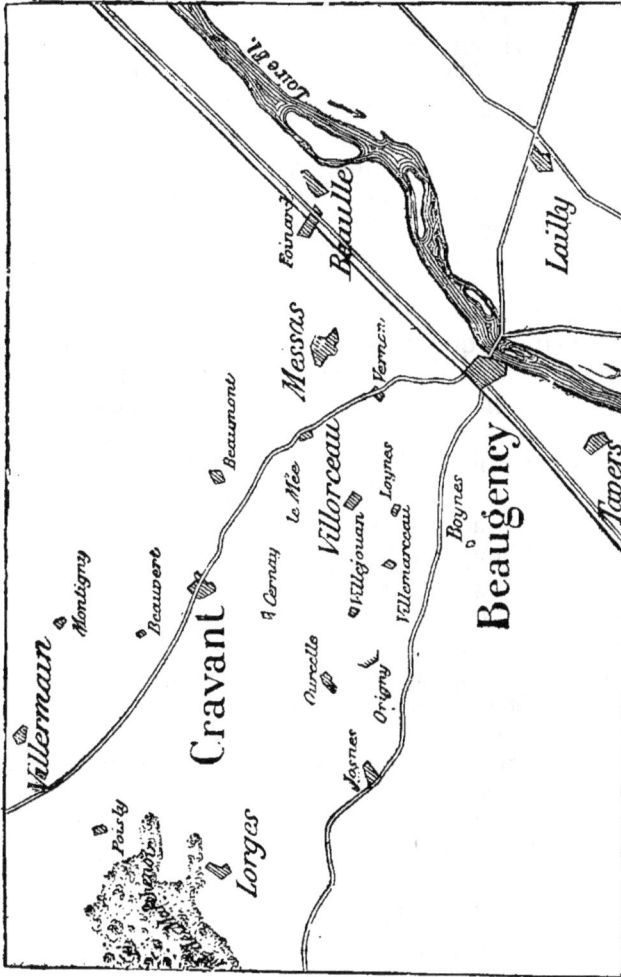

Beaugency-Cravant.

divisionnaire. Grâce à l'appui de celle-ci, l'infanterie
allemande commençait à gagner du terrain, malgré la

résistance acharnée de nos soldats[1], quand fort heureusement déboucha sur notre gauche la division Deplanque, envoyée de Mée sur Messas par l'amiral Jauréguiberry. A ce moment, la majeure partie du gros de la 17ᵉ division était déjà déployée ; l'ennemi s'était emparé de Langlochère, avait occupé Baulle et menaçait Foinard. Sûr d'être bientôt soutenu, le général Camô reprit alors vigoureusement l'offensive ; Langlochère fut reconquis par une attaque combinée du 51ᵉ de marche et du 88ᵉ mobiles (Indre-et-Loire), et Foinard se trouva dégagé[2]. Mais déjà la 1ʳᵉ division bavaroise arrivait à son tour entre Langlochère et le Grand-Châtre (3 heures) ; appuyée par le feu de cinq batteries[3], la 1ʳᵉ brigade s'engagea aussitôt contre la division Deplanque qui soutint son attaque avec énergie et réussit à la contenir. Malheureusement pour nous, la supériorité numérique de l'ennemi allait sans cesse croissant, par suite de l'entrée en ligne de tous les contingents bavarois et de batteries nouvelles[4] ; bientôt le général Camô fut contraint à la retraite, et son mouvement rétrograde entraîna les deux régiments de la division Deplanque (33ᵉ mobiles et 37ᵉ de marche) qui étaient déployés à sa gauche. Notre aile droite recula jusqu'à la grande route Beaugency-Cravant.

Pendant ce temps, le général Chanzy, voulant appuyer l'aile gauche découverte de la division Deplanque, avait fait déployer en avant de Villevert et de Villechaumont la 1ʳᵉ division du 17ᵉ corps (de Roquebrune). Celle-ci réussit, après un violent combat, à rejeter sur le Grand-Châtre les contingents bavarois de la 1ʳᵉ brigade qui s'étaient avancés jusqu'à Beaumont et Cravant ; des deux côtés, les deuxièmes lignes furent en-

1. *La Guerre franco-allemande*, 2ᵉ partie, page 614.
2. Général CHANZY, *loc. cit.*, page 116.
3. Trois de la 1ʳᵉ division bavaroise et deux de la 2ᵉ division de cavalerie.
4. « Une batterie du général Camô venait d'être assaillie par des tirailleurs bavarois et aurait été enlevée sans l'énergie de nos canonniers, qui se défendirent à coups de crosse de mousqueton, jusqu'au moment où les chasseurs à pied du 16ᵉ bataillon, qui leur servaient de soutien, purent les dégager complètement. » (Général CHANZY, page 116. — *La Guerre franco-allemande*, page 617.)

traînées dans l'action générale, et une lutte acharnée se prolongea jusqu'à la nuit[1]. Nous restâmes en réalité maîtres du terrain et nous l'eussions gardé sans doute sans la retraite de l'aile droite[2] ; mais ni l'amiral, ni le général Chanzy ne crurent prudent de laisser ainsi, en l'air, pendant une nuit obscure, des troupes aussi impressionnables que les leurs, et ils les replièrent sur leurs cantonnements du matin. Quant aux Allemands, ils bivouaquèrent un peu en arrière du terrain de combat ; la 2e division bavaroise, arrivée trop tard pour s'engager, s'installa à Baccon. Le IXe corps, qui, sur la rive gauche, avait atteint Lailly et canonné à son aise pendant toute la journée les troupes du général Camó, cantonna dans ce village.

En somme, la journée n'était pas mauvaise pour nous ; les lignes que le commandant en chef entendait défendre n'étaient pas entamées, l'ennemi avait subi des pertes sensibles, et notre artillerie avait tenu, parfois avec avantage, contre de nombreuses et fortes batteries. L'état-major allemand était donc obligé de reconnaître que, devant toute l'étendue de son front, le grand-duc allait avoir affaire à des masses ennemies « en état de soutenir la lutte et d'opposer une résistance très vive[3] ». C'était là une constatation à coup sûr inattendue pour lui ; d'ailleurs, son incertitude au sujet de la position de nos forces était grande. Le prince Frédéric-Charles, ignorant si nous avions toujours du monde à Gien, envoyait au IIIe corps l'ordre d'aller occuper cette ville ; en même temps, il prescrivait à la 18e division et à l'artillerie de corps du IXe corps, laissées, on s'en souvient, au sud d'Orléans, d'aller rejoindre leur corps à Lailly ; la 6e division de cavalerie, lancée seule à travers la Sologne, devait être soutenue

---

1. Ici encore une batterie française ne fut sauvée que grâce à l'énergie de son chef, de ses servants et d'une compagnie du 11e chasseurs de marche.

2. La *Relation allemande* prétend que l'action se termina par la retraite des Français sur Beaumont, mais elle ne dit pas que cette retraite fut volontaire, et que le Grand-Châtre resta occupé toute la nuit par les éclaireurs algériens.

3. *La Guerre franco-allemande*, 2e partie, page 618.

IV.   17

par un détachement du X° corps. Quant au grand-duc, espérant toujours pouvoir s'ouvrir la route de Blois et de Tours, il ne laissa sur celle de Châteaudun qu'un détachement de cavalerie en observation et ordonna à la 22° division de se porter d'Ouzouer-le-Marché, par Villermain, sur Poisly et Lorges, et de longer ensuite la forêt. Le I°ʳ corps bavarois recevait la mission d'attaquer le centre de la position française, par Cravant et Beaumont; enfin la 17° division, appuyée par l'artillerie du IX° corps, postée sur la rive gauche de la Loire, devait suivre la grande route de Blois.

De notre côté, le général Chanzy, qui ne se faisait aucune illusion sur les intentions offensives de son adversaire, avait pris ses dispositions en conséquence. Le 21° corps occupait toujours Poisly et Lorges, avec de forts détachements dans la forêt et à Marchenoir; le 17° corps était déployé entre la forêt et Villechaumont, parallèlement à la route, et avait à sa droite, vers Villorceau, la 1ʳᵉ division du 16° corps. Dans la soirée du 7, le général Camò reçut l'ordre de réoccuper dès le lendemain matin ses positions primitives, de Messas à la Loire, et d'y construire des batteries pour répondre à l'artillerie du IX° corps; le général Barry fut prévenu qu'il devenait le soutien de l'aile droite, et qu'il aurait à prendre position, avec sa division réorganisée le plus rapidement possible, tout près de Beaugency. Enfin, un détachement placé aux ordres du colonel Bayle, fut posté à Mer, pour y défendre le pont, qui ne devait être détruit qu'à la dernière extrémité[1]. Toute l'aile droite de la ligne française était mise sous les ordres de l'amiral Jauréguiberry.

Journée du 8. — Le 8, dans la matinée, la 22° division se mettait en mouvement suivant les ordres du grand-duc; elle était formée en deux colonnes, couvertes à l'ouest par la 8° brigade de cavalerie. Dans

---

1. Général CHANZY, *loc. cit.*, page 123. — Il est très intéressant de lire à ce sujet les ordres remarquables donnés par le commandant en chef de l'armée de la Loire et de voir avec quel soin il prévoyait les moindres détails tactiques et les plus minutieuses précautions.

cette marche de flanc, exécutée à portée du 21ᵉ corps français, elle fut assaillie par un feu violent partant des environs de Poisly, obligée de s'arrêter et de développer successivement toutes ses batteries. Elle réussit cependant à amener en face de Cravant une de ses brigades (la 44ᵉ), tandis que la 43ᵉ et toute la 4ᵉ division de cavalerie, venue sur Villermain, contenaient nos troupes le long de la route de Cravant à Binas.

Tandis que ces mouvements donnaient lieu, sur notre aile gauche, à une série d'escarmouches sans grande importance, la division de Roquebrune (1ʳᵉ du 17ᵉ corps), s'était, au bruit du canon, portée vigoureusement en avant. Débouchant de Villechaumont dans la direction de Beaumont, elle était venue, à l'est de la grande route, se heurter à un régiment bavarois, appuyé de cinq batteries, et avait dû s'arrêter. Bientôt, vers midi, elle vit se déployer devant elle toute la 2ᵉ division bavaroise, soutenue en arrière par la 1ʳᵉ et par la 2ᵉ division de cavalerie ; elle essaya bien de résister et de faire feu de toute son artillerie, mais ses efforts furent impuissants à briser l'offensive que la ligne ennemie venait d'entamer sur l'ordre du grand-duc et qui était soutenue maintenant par l'intervention de la 44ᵉ brigade prussienne ; les Allemands purent prendre pied sur la route et occuper le Méc à leur aile gauche, tandis que leur aile droite pénétrait dans Cravant que nous avions négligé d'occuper.

A ce moment entrait en ligne, entre Villechaumont et Villevert, la division Deplanque. Joignant ses efforts à ceux de la division Roquebrune, elle combine avec celle-ci une nouvelle attaque qui refoule les Bavarois sur Beaumont, la grande route est reprise par nous, mais l'ennemi ne lâche ni Cravant ni le Méc. Comprenant cependant la gravité de sa situation, il fait entrer en ligne successivement 17 batteries autour de Beaumont, tandis que six autres (de la 22ᵉ division), placées au nord de Cravant, prennent d'enfilade le 17ᵉ corps ; la 2ᵉ division bavaroise porte en ligne toutes ses fractions encore disponibles, et devant ce déploiement de forces imposantes notre offensive se trouve arrêtée à son tour. Les divisions Roquebrune et Deplanque repassent la grande route et viennent se rallier entre Cernay et Villorceau. Là, protégées par leurs batteries qu'abritent en partie des épaulements solides, elles se reforment et empêchent les Bavarois de percer notre centre en poursuivant leur succès.

Cependant la 44ᵉ brigade prussienne, établie dans Cravant, luttait toujours contre des fractions du 17ᵉ corps qui tentaient encore de prendre pied dans le village; toute l'artillerie de la 22ᵉ division, augmentée des deux batteries à cheval de la 4ᵉ division de cavalerie, avait pris position au nord, autour de Beauvert, et criblait de projectiles les colonnes du 17ᵉ corps. Celui-ci néanmoins ripostait avec vigueur, et toute son infanterie, avec la division Deplanque, essayait à plusieurs reprises de se porter en avant, tandis que notre artillerie, jalonnant les crêtes situées à l'ouest de la route, tenait tête, malgré son infériorité numérique, aux batteries ennemies. La lutte se poursuivait, acharnée, meurtrière, avec des alternatives diverses; deux régiments de cavalerie, appartenant au 16ᵉ corps, essayaient même de se porter de Poisly, où était leur division, sur le flanc droit des Prussiens, vers Mézières; mais ils étaient refoulés par les batteries à cheval de la 4ᵉ division de cavalerie. Quant à l'infanterie allemande, elle avait peine à tenir sur ses positions. Cinq batteries bavaroises, à l'est de Cravant, avaient dû se retirer en dehors de l'action de nos canons et de nos fusils, avec des pertes énormes [1]; d'autres manquaient de munitions et comptaient un certain nombre de pièces hors de service par suite d'*emplombage* [2]. Il fallut que le général von der Tann amenât trois batteries de la réserve d'armée et fît entrer en ligne la 1ʳᵉ brigade bavaroise, jusqu'alors en réserve. Mais « les bataillons bavarois avaient déjà perdu un grand nombre d'officiers, et leurs rangs décimés n'étaient plus en état de recevoir un

1. *La Guerre franco-allemande*, 2ᵉ partie, page 623.
2. Les obus allemands étaient revêtus d'une enveloppe de plomb destinée à opérer le forcement. C'est cette enveloppe qui, se déposant peu à peu dans les rayures, produisait l'*emplombage*.

nouveau choc[1] ». Sous la pression énergique de nos troupes, Cravant tombe un moment entre nos mains, le Mée et Beaumont sont repris et l'ennemi est refoulé hors de la route.

La nuit était complètement tombée sur ce champ de carnage. Un retour offensif des Bavarois leur livra Cernay, que nous reprîmes dans la nuit; de notre côté, dans le désordre consécutif à cette chaude affaire, nous évacuâmes bientôt le Mée, Beaumont et Villechaumont[2]. C'était à peine un kilomètre que l'ennemi, au prix de pertes sanglantes, était ainsi parvenu à gagner sur notre centre et notre gauche. Malheureusement, il n'en allait pas de même à l'aile droite, où une série d'événements extrêmement regrettables avait compromis le résultat d'une journée que le général Chanzy a pu à juste titre qualifier de glorieuse. Là, tandis qu'une partie de la 17° division prussienne attaquait Messas, qui fut enlevé seulement à la tombée de la nuit, après une lutte acharnée[3], le reste abordait les troupes du général Câmo, placées sur la hauteur de Vernon, à deux kilomètres environ au nord-est de Beaugency. La position Messas-Vernon avait été prise par le général Câmo sur un ordre *venu directement de Tours* et apporté par un capitaine du génie; elle avait le grave défaut de découvrir Beaugency, à la conservation duquel le commandant en chef attachait une importance justifiée, et de laisser la grande route de Blois complètement libre. Elle ne protégeait même pas nos troupes contre l'intervention des batteries allemandes de la rive gauche qui, au nombre de huit, tiraient sans relâche sur elles et sur Beaugency. Dans

---

1. *La Guerre franco-allemande*, 2° partie, page 624.

2. « La nuit, dit le général Chanzy, était complètement venue que l'on combattait encore; le régiment de l'Isère, les 41° et 43° de marche, le 11° bataillon de chasseurs à pied surtout, s'étaient conduits avec la plus rare vigueur. Dans la division Deplanque, le 39° de marche et le 33° mobiles (Sarthe) s'étaient aussi héroïquement battus; le capitaine Couturier, de ce dernier régiment, avait enlevé à la baïonnette une ferme où l'ennemi s'était fortement retranché, et y avait fait une centaine de prisonniers. » (*La 2° armée de la Loire*, page 128.)

3. *La Guerre franco-allemande*, 2° partie, page 624.

l'après-midi, quelques bataillons de la 17ᵉ division marchèrent droit sur la ville, où le général Camô n'avait laissé que des forces insignifiantes, et s'en emparèrent. Une batterie française qui entrait peu d'instants après dans Beaugency, dont elle ignorait l'évacuation, eut cinq de ses pièces capturées par l'ennemi ; enfin les troupes de Vernon furent refoulées à leur tour et, à la nuit, la colonne Camô tout entière, dont le chef, blessé d'une chute de cheval, était remplacé par le général Tripart, se trouva en pleine retraite, découvrant complètement l'aile droite de nos positions.

A la nouvelle de ce grave incident, le général Chanzy éprouva des inquiétudes d'autant plus vives que le général Barry, sur lequel il comptait pour soutenir sa droite, lui adressait, à quatre heures du matin, cette désolante dépêche : « Je n'ai pas un homme, je n'ai pas de division. Pour n'être pas pris par l'ennemi, je me retire sur Blois... » Afin de parer au danger, le commandant en chef et l'amiral firent dire au général Tripart de reprendre Beaugency avec tout ce qu'il trouverait de soldats [1] ; mais cet ordre ne parvint pas à son adresse, et tout ce qu'on put faire fut d'organiser défensivement Tavers, que l'arrière-garde de la colonne Camô, refoulée jusqu'à Mer, occupa dans la nuit.

Tel fut le déplorable résultat d'une nouvelle et injustifiable ingérence de la Délégation dans la direction des opérations militaires [2]. La lutte, si vigoureusement

---

1. L'amiral avait posté un détachement à Pierre-Couverte, afin de couvrir autant que possible la droite, maintenant tout à fait en l'air, du 16ᵉ corps.

2. Voici en quels termes, assez peu précis, M. de Freycinet raconte l'incident de Beaugency, sans en signaler d'ailleurs les causes : « La nuit du 8 au 9, il y eut une surprise de l'ennemi, qui nous coûta quelques positions. Deux régiments hanséatiques s'étaient avancés inopinément sur le village de Vernon, *position extrême de l'armée*, et s'en étaient emparés presque sans coup férir, en faisant 400 prisonniers, une opération analogue avait été faite par les Bavarois sur le village de Mée, à droite et avec le même succès. Enfin, *une force considérable* s'était emparée de Beaugency ; mais là, les troupes, *quoique surprises*, firent payer cher à l'ennemi sa victoire. Ces incidents avaient obligé l'armée à reporter sa ligne quelque peu en arrière, ce qu'elle fit dès le matin avec beaucoup d'ordre et *sans être le moins du monde démoralisée ni affaiblie* pour la lutte qui allait s'ouvrir. » (*La Guerre en province*, page 195.)

soutenue, se terminait par un échec dont les conséquences pouvaient être désastreuses ; et cependant, dans
cette journée, nos jeunes troupes avaient presque partout
montré une vigueur remarquable ; leur feu, mieux dirigé
par des officiers qui commençaient à prendre de l'expérience et de l'aplomb, avait fait beaucoup souffrir
l'adversaire, et paralysé en partie l'effet meurtrier de
ses batteries. La résistance inattendue et prolongée
que le général Chanzy opposait avec une si implacable
énergie aux efforts du grand-duc de Mecklembourg
achevait d'user les troupes allemandes, et en particulier
le Ier corps bavarois, dont l'état physique et moral était
presque ruiné par plus de trente jours ininterrompus de
marches et de combats. La tension des forces et des
courages avait atteint chez les Allemands son degré
maximum, et leurs chefs, en présence d'une situation
aussi délicate, n'étaient pas sans inquiétude sur l'issue
de cette lutte sauvage. Dans la matinée du 8, le prince
Frédéric-Charles avait pris ses dispositions pour activer
la marche dirigée contre la fraction de l'armée de la
Loire réfugiée à Salbris ; sur les nouvelles qu'il reçut
de Beaugency, il fut obligé, quelques heures plus tard,
non seulement de suspendre les mouvements vers le
sud, mais encore de ramener toutes ses forces vers
l'ouest. Le Xe corps, qui devait entrer en Sologne, fut
envoyé à Meung ; le IIIe, avec la 1re division de cavalerie, fut ramené de Gien à Orléans. La 6e division de
cavalerie elle-même, qui était arrivée jusqu'à Vierzon
et y avait coupé la voie ferrée, reçut l'ordre de se rapprocher de Blois en se bornant à battre l'estrade dans
la vallée du Cher[1]. Sur ces entrefaites, le grand quartier général, inquiet de la tournure des affaires, venait
de notifier télégraphiquement au prince Frédéric-
Charles qu'il était investi du commandement supérieur de toutes les troupes sur la Loire. Celui-ci n'en
était donc que plus à l'aise pour agir par masses ; il
n'eut plus aucune hésitation quand il apprit, dans des
dépêches prises par les avant-postes bavarois sur un

1. *La Guerre franco-allemande*, 2e partie, page 628.

cavalier français d'ordonnance, que l'intention bien arrêtée du commandant en chef de l'armée de la Loire était de soutenir énergiquement la lutte sur les positions qu'il occupait.

Ainsi, par son énergie et sa bravoure, la deuxième armée de la Loire venait d'attirer sur elle deux armées ennemies et de détourner les dangers que couraient nos magasins de Bourges. Quant aux forces du général Bourbaki, à Salbris, elles n'avaient plus devant elles que quelques escadrons, patrouillant sur le Cher, et un faible détachement des trois armes, laissé par le IIIe corps en observation à Gien. Elles auraient pu, ce semble, profiter de cette situation inespérée et opérer une forte diversion sur le flanc gauche des forces allemandes dirigées vers Blois ; elles n'en firent rien, comme on va le voir.

Journée du 9 décembre. — Les dispositions prises par le grand-duc, pour la journée du 9, se résumaient en ceci : les 17e et 22e divisions avaient ordre de se former en première ligne de Messas à Beaumont, couvertes à droite par la 4e division de cavalerie ; le Ier corps bavarois, tellement affaibli qu'il fallait le faire passer en arrière, reculait sur le Grand-Châtre, où il formait réserve avec la 2e division de cavalerie. Il est facile de voir, d'après cet ordre de bataille, que le grand-duc n'avait pas l'intention d'attaquer ; il cédait même une portion du terrain conquis la veille, parce qu'il ne voulait pas s'engager avant l'arrivée des renforts annoncés. L'offensive du 17e corps français dérangea ces combinaisons et obligea les Bavarois à combattre encore, au moment même où ils allaient céder leurs emplacements à la 22e division [1].

De notre côté, le général Chanzy avait dû rectifier sa ligne de bataille, brisée à droite par la retraite de la colonne Camô. La 1re division du 16e corps recula donc sur Toupenay afin de donner la main, vers Tavers, à cette colonne. Le mouvement était assez

---

1. Pendant la bataille même, le Ier corps bavarois reçut un renfort de 1,200 hommes de *remplacement*, arrivés d'Allemagne, et qui prirent part à l'action.

délicat, la division Deplanque s'étant, la veille, dispersée dans l'obscurité[1] ; néanmois il fut exécuté par échelons et avec beaucoup d'ordre[2]. Afin de l'appuyer, la division Roquebrune avait été portée, dès huit heures du matin, sur Villevert et Villechaumont, où elle la trouva aux prises avec l'aile droite de la 17ᵉ division prussienne, appuyée par cinq batteries. Elle remplit néanmoins sa mission, et ne se retira qu'une fois les troupes du général Deplanque en position ; notre ligne se trouva alors constituée à droite par les points d'appui de Tavers, de Toupenay et d'Origny, avantageusement placés et offrant aux troupes des champs de tir favorables. Le 21ᵉ corps était toujours à Lorges et Poisly. A midi, toute l'armée de la Loire était installée et se fortifiait ; le général Camô venait de faire sauter le pont suspendu de Mer. L'ennemi n'avait pas poursuivi nos colonnes et le feu de son artillerie s'était éteint.

Cependant, le 17ᵉ corps s'était, dès le matin, porté à l'attaque des avant-postes ennemis, suivant en cela le mouvement offensif de la division Roquebrune. Sur la ligne Le Mée-Cravant, il avait devant lui non seulement la droite de la 17ᵉ division prussienne, mais aussi le Iᵉʳ corps bavarois qui se préparait à se replier et que notre brusque assaut contraignit à s'engager. Tout d'abord il put gagner un peu de terrain, mais il se trouva bientôt en présence de forces telles qu'il fut obligé de reculer. En effet, outre que l'artillerie ennemie, rejointe pendant la nuit par une colonne de munitions, avait sur la nôtre une grande supériorité, malgré le nombre de ses pièces hors de service, et nous faisait beaucoup souffrir, la 43ᵉ brigade prussienne, arrivée pour relever les Bavarois, venait d'entrer en ligne à côté d'eux[3]. Sous la pression de ces nouveaux

1. Les 33ᵉ et 75ᵉ mobiles, perdus dans la nuit, s'étaient repliés sur la route de Mer, à la nouvelle de la perte de Beaugency.
2. Général CHANZY, *loc. cit.*, page 137.
3. Le général de Wittich, voyant des mouvements dans les cantonnements français, avait laissé sa 44ᵉ brigade au nord de Cravant, à toute éventualité, et envoyé seulement la 43ᵉ pour relever les Bavarois. Quand celle-ci arriva à Beaumont, les Bavarois étaient déjà tellement engagés qu'il n'y avait plus qu'à les soutenir. C'est ce que fit la 43ᵉ brigade.

adversaires, le **17ᵉ** corps recula, lentement d'ailleurs et le combat se prolongea sans mouvements bien accentués d'aucun côté ; mais, vers quatre heures du soir, un effort combiné des 17ᵉ et 22ᵉ divisions nous enlevait Cernay, Villorceau, Villemarceau et Villejouan, où le 51ᵉ de marche était culbuté. La 2ᵉ division du 17ᵉ corps tout entière était rejetée au delà d'Origny et reculait jusqu'à Josnes, dans une retraite rapide que la ferme contenance de quelques compagnies du 48ᵉ de marche et du 10ᵉ bataillon de chasseurs empêchait seule de dégénérer en déroute. A sa gauche, la 3ᵉ occupait toujours Ourcelles, jusqu'où l'ennemi n'avait pas poussé.

Tandis que ces événements se déroulaient au centre, une attaque très vigoureusement dessinée par le général de Tresckow sur notre aile droite, qu'il espérait surprendre et couper de Blois, venait de complètement échouer. Là, malgré les effets meurtriers de notre artillerie, des contingents nombreux appartenant à la 17ᵉ division prussienne avaient assailli, vers trois heures notre position de Tavers et poussé même jusqu'à la Feularde. Les brigades Bourdillon et Faussemagne (2ᵉ de la division Roquebrune), appuyées par des batteries et des mitrailleuses en position, rejetèrent l'ennemi au delà du ravin de Tavers en lui faisant subir de lourdes pertes. Les positions que l'amiral avait assignées à ses troupes restèrent intactes et les Allemands, quoi qu'ils en aient dit, ne parvinrent pas à les entamer[1].

Enfin, à l'aile gauche des positions françaises, la situation était restée bonne également, bien que le 21ᵉ corps n'ait pas su tirer parti de la faiblesse des troupes qu'il avait devant lui. Là, le général Jaurès, dont la 1ʳᵉ division occupait Attainville, avait disposé la 3ᵉ de Saint-Laurent-des-Bois à Poisly, pour garder les débouchés de la forêt, et amené ses réserves de

1. La *Relation allemande* fait de cet incident un récit tout à l'avantage des troupes prussiennes, et parle de la retraite définitive des Français. La vérité est que ceux-ci couchèrent sur les positions mêmes qu'ils occupaient le matin.

Marchenoir sur Lorges ; le front de ses positions était
incontestablement trop étendu. D'autre part, le général
Collin, qui, avec la 2ᵉ division, occupait Poisly, avait
envoyé à Villermain un détachement qui le prévint de
la marche de la 22ᵉ division prussienne vers Cravant
et Beaumont. Mais, au lieu de se porter énergiquement
avec toutes ses forces sur le flanc des troupes ainsi
dirigées vers le sud, il se borna à envoyer dans la
direction de Cravant quelques contingents qui furent
aussitôt arrêtés par l'ennemi. Cette hésitation réduisit
à une simple canonnade entre notre artillerie et celle
de la 4ᵉ division de cavalerie la part prise dans la lutte
par le 21ᵉ corps, dont le rôle eût pu être beaucoup
plus important. Il est juste d'ajouter que sa composition était singulièrement hétérogène et que son chef
put ne pas le croire en état de se présenter devant
l'adversaire sur un terrain découvert.

En résumé, l'ennemi avait, pendant cette journée,
gagné à peu près deux kilomètres sur notre centre, et
ce résultat n'était guère en rapport avec les pertes qu'il
avait subies. Ses avant-postes s'étendaient de Beaugency à Ouzouer-le-Marché en passant par Origny et
Cernay. Encore le village d'Origny fut-il repris par la
2ᵉ division du 17ᵉ corps sur l'ordre formel du général en
chef à l'aube du lendemain[1]. Dans la soirée, les têtes
de colonnes du Xᵉ corps atteignaient Meung[2].

Cependant, bien que les progrès de l'ennemi fussent
extrêmement lents et pénibles, la situation de l'armée
de la Loire ne laissait pas de devenir grave, surtout
en raison de la marche du IXᵉ corps sur la rive gauche
du fleuve[3]. Nous n'avions de ce côté que des troupes

1. « Les Prussiens, surpris dans le village, n'eurent pas le temps
de se défendre sérieusement, et laissèrent entre nos mains, en l'évacuant, 200 prisonniers, parmi lesquels plusieurs officiers et un
commandant de bataillon. » (La 2ᵉ armée de la Loire, page 142.)
2. Fidèle aux habitudes allemandes, le Xᵉ corps s'était fait précéder de celles de ses fractions qui pouvaient prendre une allure
rapide. C'est ainsi que dès trois heures de l'après-midi, huit batteries hanovriennes, escortées par un régiment de cavalerie, arrivèrent
au Grand-Châtre où elles se mirent à la disposition du grand-duc
de Mecklembourg.
3. Le 9, la 3ᵉ brigade de cavalerie, qui précédait le IXᵉ corps,
avait atteint Muides, à hauteur de Mer.

d'une solidité douteuse et fort éprouvées par leurs insuccès précédents ; la garde des passages était donc assez précaire. A Mer, la colonne Camò, ou du moins sa fraction la plus importante, avait détruit le pont de Muides. Une brigade de la division Barry, avec des fractions de la division Peytavin, occupait Blois ; l'autre brigade était à Amboise. Sur la rive gauche, les francs-tireurs de Paris tenaient le parc de Chambord, soutenus en arrière, à Bracieux, par le corps Cathelineau. Enfin la division Morandy s'avançait de ce côté, venant de Blois ; le malheur voulut qu'à hauteur de Montlivault elle tombât sur l'avant-garde de la 25ᵉ division (hessoise) ; elle fut refoulée par les feux de l'infanterie et de l'artillerie et se replia en désordre, abandonnant à l'ennemi 5 canons, 12 caissons, 60 chevaux et 200 prisonniers. Pendant ce temps, une partie de l'avant-garde hessoise (les Allemands disent 50 hommes) se jetait audacieusement sur le parc de Chambord, y surprenait les francs-tireurs qui se gardaient mal et s'emparait du château. Ceci se passait le 9, vers quatre heures du soir ; dès ce moment, la position de Blois était donc fortement menacée.

Bien qu'il ne fût pas encore informé de ces événements, le général Chanzy n'envisageait pas sans des craintes légitimes l'éventualité d'un passage de la Loire par le IXᵉ corps. Il savait la fatigue extrême et l'épuisement de ses soldats ; il se demandait si les contingents français si peu solides qu'il avait jetés sur la rive gauche pourraient réussir à maintenir en face d'eux une portion quelconque des forces allemandes, et si la prise imminente de Blois n'allait pas bientôt l'exposer à être pris de revers. Par suite, il se rendait compte de la nécessité de reculer bientôt sur le Loir ou sur la Sarthe, pour échapper à un danger menaçant et continuer d'user l'ennemi sur une série de positions défensives. Le seul inconvénient de cette tactique était que Tours allait se trouver complètement découvert et que le gouvernement ne pourrait plus y rester. Mais précisément, le 9, dans l'après-midi, Gambetta, arrivé à Josnes, annonça au commandant en chef que la Délégation avait déjà pris le parti de transférer son siège à Bordeaux et que son départ de Tours s'effectuait en ce moment même.

Chanzy n'hésita plus. Toutefois, dans la conviction que si ses soldats étaient exténués, ceux de l'ennemi ne l'étaient pas moins, dans l'espérance aussi d'un de ces retours de fortune qui sont si fréquents à la guerre[1] et dont son indomptable énergie le rendait digne plus que personne assurément, il se décida à tenter une dernière fois le sort des armes et à résister encore un jour sur les positions qu'il occupait. Pendant ce temps, il préparerait la retraite de l'armée sur le Loir, et peut-être qu'une diversion faite par le général Bourbaki, en qui il espérait toujours, lui permettrait, en appelant sur la rive gauche les forces du prince Frédéric-Charles, de refouler sur Orléans celles du grand-duc de Mecklembourg. L'ordre qu'il donna le 9 au soir prescrivait de tenir encore ferme ; on va voir qu'il fut obéi.

La pensée évidente du prince Frédéric-Charles était de déterminer la retraite du général Chanzy, non pas par une nouvelle attaque de front, mais par des menaces s'accentuant de plus en plus sur la rive gauche de la Loire. Le 9 au soir, il prescrivait au grand-duc de tenir uniquement sur ses positions en s'éclairant vers Morée au nord, vers Mer au sud. Le Xe corps devait lancer son avant-garde jusqu'à ce dernier point si c'était possible, et de là se mettre en communication avec le IXe qui pousserait sur Amboise ; la 6e division de cavalerie restait toujours isolée devant le général Bourbaki[2]. Le Xe corps avait donc seul à exécuter un mouvement offensif, les autres troupes restant sur place. Quant au Ier corps bavarois dont la désorganisation était grande, il était rappelé à Orléans ; mais l'énergie des troupes françaises obligea le grand-duc à garder avec lui ces régiments épuisés, et à ajourner

1. *La 2e Armée de la Loire,* page 143.
2. *La Guerre franco-allemande,* 2e partie, page 636.

encore le moment où ils pourraient enfin prendre un repos qu'ils avaient bien gagné[1].

Journée du 10. — Nous avons vu plus haut que le général Chanzy avait donné au 17° corps, le 9 au soir, l'ordre de reprendre Origny. Dès six heures du matin, la 3° division, se jetant à l'improviste sur ce village, en chassa le régiment prussien qui l'occupait (32°) et lui fit 150 prisonniers[2]. De là, elle se lança contre Villejouan, qu'elle enleva également, et enfin sur Ville-marceau. Mais là son élan fut brisé ; elle avait à lutter contre le gros de la 17° division et des fractions importantes de la 22°, ainsi que du I°° corps bavarois. En outre, l'artillerie allemande, bien qu'en partie hors de service[3], venait d'être renforcée par plusieurs batteries à cheval des divisions de cavalerie et par 36 pièces du X° corps ; c'était pour le moins une centaine de canons que l'ennemi avait encore en action. Devant cette masse de bouches à feu, nos batteries souffraient énormément et beaucoup devaient successivement quitter le champ de bataille. Vers midi, après qu'une pluie d'obus se fut abattue sur Villejouan, un régiment prussien de la 17° division se lança à l'attaque du village ; il ne parvint à s'en emparer qu'entre trois et quatre heures, « après une action très meurtrière poursuivie de maison en maison[4] », mais il le garda, malgré de nombreux retours offensifs tentés par la division Roquebrune. En dépit de cet échec, le 17° corps français réussit à ne pas perdre de terrain ; le soir, il bivouaquait autour de Prenay, Ourcelle et Origny, ayant ses avant-postes presque mélangés à ceux de l'ennemi à hauteur de Villejouan[5].

1. Le prince Frédéric-Charles se trouva dans la nécessité de donner lui-même contre-ordre au mouvement de recul des Bavarois, parce que le III° corps, qui devait arriver le 10 à Orléans, ne put ce jour-là atteindre que Saint-Denis-de-l'Hôtel, tandis que la 1°° division de cavalerie ne dépassait pas Saint-Benoît.
2. *La Guerre franco-allemande*, 2° partie, *passim*.
3. Il paraîtrait qu'une des causes principales de cette mise hors de service était, avec l'emplombage, la déformation des parois de logement du coin de fermeture.
4. *La Guerre franco-allemande*, page 640.
5. *La 2° Armée de la Loire*, page 148.

A l'aile gauche, le général Collin, commandant la
2ᵉ division du 21ᵉ corps, avait, dès sept heures du
matin, envoyé à Villermain un bataillon d'infanterie
de marine avec deux pièces. Ce bataillon s'empare du
château du Coudray et oblige les batteries à cheval
de la 4ᵉ division de cavalerie, placées en face, à reculer.
A la gauche vient se déployer une partie de la division
Guillon (3ᵉ du 21ᵉ corps), tandis que la 1ʳᵉ division
poussait jusque vers Ouzouer. Mais, comme la veille,
c'est à ces démonstrations sans grande portée que se
borne l'intervention du 21ᵉ corps; il semble que son
action sur le flanc droit de l'adversaire, où se trouvaient seulement la 4ᵉ division de cavalerie et la 2ᵉ brigade bavaroise accourue en hâte vers le Coudray,
aurait pu être plus décidée et plus décisive. Il est juste
d'ajouter cependant que le général Chanzy, jugeant
que, si une diversion au sud de la Loire n'obligeait pas
l'ennemi à se dégarnir en face de nous, tout mouvement en dehors de nos positions était imprudent et
inutile, avait donné l'ordre à ses troupes de ne pas se
laisser entraîner trop loin[1].

Quant à notre aile droite, contrairement aux prévi-
sions de l'état-major allemand, elle ne fut pas inquié-
tée et resta à peu près immobile. Le Xᵉ corps, qui
devait l'attaquer, n'avançait qu'avec beaucoup de peine
sur les routes couvertes de verglas; son avant-garde
arriva dans l'après-midi seulement à Beaugency et se
borna à relever, entre les Grolles et la Loire, les fractions de la 17ᵉ division qui remontaient vers le centre,
à l'attaque de Villejouan. Les trois autres brigades
allèrent, au fur et à mesure de leur arrivée, se placer en
réserve auprès de Beaumont.

Ainsi, dans la soirée du 10, la droite française conservait toujours les positions qui lui avaient été assignées la veille; le centre regagnait une partie du terrain perdu, et la gauche se trouvait à plus de quatre
kilomètres en avant de ses positions primitives. C'est-
à-dire qu'après quatre jours de lutte acharnée, nous

1. *La 2ᵉ Armée de la Loire*, page 150.

avions purement et simplement opéré, comme on
disait alors, un changement de front oblique la gauche
en avant. Le quartier général, à Josnes, pivot du mouvement, n'avait pas été menacé, et le 21ᵉ corps
gagnait les quatre kilomètres qu'avait perdus le général
Camô. Ce résultat est tout à l'honneur de la deuxième
armée de la Loire et de son vaillant chef ; l'une et
l'autre ont déployé là une vigueur, une opiniâtreté et
une force de résistance qu'on ne saurait trop admirer,
et quand on songe que ces troupes, après avoir combattu de longues heures, n'avaient qu'une mauvaise
tente pour s'abriter contre 10 degrés de froid, on ne
sait ce qu'il faut louer le plus en elles, de leur courage
dans les souffrances ou de leur bravoure dans les combats.

Les pertes subies par l'armée française, pendant cette
belle défense, n'ont point été évaluées d'une façon positive ;
elles atteignirent vraisemblablement un chiffre approchant de 5,000 hommes. Quant aux Allemands, ils
comptaient 578 tués, 2,083 blessés et 780 disparus, au
total 3,391 hommes hors de combat. « La lutte, a dit
la *Relation allemande*, avait été soutenue au milieu de
circonstances difficiles, contre un adversaire disposant
de forces quadruples. » Il y a là une erreur ou tout au
moins une exagération ; l'évaluation exacte des effectifs
en présence démontre que la supériorité numérique des
Français atteignait exactement le rapport de 7 à 4, moins
du double par conséquent ; elle n'était certes pas suffisante pour compenser complètement les autres causes
d'infériorité de nos légions improvisées. Mais il est juste
d'ajouter que les troupes allemandes commençaient à
être épuisées, elles aussi, par cette résistance opiniâtre
qui les obligeait à des marches incessantes et à des
combats ininterrompus, et qu'elles traversaient une crise
véritable, dont on verra plus loin le tableau saisissant.
C'était pour Chanzy et Gambetta un motif de ne pas
désespérer. Le premier comptait toujours que le général
Bourbaki viendrait à son secours, et lui permettrait de
reprendre l'offensive ; le 10 au soir encore, avant de se
résoudre à la retraite, il faisait une dernière tentative

auprès de Gambetta, alors à Bourges, pour lui demander avec insistance de décider le général Bourbaki à marcher dans la direction de Blois. Le ministre répondit que les troupes de Salbris n'étaient réellement pas capables d'entreprendre une opération quelconque ; ce jour-là même elles venaient d'arriver à Bourges, dans l'état que l'on sait, et leur affaissement moral ainsi que leur désagrégation ne permettaient pas de les lancer sans danger dans de nouvelles aventures. D'ailleurs il était trop tard ; le mouvement sur Blois, par des routes défoncées et couvertes de verglas, eût demandé, pour aboutir à une intervention opportune, un temps très long. Le général Chanzy, menacé d'être à la fois écrasé de front par les deux armées allemandes réunies, et tourné par le IXe corps, n'eut plus d'autre parti à prendre que de se retirer sur le Loir.

RETRAITE SUR LE LOIR.

Bien que le maintien de l'armée de la Loire sur ses positions, dans la journée du 10, et les succès partiels qu'elle avait obtenus aient pu en imposer à l'ennemi, au moins dans une certaine mesure, les dangers dont elle se trouvait menacée n'en étaient pas moins pressants. Ce jour-là, en effet, une brigade de la 6e division de cavalerie avait poussé sur Romorantin, après avoir coupé la voie ferrée de Vierzon à Tours ; une autre, la 3e, qui accompagnait le IXe corps, s'était portée sur Bracieux, au sud de Chambord, pour établir la liaison entre les deux groupes de forces allemandes opérant sur la rive gauche de la Loire. Enfin, l'avant-garde du IXe corps avait atteint Vienne, faubourg de Blois situé sur cette même rive, et menacé de bombarder la ville si celle-ci faisait mine de résister ; le général de Morandy, après son échec à Chambord, avait ramené à Blois ses troupes, dont la retraite désordonnée se répercutait de la droite à la gauche, les colonnes de cette division se suivant à des distances variables le long de la route de Muides. D'autre part, le général Barry, resté dans la ville avec les faibles éléments que l'on sait, s'y sentait si peu en sûreté qu'il avait déjà fait sauter le pont. Il semblait donc que la chute de Blois ne fût qu'une question d'heures, et le commandant en chef ne songeait pas sans de grandes inquiétudes aux dangers qu'une pareille menace lui faisait courir. Deux dépêches, adressées par lui, coup sur coup, au général Barry, insistaient sur l'importance que présentaient pour le salut de l'armée la possession de Blois et l'impossibilité pour l'ennemi d'y franchir la Loire. « Faites surveiller le fleuve jusqu'à Mer, écrivait-il en substance, et défendez-vous à outrance avec toutes les forces que vous pourrez rassembler... [1] » Néanmoins, le péril devenait trop pressant pour qu'il fût possible de s'attarder encore, et, dès le 10 au soir, Chanzy expédia à ses différents corps les ordres de retraite pour le lendemain.

Afin de donner le change à l'ennemi, il prescrivit que, le 11 au matin, toutes les troupes reprendraient leurs positions de combat de la veille et exécuteraient en avant de leur front leurs reconnaissances habituelles. Si, à dix heures, les Allemands n'avaient point fait de menace, on devait se mettre en mouvement et prendre pour direction générale : le 21° corps Fréteval, le 17° Oucques, le 16° Selommes et Vendômes ; les convois partiraient d'avance, pendant la nuit. La route assignée à chacun des trois corps de l'armée était indiquée avec détail et la cavalerie des ailes avait la charge de reconnaître les agissements de l'ennemi. La retraite s'effectuerait par échelons, lentement si l'adversaire cherchait à l'entraver, plus rapidement s'il ne faisait pas de menaces. Au sud, les troupes de l'amiral assureraient les communications avec Blois.

C'était là des dispositions remarquables et dont il faut admirer la sagesse. Malgré tout, le commandant en chef pouvait craindre qu'elles fussent insuffisantes pour assurer, en cas d'attaque, la sécurité d'une armée

1. « On a fait sauter le pont de Blois avec trop de précipitation puisque l'ennemi n'était pas en vue, ajoutait le général Chanzy. Il faut agir avec plus de calme pour celui de Chaumont, et ne le détruire qu'après avoir bien constaté qu'il est impossible d'en **défendre l'accès.** »

aussi ébranlée que la sienne, marchant à travers une région découverte où les positions défensives faisaient absolument défaut. Elles réussirent au delà de ce qu'on pouvait espérer. Les Allemands, trompés par nos mouvements de la matinée, crurent d'abord à une reprise de l'offensive de notre part ; c'est seulement à midi que les troupes du X⁰ corps, postées en avant de Le Mée et de Beaugency, purent éventer la feinte et entamer une poursuite déjà tardive. Leur artillerie lança bien sur nos colonnes en marche, au sud de Josnes, quelques volées d'obus, mais n'empêcha pas les corps français d'atteindre, vers trois heures, les positions qui leur étaient assignées, c'est-à-dire Séris pour le 16⁰ corps et la division Camô, Concriers pour le 17⁰ corps. Le 21⁰, qui formait le pivot de la conversion que l'armée exécutait face en arrière et et en dérobant son aile droite, n'avait pas bougé[1]. A quatre heures du soir, une avant-garde de la 20⁰ division prussienne s'avança sur Séris et s'empara, après une assez vive canonnade, de la ferme de Mortais, située à 2 kilomètres vers l'est[2]. Le 11⁰ bataillon de chasseurs n'ayant pu réussir, malgré une fusillade de deux heures, à reprendre cette position, et le général Chanzy ne voulant à aucun prix la laisser à l'ennemi, parce qu'elle dominait nos lignes et aurait permis de voir de là tous nos mouvements, le général de Roquebrune reçut l'ordre de la réoccuper coûte que coûte, ce qu'il fit dans la nuit sans que l'adversaire, qui probablement se souvenait d'Origny[3], ait rien fait pour la lui disputer à nouveau.

Cependant l'armée n'était pas encore hors de danger, loin de là. La conservation de Blois semblait toujours fort peu assurée, et le général Chanzy ne se faisait guère

---

1. Seule, sa 2⁰ division, après avoir dissimulé son mouvement en allumant des feux dans tous les bivouacs, se replia à la nuit close et vint se poster au sud-ouest de Lorges, se reliant ainsi au 17⁰ corps.

2. Cette ferme était occupée par une compagnie de grand'garde qui fut prise presque en entier, mais réussit, en grande partie, à s'échapper des mains de l'ennemi quand, quelques heures plus tard, Mortais fut repris.

3. Général CHANZY, loc. cit., page 156.

d'illusions sur les espérances à fonder de ce côté. D'autre part, il pouvait parfaitement arriver que les Allemands, grâce à l'appoint de la IIe armée, tentassent maintenant de nous déborder à la fois par nos deux flancs et cherchassent à envelopper notre aile droite, en franchissant la Loire, notre aile gauche, en se glissant rapidement au nord de la forêt de Marchenoir. Il y avait là un danger double, auquel il fallait parer avant de continuer la retraite, et le commandant en chef dut prendre, dès le 11 au soir, des dispositions en conséquence. Il dirigea donc, sans plus tarder, tous les francs-tireurs disponibles sur la lisière septentrionale de la forêt, avec ordre d'en occuper les villages et d'y tenir jusqu'à ce que le gros de l'armée les eût dépassés. En même temps, la brigade Collet, du 21e corps, avec deux pièces de canon, recevait la mission d'aller occuper les points de passage du Loir, de Fréteval à Saint-Hilaire, pour les défendre le cas échéant, et observer la direction de Châteaudun, qui pouvait être dangereuse en raison de la présence à Chartres de contingents ennemis. Ceci était pour se garantir vers le nord. En ce qui concernait son aile droite, Chanzy adressa au général Barry une dernière dépêche, l'invitant à tenir le plus longtemps possible à Ménars, et à n'évacuer Blois qu'à la dernière limite, au plus tôt dans la nuit du 12 au 13, si cela devenait une nécessité. Dans ce cas, la direction de la retraite serait sur Amboise, puis, de là, sur Saint-Calais par Château-Renault et Montoire. « Votre mission est des plus importantes, disait le télégramme. Faites donc pour le mieux en ne vous retirant que le plus tard possible et en empêchant, le plus que vous pourrez, le passage sur la rive droite du corps ennemi qui est sur la rive gauche. »

La retraite devait continuer le lendemain 12, dans des conditions analogues à celles de la veille[1]. Mais la nature du pays rendait nos mouvements de plus

---

1. Nous ne pouvons citer intégralement ici, bien qu'ils présentent un haut intérêt, tous les ordres donnés par le général Chanzy pour la retraite. Le général les a d'ailleurs publiés dans son ouvrage *La 2e Armée de la Loire.*

en plus périlleux, parce qu'ils se faisaient de plus en plus à découvert. « La journée qui se préparait pouvait être la plus difficile de toutes celles que l'armée avait eu à traverser jusque-là, si l'ennemi était audacieux[1]. » Aussi, avant de quitter Josnes, le 11 au matin, Chanzy avait-il encore une fois demandé par télégraphe au général Bourbaki de faire une démonstration vers la Loire afin d'attirer de son côté une partie de l'attention de l'ennemi[2]. Cette suprême invitation devait, comme les autres, demeurer sans résultat, le général Bourbaki ne croyant pas ses troupes en état de rien tenter de sérieux[3]. Il fallait donc se remettre en marche, après avoir perdu tout espoir d'être appuyé nulle part. Fort heureusement, les habiles dispositions du général Chanzy avaient complètement dérouté l'ennemi, qui ne savait si nous nous retirions sur Vendôme ou sur Blois[4]. Dans l'incertitude où il était, le prince Frédéric-Charles se borna, après quelques tergiversations, à lancer le X° corps dans la direction de Mer, tandis que l'*Armee-Abtheilung* pousserait droit devant elle, par le sud de la forêt de Marchenoir. A toute éventualité, on hâta l'arrivée du III° corps[5], et on envoya la 4° division de cavalerie battre le pays jusque vers Châteaudun[6]. Pendant ce temps, sur la rive gauche, le IX° corps se portait à mi-chemin d'Amboise, sans avoir affaire à d'autres forces qu'à quelques francs-tireurs.

Les avant-gardes du X° corps avaient atteint, dans la matinée, Suèvres et Mer ; celle de la 22° division s'avança l'après-midi jusqu'à Maves, où elle fut tenue en respect par une de nos grand'gardes que l'approche

---

1. Général CHANZY, *loc. cit.*, page 162.
2. *Ibid.*, page 163.
3. Le général Bourbaki promettait bien de faire tout ce qui serait possible pour descendre le Cher et amener une partie de ses troupes devant Blois ; mais il demandait pour cela au moins six jours. Son concours eût donc été trop tardif.
4. *La Guerre franco-allemande*, 2° partie, page 643.
5. Il arriva le 12 au soir à Beaugency. Ce même jour, le I° corps bavarois alla le relever à Orléans, mais il laissa au grand-duc une brigade avec six batteries, dont deux furent données à la 22° division, qui avait toutes ses pièces légères hors de service.
6. *La Guerre franco-allemande*, 2° partie, page 644.

de la nuit l'empêcha d'attaquer sérieusement. Plus au nord, la 17ᵉ brigade de cavalerie, envoyée sur Marchenoir, rencontra auprès du hameau de Nuisement le convoi de la 3ᵉ division du 17ᵉ corps, retardé parce qu'il avait pris un chemin de traverse devenu impraticable [1]. Elle captura une quarantaine de voitures, et elle allait emmener le convoi tout entier, quand deux escadrons du 17ᵉ corps parvinrent, en joignant leurs efforts à ceux de l'escorte, à le dégager. C'est à cela que se borna une poursuite qui eût pu devenir très dangereuse, si nos dispositions tactiques n'eussent confirmé l'ennemi dans cette idée que nous étions résolus à défendre partout énergiquement nos positions [2]. Le 12 au soir, le 21ᵉ corps était à Pontijoux, le 16ᵉ à Villeneuve-Frouville, le 17ᵉ à Viévy-le-Rayé.

Cependant les circonstances climatériques au milieu desquelles s'était accomplie la marche avaient beaucoup fatigué les troupes. Aux froids terribles de novembre et des premiers jours de décembre succédait, depuis quelque temps, une pluie diluvienne qui défonçait les chemins, détrempait la terre et rendait le sol extrêmement lourd et glissant. Des voitures embourbées étaient abandonnées tout le long de la route, le nombre des traînards atteignait un chiffre énorme ; « des cadavres d'hommes et de chevaux gisaient sans sépulture dans la campagne ; les villages regorgeaient de blessés auxquels les soins nécessaires faisaient défaut [3] ». Cette situation était bien faite pour inquiéter Chanzy qui, tout en se félicitant de la mollesse de l'ennemi, ne pouvait cependant chasser ses craintes légitimes au sujet de Blois. Le peu de consistance des troupes qui se trouvaient là ne lui inspirait qu'une confiance médiocre, et il se demandait peut-être s'il n'eût pas mieux valu tout d'abord mettre sur ce point si important des forces plus solides que les régiments ébranlés du général Barry. Le 12, à quatre heures et demie du soir, il télégraphiait à ce dernier : « Je suis sans nouvelles de vous depuis hier au

1. *La 2ᵉ armée de la Loire*, page 164
2. *La Guerre franco-allemande*, 2ᵉ partie, page 643.
3. *Ibid.*, page 645.

soir ; faites-moi connaître de suite, par télégramme, à Vendôme, d'où il me parviendra par cavalier [1], les renseignements que vous avez sur l'ennemi, sur les deux rives de la Loire, jusqu'à quand vous pourrez tenir et vos dispositions en cas de retraite. L'armée sera demain, dans la journée, en position devant Vendôme et de l'autre côté du Loir, de Vendôme à Fréteval ; je vous rappelle que vous devez me rallier, quand vous quitterez Blois, avec les troupes de Morandy, par les routes qui vous paraîtront les plus sûres. *Plus vous tiendrez longtemps à Blois, mieux vous assurerez le mouvement difficile que nous exécutons en ce moment.* Donnez-moi des nouvelles de Morandy et des troupes au-dessous de vous. »

Cette incertitude sur la sécurité de son flanc droit était, aux yeux du général Chanzy, un motif de plus pour se hâter. Il ordonna que la retraite continuerait le lendemain, et que l'armée irait occuper, dans la journée du 13, la ligne du Loir. Le 16ᵉ corps, chargé de la défense de la rive gauche, avait ordre de s'établir au sud de la ville, à hauteur de Sainte-Anne, appuyant sa gauche au ravin de la Houzée et défendant les routes de Blois et de Château-Renault. Le 21ᵉ devait marcher sur Fréteval, franchir la rivière et défendre la rive droite de Mont-Henri à Saint-Hilaire, en poussant un détachement sur Cloyes. Tous les convois étaient dirigés d'avance sur la rive droite. Le génie était envoyé de même à Vendôme pour préparer des ouvrages de défense sur les positions [2]. Le général en chef, qui avait

---

1. Dans la soirée du 11, le service télégraphique, pressé par l'ennemi, avait dû partout replier ses fils. La correspondance n'était donc plus possible que par Vendôme, où il fallait porter les dépêches. (*La 2ᵉ armée de la Loire*, page 165.)

2. Général DERRÉCAGAIX, *loc. cit.*, tome II, page 455. — « La marche de demain, disait l'ordre du général Chanzy, commencera à six heures et demie par la cavalerie du 16ᵉ corps, et à sept heures et demie pour les troupes aux ordres de l'amiral. Le 17ᵉ corps ne commencera son mouvement qu'à huit heures. Le 21ᵉ corps exécutera le sien de façon à se relier avec celui qu'opèrent les détachements qui sont de l'autre côté de la forêt. Les divisions qui doivent passer le Loir ne traverseront cette rivière que lorsque toutes les voitures qui suivent la même route seront sur la rive droite. Après avoir installé ses troupes, chaque commandant de corps d'armée

remarqué beaucoup de désordre dans la marche précédente, donnait les instructions les plus sévères pour en
éviter le retour. « Les hommes ne doivent, sous aucun
prétexte, disait-il, marcher isolément, et il ne doit y
avoir avec les convois que la garde et les hommes qui
y sont employés régulièrement. »

Malgré la prudence de ces dispositions remarquables,
l'armée allait courir, le 13, un des plus graves dangers
auxquels elle eût encore été exposée. Le général Barry
venait d'évacuer Blois, découvrant ainsi complètement
notre aile droite et permettant au IX⁰ corps prussien de
franchir la Loire pour nous précéder à Vendôme. La
nouvelle de ce fâcheux incident parvint à minuit au
général en chef, qui s'empressa d'envoyer au général
Barry l'ordre de se reporter immédiatement sur Blois ou
tout au moins sur Herbault ; mais cela n'était guère
possible. Le général Barry se trouvait, depuis le 11, en
présence de nombreux partis allemands, poussés en face
de lui par le X⁰ corps, partis que ses troupes n'étaient
certes pas en état de contenir ; sur la rive gauche, le
IX⁰ corps avait poussé, comme on l'a vu, jusqu'à Condé
et menaçait sa ligne de retraite vers Amboise ; c'était
donc parce qu'il jugeait avoir atteint la dernière limite
indiquée par le commandant en chef, que le général
Barry, après un conseil de guerre tenu dans la nuit,
s'était cru autorisé par les circonstances à battre en
retraite, le 12, sur Saint-Amand. Peut-être aurait-il dû,
avant d'abandonner la ville, simuler un mouvement
offensif. Mais le pouvait-il ? C'est au moins douteux[1].

Fort heureusement, l'ennemi ne profita pas des avantages qui résultaient pour lui de cette situation nouvelle.
Il était toujours, d'ailleurs, dans la plus grande indé-

---

reconnaîtra les positions à occuper pour la défense et les emplacements pour les batteries. On fera élever de suite des épaulements.
La protection des ponts devra être partout assurée..... On devra,
aussitôt après l'arrivée au bivouac, s'occuper des distributions. Il
importe que dès demain la cavalerie ait deux jours de fourrage, et
que les hommes soient alignés en vivres jusqu'au 16 inclus, y
compris les deux jours de réserve de sac. Les munitions seront
également complétées... »

1. Général DERRÉCAGAIX, *loc. cit.*, tome II, page 459.

cision, et ne possédait que des renseignements tout à
fait insuffisants sur la direction exacte de notre retraite.
C'est seulement le 13, après que quelques patrouilles de
cavalerie lancées par le X° corps sur Blois eurent trouvé
cette ville évacuée, que l'état-major allemand put se rendre
compte de la réalité des choses et agir avec quelques
certitudes : mais il était trop tard pour nous devancer
sur le Loir [1]. Frédéric-Charles décida donc de nous y
poursuivre ; en conséquence, le X° corps dut pousser
son avant-garde à l'ouest de la forêt de Blois et
patrouiller vers Herbault au nord, Tours à l'ouest ;
l'*Armee-Abtheilung* reçut l'ordre de se porter sur le front
Morée-Oucques ; le IX° corps et la 6° division de cavalerie durent rester sur la rive gauche jusqu'au rétablis-
sement du pont de Blois ; pendant ce temps, un pont de
bateaux serait jeté près de Saint-Dié, en aval de
Muides [2].

Ainsi, « jusqu'au 13 décembre, date de notre départ
de Blois, il y avait eu chez les Allemands une période d'indécision sur la véritable direction prise par nos masses.
Les troupes de Frédéric-Charles s'étaient éclairées vers
Gien, Vierzon et Blois, par conséquent vers l'est et le
sud, sur la rive gauche de la Loire ; ces explorations,
d'un caractère prudent et mesuré, avaient été limitées,
vers l'est, à l'occupation de Gien par un détachement des
trois armes ; vers le sud, à celle de Vierzon par une
brigade de cavalerie. Sur la rive droite, au nord de la
forêt de Marchenoir et dans la vallée de la Loire, une
exploration avait été exécutée par la fraction d'armée du
grand-duc dans les mêmes conditions. Enfin, des combats offensifs d'une certaine énergie avaient été livrés,
principalement sur le front des 16° et 17° corps, par le
X° corps prussien. Quant à la circonspection des troupes
du grand-duc dans leurs diverses opérations, elle était

1. *La Guerre franco-allemande*, 2° partie, page 646. — Il paraîtrait
que la direction prise par les troupes du général Barry fut révélée
aux Allemands par des lettres et divers documents manuscrits
oubliés dans les bivouacs de Blois.
2. *Ibid.* — Le III° corps et la 1° division de cavalerie devaient
venir, le 14, jusqu'aux environs de Maves.

motivée, on l'a vu, par l'attitude énergique souvent offensive, toujours prête au combat, des corps du général Chanzy[1].

Sur ces entrefaites, arrivèrent au prince Frédéric-Charles, dans l'après-midi du 13, des instructions détaillées sur la manière dont la guerre devait dorénavant être conduite dans le centre de la France. M. de Moltke paraissait inquiet de l'état de fatigue et de délabrement extrême où se trouvaient réduites les troupes allemandes lancées sur la Loire, et insistait pour qu'on ne les poussât pas trop avant tant que Paris ne serait pas pris. « Dans la direction du sud, disait-il, on ne saurait dépasser, à moins de circonstances toutes particulières, une ligne tracée par Tours, Bourges, Nevers, *prenant son point d'appui à Orléans où se concentrerait la masse principale des forces.* » Il pensait que les troupes du grand-duc devaient se maintenir dans une position voisine de Chartres, où leur présence suffirait à assurer la sécurité vers l'ouest, et qu'il ne serait besoin, pour achever la poursuite, que de lancer en avant de Nogent-le-Rotrou la 5e division de cavalerie, postée alors auprès de Chartres ; enfin il demandait qu'une surveillance incessante fût exercée sur les masses du général Bourbaki par la IIe armée, qui combinerait son action avec le VIIe corps, arrivé, comme on le verra par la suite, à Châtillon-sur-Seine[2]. Ces prescriptions concordaient assez bien avec les idées personnelles du prince Frédéric-Charles, toujours préoccupé de nos rassemblements à Bourges, et adversaire déclaré, jusqu'après la prise de Blois, d'un mouvement trop accentué vers l'ouest[3]. Elles furent donc exécutées à la lettre, en sorte que, pendant la journée du 13, la marche de l'*Armee-Abtheilung* s'effectua avec une réserve encore plus marquée que précédemment, et que, le soir, ses différentes fractions ne dépassèrent pas la ligne Villerbon-Conan-Boisseau-Oucques[4]. Le Xe corps tout entier entra dans Blois, con-

---

1. Général DERRÉCAGAIX, *loc. cit.*, page 624.
2. Le VIIe corps avait été détaché de la Ire armée après la chute de Metz.
3. *La Guerre franco-allemande*, 2e partie, page 645.
4. A Villerbon, 2e *division de cavalerie* ; à Conan, 22e *division* ; à

jointement avec trois bataillons du IX⁰ corps qui avaient descendu la Loire en bateau.

A quelque distance d'Oucques, la 17⁰ brigade de cavalerie aborda, dans l'après-midi, une arrière-garde du 17⁰ corps français ; sa batterie canonna nos troupes, mais devant la ferme attitude de celles-ci et le mouvement offensif d'un escadron du 4⁰ de cavalerie légère mixte, appuyé par le feu de deux pièces, l'ennemi remonta sur Viévy-le-Rayé. D'autres escarmouches sans importance se produisirent, à l'est de Vendôme, où les éclaireurs arabes continrent les cavaliers ennemis occupés à fouiller les fermes et à ramasser les traînards. Au nord, deux escadrons de la 10⁰ brigade ayant tenté de pénétrer par Autainville dans la forêt de Marchenoir, furent refoulés par nos francs-tireurs qui en gardaient la lisière, et rejetés sur Charsonville. Ce furent là les seuls épisodes qui aient signalé une journée sur l'issue de laquelle on avait pu concevoir de légitimes appréhensions. Le soir, la retraite de l'armée de la Loire des lignes de Josnes sur le Loir était un fait accompli, au grand honneur, ainsi que l'a écrit le général Chanzy, des troupes qui l'avaient effectuée dans les conditions les plus pénibles, par une température détestable, à travers de cruelles fatigues et de terribles dangers ; au plus grand honneur encore, dirons-nous à notre tour, du chef intrépide et vaillant, dont le grand cœur, inaccessible au découragement comme à la faiblesse, avait réussi, par son énergie, sa force de volonté, ses qualités militaires de premier ordre et une activité qu'il savait communiquer à tous, à en imposer à un ennemi victorieux au point de détruire en lui presque toute puissance offensive. Dans cette période dont le souvenir restera impérissable et où la fortune des Allemands a été si près de sombrer, le général Chanzy s'est acquis des titres immortels à la reconnaissance de la patrie, à laquelle il a montré que tant qu'elle produit des hommes de sa trempe, une nation ne doit jamais désespérer.

Boisseau, 9⁰ *brigade de cavalerie;* à Oucques, 17⁰ *division;* à Viévy-le-Rayé, 17⁰ *brigade de cavalerie;* à Cloyes, 10⁰ *brigade de même arme;* à la Madeleine-Villefroin, 8⁰ *brigade de même arme.*

CHAPITRE II

VENDOME

En s'établissant sur le Loir, pour un temps qu'il supposait assez court, le général Chanzy entendait seulement faire reposer ses troupes, reformer ses corps désunis par les derniers combats, et les réapprovisionner en effets de toute sorte dont les hommes ne pouvaient se passer plus longtemps dans la saison rigoureuse où l'on se trouvait[1]. La position défensive qu'il avait choisie lui paraissait avec raison offrir toutes les garanties de sécurité nécessaires, et présenter en plus l'avantage de ne pas trop éloigner l'armée de Chartres, par où le général en chef espérait toujours pouvoir reprendre les opérations offensives[2]. Son point d'appui principal était Vendôme, nœud de routes d'une grande importance, offrant des ressources considérables, et où des travaux avaient été déjà ébauchés par le comité de défense locale ; malheureusement la ville était assez difficilement défendable, de l'aveu même du général Chanzy[3]. Par suite, l'armée avait dû s'étendre sur un

---

1. Général Chanzy, *La 2* armée de la Loire*, page 173.
2. *Ibid.*, page 174.
3. « La ville, presque tout entière sur la rive gauche du Loir, est dominée de très près par des escarpements au haut desquels on arrive, par une route en lacet, dans le faubourg du Temple, pour déboucher sur le plateau que traversent celles de Château-Renault et de Blois, qui s'y réunissent... On est donc obligé de défendre la ville sur le plateau même, en se portant assez loin en avant pour ne pas être dominé par les mamelons qui commandent au sud le village de Sainte-Anne. On se trouve ainsi entraîné à un grand développement

espace considérable, afin de tenir à la fois tous les points dangereux, et, le 13 au soir, elle bivouaquait, sur un front de plus de 30 kilomètres, dans les positions que voici :

L'amiral Jauréguiberry, avec la division Deplanque et la colonne Camó, couvrait Vendôme, sur la rive gauche, ses troupes formant un vaste demi-cercle qui s'appuyait à gauche aux hauteurs de Bel-Essort et coupait les routes de Blois et de Château-Renault ; la cavalerie du 16e corps, moins quelques escadrons laissés pour patrouiller en avant, avait passé le Loir et cantonnait à Courtiras, sur la rive droite.

Le 17e corps occupait cette même rive, depuis Vaucroix au sud, jusqu'à Pezou au nord, avec quelques détachements jetés en avant de sa droite pour couvrir le pont de Meslay. La cavalerie cantonnait en arrière de sa gauche, à La Ville-aux-Clercs.

A la gauche du 17e corps, le 21e s'échelonnait sur une ligne de 16 kilomètres, de Pezou à Saint-Hilaire, tenant Fréteval par un bataillon, et le vieux château de cette ville (sur la rive gauche) par une brigade.

Enfin, la division Gougeard [1] tenait Cloyes, pour protéger la gauche de l'armée, tandis que la division Barry, venant de Blois, était à Saint-Amand, vers l'extrême droite.

Le premier soin du général Chanzy, une fois ses troupes en position, fut de les réorganiser. Il fit immédiatement évacuer sur Tours et le Mans le plus grand nombre possible de blessés et de malades, compléta les munitions et les approvisionnements avec les envois expédiés de Bordeaux, et rétablit un peu d'ordre dans le service des chemins de fer, que la panique et l'en-

de forces qui offre le danger d'une retraite difficile si l'on est contraint à l'opérer, les troupes engagées sur la rive gauche devant forcément se replier par les rampes qui conduisent à la ville, par les ponts sur les deux bras de la rivière, et par les rues étroites et tortueuses qui y aboutissent. » (Général CHANZY, loc. cit., page 175.)

1. Cette division (4e du 21e corps), aux ordres du capitaine de frégate Gougeard, général auxiliaire, se composait en majeure partie de mobilisés de Bretagne, avec des fractions assez minces de mobiles ou de troupes de marche. Elle est habituellement désignée sous le nom de division de Bretagne. (Voir à l'appendice la pièce n° 3).

combrement avaient mis dans un complet désarroi. Son désir eût été de cantonner ses soldats, autant du moins que les exigences de la défense et d'une concentration rapide le permettaient[1] ; malheureusement l'énorme quantité de blessés, de varioleux et de typhiques qui occupaient la ville, les villages et les fermes condamna au bivouac la majeure partie de l'armée. Les souffrances qui en résultèrent, dans ces journées toujours glaciales où le sol ne se déblayait de neige que pour se transformer en un océan de boue, achevèrent de miner les forces physiques et l'énergie morale, dont la tension était arrivée, chez ces hommes épuisés, à sa limite extrême, et provoquèrent des symptômes graves de décomposition, devant lesquels Chanzy dut bientôt lui-même, comme on va le voir, faire fléchir son indomptable ténacité. L'armée de la Loire ne devait d'ailleurs disposer que de bien peu de temps pour prendre le repos dont elle avait tant besoin, car, dès le 14, elle se trouvait de nouveau aux prises avec son redoutable adversaire, qui entendait ne lui laisser aucun répit.

La lumière commençait à se faire, en effet, dans l'esprit de l'état-major allemand, lequel jusqu'alors était resté dans la plus grande indécision au sujet de nos intentions, voici pourquoi. Le détachement des trois armes laissé à Gien[2] observait sans rien découvrir ; du côté de Vierzon, la 14e brigade de cavalerie trouvait partout en parcourant le pays, des traces de notre retraite sur Bourges, mais ne rencontrait aucune de nos colonnes. « Çà et là, dit le capitaine von der Goltz, apparaissaient des postes détachés, de petits détachements laissés en arrière, ou des partis de francs-tireurs qui disparaissaient le plus souvent à l'approche de patrouilles un peu fortes[3]. » Rien ne décelait donc les projets de Bourbaki, et l'exploration, rendue très difficile par le

1. *Ordre général de l'armée de la Loire* donné à Vendôme le 13 décembre.
2. Ce détachement, fourni d'abord par le IIIe corps, fut relevé le 12 par des troupes du Ier corps bavarois, revenu à l'Orléans.
3. Capitaine (depuis général) von der Goltz, de l'état-major de la IIe armée, *Opérations de la IIe armée, d'après le journal de l'état-major.* (Inédit en France.)

verglas, ne donnait que des résultats médiocres. D'autre part, les reconnaissances poussées par l'*Armee-Abtheilung* au nord de la forêt de Marchenoir, par le X⁰ corps à l'ouest de Blois, les luttes même que ces troupes avaient dû soutenir pour gagner du terrain vers le Loir, indiquaient bien la direction générale suivie par l'armée de Chanzy, non sa situation topographique exacte. L'état-major de la IIᵉ armée allemande avait peine à se reconnaître au milieu des nouvelles de sources si diverses (espions, lettres particulières interceptées, journaux du service des chemins de fer, etc.) et souvent contradictoires qui lui parvenaient de tous côtés. Enfin, la grande étendue du front sur lequel il fallait réunir les rapports des troupes avancées et le mauvais état des chemins rendaient très longue la transmission des dépêches et des ordres[1]. De là une hésitation qui se traduisait, pour des troupes dont la fatigue était extrême et l'état assez misérable, par des marches incessantes, absolument funestes à la conservation des effectifs.

Le 13 cependant, comme on l'a vu plus haut, c'est-à-dire après l'occupation de Blois, le prince Frédéric-Charles commença à être réellement orienté sur la destination de notre retraite. Il en conclut immédiatement, le caractère bien connu de Chanzy l'y autorisant, que l'armée française allait faire tête de nouveau, et que son chef ne *s'effrayait pas de la solution tactique*[2]. Mais aussi il se rendit compte des inconvénients que présentait la dissémination où se trouvaient, à ce moment, les forces allemandes ; pour attaquer Vendôme, il ne disposait que de la très faible fraction d'armée du grand-duc et du X⁰ corps d'armée, soit en tout 20 ou 22,000 fusils[3]. « Livrer un combat isolé avec des

---

1. Von der Goltz, *loc. cit.* — Il est fort intéressant de suivre dans cet ouvrage, véritable journal de la campagne, la série des tergiversations par lesquelles passait le commandement, pris entre la nécessité de poursuivre Chanzy et la crainte d'être attaqué de flanc par Bourbaki. C'est là tout le secret de la prudence extrême qui caractérisa à ce moment les opérations allemandes, et permit à notre retraite de s'effectuer sans trop de difficultés.

2. *Ibid.*

3. *Ibid.*

forces aussi réduites cut été une faute; on n'aurait
abouti qu'à des combats indécis et consommant beaucoup de munitions, aussi nuisibles à la condition tactique des hommes que profitables à la confiance de
l'adversaire[1]. » Force était donc d'attendre l'arrivée
du IIIe corps, très en arrière, du IXe, encore sur la rive
gauche de la Loire, et de la 6e division de cavalerie,
rappelée de Sologne. Néanmoins, comme il a été dit
plus haut, le prince Frédéric-Charles, ne voulant pas
laisser découverte la route de Paris, ordonna, le 13, au
grand-duc, de porter, le lendemain, son aile droite sur
Morée, son aile gauche sur Oucques, en se faisant
éclairer vers la forêt de Marchenoir et au nord. Une
avant-garde devait être envoyée ensuite de Morée sur
Vendôme en suivant le cours du Loir; le IIIe corps
s'avancerait jusqu'à Maves. Le prince, voulant se rapprocher du terrain de la lutte, amenait à Suèvres son
quartier général[2].

Journée du 14 décembre. — En exécution de ces instructions, la 17e division se mit en marche, le 14 au
matin, dans la direction du Loir, en trois colonnes respectivement dirigées sur Morée, Fréteval et Lignières.
Cette dernière atteignit sa destination sans incident.
Celle du nord eut presque immédiatement affaire aux
troupes du général Rousseau, qui, au premier avertis-

---

1. Von der Goltz, *loc. cit.*
2. Positions occupées par les Allemands, le 13 au soir :

IIe Armée
Quartier général :
Suèvres.

> X[e] *corps et* 2e *division de cavalerie*, à l'est et au
> nord de Blois.
> IXe *corps*, dans Blois avec une avant-garde, qui
> comprenait une brigade de la 2e division de
> cavalerie, dans la direction de Chaumont.
> IIIe *corps*, à Meung (5e division) et Beaugency (6e).
> 1re *division de cavalerie*, Cravant.
> 6e *division de cavalerie*, en Sologne; une bri-
> gade (la 15e) se rapprochant du IXe corps.

ARMEE-
ABTHEILUNG.

> 17e *division*, Oucques.
> 22e *division*, Maves et Villexanton.
> *Brigade bavaroise* (que le grand-duc avait gardée
> en renvoyant à Orléans le reste du Ier corps
> bavarois), à Josnes.
> 4e *division de cavalerie*, au nord, entre Châ-
> teaudun et Ouzouer-le-Marché.

Défense de Vendôme.

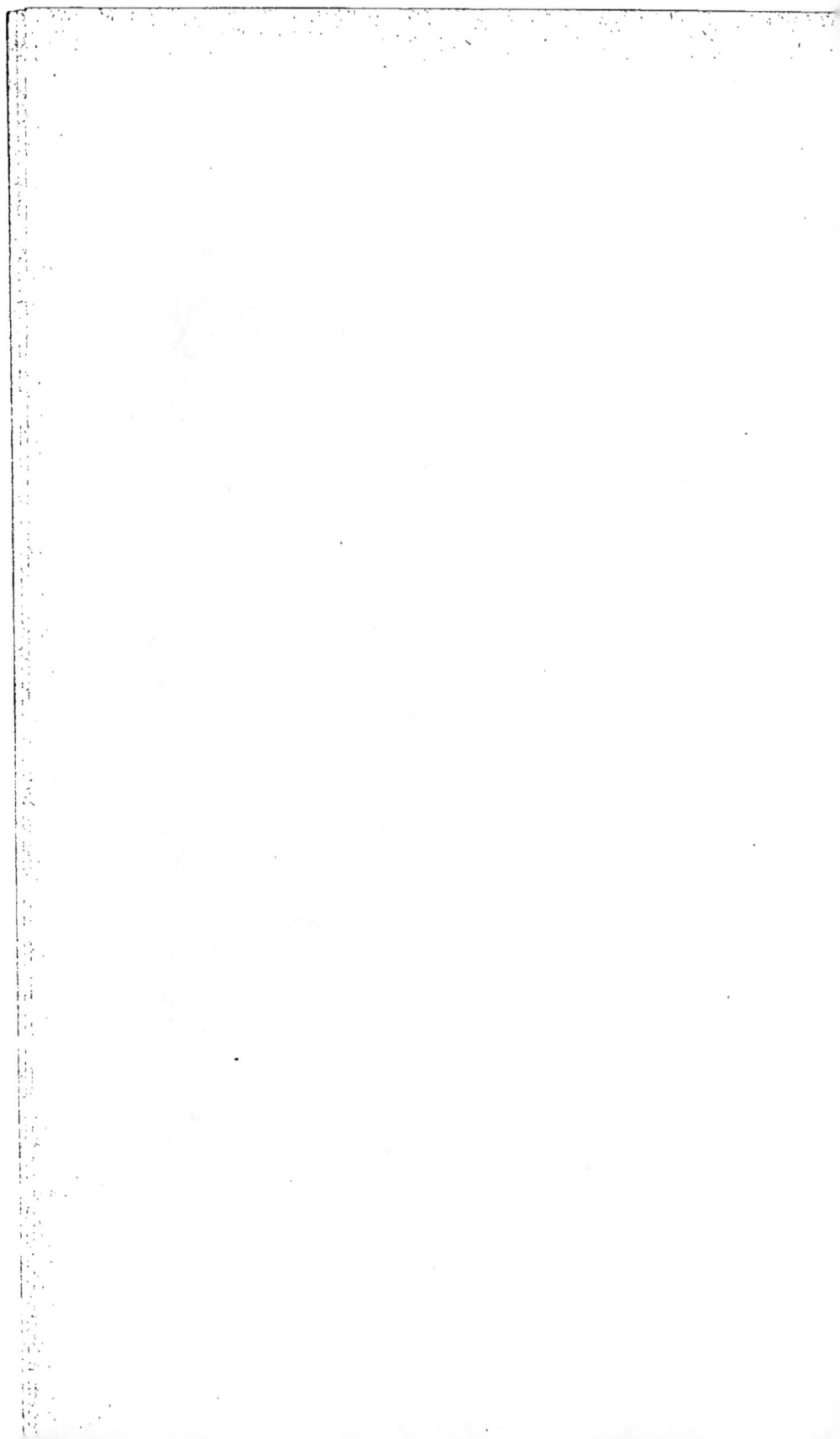

sement de son approche, avaient franchi le Loir à Saint-Hilaire et s'étaient portées sur Morée. Après un combat assez vif, dans lequel nos batteries bien postées purent avoir raison de l'artillerie allemande, embourbée dans des terres grasses et dont les obus n'éclataient pas pour la plupart[1], le général Rousseau maintint ses positions sur la rive gauche au nord de Morée, et y bivouaqua pendant la nuit. Mais, devant Fréteval, la lutte fut plus sérieuse ; un bataillon de marins qui seul occupait la ville[2] fut, dès le point du jour, refoulé sur la gare, et l'ennemi s'empara du pont du Loir. Vers le soir, l'amiral Jaurès, qui comprenait toute l'importance de ce point de passage, ordonna de le reprendre, et lança sur l'ennemi la 2e brigade de sa 3e division (général du Temple), avec tous les marins. Mais le commandant Collet, qui conduisait ceux-ci, s'étant imprudemment lancé à l'attaque sans préparation et avec des forces insuffisantes (4 compagnies), fut contraint de se replier après avoir subi des pertes sérieuses[3]. Lui-même tomba mortellement frappé pendant la retraite, en sorte qu'il fallut renoncer à reprendre Fréteval.

Nous venions de perdre là deux positions dont la possession offrait à l'ennemi de gros avantages. Il était à craindre que celui-ci ne s'en servît dès le lendemain pour tourner notre aile gauche, tandis que les forces de la IIe armée attaqueraient Vendôme directement, et la gravité d'une pareille menace ne pouvait échapper au général Chanzy. Il jugea cependant qu'il devait essayer de défendre des positions encore bonnes, malgré cet échec, plutôt que de continuer une retraite dont on ne pouvait prévoir la fin ; il ordonna donc, dans la soirée, toutes les mesures nécessaires à la résistance, rappelant chacun à l'exécution stricte de ses instructions, et cherchant, par des paroles sévères, à rétablir dans son armée les liens d'une discipline que l'état ma-

---

1. *La Guerre franco-allemande*, 2e partie, page 650.
2. Le général Guillon, commandant la 3e division du 21e corps, avait, on ne sait pourquoi, rappelé à lui la 1re brigade qui, ainsi qu'il a été dit plus haut, occupait d'abord Fréteval.
3. Général CHANZY, *loc., cit.*, page 185.

IV. 19

tériel des troupes relâchait manifestement. Puis il ordonna de détruire, coûte que coûte, le pont de Fréteval.

Le 15, dans la matinée, l'amiral Jaurès lança donc à nouveau sur Fréteval la brigade du Temple ; l'ennemi n'occupait le village qu'avec peu de forces, mais garnissait les hauteurs de l'est, d'où il faisait pleuvoir sur les assaillants une grêle de projectiles. Néanmoins, grâce à l'énergie avec laquelle nos soldats, embusqués dans les maisons, ripostèrent, grâce aussi à l'appui d'une batterie qui canonnait le vieux château, et à une diversion faite par le général Guillon vers le pont de Pezou, l'opération put réussir. Ce fut pour notre aile gauche un grand danger d'écarté.

Cependant cette énergique attitude ne laissait pas d'inquiéter les Allemands. Ils ne pouvaient plus douter maintenant que Chanzy eût l'intention de résister encore une fois énergiquement, et ils se voyaient séparés en deux masses, que reliaient imparfaitement le IIIᵉ corps arrivé à Maves et la 1ʳᵉ division de cavalerie, à Conan. Pour l'action décisive qui, selon toute probabilité, se dénouerait le 15, ils n'étaient pas en mesure de concentrer leurs troupes très disséminées et extrêmement fatiguées. Obligé de faire face à des éventualités qui, du côté de la Sologne, pouvaient devenir menaçantes, l'état-major ennemi avait dû fractionner ses forces, en sorte qu'un événement très fâcheux en soi, la séparation des deux armées de la Loire, finissait, de l'aveu des Prussiens eux-mêmes, par avoir pour nous des résultats avantageux [1]. Au surplus, les troupes allemandes, surtout celles du grand-duc, dont l'état maté-

---

1. « La division de l'armée ennemie en deux fractions, dit le capitaine von der Goltz, division qui avait été la conséquence nécessaire de la bataille d'Orléans, était, à cette époque, beaucoup plus défavorable pour les entreprises du prince Frédéric-Charles que n'eût été la réunion de tous les corps ennemis sur le même point. Aucune des fractions de cette armée n'était assez faible pour qu'il fût possible de la tenir en échec au moyen d'un simple détachement ; chacune était de force égale, sinon supérieure à celle d'un corps d'armée isolé, comme l'avaient montré les combats livrés par le grand-duc à Beaugency. Par suite, la IIᵉ armée devait marcher avec toutes ses forces contre l'une d'elles, dès qu'elle prenait l'offensive, et exécuter sur le Loir des marches et des contremarches pénibles... »

riel était pitoyable, les vêtements en loques et la chaus
sure ruinée, étaient épuisées. « Je crois de mon devoir
d'annoncer très humblement, écrivait le 14 le général
de Tresckow, qu'à la suite des marches d'hier et d'aujourd'hui, bien que les distances parcourues n'aient pas
été très grandes, tous mes soldats sont harassés ; une
masse d'hommes ont perdu leurs bottes dans la boue
et sont nu-pieds. L'artillerie ne peut sortir des chaus-
sées. Les fusils sont très abimés par la pluie et les
marches incessantes de ces derniers jours, au point que
leur emploi est dubitatif... Aussi, je ne suis pas sans
inquiétude sur la part que pourra prendre l'infanterie au
combat de demain. » La 17ᵉ division comptait à peine
600 hommes par bataillon, et, dans une de ses batteries, les chevaux, atteints d'influenza, avaient dû cesser
tout service ; la 22ᵉ ne pouvait mettre en ligne que
350 fusils par bataillon et ne disposait plus que de
deux batteries aptes au combat. La brigade bavaroise
suffisait à peine à l'escorte des prisonniers, et ses quatre
batteries ne pouvaient plus compter[1]. Il n'y avait donc
pas à faire grand état de pareilles forces et il devenait
évident que si on voulait en finir avec l'armée de Chanzy,
il était nécessaire de faire frapper le grand effort par
les troupes de la IIᵉ armée.

Le 14 au soir donc, le prince Frédéric-Charles, fort
des prescriptions contenues dans la dépêche de M. de
Moltke, dont il a été question précédemment, dépêche
qui engageait à ne pas s'aventurer trop loin vers l'ouest,
se décida à concentrer contre notre aile droite ses
propres troupes. Il venait d'apprendre que cette aile
droite ne dépassait guère Vendôme et que nous n'avions
plus personne du côté de Tours, abandonné par la Délégation ; son intention était donc de nous chasser de
la ligne du Loir par une attaque vigoureuse dirigée
contre Vendôme par la IIᵉ armée, puis de laisser ensuite le soin de la poursuite, poursuite modérée d'ailleurs,
et réduite aux proportions indiquées par M. de Moltke,
à l'*Armee-Abtheilung*[2]. Seulement, comme il ne pen-

---

1. Capitaine VON DER GOLTZ, *loc. cit.*
2. Toutefois le prince n'entendait pas, comme de Moltke, que

sait pas que le X° corps, bien que le plus rapproché de Vendôme, pût arriver le 15 assez à temps sur le Loir pour s'engager d'une façon décisive, il prescrivit au grand-duc d'éviter pour ce jour-là tout contact sérieux avec l'armée française. « Le 16, de bonne heure, disait-il, l'attaque se produira de concert avec nous. S'il est nécessaire, le III° corps, dont la tête a atteint aujourd'hui Maves, sera, en partie du moins, disponible comme réserve sur le Loir. » Le IX° corps devait, jusqu'à nouvel ordre, demeurer à cheval sur la Loire, à Blois. En résumé, la mission des différentes fractions de l'armée allemande, pour le 15, était la suivante :

L'*Armee-Abtheilung*, au repos, devait seulement conserver le contact.

Le III° corps poussait son avant-garde sur Vendôme, où marchait aussi le X° corps, chargé uniquement de s'assurer si l'ennemi s'y fixait.

La 6° division de cavalerie se concentrait vers Contres.

La 5°, envoyée de Chartres par le Prince Royal sur Brou et Bonneval, en conformité des ordres de M. de Moltke, patrouillait au nord et envoyait des reconnaissances d'officiers jusqu'à Bellême, Connerré et Saint-Calais.

Journée du 15 décembre. — De notre côté, le général Chanzy, ayant reconnu lui-même les difficultés que présentait la défense de Vendôme, avait apporté à ses premières dispositions de ce côté des modifications assez sensibles. Au lieu d'être, comme précédemment, le centre d'un vaste camp retranché, la ville ne servait plus que de tête de pont, facile à évacuer au besoin si on ne pouvait se maintenir sur la rive gauche du Loir[1]; l'arc de cercle décrit par les troupes de l'amiral devait être rétréci ; une seule brigade (Bourdillon) restait en avant avec trois batteries et deux mitrailleuses, et

---

l'*Armee-Abtheilung* restât à Chartres. Elle ne devait demeurer là, disait-il, que dans le cas où l'ennemi continuerait sa retraite sans s'arrêter, et échapperait ainsi à la poursuite loin à l'ouest. (*Ordre envoyé de Suèvres, le 13, à 10 heures du soir.*)

1. *La 2° armée de la Loire*, page 192.

était couverte par deux régiments de cavalerie avec les francs-tireurs de la Sarthe. Le reste devait venir, sur la rive droite, occuper les hauteurs de Bel-Air.

Le mouvement prescrit était en voie d'exécution, le 15 vers midi, quand tout à coup les escadrons placés aux avant-postes signalèrent l'approche de l'ennemi. C'était l'avant-garde du X° corps qui, conformément aux instructions du prince Frédéric-Charles, s'avançait par la route de Blois, tandis qu'une fraction du même corps (deux bataillons, deux régiments de cavalerie, une batterie) se dirigeait d'Herbault, où elle avait passé la nuit, sur Saint-Amand[1]. Immédiatement ordre fut donné aux troupes françaises qui se portaient sur la rive droite de suspendre le passage du Loir ; le 59° de marche, le 27° mobiles (Isère), le régiment de gendarmerie à pied et les batteries de la division Camô revinrent se placer aux côtés de la brigade Bourdillon et garnirent la ligne des hauteurs sud-est de Vendôme, depuis la voie ferrée, à droite, jusqu'au ravin de la Houzée, à gauche ; l'artillerie, placée aux ailes et au centre, enfilait ce ravin, ainsi que la route de Blois[2]. Il était à peu près une heure et demie[3].

Cependant l'avant-garde du X° corps s'avançait lentement, tâtant le terrain avec précaution, et refoulant peu à peu nos lignes avancées de cavalerie. En débouchant sur les hauteurs de la Galoche, elle fut assaillie par une grêle de balles et un feu violent d'artillerie ; ce que voyant, le général de Stolberg[4] fit avancer trois

1. Le général de Voigts-Rhetz avait été informé dans la journée du 14, par ses reconnaissances, que des forces importantes (la division Barry) occupaient Saint-Amand, les habitants ayant, de gré ou de force, fourni à cet égard quelques renseignements intéressants.

2. Position des troupes françaises : en avant du faubourg du Temple, 59° de marche, ayant à gauche les gendarmes et le 27° mobiles, à droite le 62° de marche, les 32°, 39° de marche et le 16° bataillon de chasseurs. — Une batterie de 4 était devant la Chaise, quatre batteries (dont une de mitrailleuses) devant le Temple, une batterie de 4 à l'extrême gauche.

3. Cette affaire présente, à son début, une certaine analogie avec celle de Borny, du 14 août, qui, toutes proportions gardées, fut engagée dans des conditions à peu près semblables.

4. Commandant la 2° division de cavalerie et l'avant-garde du X° corps.

batteries qui vinrent se mettre à cheval sur la route de
Blois, puis une quatrième qui se déploya sur la droite.
L'appui de cette artillerie permit à l'avant-garde allemande de gagner un peu de terrain et de s'avancer à
droite et à gauche de la route, de point d'appui en
point d'appui. Bientôt se présenta la tête du gros
(20° division), qui, avec deux batteries à cheval de l'artillerie de corps, marcha sur Sainte-Anne; mais le terrain était tellement détrempé que le mouvement s'exécutait avec beaucoup de difficultés et de lenteur. C'est
seulement à trois heures et demi du soir que l'artillerie
ennemie put prendre enfin la supériorité sur la nôtre [1];
quant à l'infanterie, déployée de Sainte-Anne à Bois-la-
Barbe, elle ne progressait que d'une façon insignifiante,
et, en tout cas, ne dessinait nulle part d'attaque décisive. Voyant que l'obscurité allait mettre un terme à
l'action de ses pièces, sans qu'aucun résultat fût obtenu,
le général de Voigts-Rhetz lança contre nos positions
toute la 19° division qui venait d'arriver. Ce fut sans
succès. « Les troupes déployées en dehors de la route
s'embourbaient dans une terre gluante et y *laissaient
leurs bottes ;* elles se replièrent en masse sur la route,
mais là il leur fut impossible de faire aucun progrès,
car l'ennemi tenait encore la route sous son feu [2]. » A
sept heures et demie du soir, le combat cessa par
force ; le X° corps *cantonna* sur place, derrière une
ligne d'avant-postes allant de Bois-la-Barbe à Orgée,
et nos soldats, renforcés vers le soir par la brigade
Deplanque, gardèrent leurs positions sur la rive gauche.
Leurs pertes avaient été peu sensibles, excepté pour
l'artillerie, qui avait souffert beaucoup [3] ; celles des
Allemands étaient un peu plus considérables.

Pendant ce temps, le détachement envoyé contre
Saint-Amand se heurtait à la division Barry, qui le
contint toute la journée. Mais le général Barry sem-

---

1. L'ennemi avait déployé au nord de Sainte-Anne trois nouvelles
batteries, ce qui portait à neuf le nombre total de celles qu'il avait
en ligne. Il n'en existait que six de notre côté.
2. Capitaine VON DER GOLTZ, *loc. cit.*
3. *La 2° armée de la Loire,* page 104.

blait néanmoins fort inquiet de son isolement et envoyait à Chanzy dépêche sur dépêche pour lui exposer les dangers qu'il croyait courir. Le commandant en chef lui répondit dans la nuit que ses craintes étaient exagérées ; la route de Saint-Amand à Vendôme n'était pas encore menacée sérieusement ; en tous cas, celle de Montoire restait toujours libre, et il serait temps de la prendre quand tout espoir de résistance efficace aurait disparu. « Il importe plus que jamais que vous résistiez le plus possible, écrivait-il. En veillant bien, vous aurez toujours vos derrières libres et je vous ai indiqué vos lignes de retraite. » Puis, comme, dans l'éventualité d'une retraite générale, il avait chargé la brigade Pâris, du 21ᵉ corps, de détruire sur la rive droite du Loir tous les ponts et tous les gués, il fit exception pour le pont de Montoire, que cette brigade eut ordre, au contraire, de conserver et de défendre jusqu'après le passage du général Barry, si celui-ci était forcé de se retirer de ce côté [1].

Mais l'attaque du Xᵉ corps n'était malheureusement pas la seule que nos troupes avaient eu à subir dans cette journée. Le IIIᵉ corps, parti de Maves le matin de très bonne heure, avait dirigé son avant-garde, commandée par le général de Hartmann, sur Vendôme, mais avec un grand détour vers le sud, commandé par l'état des chemins où l'artillerie ne pouvait absolument pas se mouvoir. La marche était donc assez lente, d'autant plus qu'il fallait refouler successivement les postes avancés que nous avions dans les villages et les fermes, à l'est de Vendôme. On arriva ainsi, dans l'après-midi, en face de la position de Bel-Essort, que le général de Hartmann, sur la demande du commandant du Xᵉ corps, essaya d'enlever ; mais le feu violent de nos tirailleurs et de la batterie que nous avions là rendait l'opération difficile. Néanmoins, grâce à leurs dix-huit pièces, les Allemands réussirent, vers quatre heures et demie, à nous refouler à l'ouest de Bel-Essort [2]. La nuit

1. *La 2ᵉ Armée de la Loire*, page 199.
2. La défense de ce point fut cependant très énergiquement menée par le chef de bataillon Prudhomme, qui y fut blessé grièvement.

arrivait ; il était d'autant plus impossible à l'ennemi de poursuivre nos troupes en retraite que les succès du 21ᵉ corps à Fréteval étaient signalés par le général de Tresckow et faisaient craindre une attaque sur le flanc droit du IIIᵉ corps allemand. Le général de Hartmann s'arrêta et mit ses troupes en cantonnement d'alarme dans les villages avoisinants. Quant à nos soldats, auxquels la brigade Pâris, sur le point de partir pour Montoire, avait essayé d'apporter un appui qui fut trop tardif, ils battirent en retraite en bon ordre, protégés par les batteries de la rive droite, et franchirent le pont de Meslay, qu'ils brûlèrent aussitôt [1].

Situation le 15 au soir. — La perte de Bel-Essort compromettait singulièrement la défense de Vendôme, et annihilait à peu près complètement les succès obtenus à Fréteval et à Sainte-Anne. D'autre part, nos troupes étaient épuisées ; cependant le général Chanzy ne voulait pas encore abandonner la partie. « Il était, a-t-il dit lui-même, tellement convaincu que les Allemands, eux aussi, étaient à bout de forces et qu'il n'y avait point à craindre de leur part d'effort sérieux pour le lendemain, qu'il résolut de se maintenir sur ses positions, préoccupé d'ailleurs des effets d'une retraite précipitée qui, dans la situation présente, pouvait amener un désastre en donnant aux troupes la possibilité d'une nouvelle débandade [2]. » Les ordres qu'il donna le 15 au soir avaient donc en vue la résistance et indiquaient les dispositions à prendre pour tenir tête à l'ennemi, s'il se présentait le lendemain ; mais ils envisageaient aussi l'éventualité d'une retraite à laquelle le général en chef, malgré toute son énergie, comprenait qu'il serait bientôt contraint de se résoudre. Les troupes, campées à quelques pas de l'ennemi [3], ne pouvaient prendre aucun repos ; le froid, l'humidité, la boue rendaient inte-

1. Dans les divers combats livrés sur le Loir les 14, 15 et 16 décembre, les Allemands n'eurent que 300 hommes hors de combat, avec 150 prisonniers. — Les pertes françaises n'ont pas pu être évaluées, même approximativement.

2. *La 2ᵉ armée de la Loire*, page 195.

3. Une grand'garde de gendarmerie captura, dans la nuit du 15 au 16, une patrouille prussienne, commandée par un capitaine.

nables des bivouacs où l'on ne pouvait allumer de feux. Personne, même parmi les chefs les plus vigoureux, ne croyait plus à un effort possible, et tout le monde sentait bien que la force de résistance de cette armée était à bout.

Du côté des Allemands, il faut bien le dire, la situation n'était pas beaucoup plus brillante, et la mollesse de leurs attaques, due en partie à un épuisement presque égal à celui de nos soldats, pouvait s'expliquer par une cause encore plus grave. A la vérité, le prince Frédéric-Charles était maintenant fixé d'une manière complète sur la position des troupes du général Chanzy; car non seulement les combats de la journée l'avaient définitivement éclairé à cet égard, mais des dépêches saisies la veille par des télégraphistes sur le fil de Vendôme à Tours, par Blois, fil qui avait été habilement intercepté, contenaient les détails les plus précis et les plus circonstanciés sur les emplacements que nous occupions[1]. En outre, il avait entre ses mains les instructions du général Chanzy, du 4 au 14 décembre, une suite d'ordres émanant du 17e corps, des dépêches, des décrets d'organisation, des livres d'ordres, etc., documents égarés dans la retraite, et précieusement recueillis par les cavaliers allemands[2]. Mais, d'autre part, une grave nouvelle était parvenue le 15, vers trois heures et demie du matin, au quartier général de Suèvres, et venait de renouveler les inquiétudes dont le prince n'avait jamais pu se délivrer complètement au sujet des agissements possibles du général Bourbaki. Pour l'intelligence des faits qui vont suivre, il est nécessaire d'entrer ici dans quelques détails.

La 14e brigade de cavalerie prussienne, laissée en Sologne, on s'en souvient, pour observer les débris de

---

1. Ces dépêches émanaient : 1° du préfet de Blois (alors à Vendôme); 2° de l'intendant général de l'armée (intendant Bouché) aux payeurs des 21e, 19e (ce dernier arrivait du Mans sur le Loir) et 17e corps, ainsi qu'au sous-intendant de la division Barry. — L'habileté des télégraphistes allemands ne fut, d'ailleurs, pas longtemps exploitée, car peu après les dépêches françaises pour Tours et le Mans, étaient expédiées par Saint-Calais.

2. Capitaine VON DER GOLTZ, loc. cit.

la première armée de la Loire, était depuis plusieurs jours installée à Vierzon, d'où elle envoyait des patrouilles vers le sud. Le 13 décembre, un de ses escadrons, battant l'estrade sur la route de Bourges, avait été assailli par des mobiles, des francs-tireurs, de la cavalerie, et refoulé sur Vierzon, ainsi que tous les avant-postes de la brigade ; une grande surexcitation s'était aussitôt produite dans la population ouvrière, en sorte que, dès une heure de l'après-midi, la cavalerie allemande avait dû évacuer la ville et se replier sur Salbris. Cette retraite ne s'effectua pas d'ailleurs sans quelque difficulté, et les escadrons prussiens, harcelés par des francs-tireurs mêlés à des troupes de ligne, n'atteignirent Salbris qu'après avoir perdu 16 hommes et 14 chevaux. D'autre part, toutes les patrouilles envoyées ce jour-là en avant s'étaient heurtées à des troupes de composition diverse, qui les avaient refoulées partout.

On pouvait voir là l'indice manifeste d'un mouvement offensif de Bourbaki, et c'est dans ce sens que le général von der Tann, qui rendait compte par une dépêche datée d'Orléans, le 14 au soir, de ces divers incidents, en interprétait la portée. Toutefois, le général bavarois n'indiquait point dans quelle direction ultérieure cette offensive resterait à craindre ; il croyait seulement qu'elle avait Tours pour objectif. Le prince Frédéric-Charles en était réduit, lui aussi, aux conjectures, quand il reçut, à deux heures du soir, une nouvelle dépêche de M. de Moltke, laquelle vint encore augmenter ses perplexités.

« Il y a lieu de croire, écrivait le chef d'état-major, que l'autre moitié de l'armée de la Loire a eu probablement à Bourges le temps de se rassembler de nouveau, et que, sous le commandement d'un chef de la valeur de Bourbaki, elle pourra facilement reprendre l'offensive aux premiers jours, soit sur la rive gauche, dans la direction d'Orléans, soit sur la rive droite, par Gien. Dans les deux cas, le corps bavarois n'est pas en état de résister ; dans le dernier cas surtout, même si la 1re division de cavalerie (*qui se trouve nous ne savons où*) se joignait à lui. En prévision d'une offensive possible de Bourbaki sur la rive droite de la Loire, le général de Zastrow (VIIe corps) sera dirigé sur Auxerre-Clamecy, dont il est *tout près; mais il est important que de ces points il protège aussi longtemps que possible la voie ferrée Châtillon-Joigny-Melun qui doit être prochainement exploitée.*

La mission imposée ainsi au général de Zastrow ne permettait guère au prince Frédéric-Charles de compter beaucoup sur lui, et cependant le danger semblait pressant. Dans ces conditions, et le grand-duc étant manifestement impuissant à déterminer, avec ses seules forces, la retraite de Chanzy, il y avait urgence à attaquer la ligne du Loir, de façon à pouvoir rendre disponibles, au plus vite, les trois corps de la IIe armée. Il fallait même renoncer à lancer sur Tours le IXe corps, comme on y avait pensé tout d'abord[1]; du moins devait-on remettre cette expédition au moment où la question serait vidée sur le Loir; car, outre que le IXe corps était pour l'instant le moins éprouvé de toute l'armée[2] et par suite sa seule réserve, l'occupation de Tours n'avait plus qu'une importance très secondaire depuis que la Délégation s'était transportée à Bordeaux, en tout cas, elle ne procurait plus des avantages en proportion des sacrifices qu'elle coûterait. Le prince Frédéric-Charles résolut donc, tout d'abord, de concentrer ses forces en vue d'une attaque décisive sur le Loir; le 16, le IXe corps eut ordre de franchir la Loire, et la 6e division de cavalerie fut rappelée de Contres, sur la rive gauche, vers le nord-est de Saint-Amand. On pensait que si cette journée ne suffisait pas à dénouer la situation, du moins elle permettrait de fixer les Français sur leur front et de manœuvrer le lendemain en vue de l'attaque décisive. Des instructions dans ce sens furent donc rédigées le 15, entre huit et neuf heures du soir. Mais, tandis que l'état-major de la

---

1. M. de Moltke semblait attacher une grande importance à l'occupation de Tours, ainsi qu'à la destruction des voies ferrées avoisinantes. Sa dernière dépêche demandait même si la chose n'était pas déjà faite.

2. Le IXe corps, bien qu'ayant fait, pour venir de Metz, une série de marches rapides et fatigantes, n'avait pris aux dernières affaires qu'une part insignifiante. Ayant eu le loisir de se refaire, il se trouvait beaucoup moins misérable que les **autres** corps dont le prince Frédéric-Charles pouvait disposer.

IIᵉ armée s'occupait de les élaborer, arriva tout à coup d'Orléans un nouveau télégramme de von der Tann, celui-ci plus explicite et plus inquiétant encore que les précédents.

« A l'instant (7 heures 30 minutes du soir), *y était-il dit*, le colonel commandant le détachement de Gien fait savoir qu'il a été attaqué, à deux heures de l'après-midi, par une troupe d'infanterie ennemie très supérieure. Cette troupe venait de Briare, où, dès le matin, on avait remarqué beaucoup d'indices et un grand mouvement de voitures. Le colonel, menacé d'être enveloppé par deux colonnes, se repliera sur Ouzouer. Dois-je me porter au-devant de l'ennemi jusqu'au canal d'Orléans? »

Il semblait, a écrit le capitaine von der Goltz, que ce fût là la réalisation des pressentiments qu'on avait eus au quartier général de la IIᵉ armée, et Frédéric-Charles, cette fois, crut fermement que le général Bourbaki avait pris l'offensive avec la première armée de la Loire, dans le but de dégager Chanzy.

Qu'y avait-il de fondé dans cette appréhension, et jusqu'à quel point les forces de Bourges étaient-elles réellement redoutables, c'est ce que nous allons examiner maintenant. La vérité est que le général Bourbaki, cédant aux sollicitations pressantes du gouvernement[1] et du général Chanzy, s'était décidé, le 12, quoique à contre-cœur[2], à se mettre en mouvement; ce jour-là, l'armée s'avança à moitié chemin de Vierzon, qui fut occupé par une brigade d'avant-garde; mais, dès le lendemain, le général en chef télégraphiait

---

1. « Si j'étais à votre place, écrivait, le 10, M. de Freycinet au général Bourbaki, je rallierais immédiatement mes trois corps; je châtierais les bandes qui se sont portées sur Vierzon et qui ont compté beaucoup plus sur l'imagination de vos troupes que sur leurs propres forces pour refouler votre armée. Je repousserais vivement l'ennemi au-delà de Salbris et je dirigerais une colonne dans la direction de Blois. Vous dites vous-même que l'ennemi veut tourner les débris de l'armée de la Loire; je voudrais lui prouver que ces débris ne se laissent pas ainsi jouer. »

2. « J'ai pris toutes les dispositions possibles pour combattre si cela était nécessaire, répondait le général, mais avec un troupeau d'hommes en grande partie démoralisés par les échecs successifs qui viennent de les frapper, par les fatigues des marches continuelles et rapides, par le temps affreux que nous avons et surtout par la débandade du 15ᵉ corps, *je prévois le résultat néfaste qui nous attend.* »

à Gambetta que l'état de ses troupes ne lui permettait pas de pousser plus loin. Or, le dictateur n'entendait pas que des forces aussi considérables que la première armée de la Loire demeurassent plus longtemps dans l'inaction ; la résistance remarquable de Chanzy sur les lignes de Josnes venait d'attirer de ce dernier côté la masse des corps allemands ; la route de Paris semblait ouverte une fois encore, et ni les faibles contingents laissés à Gien, ni les troupes de landwehr échelonnées en arrière pour assurer le service des étapes, ne constituaient des barrières bien difficiles à renverser. De Bourges, où il se trouvait alors, Gambetta indiqua au général Bourbaki une conception nouvelle que faisaient naître en son esprit les circonstances, et qui consistait, non plus à chercher à marcher vers l'ouest, mais à reprendre l'offensive sur Gien et Montargis. Bien que, pour les mêmes raisons qu'il avait déjà mises en avant, le général Bourbaki jugeât téméraire l'exécution immédiate d'une pareille entreprise, il dut cependant s'incliner devant la volonté fougueuse du ministre, et élaborer un projet de mouvement sur Nevers, d'abord, puis de là sur Montargis et Fontainebleau [1].

1. Voici en quels termes Gambetta insistait, le 17 décembre, auprès du général Bourbaki pour le déterminer à marcher de l'avant : « La dernière dépêche du général Chanzy le représente comme aux prises avec la presque totalité des corps de Frédéric-Charles, du duc de Mecklembourg et une colonne venant par la vallée de l'Eure, dont on n'estime pas la force. Il est plus que jamais urgent que la diversion énergique à laquelle vous êtes résolu soit menée le plus vivement possible, afin de gagner rien que par la marche beaucoup d'avance sur vos adversaires. En conséquence, je compte que vous penserez comme moi qu'il n'y a pas un instant à perdre, et que vous songerez plutôt à précipiter le mouvement sur Montargis qu'à le retarder. *Songez quelle gloire ce serait pour vous d'arriver à Fontainebleau presque sans coup férir...* Vos troupes doivent être reposées, tant par l'effet du temps que parce que depuis huit jours elles n'ont pas vu l'ennemi ; vous avez de jeunes et vigoureux commandants de corps, qui ne demandent qu'à aller en avant ; vos troupes elles-mêmes, quoique jeunes, retrouveront dans cette offensive les meilleures qualités de la race française. Vous leur parlerez et vous saurez les entraîner. *Ayez recours à des moyens extraordinaires s'il le faut. Vous avez blanc-seing ;* usez-en tant au point de vue des transports que des réquisitions ; *n'oubliez pas surtout le cantonnement que je vous ai recommandé.* Je ne peux m'empêcher de vous presser et de vous tourmenter, tant je sens les minutes précieuses ; je suis convaincu qu'en le faisant, je mets d'accord les intérêts de la République,

Il en commença même la réalisation, avant toute préparation, par l'envoi d'un détachement qui, transporté le 15 décembre à Briare en chemin de fer, gagna de là Gien, en chassa le détachement bavarois et intercepta les routes de Lorris et d'Orléans par des barricades[1] ; puis il rapprocha son quartier général de Nevers. Mais là se bornèrent les manifestations de son offensive, car, dès le 19, ainsi qu'on le verra plus tard, le gouvernement modifiait encore une fois ses projets, et les remplaçait par une conception plus vaste, plus grandiose, mais aussi plus risquée, la marche sur Belfort. L'exécution en sera exposée en son temps ; constatons seulement que la nouvelle destination donnée aux forces de Bourbaki portait un coup funeste à la deuxième armée de la Loire, comme le prouvera trop clairement l'examen des événements dont il va maintenant être question.

Pour l'instant, l'émotion était grande au quartier général de Suèvres, où le fait brutal d'une offensive inquiétante dirigée contre Gien venait de s'imposer. « La II° armée et son général se trouvaient dans un état d'énervement et de tension extrême », a dit un témoin autorisé[2]. De fait, la situation des armées allemandes pouvait à bon droit paraître critique ; celle du Ier corps bavarois surtout, à Orléans, risquait de devenir, du jour au lendemain, désespérée[3], et c'était là, paraît-il, ce qui causait au prince Frédéric-Charles les inquiétudes les plus sérieuses.

« La reprise d'Orléans par les Français aurait eu naturellement pour conséquence de faire tomber aux mains de l'ennemi un

de la France et de votre propre renommée. *Aujourd'hui, il faut faire dix fois son devoir, pour le faire une fois...* »
1. C'était l'escarmouche signalée par la dépêche citée plus haut du général von der Tann.
2. Capitaine von der Goltz, *loc. cit.*
3. « Si l'ennemi partant de Gien prononçait une attaque sur la rive droite de la Loire, ou à la fois sur les deux rives, le Ier corps bavarois, avec la meilleure volonté, ne pouvait se maintenir même un eul jour dans cette grande ville. *Il était même possible et très vraisemblable, quelles que fussent sa bravoure et la durée de sa résistance, qu'au cours de la lutte il perdît sa ligne de retraite sur Paris.* » (Capitaine von der Goltz, *loc. cit.*)

nombre considérable de blessés et de malades allemands, de lui
livrer du matériel, des vivres, et toutes les pièces qu'il avait perdues dans les batailles des 3 et 4 décembre. Un tel événement
pouvait être à bon droit considéré en France comme une franche
victoire; en tout cas, on l'aurait exploité dans ce sens. Quel eût
été l'effet moral d'une telle victoire, non seulement sur la République française, *mais sur l'Europe tout entière intéressée à la
lutte,* on le comprend clairement. C'est sans doute ce que sen-
taient le gouvernement de la République et ses généraux, aussi
bien d'ailleurs que les chefs de l'armée allemande... Si Orléans
tombait entre les mains du général Bourbaki, la IIe armée devrait
y courir, à marches forcées; mais elle serait suivie sans doute par
la deuxième armée française de la Loire. Le général Chanzy agirait sûrement ainsi, et, revenu à Beaugency, après toutes ces
opérations, il aurait aussi le droit de s'attribuer la victoire définitive, bien qu'en réalité l'armée allemande occupât Orléans pour
la troisième fois... Si, au contraire, la IIe armée continuait à divi-
ser ses forces, soutenant à l'ouest le grand-duc par un corps
d'armée, et prenant avec les deux autres l'offensive contre Bourbaki, le succès des deux côtés était remis en question. Telles sont,
ajoute le narrateur avec quelque mélancolie, les réflexions qui
assiégeaient l'esprit du général en chef[1]. »

Cependant le temps pressait et il fallait prendre une
décision. Envisageant la situation avec son énergie
coutumière, et fixé, tant par conviction personnelle
que par notre exemple, sur les effets funestes de l'irrésolution, Frédéric-Charles se dit qu'un plan une fois
arrêté, il valait mieux s'y tenir coûte que coûte, plutôt
que de désorienter toute une armée par des contre-
ordres incessants. Il avait résolu de battre d'abord la
deuxième armée de la Loire, si elle s'arrêtait sur le
Loir, et de ne se retourner contre la première qu'après
une liquidation définitive des forces de Chanzy. Il maintint sa décision tout entière et fit expédier les ordres
déjà préparés pour la journée du lendemain[2]. Toutefois, il se précautionna dans la mesure du possible
contre le danger dont il se sentait menacé, ordonna au
général von der Tann de porter au plus tôt, en face des
troupes de Bourbaki, les fractions du Ier corps bavarois
qui resteraient disponibles après avoir assuré la garde

1. Capitaine von der Goltz, *loc. cit.*
2. *Ibid.*

d'Orléans[1], fit rompre les ponts du canal d'Orléans, vers le Loiret, et prévint le commandement des étapes que les garnisons des différents gîtes devaient, surtout celle de Montargis, se préparer à la résistance; enfin, il demanda à M. de Moltke de presser la marche du général de Zastrow vers Auxerre. Cela fait, il se porta le 16, à huit heures du matin, de Suèvres, par Blois, à la Chapelle-Vendômoise, afin de se rapprocher du champ de bataille où allait probablement se décider le sort de l'armée de Chanzy.

Retraite sur la Sarthe.

Journee du 16 décembre. — Nous avons laissé le général Chanzy, décidé le 15 au soir à résister encore sur les positions de Vendôme, et ne donnant pour la retraite que des ordres éventuels. Le 16, à cinq heures du matin, les renseignements parvenus de tous les bivouacs, et surtout la déclaration positive de l'amiral Jauréguiberry qui, en dépit de sa fermeté habituelle, était obligé de constater qu'il ne fallait plus compter sur ses troupes épuisées[2], décidèrent le général en chef à profiter de l'épais brouillard du matin pour entamer une marche rétrograde devenue inévitable, et pour se dérober aux étreintes de l'ennemi.

Conformément donc aux ordres donnés la veille, les convois filèrent les premiers; des batteries de réserve, mises en position sur la rive droite, se tinrent prêtes à arrêter les Allemands dès qu'ils se montreraient; puis les corps d'armée se mirent successivement en mouvement, le 21ᵉ sur la route de Cloyes à Vibraye, et celles qui sont au sud, le 17ᵉ sur celle de Saint-Calais, le 16ᵉ sur celle de Montoire. Le 21ᵉ corps devait, en se retirant, détruire tous les ponts au-dessus de Fréteval, le 16ᵉ en faire autant pour ceux de Vendôme.

1. Le général von der Tann avait déjà envoyé en Sologne, pour soutenir la 14ᵉ brigade de cavalerie, un régiment de uhlans (le 4ᵉ), mis à sa disposition à Orléans.
2. *La 2ᵉ armée de la Loire*, page 203.

Le mouvement débuta avec beaucoup de calme, et sans que l'ennemi s'en soit aperçu ; la gare de Vendôme, où se trouvait encore un train considérable de munitions et d'approvisionnements prêts à partir pour Tours, et de là vers le Mans, put être évacuée, et, dès neuf heures du matin, toutes les colonnes étaient engagées sur les chemins qui leur avaient été respectivement assignés. Toutefois, le général Rousseau, commandant de la 1re division du 21e corps, n'avait pas reçu l'ordre ferme de la retraite ; croyant que la résistance allait continuer, et considérant comme très importante pour les opérations ultérieures la possession de Morée, débouché sur la rive gauche qui nous avait été enlevé l'avant-veille, apercevant d'autre part devant lui des mouvements de troupes assez importants [1], il sortit de Saint-Hilaire et marcha contre les hauteurs de Morée. Grâce à l'appui d'une batterie placée à Blinières, nos soldats purent s'approcher très près du village, refoulant les postes avancés de la 17e division prussienne et les tirailleurs de la 4e brigade bavaroise, qui était venue se déployer à sa droite. Des assauts répétés [2] allaient même les conduire jusqu'aux premières maisons, malgré le feu meurtrier qui en partait, quand, vers trois heures de l'après-midi seulement, arriva au général Rousseau l'ordre de Chanzy qui ordonnait à toute l'armée de rétrograder. Rompre le combat n'était pas chose facile ; le général Rousseau préféra l'entretenir jusqu'à la nuit, sans continuer son offensive, mais en restant sur place. A six heures du soir, il repassait le pont de Saint-Hilaire, et cherchait à rejoindre son corps d'armée.

Cependant, une fois le brouillard dissipé, vers dix heures du matin, les avant-postes du Xe corps en position devant le faubourg du Temple avaient pu cons-

1. Ces mouvements étaient déterminés par un ordre du grand-duc, qui, en prévision d'une affaire décisive, avait ordonné à la 22e division et même à la 4e brigade bavaroise d'aller relever en première ligne la 17e division, absolument épuisée. Cette relève n'était pas encore accomplie à Morée, quand se produisit l'attaque du général Rousseau.

2. *La Guerre franco-allemande*, 2e partie, page 658.

tater qu'ils n'avaient plus personne devant eux ; d'autre part, le bruit des explosions et les colonnes de fumée qui s'élevaient au-dessus des ponts détruits indiquaient que les Français s'étaient définitivement décidés à la retraite. La 20ᵉ division prussienne se mit donc en mouvement et gagna le faubourg ; trouvant là un pont insuffisamment détruit, elle le rétablit en hâte, lança sur la rive droite quelques détachements, et s'installa dans la ville, en se couvrant par des avant-postes[1]. Les quelques bataillons lancés à notre poursuite capturèrent tout d'abord une mitrailleuse, appartenant au 16ᵉ corps, qui s'était embourbée ; bientôt après, une batterie de 12 de la réserve, en position au château de Bel-Air, « dont les hommes, mal surveillés par les officiers, s'étaient enivrés avec le vin d'une cave qui leur avait été ouverte[2] », et qui s'était mise en retard, fut attaquée dans un chemin étroit et boueux, où, malgré les efforts énergiques d'une section de génie et du 11ᵉ bataillon de chasseurs[3], elle fut capturée tout en-

1. Un détachement minime des avant-postes du IIIᵉ corps (un peloton) était entré dans Vendôme presque en même temps.

2. Dans ses souvenirs de la guerre (*Paris, Tours, Bordeaux*, page 171), le général Thoumas s'inscrit en faux contre cette assertion du général Chanzy. « La batterie, dit-il, ayant les canonniers montés sur les coffres, s'engagea dans un chemin creux, étroit et boueux ; elle fut tout à coup entourée par l'ennemi ; les canonniers, embarrassés pour reprendre leurs mousquetons, ne se défendirent pas. Le capitaine, perdant peut-être un peu la tête, courut chercher du secours ; quand il revint, ses pièces étaient au pouvoir des Allemands. » Les affirmations du général Thoumas sont basées sur le rapport à lui adressé par le colonel commandant la réserve du 16ᵉ corps, lequel faisait remonter la responsabilité du désastre au général commandant la division et surtout au colonel commandant l'artillerie, qui avait abandonné la batterie en question, sans escorte, dans une position isolée. Le fait certain est que, bien que condamné sur place, le surlendemain, par un conseil d'enquête réuni au quartier général de l'amiral Jauréguiberry, le capitaine commandant la batterie perdue fut amnistié par Gambetta et reçut bientôt après un nouveau commandement qu'il conserva jusqu'à la fin de la guerre et même pendant la lutte contre la Commune.

3. « Dans cet engagement qui fait grand honneur au capitaine Joly et à ses sapeurs, dit le général Chanzy, 40 de nos soldats avaient lutté contre 200 Prussiens, leur avaient tué ou blessé une cinquantaine des leurs et fait 15 prisonniers. Ces sapeurs, pour la plupart, ne comptaient pas trois mois de service. La section eut 1 homme tué et 1 blessé. »

tière. Enfin, du côté de Courtiras, un convoi de 64 voitures tomba également au pouvoir de l'ennemi.

C'étaient là de fâcheux incidents survenant après un début heureux. Ils ne devaient malheureusement pas être les seuls. L'intention du général en chef était de porter son armée, le 16 au soir, sur la ligne Montoire-Mondoubleau, qui, bien qu'un peu longue (30 kilomètres), offrait l'avantage de s'appuyer sur deux rivières, le Loir au sud, le Droué au nord. Le lendemain, il aurait dépassé la Braye, poussé sa gauche à la Ferté-Bernard, et se serait ainsi assuré la possession de la vallée de l'Huisne. Mais, d'une part, le 21ᵉ corps, retardé par l'état des chemins et l'engagement de Morée, ne put parcourir la totalité de la route qu'il avait à faire. D'autre part, les colonnes de l'aile droite, engagées dans un pays très coupé, où il était impossible de marcher en dehors des chemins bordés de haies, s'allongèrent démesurément. « Des corps, cherchant des passages, s'écartèrent de leur direction, et quelquesuns d'entre eux commirent la faute de se diriger directement sur le Mans, sans plus se préoccuper de l'armée, qu'ils précédèrent d'au moins deux jours[1]. » Le Mans semblait à tous un lieu d'asile et de repos où les hommes harassés trouveraient enfin un peu de répit à leurs fatigues et à leurs souffrances. La débandade faisait d'effrayants progrès, et des nuées d'isolés, répandus au hasard sur les chemins, cherchaient à gagner au plus vite la ville tant désirée. La marche de l'armée offrait un aspect lamentable, dont on peut se faire une idée par le triste tableau qu'en a tracé son commandant en chef.

Il fallut, dit-il, envoyer en avant, pour arrêter les fuyards sur les routes principales, les régiments de gendarmerie; mais ils ne purent surveiller tous les petits chemins qui sillonnent le pays, et Le Mans fut bientôt encombré par cette foule débandée qui, privée forcément de ses distributions, échappant à toute discipline, présentait l'aspect le plus misérable et le plus honteux pour une armée. Il est consolant toutefois de pouvoir dire que si de pareils exemples ont été donnés trop fréquemment dans cette partie de

1. La 2ᵉ Armée de la Loire, page 206.

la retraite, les gens de cœur qui restaient dans le rang, et c'était le plus grand nombre, cachaient à l'ennemi, par l'ordre dans lequel ils marchaient et leur vigueur à le repousser, ces défaillances, qui ne s'expliquent que par la jeunesse et l'inexpérience du métier militaire de ceux qui s'y laissèrent aller [1].

En résumé, le 16 au soir, le 16ᵉ corps s'arrêta sur la ligne Montoire-Fortan, qui lui avait été assignée; de même, le 17ᵉ put s'installer au sud de Mondoubleau, sauf une division, qui s'égara dans la forêt de Vendôme et n'atteignit qu'Epuisay. Quant au 21ᵉ corps, il arriva, fort avant dans la nuit, à la Chapelle-Vicomtesse et à Romilly, assez en deçà de ses objectifs; la division Gougeard même ne quitta ses positions qu'à huit heures du soir, et gagna Droué en pleine obscurité [2].

La II° armée allemande est reportée sur Orléans. — Cependant, en arrivant à la Chapelle-Vendômoise, le prince Frédéric-Charles avait été informé de notre retraite, ainsi que de l'occupation de Vendôme par le Xᵉ corps. S'engager avec toutes ses forces à la suite de son adversaire, au moment même où le danger du côté de Gien semblait devenir plus pressant, lui parut inutile et dangereux; la situation, en effet, n'était plus la même que la veille, et le dénouement qu'il avait attendu d'une bataille se trouvait amené tout naturellement par la prise de possession, sans coup férir, de la ligne du Loir. Aussitôt le prince prit son parti : ramener sans retard sur la Loire une partie de la II° armée, en attendant que le reste pût suivre. Pour commencer, le IXᵉ corps, qui, à trois heures, atteignait la Chapelle-

---

1. *La 2ᵉ armée de la Loire*, page 206.
2. Pendant la journée, des détachements français, couvrant la retraite, étaient restés assez tard sur leurs positions. A Pezou même, quelques fractions du 17ᵉ corps avaient pris l'offensive, franchi le Loir, et menacé Renay, où la 22ᵉ division prussienne venait de s'installer, relevant la 17ᵉ. Non seulement la 22ᵉ division n'essaya pas de les chasser, mais son chef, le général de Wittich, répondit au commandant du IIIᵉ corps qui, de Coulommiers, où il était arrivé sur ces entrefaites, lui faisait demander ce qu'il comptait faire, qu'en raison de l'étendue de son front et des ordres du grand-duc, il se refusait à attaquer. Exemple presque unique dans l'armée allemande, et qui montre bien à quel degré d'affaissement moral officiers et soldats étaient arrivés.

Vendômoise, se portant, suivant les ordres antérieurs, sur Villeromain, fut arrêté séance tenante par le prince lui-même, et remis en marche instantanément dans la direction de Blois et de Beaugency, pour gagner de là Orléans[1]. Une heure plus tard, le IIIe corps reçut l'ordre de se porter, le 17, sur Mer et Beaugency, tandis que la 6e division de cavalerie irait se poster dans les parages de Coulmiers. Quant au prince, il regagna de sa personne Suèvres. De là, dans la soirée, il prescrivit au Xe corps, renforcé de la 1re division de cavalerie, de poursuivre l'armée de Chanzy, mais surtout de garder la ligne du Loir, d'occuper Blois, et de s'avancer ensuite vers Tours pour détruire de fond en comble les voies ferrées allant au midi; l'*Armee-Abtheilung*, pendant ce temps, se porterait sur Châteaudun, dissoudrait les rassemblements de forces françaises qui pourraient s'y trouver et servirait de soutien à la 5e division de cavalerie, lancée, comme on l'a vu, de Chartres vers le Mans, avec quatre bataillons de landwehr de la Garde et deux batteries[2]. Le grand-duc de Mecklembourg cessait, en raison de l'éloignement, d'être subordonné au commandant de la IIe armée et ne relevait plus que du grand quartier général.

C'était l'abandon presque complet du contact avec la deuxième armée de la Loire, et il fallait certes des raisons bien puissantes pour qu'un homme de la trempe de Frédéric-Charles ait renoncé, au dernier moment, à livrer une bataille en vue de laquelle il avait concentré tous ses moyens d'action. Ces raisons, on doit les cher-

---

1. Ce corps était parti de Blois le 16 au matin; il marcha toute la journée, sauf un léger temps d'arrêt à la Chapelle-Vendômoise, toute la nuit du 16 au 17, et la journée du 17 jusqu'à trois heures du soir. Il fit donc, en trente-six heures environ, un parcours de 82 kilomètres, sur des routes mauvaises et par un temps affreux. Il n'avait laissé que 5 0/0 de traînards et avait perdu 13 chevaux sur 4,000. Bien que son effectif fût à peine celui d'une division, il n'en a pas moins accompli là un véritable tour de force, que l'on ne peut guère comparer qu'à la marche de la division Masséna sur Rivoli en janvier 1797 ou à celle du 1er corps de la grande armée (maréchal Bernadotte), lancé après Iéna aux trousses de Blücher. Dès le 18, il était en état de reprendre les opérations.

2. Cette division devait atteindre Mondoubleau le 17.

cher tout naturellement dans les inquiétudes suscitées par les indices d'une diversion probable sur le flanc gauche de la II⁰ armée, inquiétudes dont nos ennemis ne se sont pas cachés d'ailleurs. Mais on peut aussi, et peut-être avant tout, les découvrir dans l'état d'épuisement des troupes allemandes, qui, pendant plus de six semaines, n'avaient pas eu un moment de répit. La désagrégation qui les minait, l'ouvrage officiel de l'état-major prussien n'a pas voulu l'avouer publiquement, et il s'est contenté, à cet égard, de quelques allusions assez discrètes. Mais on en trouve la confession éclatante et sincère dans les pages suivantes du capitaine von der Goltz, qui, mieux que personne, était, pendant cette période tragique, en situation de juger et de voir. Il faut citer intégralement ses aveux, parce qu'ils montrent les résultats extraordinaires dus à l'énergie du peuple français, et aux deux hommes en qui la patrie semblait s'être incarnée tout entière.

L'armée allemande, a écrit von der Goltz, venait de loin. Les derniers jours passés par elle devant Metz avaient été presque insupportables, la maladie et les souffrances de toutes sortes ayant éclairci ses rangs dans de fortes proportions. Le désir qu'elle éprouvait de se reposer semblait aussi pressant que justifié, quand, à la fin d'octobre, elle dut tourner le dos à la place dans laquelle son premier adversaire, le maréchal Bazaine, venait de résister d'une manière si tenace et si ferme, ne rendant ses armes qu'après soixante-dix jours d'un étroit investissement[1]. Mais ce repos, elle ne put le goûter que dans une limite très restreinte pendant les marches suivantes, bientôt transformées en marches forcées. Puis survint la campagne de Beauce, avec son pénible service d'avant-postes s'exerçant sur un front de 5, 6, et 7 lieues, le long duquel on se battait presque chaque jour. Il fallut livrer sans répit les combats de Beaune-la-Rolande, de Loigny et d'Orléans; après quoi, s'imposa la préparation d'une campagne

---

1. On sait que, pour ne pas diminuer leur gloire, les Allemands affectent toujours de considérer Bazaine comme un grand capitaine et un adversaire dont ils n'ont pu avoir raison que grâce à leur valeur et à de savantes combinaisons. Ils font ainsi une confusion volontaire entre l'armée de Metz, si belle et si brave, et le chef assurément moins glorieux qui l'a perdue. Nul n'ignore maintenant ce qu'il faut penser de leur appréciation intéressée, et l'assertion du capitaine von der Goltz ne peut rencontrer, en France, que des contradicteurs.

vers le sud et la nécessité d'une lutte épuisante, soutenue pendant quatre jours autour de Beaugency.

Une guerre toute nouvelle — guerre nationale — venait d'éclater tout à coup; elle créa pour nos hommes une série de difficultés nouvelles, pour l'exploration et la sûreté un surcroît d'obstacles. Car, tandis que, pendant la première période de la lutte, notre cavalerie précédait de plusieurs étapes les colonnes qui, sous sa protection, pouvaient reposer dans leurs cantonnements sans être astreintes à un grand déploiement de mesures protectrices, cette même cavalerie était maintenant condamnée à se coller aux avant-gardes. De chaque ferme, de chaque fourré, les patrouilles recevaient des coups de feu; avant d'avoir rien vu, elles avaient déjà subi des pertes. Le service de sûreté proprement dit était donc, de ce fait, rendu beaucoup plus difficile, et exigeait beaucoup plus de monde, sans toutefois réussir à empêcher certains incidents fâcheux. En outre, l'armée allemande devant fréquemment sur la Loire faire face à des forces deux ou trois fois supérieures, était obligée d'occuper un espace de terrain beaucoup plus grand qu'il ne convenait à ses effectifs.

Le service des relais et des communications devenait également plus compliqué. La proportion des forces employées à ces fonctions secondaires s'augmentait d'une façon démesurée, en comparaison de la période précédente, où d'énormes masses se mouvaient sur un espace relativement étroit. En réalité, les combats étaient moins énergiquement menés, moins actifs qu'autrefois; de jour en jour, les feux à grande distance prenaient plus de développement, le tir allongé de l'artillerie plus d'importance; par contre, la lutte, toujours fatigante et souvent indécise, traînait en longueur, épuisant les troupes tout autant que les chaudes affaires soutenues contre l'armée impériale... Les convois de prisonniers exigeaient presque plus de monde que la bataille elle-même, et jetait derrière les armées des nuées de petits détachements épars qui rejoignaient leurs corps respectifs, comme d'ailleurs les réserves envoyées de la patrie, quand ils pouvaient. Les cadres fondaient à vue d'œil, et il faut s'habituer, dans cette période de la guerre, à baser l'évaluation des effectifs sur des données bien différentes de celles qui existent normalement. Des corps d'armée, des divisions, des unités diverses, il ne restait que le titre, non la valeur et la force. Un corps d'armée comptait en infanterie à peine autant qu'une division au début[1]; et les meilleurs éléments avaient disparu, fauchés par les balles ou détruits par les fatigues; mais, comme le matériel restait le même et que les colonnes de voitures augmentaient toujours, la lourdeur des mouvements allait aussi grandissant; une journée suffisait à peine pour parcourir une étape de trois ou quatre lieues. Quant au corps d'officiers, il était affaibli à un degré déplorable, et, depuis longtemps déjà, il n'existait plus aucune parité entre le grade et la fonction. Le com-

---

1. La 22ᵉ division avait à peine l'effectif d'une brigade, comme, du reste, l'infanterie du 1ᵉʳ corps bavarois.

mandement exercé par beaucoup d'officiers de réserve, les rangs
encombrés par des soldats réservistes, tout cela paralysait singulièrement l'utilisation tactique de l'armée.

Jusqu'au 11 décembre, les troupes s'étaient tirées péniblement
du verglas des chemins; ensuite, ç'avait été le dégel et la pluie.
Les routes étaient défoncées, et la boue y atteignait la hauteur
d'un pied. Les patrouilles, et, à plus forte raison, les colonnes
elles-mêmes, ne pouvaient plus sortir des chemins classés. Quand
les batteries voulaient se frayer un chemin, il fallait d'abord dé-
poser une couche de branchages, pour que les roues ne s'enfon-
çassent point jusqu'aux essieux. Les divisions de cavalerie ne
pouvant rendre à une armée, dans de pareilles conditions, que de
maigres services, celles dont disposait le prince feld-maréchal, bien
qu'au nombre de quatre, n'étaient pas d'une grande utilité.

Dans beaucoup de bataillons, on voyait déjà des hommes nu-
pieds, ou chaussés de sabots, et vêtus de pantalons de toile. Dans
la subdivision d'armée du grand-duc, certaines compagnies, on
l'a vu, comptaient quarante hommes, et plus, n'ayant plus de
chaussures du tout.

On sait déjà que l'armée n'était pas suffisamment pourvue en
munitions d'artillerie, et si les approvisionnements suffisaient pour
quelques combats, ils ne permettaient pas d'entreprendre, sans
danger, une opération de longue haleine. Qu'on réfléchisse à cette
situation, qu'on réduise les corps de troupes à leur véritable valeur, qu'on suppose ensuite que l'armée, en poursuivant l'ennemi,
soit arrivée de marche en marche jusqu'à la Sarthe, et qu'alors,
forcée par un mouvement de Bourbaki, elle ait été obligée de
revenir en arrière en arpentant encore une fois de plus tous ces
chemins, et puis on se demandera, non sans raison, si après de
nouvelles marches ininterrompues près d'Orléans et sur la Loire
supérieure, *elle serait arrivée encore en état de combattre!...* Il est
au reste facile d'apprécier l'influence exercée par la situation morale
sur la marche des opérations, dans cette dernière partie de la
guerre. A l'exception de quelques esprits tenaces, *chacun était
rassasié des combats heureux. Le feu de la guerre ne brûlait
plus qu'avec des flammes vacillantes; le désir d'obtenir enfin un
instant le repos désiré était très répandu partout...*

Et plus loin, après avoir exprimé son étonnement et
son admiration devant les prodigieux efforts faits par
la France pour tenir tête, avec des éléments épars et
médiocres, à une armée puissante, compacte et déjà
victorieuse; après avoir constaté que « seul, un pays
qui dispose de ressources aussi inépuisables et d'une
civilisation aussi ancienne, peut improviser, d'une façon aussi rapide et aussi colossale, semblable résistance », le capitaine von der Goltz ajoute cette phrase

significative : « Malgré tous les succès précédents, *il
ne nous eût certainement pas été facile de mettre en
ligne une nouvelle armée si, par suite d'une série de
revers, une seule des armées allemandes se fût trouvée
complètement perdue,* ainsi que cela était déjà arrivé à
deux armées de la France. » Rien, mieux que cette
constatation spontanée, ne prouve combien la vigoureuse impulsion donnée à la lutte par Gambetta et
Chanzy avait relevé nos affaires, et sur quelles frêles
bases reposait, chez l'ennemi, l'espoir d'une victoire
définitive. Malheureusement, le réveil national avait été
trop brusque et son action se poursuivait encore d'une
façon trop diffuse pour donner à la France l'indicible
consolation, qu'elle méritait à coup sûr, de chasser de
son sein l'envahisseur.

Journée du 17. — Combat de Droué. — Revenons
maintenant aux opérations. Après avoir, le 16, dans
la soirée, expédié diverses dépêches destinées à préparer l'arrivée de son armée au Mans et à accumuler
sur ce point les ressources nécessaires, le général
Chanzy rédigea son ordre pour la marche du lendemain. Il y recommandait aux états-majors d'étudier au
préalable les ressources du réseau routier, afin d'éviter
des croisements de colonnes comme ceux qui s'étaient
produits dans la journée; il donnait quelques indications tactiques sur la façon de conduire la retraite,
et prescrivait de ne pas engager les batteries sans leur
donner un soutien suffisant[1]. Le soir du 17, les corps
devaient être rendus, le 16° au Grand-Lucé, le 17° à
Ardenay, le 21° à Breil et Thorigné. Le mouvement
commença à six heures et demie du matin pour les
convois, une heure plus tard pour les corps; il s'effectua sans incidents graves. Toutefois, l'arrière-garde
de la 2° division du 17° corps eut affaire, à Épuisay, à
une colonne forte de quatre bataillons, deux escadrons
et deux batteries, que le X° corps avait lancée à notre
poursuite. Un bataillon du 51° de marche, soutenu par

---

1. Ceci donne une autorité toute spéciale à la façon dont le général
Thoumas explique, ainsi que nous l'avons relaté ci-dessus, la perte
d'une batterie de la réserve, le 16, à Vendôme.

deux batteries, prit position à hauteur du village, contint l'ennemi, et recula pied à pied jusqu'à la Braye. Là, les Prussiens, craignant de trop s'aventurer, s'arrêtèrent, puis revinrent sur leurs pas[1].

A l'extrême gauche de l'armée, la division Gougeard, qui, ainsi qu'on l'a vu plus haut, n'avait atteint Droué qu'après une marche de nuit, allait se remettre en route vers dix heures, quand tout à coup elle fut assaillie par l'ennemi. C'était la 5° division de cavalerie qui, lancée de Chartres vers Mondoubleau, attaquait le village et y surprenait nos soldats. Un instant, le désordre fut à son comble; la mousqueterie et le feu de deux batteries, éclatant brusquement à petite portée, causèrent une violente panique, et quelques bataillons de mobilisés lâchèrent pied[2]. Fort heureusement, le général Gougeard était un homme d'une rare énergie; ramenant vigoureusement ses troupes au combat, il les fit appuyer par tout ce qu'il avait d'artillerie, les entraîna par son exemple et réussit à bousculer les Allemands qui, dit la *Relation officielle*, durent abandonner une partie de leur butin[3]. Cette affaire, qui eût peut-être pu être évitée, nous coûtait 14 tués et 35 blessés. Les Allemands, de leur côté, accusent une perte de 1 officier et 14 hommes[4], mais le général Chanzy l'évalue à un chiffre beaucoup plus élevé[5].

Fin de la retraite. — Pointe exécutée sur Tours. — Cet épisode fut le dernier d'une retraite qui aurait pu certainement donner lieu à de plus graves incidents. Le 18, le temps sembla se remettre au beau; la neige cessa de tomber et le soleil, bien qu'encore voilé, reparut. Nos troupes continuèrent leur marche, laissant en arrière bien des traînards et bien des égarés, mais

---

1. Ils avaient fait 250 prisonniers et, ce qui était plus grave, capturé des papiers de service importants, émanant de l'état-major du 17° corps.
2. *La 2° armée de la Loire*, page 212.
3. *La Guerre franco-allemande*, 2° partie, page 668.
4. *Ibid.*, supplément CIX.
5. « Parmi les cadavres, abandonnés sur le terrain de la lutte, étaient ceux de deux officiers supérieurs, et 21 prisonniers restaient entre nos mains. » (*La 2° armée de la Loire*, page 213.)

formant encore quelques noyaux solides, qui restaient
dans la main de leurs chefs, et se protégeaient en
arrière, comme le voulait Chanzy, par des lignes de
tirailleurs que des patrouilles de cavalerie couvraient
à grande distance. Néanmoins, les symptômes de désorganisation devenaient assez manifestes pour que le
général en chef, malgré une énergie à laquelle l'ennemi
lui-même a rendu une justice éclatante[1], ait éprouvé
une grande hâte d'arriver à son but. Le 19, l'armée
atteignait enfin le Mans, échappant ainsi pour la troisième fois à un adversaire qu'elle avait lassé au point
de lui inspirer le dégoût de la lutte; malheureusement,
elle ne disposait d'aucune réserve fraîche, et le départ
de Bourbaki pour l'Est allait la priver définitivement du
seul secours sur lequel elle aurait pu compter. Débarrassé de ses craintes pour Orléans, le prince Frédéric-
Charles va bientôt revenir contre elle avec des forces
reconstituées et des troupes restaurées, en sorte que
l'espoir légitimement fondé sur tant de généreux efforts
s'évanouira dans la débandade du Mans, où la faiblesse
de quelques mobilisés entraînera toute l'armée dans un
désastre définitif. Fatale conséquence, tant des erreurs
du début que de la faute commise par ceux qui, en ne
cédant pas aux instances si pressantes du général
Chanzy, compromirent encore une fois un succès qu'il
avait tout fait pour obtenir[2]. Quoi qu'il en soit, l'armée
s'établit, le 19, sur les positions suivantes :

Le 21ᵉ corps, autour de Montfort, sur l'Huisne.

Le 17ᵉ corps, sur les crêtes en arrière d'Ardenay,
commandant la route de Vendôme au Mans.

Le 16ᵉ corps, autour de Parigné-l'Evêque, commandant la route de Tours par la Chartre.

Les troupes amenées de Saint-Amand par le général

---

1. « Il faut rendre pleine justice à tous les hommes qui, même
dans une telle situation, ne perdirent pas courage et s'obstinèrent
à continuer la lutte au milieu de circonstances si difficiles. » (Capitaine von der Goltz, loc. cit.)

2. Dans sa dépêche au ministre, datée du 17 au soir, Chanzy
disait encore : « J'insiste toujours pour une démonstration sur la
rive gauche ou sur Orléans, où il ne peut rester que des forces peu
considérables. »

Barry étaient établies sur le flanc droit, à Jupilles, en avant de la forêt de Bersay[1].

Le quartier général s'établissait au Mans, où seuls les régiments de gendarmerie tenaient garnison, avec mission de faire évacuer la ville par les innombrables débandés qui s'y trouvaient. Les ordres les plus sévères étaient donnés pour que désormais personne, officiers ou soldats, ne s'absentât indûment de son corps; enfin le terrain en avant de Pontlieue et sur la rive droite de l'Huisne devait être organisé défensivement. L'armée de la Loire allait trouver là un peu du répit dont elle avait un si urgent besoin.

Cependant, tandis que les forces françaises accomplissaient la retraite dont il vient d'être question, les Allemands en exécutaient de leur côté une autre, dans un sens diamétralement opposé. Le 18, le prince Frédéric-Charles rentrait à Orléans, où le IX° corps se trouvait depuis la veille. Il était presque rassuré sur la valeur réelle de l'incident de Gien, car les dépêches arrivées de ce point faisaient connaître que la ville était occupée seulement par un faible détachement, lequel semblait plutôt s'organiser défensivement que se préparer à une attaque. D'autre part, la cavalerie qui patrouillait en Sologne, si elle se heurtait constamment

---

1. On se rappelle que, pendant la défense de la ligne du Loir, le général Barry avait tenu Saint-Amand, tandis que le général Morandy occupait Château-Renault. On se souvient aussi que, bien que n'ayant devant lui qu'un faible détachement du X° corps et la 2° division de cavalerie, le général Barry s'était fort exagéré le danger que lui faisait courir sa position isolée, et avait cru avoir affaire à plus de 20,000 hommes auxquels il se considérait comme hors d'état de pouvoir résister. Dès le 15, il s'était fait rejoindre à Saint-Amand par le général Morandy, qui ne laissait à Château-Renault et à Longpré qu'un seul bataillon, jusqu'à ce que des troupes envoyées de Tours vinssent le relever. Le 16, le général Barry battit en retraite sur Montoire, d'après les indications du général Chanzy, renvoya au 17° corps la brigade de cavalerie de Landreville qui lui avait été prêtée, et que remplaçait un régiment de lanciers amené par le général Morandy, et se mit en communication avec le général en chef. C'était la première fois, depuis la bataille d'Orléans, que celui-ci avait toute son armée réunie.

Pendant les trois derniers jours de la retraite, le général Barry fut chargé de garder le flanc droit de l'armée et la ligne du Loir, depuis Pont-de-Braye jusqu'à Jupilles. Il s'installa sur ce point le 18 et y resta à partir de ce jour jusqu'à nouvel ordre.

à des groupes francs ou à de petits détachements, ne signalait aucun indice pouvant faire croire à un mouvement général des forces de Bourbaki. Le prince se borna donc à renforcer par un régiment de cavalerie les troupes bavaroises qui, après avoir évacué Gien, s'étaient portées à Ouzouer-sur-Loire ; d'ailleurs, il était prévenu que, le 21 au plus tard, le général de Zastrow serait à Auxerre avec la majeure partie du VII° corps. Il put donc, en attendant de nouveaux événements, donner à ses troupes des cantonnements assez spacieux et réunir, soit à Orléans, soit aux alentours, les III°, IX° corps, le I° bavarois et la 6° division de cavalerie. Quant au grand-duc, dont les soldats épuisés étaient presque hors d'état de se mouvoir, il recula de quelques jours son mouvement sur Chartres, et se borna, pour l'instant, à garnir la ligne du Loir, de Fréteval à Cloyes. A sa gauche, la 2° division de cavalerie le reliait, par Oucques, au X° corps, installé autour de Vendôme ; à sa droite, la 4° était en communication avec la 5°, stationnée à Droué et Courtalain.

En même temps le général de Voigts-Rhetz, commandant du X° corps, préparait son expédition sur Tours et avait, dans ce but, porté déjà son avant-garde jusqu'à Saint-Amand [1]. A Tours l'émoi était grand ; avant même le départ du gouvernement, le préfet avait voulu retirer les fusils de la garde nationale [2], et si la mesure ne s'était pas exécutée, c'est que Gambetta avait ordonné à cette même garde d'aller occuper les ponts de Montlouis et d'Amboise, avec ordre de ne les détruire que si cela devenait indispensable pour la sécurité de Chanzy [3]. Mais le plus grand désarroi régnait dans la ville, et aussitôt après que la Délégation l'eut quittée,

1. Le 18. — L'ennemi trouva encore à la gare de Saint-Amand divers papiers et correspondances d'une certaine importance.
2. « En prévision de l'arrivée de l'ennemi, écrivait le préfet au maire, et dans l'impossibilité de défendre Tours dans la ville même, il serait fâcheux de voir les fusils de la garde nationale tomber entre les mains de l'ennemi pour être détruits sur la place publique. »
3. On joignit pour cela à la garde nationale 2,000 mobilisés venus de Saumur.

l'affolement y régna sans conteste[1]. Afin d'organiser une défense quelconque, Gambetta expédia de Bordeaux au général Ferri-Pisani, qui commandait à Angers, l'ordre de se rendre immédiatement à Tours, où il pouvait disposer d'environ 5 ou 6,000 hommes, sans compter les francs-tireurs Lipowski, chargés de défendre la forêt d'Amboise. C'est avec ces forces et quelques contingents réunis par le préfet[2], que le général Pisani put occuper Vernou, le pont de Montlouis, Saint-Martin-le-Beau et Bléré.

Le 16, on apprit que les troupes allemandes, ayant abandonné la rive gauche de la Loire, remontaient vers Herbault et Vendôme[3]. Aussitôt le préfet fit rétablir la voie ferrée Tours-Vierzon, et le général Pisani se mit en communication avec le général Bourbaki, dont la venue était toujours espérée ; de même le général Chanzy fut informé télégraphiquement de l'événement. Puis, la tranquillité s'étant rétablie, du moins momentanément, le préfet put reprendre l'expédition précédemment interrompue des mobilisés de son département sur le camp de la Rochelle[4], où on s'occupait de les instruire avec beaucoup d'autres et à en former de nouvelles unités[5].

Sur ces entrefaites, le général de Woyna, commandant le détachement du Xe corps porté sur Saint-Amand, avait, le 19, gagné Château-Renault et poussé son avant-garde jusqu'à Villedomer[6]. Déjà les patrouilles de cavalerie qui précédaient sa colonne se heurtaient,

1. Dépêches échangées entre le préfet, le gouvernement et le général Chanzy.
2. Chasseurs du Havre, francs-tireurs de Langeais, etc.
3. L'avis en fut envoyé par un billet enfermé dans une bouteille jetée dans la Loire, à Blois.
4. Dépêche du préfet au général (auxiliaire) Détroyat, commandant le camp.
5. « Ces événements, dit von der Goltz, donnent, à côté de l'image de la confusion dominante, une idée intéressante de l'activité presque fébrie que déployaient tous les membres du gouvernement momentanément existant, pour réunir toujours de nouvelles troupes et combler par des forces fraîches les vides qui se creusaient dans les rangs des défenseurs de la patrie. »
6. Le Xe corps était ainsi coupé en trois tronçons : l'un était entré à Blois, pour relever le IXe corps ; l'autre marchait sur Saint-Amand ; enfin le troisième, le plus considérable, était sur le Loir.

ce jour-là, à quelques avant-postes français jetés à
Monnaie ; le 20, pendant qu'un parti était lancé vers
l'ouest pour aller couper la voie ferrée de Tours au
Mans, mission qu'il ne remplit pas d'ailleurs, les Allemands continuèrent leur route, mais ne tardèrent pas
à être arrêtés par des forces sérieuses qui barraient
celle-ci au sud de Monnaie. Ils se déployèrent, firent
enfiler la grande route par le feu de deux pièces d'artillerie, et refoulèrent nos mobilisés ; un régiment de
uhlans, les prenant ensuite à revers sur l'aile droite,
jeta dans leurs rangs quelque désordre, pas assez cependant pour qu'avec l'appui de soutiens postés à hauteur
de Champaigné, ils n'aient essayé de résister encore.
Il fallut qu'une batterie vînt les débusquer. Le régiment
de uhlans voulut alors charger encore une fois ; obligé
par l'état du sol détrempé de se former en colonne sur
la route même, il allait atteindre nos soldats en retraite,
quand ceux-ci, se retournant brusquement, firent pleuvoir sur lui, à moins de 30 mètres, une grêle de projectiles qui le décimèrent et brisèrent net son élan[1].
D'autres escadrons, venus du gros, essayèrent de
tourner par Notre-Dame-d'Oé l'aile gauche ; mais celle-ci
faisait si ferme contenance que toute velléité de s'en
approcher leur passa.

Cette brillante affaire nous coûtait 300 hommes hors
de combat et une centaine de prisonniers[2] ; mais elle
en imposait à l'ennemi, très étonné de cette résistance[3],
au point qu'avant de pousser plus avant, le général de
Voigts-Rhetz voulut se renseigner plus complètement
sur notre situation et sur nos projets[4]. Le lendemain,
il envoyait sur Tours un assez fort détachement[5], mais
seulement avec mission de voir, et de n'occuper la ville

---

1. *La Guerre franco-allemande*, 2ᵉ partie, page 674.
2. Les Allemands avaient perdu une centaine d'hommes. Leurs
forces, très supérieures aux nôtres, se composaient de deux brigades d'infanterie, une de cavalerie, et six batteries.
3. Une petite colonne, envoyée de Blois avec de la poudre de mine,
avait été fusillée de la rive gauche et obligée de remonter vers
l'ouest.
4 *La Guerre franco-allemande*, 2ᵉ partie, page 674.
5. Six bataillons, six escadrons, deux batteries et deux compagnies
de pionniers.

qu'autant qu'il le pourrait sans engager une affaire sérieuse[1]. Comme le régiment de cavalerie qui formait la pointe d'avant-garde, débouchait sur le pont de la ville, il fut accueilli par des coups de feu partant d'un rassemblement posté sur le pont même et qu'il fallut disperser à coups de canon[2]. La ville aurait probablement été occupée ensuite sans grande difficulté, si un ordre du général de Voigts-Rhetz, motivé par l'annonce malheureusement inexacte de l'arrivée de Bourbaki, n'avait rappelé la colonne à Monnaie. De là, tout le détachement de Woyna recula, le lendemain, sur Herbault[3].

Cet incident, auquel devaient se borner pour le moment les tentatives faites pour s'emparer de Tours et couper les voies ferrées allant vers le sud, montre à quel point les Allemands, désorientés par l'énergie et l'universalité de notre résistance, étaient devenus circonspects. Au fond, la tendance de tous les chefs de l'armée ennemie, M. de Moltke en tête, était maintenant de se borner à maintenir les armées de province assez loin de Paris pour qu'on pût attendre en toute sécurité la chute de la capitale, chute qui, personne ne s'y trompait, devait, en raison de la faute commise par le gouvernement de s'y enfermer, amener la fin des hostilités. On a vu plus haut que les instructions du grand quartier général étaient de limiter le champ d'action des armées et d'éviter de les engager davantage dans l'intérieur du pays. Ces instructions insistaient surtout sur la nécessité de donner du repos aux troupes et de les remettre en état; chacun était assez fatigué et assez peu soucieux de nouvelles aventures pour qu'elles fussent suivies sans qu'il ait été besoin de les répéter deux fois, et, à cet égard, les aveux du général von der Goltz sont décisifs. L'état d'affaissement moral et de lassitude générale qu'il a si nettement confessé amena donc une sorte

1. *La Guerre franco-allemande*, 2ᵉ partie, page 675.
2. Là fut grièvement blessé le major, depuis général, von Scherff de l'état-major de la 19ᵉ division, l'écrivain militaire bien connu.
3. Il fit au préalable détruire sommairement le chemin de fer du Mans, près de Mettray.

de trêve tacite et de tranquillité relative dont l'ennemi
profita pour se refaire, se ravitailler et se reconstituer.
La majeure partie de ses soldats purent même, chose
douce au sentimentalisme allemand, célébrer sans
trouble, dans des cantonnements spacieux, où la bonne
chère était prodiguée aux frais des habitants pressurés,
les deux fêtes de Noël et du nouvel An. Pendant ce
temps, nos pauvres soldats, toujours campés sous leurs
misérables petites tentes et resserrés dans des bivouacs
qu'on n'avait pas voulu élargir pour les tenir à proximité des approvisionnements qui arrivaient[1], ne pouvaient profiter qu'imparfaitement de ces journées de
répit, et attendaient, en perdant graduellement leur
cohésion et leur confiance, les nouvelles épreuves qui
allaient bientôt leur être imposées.

1. *La 2ᵉ Armée de la Loire*, page 224.

CHAPITRE III

LE MANS

1. — LES COLONNES MOBILES.

Après avoir reconnu en personne, dans la matinée du 19, les positions susceptibles de protéger la ville du Mans, le commandant en chef de l'armée de la Loire donna ses ordres définitifs pour l'installation de celle-ci. Sur la rive gauche de la Sarthe étaient disposés les 21e et 16e corps, le premier occupant face au nord-est l'espace compris entre cette rivière et l'Huisne, par Yvré-l'Évêque, Sargé et le château de Chapeau ; le second s'étendant en arc de cercle depuis Yvré-l'Évêque jusqu'à Arnage, le long d'une sorte de chemin de ceinture dit *Chemin-aux-Bœufs*, et défendant les trois routes de Grand-Lucé, d'Écommoy et d'Angers. Les avant-postes d'infanterie étaient poussés à trois ou quatre kilomètres en avant, ceux de cavalerie à une quinzaine de kilomètres, et les abords mêmes des positions organisés défensivement. Quant au 17e corps, il traversa l'Huisne et la Sarthe, pour aller s'installer à l'ouest du Mans, entre les routes de Conlie et de Laval, dans la ville étaient seuls laissés les régiments de gendarmerie à pied et à cheval, qui veillaient à l'ordre et refoulaient sur leurs corps respectifs tous les fuyards et tous les isolés. Le 21 décembre, les troupes occupaient les cantonnements ou bivouacs qui leur avaient été assignés. Malheureusement, pour des raisons déjà dites, les

seconds étaient beaucoup plus nombreux que les premiers, et les rigueurs toujours aussi rudes de la température ajoutaient des souffrances cruelles et prolongées aux nombreux ferments de dissolution dont étaient
minés les régiments. L'armée, épuisée de fatigues, commençait à montrer des symptômes évidents de désagrégation, mais enfin elle était momentanément à
l'abri des coups de l'ennemi; c'était beaucoup déjà,
comme l'a écrit son chef, de l'avoir amenée au Mans
dans des conditions où elle allait pouvoir se refaire[1].
Cependant, avec sa conception si nette des nécessités
de la guerre, le général Chanzy se rendait bien compte
que le répit dont il pourrait laisser la jouissance à ses
corps harassés devait être fort court. Tenir l'ennemi
à distance tout en surveillant ses mouvements, le recevoir vigoureusement sur les positions choisies, s'il
continuait son offensive, ou bien, si les mouvements
de Bourbaki appelaient vers l'est l'armée allemande de
la Loire, profiter d'une occasion fugitive pour reprendre
la marche sur Paris, tel était le double programme
qu'avec son incoercible énergie, le commandant en chef
venait de se tracer, et dont il préparait la réalisation
avec une activité exclusive de tout espoir de stationnement prolongé. D'ailleurs les nouvelles reçues de Paris
indiquaient clairement la nécessité de se hâter[2]; elles
fixaient au 20 janvier la dernière limite des approvisionnements de la capitale et apportaient sur les plus
récents événements du siège des détails assez circonstanciés pour qu'aucun doute ne subsistât sur l'impossibilité où se trouvait l'armée de Paris de forcer dorénavant
le blocus avec ses seules ressources. Or, bien que le
général *ne considérât pas la chute de Paris comme
devant fatalement entraîner la fin de la lutte*, il estimait néanmoins que la situation générale serait de ce
fait tellement aggravée qu'il devenait nécessaire de

---

1. *La 2ᵉ armée de la Loire*, page 233.
2. Ces nouvelles avaient été apportées par le capitaine d'état-major
de Boisdeffre (depu s chef d'état-major général de l'armée), qui
était sorti de Paris en ballon.

tenter l'impossible pour empêcher cette chute [1]. Il écrivit
à ce sujet une longue lettre qu'il fit porter à Gambetta,
en ce moment à Lyon, par un officier de son état-
major ; le 29 seulement, par suite des difficultés des
communications, il reçut une réponse assez vague, où
il était question du plan d'opérations sur Belfort, des
mouvements de Faidherbe dans le nord, mais nullement des moyens pratiques à adopter pour communiquer avec le général Trochu et s'entendre avec lui dans
le but d'une action commune [2]. Chanzy ne se tint pas
pour battu. Dès le lendemain, il écrivit à Gambetta une
dépêche nouvelle où il insistait énergiquement sur la
nécessité de coordonner les efforts de toutes les armées
de secours, et sur son intention bien arrêtée de reprendre, pour sa part, la marche sur Paris aussitôt que
ce serait possible. « Mais, ajouta-t-il, il est indispensable pour cela que mes lignes de communications et de
retraite soient assurées, et j'ai besoin de connaître
comment et par qui. » Il demandait donc des renseignements précis sur les rassemblements de troupes en
train de s'accomplir dans l'Ouest et sur les moyens
à employer pour utiliser ces troupes à un service de
protection de ses derrières. Il demandait également à
être tenu au courant de tous les mouvements des généraux Faidherbe et Bourbaki.

Cependant, comme, le 2 janvier, aucune réponse
n'était encore parvenue au quartier général, Chanzy
expédia à Bordeaux le commandant de Boisdeffre, muni
d'instructions détaillées et porteur d'une lettre où se
trouvaient exposés, avec une netteté de vues d'autant
plus remarquable que les renseignements précis faisaient
presque complètement défaut à son auteur, non seule-

1. *Lettre de Chanzy à Gambetta*, en date du 28 décembre 1870.
2. Le capitaine de Boisdeffre avait apporté de Paris six pigeons
voyageurs, que le préfet d'Angers s'était empressé de réquisitionner
et de garder. Chanzy demandait qu'on lui en rendît au moins quatre ;
mais Gambetta lui fit savoir que, chaque fois qu'il aurait une dépêche
à lancer, il devrait d'abord l'expédier à Bordeaux, où elle serait préparée sur papier spécial, puis envoyée à Poitiers, d'où un pigeonnier
partirait avec elle pour rejoindre le quartier général, et la lancer de
là, *s'il y avait lieu*. Un pareil procédé de transmission équivalait à
une véritable annihilation des procédés télégraphiques.

ment la situation générale des forces ennemies, mais encore un plan d'opérations grandiose qui embrassait le théâtre de la guerre tout entier[1]. Quand on lit ce document mémorable, où à côté d'une merveilleuse lucidité d'intuition se trouvent des conceptions si nettes et à la fois si rayonnantes, on ne sait ce qu'il faut le plus admirer, de la sagacité profonde du capitaine ou de la foi indestructible du patriote et du soldat. Tout y est ; la méthode allemande dévoilée d'un trait, et laissant apparaître, derrière le masque de ses combinaisons habiles, le point vulnérable sur lequel il faut frapper ; la série des opérations à entreprendre pour arriver aux portes de Paris par un mouvement concentrique général et ravitailler la capitale ; enfin les moyens tactiques à employer pour déjouer les manœuvres de l'adversaire et conduire la guerre selon des procédés méthodiques et corrects. L'homme qui a conçu cette page avait certainement en lui l'étoffe d'un grand capitaine ; si la fortune avait permis qu'il fût à notre tête dès le début de cette guerre, si seulement il avait pu prendre la direction entière et la complète responsabilité de la défense nationale, nul doute que, malgré son mérite incontestable, le général de Moltke n'eût bientôt trouvé son maître, et vu s'éteindre devant ce rude adversaire une étoile que d'autres n'ont, hélas ! pas même fait pâlir.

Malheureusement, le plan du général Chanzy avait, aux yeux de la Délégation, un défaut grave. Il réduisait à des limites plus étroites, et, il faut bien le dire, plus sages, le mouvement excentrique imposé au général Bourbaki, qui déjà, comme on le verra par la suite, était arrivé sur le Doubs. Tandis que Chanzy entendait ne pas envoyer la 1re armée de la Loire plus loin que la ligne Nogent-sur-Seine — Château-Thierry, pour la ramener de là sur Paris, M. de Freycinet, au contraire, avait conçu l'idée impraticable, à force d'être vaste, d'employer cette armée à faire lever le siège de Belfort, à occuper les Vosges et à couper les lignes ferrées venant de l'Allemagne ; il voyait là un plan à la

1. Voir à l'appendice la pièce n° 4.

fois plus sûr et plus redoutable aux Allemands que celui
du général Chanzy [1], et il entendait ne point l'abandonner ainsi. Bien plus, la Délégation avait basé sur la
réussite de sa conception aventureuse tous ses espoirs
de succès définitif. Pour elle, les opérations des armées
du Nord et de la Loire devaient être subordonnées à
celles de Bourbaki, et non concorder avec elles ; par
suite, elles ne devaient reprendre activement qu'une fois
Bourbaki maître des Vosges et se dirigeant vers Paris à
cheval sur les deux lignes ferrées de Strasbourg et de
Metz [2]. On pensait, illusion singulière ! que ce résultat
serait une simple affaire de quinze jours [3] !

Il va sans dire que Chanzy ne partageait point cet
aveugle optimisme ; bien au contraire, il comprenait
les dangers terribles auxquels on exposait l'armée de
l'Est, et le peu de chances que celle-ci avait de réussir.
Il insista une fois encore pour qu'on abandonnât un
projet aussi aléatoire, et qu'on se bornât, comme il
l'avait demandé, à faire marcher sur Paris, concentriquement et ensemble, les trois armées de la Loire,
de l'Est et du Nord. Cette fois, M. de Freycinet répondit par une fin de non-recevoir comminatoire.
« Nous croyons, télégraphia-t-il, que notre plan est
encore le meilleur, *car c'est celui qui démoralisera
le plus l'armée allemande...* Ne vous laissez pas
affecter par les dépêches du général Trochu, *dont nous
pensons que les échéances ne doivent point être prises
à la lettre,* et ouvrez votre âme à l'espoir que doit
faire naître un plan d'ensemble *bien conçu et bien
coordonné pour un effort suprême et décisif* [4]. » Le
général Chanzy n'avait plus qu'à s'incliner ; il le fit
en soldat, mais non sans regrets. Le rôle de son armée
se réduisait, pour le moment, à l'expectative ; celui des
deux autres, à des efforts individuels et sans liaison.

---

1. *Dépêche du ministre de la Guerre*, datée de Bordeaux, le
5 janvier.
2. *Ibid.*
3. *Ibid.*
4. *Dépêche chiffrée* adressée le 7 janvier au général Chanzy par
M. de Freycinet.

Bien que convaincu d'avance de l'inanité de toute tentative isolée, il se remit cependant à l'ouvrage, attendant, dans un travail acharné de réorganisation, l'occasion qui ne pouvait lui manquer de porter à l'ennemi un dernier coup [1].

Nous venons d'anticiper sur les événements pour présenter dans leur ensemble les différentes conceptions qui se faisaient jour à cette époque, et indiquer quelle profonde divergence de vues séparait alors le général Chanzy de la Délégation. Revenons maintenant aux événements militaires, dont nous avons interrompu le récit avec la pointe dirigée sans succès par les Allemands sur Tours. Disons, tout de suite, que la colonne du général Pisani, retirée à Langeais, ainsi que des troupes réunies à Poitiers sous le commandement du général de Curten, avaient été, dès le 2 décembre, placées sous les ordres directs du général Chanzy. Celui-ci leur prescrivit de se porter à Château-la-Vallière, nœud de route très important entre Loir et Loire, de façon à interdire à l'ennemi la possibilité de venir inquiéter l'aile droite de l'armée, et à soutenir le général Barry,

---

1. C'est ici le lieu de rappeler en peu de mots un épisode assez significatif qui montre à quel degré d'intolérance, malheureusement encore dépassé plus tard, la Délégation en était arrivée. Le prince de Joinville, qui sous le nom de colonel Lutherott avait assisté en volontaire, comme il a été dit plus haut, à la défense d'Orléans, voulut, vers cette époque, régulariser sa situation et, se faisant connaître au général Chanzy, demanda à suivre les opérations de la deuxième armée. N'écoutant que son cœur de soldat, le général accorda l'autorisation; « il ne voulait pas refuser, a-t-il dit, à un homme qui désirait se battre pour son pays, ce que le gouvernement de la République accordait à tous les Français. » Mais, malheureusement pour le prince, il crut de son devoir d'en prévenir le gouvernement, et chargea l'officier envoyé à Lyon, le 23 décembre, de remettre à Gambetta une lettre où l'affaire était succinctement exposée. La réponse fut tout autre que celle à laquelle s'attendaient le prince et le général: ordre fut donné d'expulser incontinent du Mans le colonel Lutherott, qui même fut arrêté, par ordre du préfet Lechevalier et, à l'insu de Chanzy, retenu cinq jours dans une sorte de captivité et, enfin, embarqué à Saint-Malo pour l'Angleterre. Quelle que soit l'idée que l'on peut se faire des dangers auxquels la présence, dans les rangs de l'armée, d'un prince servant sous un nom d'emprunt et en qualité d'étranger exposait la République, il faut convenir qu'un pareil traitement était sans excuse, le colonel Lutherott n'ayant jusqu'alors fait acte que de loyal et courageux soldat.

qui gardait les passages du Loir entre Montoire, ou plus exactement Pont-de-Braye, et le Lude.

Le commandant en chef tenait avant tout à refaire ses troupes et à les maintenir pendant un certain temps à l'abri d'une attaque. Il prit pour cela certaines dispositions qui méritent d'être signalées. Tout d'abord le front de l'armée fut couvert par de nombreuses reconnaissances de cavalerie légère, appuyées par des francs-tireurs, qui poussaient le plus loin possible; le détachement Lipowski fut envoyé vers Nogent-le-Rotrou pour surveiller la direction de Chartres, celui du colonel de Cathelineau à Vibraye pour observer la direction de Châteaudun. Une petite colonne, détachée du 21e corps, alla occuper Connerré, sur la route de la Ferté-Bernard[1]. Enfin, le 23, deux colonnes mobiles, d'une force assez considérable, furent confiées aux généraux Rousseau et Jouffroy-d'Abbans avec mission de battre le pays, la première dans la direction de Nogent-le-Rotrou, la seconde le long du Loir, vers Vendôme[2]; ces colonnes devaient être reliées par les francs-tireurs Lipowski, Cathelineau et quelques autres petits détachements. Elles se mirent en route le jour même, l'une par la Ferté-Bernard, l'autre par Ecommoy.

Pendant ce temps, la masse des troupes allemandes demeurait tranquille dans ses cantonnements, mais faisait cependant battre le pays en avant d'elle par sa cavalerie et de petits détachements mixtes qui poussaient parfois assez loin. C'est ainsi que, le 22, un parti dirigé sur Sougé[3] fut accueilli à coups de fusil et refoulé par les troupes du général Barry. Le 25, un déta-

1. Cette colonne, commandée par le colonel Villain, surprit le 21, à la ferme Brisson, une reconnaissance allemande à laquelle elle captura 25 cavaliers. Deux jours après, elle allait grossir les forces confiées au général Rousseau.

2. La colonne du général Rousseau comprenait 2,000 hommes d'infanterie, les deux bataillons du colonel Villain, une batterie de 4, deux mitrailleuses et deux escadrons de cavalerie légère; elle devait être appuyée par deux bataillons de mobilisés de l'Orne, dirigés d'Alençon sur Mamers. — Celle du général de Jouffroy se composait de toute sa division (3e du 17e corps), débarrassée des malades, malingres, éclopés, etc., avec trois batteries, deux mitrailleuses et deux escadrons légers. Elle prenait pour base d'opérations Château-du-Loir.

3. A quatre kilomètres est de Pont-de-Braye.

chement fort de deux bataillons, deux escadrons et une batterie, envoyé par le X° corps vers Saint-Calais où, deux jours auparavant, une patrouille de cavalerie avait reçu des coups de feu tirés par les partisans du 16° corps français, refoula les éclaireurs du capitaine Bernard [1], qui occupaient la ville, pilla celle-ci et la frappa d'une contribution de 17,000 francs [2] ; l'ennemi ne s'arrêta qu'à Bouloire, où nos avant-postes l'obligèrent à faire volte-face et à s'en retourner. Enfin la marche des colonnes mobiles mit un frein à cette activité qui menaçait de devenir gênante, et obligea les Allemands à plus de circonspection ; elle permit également de rétablir, au grand profit de nos troupes, la voie ferrée du Mans à Tours, que vinrent protéger des forces amenées de Château-la-Vallière par les généraux de Curten et Cléret [3].

Combats de Saint-Quentin et de Troo (27 décembre). — Sur ces entrefaites, les colonnes mobiles avaient gagné du terrain ; celle du général de Jouffroy, arrivée le 26 décembre sur la Braye, à Bessé et Lavenay, se disposait à pousser vers Vendôme, quand son chef apprit qu'un détachement ennemi descendait le Loir sur son flanc droit et marchait vers Pont-de-Braye. C'était une force de deux bataillons, deux escadrons et deux pièces, que le général commandant la 20° division prussienne avait envoyée vers l'ouest pour se renseigner sur nos mouvements [4], et tirer vengeance de la résistance des francs-tireurs [5]. Cette troupe avait déjà atteint

---

1. On se rappelle que le capitaine Bernard, officier d'ordonnance du général Chanzy, commandait un escadron dit des *éclaireurs du quartier général.*

2 La conduite brutale des Allemands, dans la circonstance, et la hautaine arrogance avec laquelle leur chef, le major Kœrber, du 56° prussien, accueillit les observations présentées par la municipalité, donna lieu à une énergique protestation du général Chanzy. Il y fut répondu par un simple reçu, accompagné de ces mots : « Un général prussien ne sachant pas écrire une lettre d'un tel genre, ne saurait y faire une réponse par écrit. » — Voir, à ce sujet, *La 2° armée de la Loire,* pages 259 et suivantes.

3. Le général Cléret venait de remplacer le général Ferry-Pisani.

4. *La Guerre franco-allemande,* 2° partie, page 677.

5. *La 2° armée de la Loire,* page 262. — Monographies publiées par le grand état-major allemand : *Détachement de Bollenstern dans la vallée du Loir.*

Montoire et s'était engagée, dans l'après-midi, sur la
route de Sougé, laissant en arrière une compagnie pour
garder le pont des Roches, deux autres pour occuper
Montoire. Comme son avant-garde atteignait le village
de Troo, elle fut tout à coup accueillie par des coups
de fusil partant des maisons ; elle put néanmoins refouler les tirailleurs qu'elle avait devant elle, et poursuivre
sa route vers Sougé, laissant encore à Troo deux compagnies ; mais, à Sougé, la fusillade devint tellement
vive que, malgré l'appui de leurs deux pièces, les Allemands durent se replier sans délai ; sur les hauteurs
du nord, dans la direction de l'ouest, se montraient des
troupes françaises assez nombreuses, et des batteries
apparaissaient sur les crêtes, balayant toute la rive
droite du Loir. La retraite devenait une nécessité, et le
lieutenant-colonel de Boltenstern, qui dirigeait la reconnaissance, en donna l'ordre immédiat. On rétrograda
donc sur Saint-Quentin, non sans avoir ramassé à Troo
quelques otages, puis on hâta le pas pour atteindre le
pont des Roches et repasser sur la rive gauche du Loir.
Mais voici que tout à coup, en débouchant à l'est de
Saint-Quentin, les Allemands s'aperçoivent que la route
est barrée devant eux par de fortes lignes de tirailleurs
derrière lesquels se massent des réserves imposantes ; en
même temps, des hauteurs du nord partent des coups
de canon qui prennent en flanc le détachement prussien. Enserré entre le Loir à droite, et des forces ennemies établies tant en face de lui que sur sa gauche,
celui-ci va être désormais contraint de mettre bas les
armes, ou de s'ouvrir un passage par la force... Comment sa situation a-t-elle pu devenir aussi brusquement
critique ? C'est ce que nous allons expliquer maintenant.

A la nouvelle de la marche du colonel de Boltenstern,
laquelle lui paraissait à bon droit s'exécuter en dehors
de toutes les précautions d'usage, le général de Jouffroy
s'était décidé sans hésitation à attaquer vigoureusement
les Allemands, de façon à les surprendre en plein mouvement. Partageant ses forces en trois colonnes, il avait
aussitôt lancé une de celles-ci (deux bataillons et une
batterie) sur les Roches, la seconde (un bataillon et une

batterie) directement sur Troo, la troisième (deux bataillons, une batterie et deux mitrailleuses) sur Montoire;
c'est cette dernière contre laquelle étaient venues se
heurter les troupes prussiennes, lesquelles, appuyées
par leurs deux pièces, essayaient de passer outre, avec
d'autant moins de succès qu'elles étaient maintenant
prises à revers par la colonne de Troo et exposées par
derrière au feu de ses six canons. Leur position semblait désespérée et leur anéantissement certain, quand,
avec une énergie remarquable, le colonel de Boltenstern,
après avoir préparé par le feu rapide de ses deux pièces
la tentative suprême qui était sa dernière ressource,
lança à la baïonnette et sans tirer contre la droite française les cinq compagnies qui lui restaient[1]. Une mêlée
furieuse s'ensuivit, au milieu de laquelle notre artillerie
faisait pleuvoir ses obus au hasard[2], puis les Prussiens
ayant, avec l'énergie du désespoir, réussi à produire
dans nos rangs une brèche étroite, y passèrent comme
une trombe et se jetèrent au pas de course sur le chemin de Montoire. Pendant ce temps, leurs deux pièces,
rattelées en hâte dans une ferme, avec quatre chevaux
seulement, suivaient à plein galop la retraite de l'infanterie « non sans avoir perdu encore deux chevaux
blessés, qu'il avait fallu dételer sous une grêle de balles
et de mitraille[3] »; enfin l'escadron atteignait Montoire
à son tour. C'est ainsi, grâce à un acte de brillant courage et de remarquable sang-froid, que fut sauvé le
détachement prussien; son chef venait de racheter, par
une présence d'esprit à laquelle il faut rendre hommage,
la faute grave qu'il avait commise en s'aventurant sans
s'éclairer, sans couvrir son flanc droit et en émiettant
progressivement ses forces. Il lui en coûta d'ailleurs,
car si les deux compagnies laissées à Montoire purent
se retirer sans trop d'encombre sur la rive gauche du
Loir, après avoir couvert la retraite des cinq autres, il

1. Il faut se rappeler que, sur les huit compagnies dont se composait le détachement, deux étaient restées à Montoire et une aux
Roches.
2. La Guerre franco-allemande, page 678.
3. Ibid.

n'en alla pas de même pour celle des Roches, qui ne put se dégager qu'en laissant entre nos mains une partie de ses hommes, dont 10 soldats et 1 officier, qu'elle avait envoyés en détachement vers Lunay En outre, le 70ᵉ mobiles (Lot), qui s'était lancé à la poursuite de l'ennemi à travers le pont de Montoire[1] captura à plus de 3 kilomètres de distance deux caissons, sept voitures et pas mal de prisonniers[2]. En somme, les Allemands en étaient quittes pour une perte de 150 hommes (dont 70 prisonniers); la nôtre n'a pu être exactement établie[3].

Deuxième combat de Vendôme (31 décembre). — Dès le lendemain, le général de Jouffroy recevait l'ordre de continuer sa marche sur Vendôme, afin de s'assurer si les Allemands occupaient toujours en force cette position ; il devait, pour son expédition, être renforcé de troupes envoyées par le général Barry. Celles-ci étant arrivées le 30, il prit dès lors le parti de se porter sur Vendôme en deux colonnes, tandis qu'un détachement léger irait franchir le Loir en amont de la ville pour prendre celle-ci à revers par Meslay, et que les éclaireurs algériens, aux ordres du colonel Goursaud, se porteraient par Montoire sur la rive gauche, pour couper la route de Blois. Ce projet, bien qu'éparpillant trop les forces, pouvait, s'il réussissait, nous rendre maîtres de Vendôme, qui constituait pour l'ennemi un poste avancé d'une grande utilité ; en tout cas, sa réalisation fut entamée avec une rare vigueur. Le 31, vers midi, la colonne de droite, commandée par les colonels Courty et Bayle, se porta sur le château de Bel-Air, l'enleva, et refoulant l'adversaire sur le Loir, réussit, après une

---

1. Ce pont avait été rétabli par les Allemands.
2. *La 2ᵉ armée de la Loire*, page 262.
3. La *Relation allemande* l'évalue à 450 hommes, dont 10 officiers et 200 prisonniers environ. — Il est incontestable que les troupes françaises avaient montré là une impressionnabilité excessive et s'étaient laissé imposer par l'énergique contre-attaque de l'ennemi. Sans quoi il leur eût été facile, avec leur supériorité numérique, d'anéantir celui-ci. Il faut, pour les opérations de partisans, des soldats aguerris et calmes; les nôtres n'étaient malheureusement rien de tout cela. (Voir à ce sujet la *Monographie* déjà citée, traduction Küssler, Paris, Westhausser, 1880, pages 75 et 79.)

lutte de près de trois heures, à gagner les premières maisons de Vendôme, ainsi que la gare du chemin de fer. A la nuit, elle campa sur les positions conquises, et s'y maintint malgré une canonnade qui ne cessait pas. De ce côté, le succès était donc aussi complet qu'on pouvait le souhaiter[1] ; malheureusement, à notre gauche, la colonne du colonel Thierry, qui s'était portée sur Epuisay et Danzé, avait été chassée de ce dernier point par un retour offensif des Prussiens, et s'était rabattue sur nos troupes de Bel-Air, qu'elle ne rejoignit que fort tard dans la soirée[2]. Très ému de cet incident, qui pouvait lui faire croire à un mouvement sérieux de l'ennemi sur son aile gauche, le général de Jouffroy crut devoir, à deux heures du matin, donner l'ordre de la retraite, et ramener ses troupes sur leurs positions de la veille. « L'ennemi, qui ne s'était pas aperçu de ce mouvement, tira jusqu'à huit heures du matin sur les maisons que nos troupes avaient occupées, et reconnaissant son erreur, poussa dans la soirée des reconnaissances jusqu'à Villiers, Azay et Espéreuse, sur les traces de nos colonnes[3]. »

Le mouvement sur Vendôme venait donc, en définitive, d'échouer ; car, pas plus que la masse principale, le détachement qu'on voulait lancer sur la rive droite n'avait pu remplir sa mission, les tentatives de réfection du pont de Lisle étant restées infructueuses. De même, les éclaireurs algériens, amenés par le colonel Goursaud au sud de Vendôme, avaient dû, après un engagement, assez brillant d'ailleurs, avec des cuirassiers prussiens, rétrograder de Varennes sur Montoire, pour ne pas s'exposer à être cernés. Dans la soirée du 1er janvier, le général de Jouffroy établit ses troupes depuis Epuisay jusqu'aux Roches, avec sa cavalerie à Savigny, Montoire et Troo ; sa retraite s'était exécutée

---

1. Les troupes chargées de la défense de Vendôme, et qui appartenaient à la 20e division prussienne, comprenaient onze bataillons, douze escadrons et six batteries.

2. Cette colonne avait eu affaire à deux compagnies, huit escadrons et une batterie, chargés, par le général de Kraatz d'aller reconnaître la route de Fréteval à Epuisay.

3. La 2e armée de la Loire, page 267.

avec méthode, sous la protection d'arrière-gardes qui avaient toujours réussi à tenir l'ennemi en respect[1].

Combats de Courtalin (31 décembre) et de Lancé (2 janvier). — D'autre part, tandis que la division de Jouffroy opérait contre Vendôme, la prise de contact entre les différentes colonnes mobiles lancées par les deux partis en avant de leur front avait donné lieu à un certain nombre d'escarmouches. Le 29 décembre, le général Rousseau, apprenant la présence des troupes ennemies à Mondoubleau, jetait dans la direction de ce point un petit détachement[2], qui, après une pénible marche de nuit, atteignait Courtalin, le 31[3], et enlevait le village avec une remarquable vigueur, tuant 65 hommes à l'ennemi ; celui-ci, complètement surpris s'enfuit dans un tel désordre qu'il abandonna ses armes et ses sacs[4].

Quant au général de Curten, qui s'était avancé jusqu'à Château-Renault, d'où, tout en surveillant la vallée de la Loire et en couvrant la voie ferrée de Tours, il pouvait mieux appuyer, le cas échéant, le général de Jouffroy, il avait fait refouler par sa cavalerie, le 1er janvier à Longpré, le 2 à Lancé, une forte reconnaissance allemande à laquelle il prit 18 hommes dont un officier.

Coup d'œil général sur la situation. — Ainsi, d'une façon générale, la situation militaire était la suivante sur le théâtre d'opérations qui nous occupe. Du côté français, le gros de l'armée était groupé autour du Mans, ayant devant lui, à Nogent-le-Rotrou, le général Rousseau, dont l'avant-garde occupait la Fourche, et, sur la Braye, le général de Jouffroy. Entre ces deux

---

1. *La 2e armée de la Loire,* page 271. — *La Guerre franco-allemande,* 2e partie, page 685.

2. 600 hommes d'infanterie, deux pièces, un escadron, plus des francs-tireurs (Dordogne, Sarthe, légion franco-argentine, volontaires de la Ferté-Bernard).

3. Il avait été jusqu'à la Chapelle-Royale, puis s'était rabattu sur Arrou qu'il avait cerné sans résultat, l'ennemi se dérobant devant lui. C'est seulement à Courtalin qu'il atteignit son insaisissable adversaire, un détachement de l'*Armée-Abtheilung*.

4. *La 2e armée de la Loire,* page 263.

généraux, des corps francs et plusieurs petites colonnes
établies vers Authon, Montmirail, Vibraye et Saint-
Calais servaient de liaison. Enfin, le général de Curten,
renforcé de la colonne Cléret et de la 3ᵉ division du
16ᵉ corps, encore une fois réorganisée, occupait Château-Renault, ayant derrière lui, à la Chartre-sur-
Loir, les troupes du général Barry. En somme, les divers combats livrés du 26 décembre au 4 janvier nous
avaient rendus maîtres de la ligne Montoire-Authon,
mais ils nous coûtaient un chiffre de pertes assez considérable, 1,200 à 1.500 hommes pour le moins [1], et
de grandes fatigues imposées à un effectif de plus de
30,000 hommes. Tandis que l'ennemi, installé toujours
dans des cantonnements spacieux, ne nous présentait
guère qu'un cordon de cavalerie, soutenu par de faibles
fractions du Xᵉ corps ou des troupes du grand-duc,
nous mobilisions sans grand résultat presque le tiers
de nos forces ; c'était peut-être trop.

Du côté allemand, la masse était toujours à peu près
immobile dans des cantonnements que le prince Frédéric-Charles, rassuré du côté de Gien, avait élargis dans
la plus extrême limite. Les IIIᵉ et IXᵉ corps étaient répartis, ainsi que le Iᵉʳ corps bavarois, dans Orléans et
aux environs ; le Xᵉ occupait Vendôme et Blois ; le
grand-duc s'étendait, avec sa subdivision d'armée,
entre Chartres et Dreux. Toutes ces troupes jouissaient
d'un repos réparateur et recevaient une nourriture
abondante, que l'intendance allemande, à défaut de réquisitions productives dans ce pays ravagé, n'hésitait
pas à assurer par des achats directs faits à des prix
rémunérateurs [2]. Pour la lutte qui allait reprendre,

1. Celles des Allemands atteignaient 700 hommes, dont la moitié
restée entre nos mains.
2. Il est pénible de constater ici, d'après des témoins oculaires
(voir le tome II de l'ouvrage de M. de Cathelineau), que l'appât du
gain a fait trop fréquemment oublier aux populations rurales les
devoirs sacrés du patriotisme. En payant cher et comptant, l'intendance allemande trouva la faculté de s'approvisionner abondamment,
non seulement dans la région occupée par ses troupes, mais encore
dans un cercle beaucoup plus étendu. Les paysans ne faisaient
aucune difficulté pour lui livrer, contre leur pesant d'or, des ressources qu'ils auraient dû lui soustraire, ne fût-ce que pour en faire
profiter nos malheureux soldats.

l'ennemi pouvait donc aborder les fatigues nouvelles qui l'attendaient dans un état matériel au regard duquel le nôtre ne pouvait malheureusement soutenir aucune comparaison.

Cependant le Iᵉʳ corps bavarois, très éprouvé, comme on sait, faisait tache au milieu de ces troupes à peu près reconstituées et refaites. M. de Moltke ordonna de le renvoyer à Etampes, où il formerait réserve générale ; il quitta Orléans le 24 [1]. Le lendemain, un détachement du IXᵉ corps (général de Rantzau) se portait dans la direction de Briare pour remplacer de ce côté les fractions bavaroises qui venaient d'abandonner Ouzouer-sur-Loire, et pour observer les abords de Gien par où l'on craignait toujours de voir à un moment donné apparaître les têtes de colonnes du général Bourbaki ; il eut affaire, au sud de Briare, à des partis assez importants de troupes françaises, qui, les 29, 31 décembre et 1ᵉʳ janvier, le tinrent en échec et finirent même par l'obliger à rétrograder vers Gien. Cet événement, futile en apparence, devait cependant être gros de conséquences, et amener l'état-major allemand à prendre au plus vite de nouvelles décisions.

II. — MARCHE DE L'ARMÉE ALLEMANDE SUR LE MANS.

Les renseignements, assez vagues d'ailleurs, que le grand quartier général avait pu se procurer, tant par les journaux que par les convoyeurs capturés, indiquaient bien qu'un mouvement important de troupes françaises commençait à s'opérer de Bourges vers Chalon-sur-Saône ; mais M. de Moltke persistait à considérer comme des symptômes très alarmants l'échauffourée de Briare, la pointe tentée contre Vendôme par le général de Jouffroy, et les nombreuses escarmouches que les autres colonnes mobiles livraient sur le front de l'*Armee-Abtheilung*.

---

1. Le 1ᵉʳ corps bavarois ne resta pas longtemps à Étampes ; il fut bientôt ramené dans la zone de l'investissement de Paris.

Rapprochant ces divers indices, il y voyait la menace d'un mouvement simultané des deux armées françaises du Mans et de Bourges sur Paris, et jugeait urgent d'y parer. « Pour tirer parti des avantages de la ligne intérieure par rapport à ces deux masses sans relations mutuelles, dit à cet égard la *Relation allemande*, l'opération s'indiquait d'elle-même : tomber vivement avec toutes les forces disponibles, sur l'adversaire le moins éloigné et le plus à craindre [1] » ; c'était le général Chanzy. Par suite, dès l'après-midi du 1er janvier, le prince Frédéric-Charles recevait l'ordre de se porter immédiatement contre ce dernier en joignant à ses propres forces l'*Armee Abtheilung*, replacée sous ses ordres. Les 17e et 22e divisions étaient réunies pour former le XIIIe corps d'armée [2]. En même temps, pour contenir le général Bourbaki, s'il se portait sur le Loing, on envoyait le IIe corps des environs de Paris à Montargis, tandis que le VIIe, qui en ce moment reliait, vers Auxerre, le prince Frédéric-Charles au général de Werder, recevait l'ordre de se rapprocher de l'ouest [3].

Forces dirigees sur le Mans. — Les forces dont disposait le prince pour la nouvelle opération qu'il allait

1. *La Guerre franco-allemande*, 2e partie, page 689.
2. Placé sous les ordres du grand-duc de Mecklembourg. C'était la deuxième fois, depuis le début de la guerre, qu'un XIIIe corps était ainsi formé. On se rappelle que lorsque la 17e division, laissée d'abord à la défense des côtes allemandes, eut rejoint sous Metz, elle fut, avec la 2e division de landwehr, constituée en XIIIe corps; plus tard, sous Paris, la division wurtembergeoise remplaça dans la composition de ce corps d'armée la 2e division de landwehr. Il avait été dissous par suite du départ pour la Loire de la 17e division. — Actuellement, le XIIIe corps de l'armée allemande est formé par le contingent du royaume de Wurtemberg.
3. Depuis la capitulation de Metz, le VIIe corps n'avait pas cessé de se livrer à une série de marches et de contremarches destinées tantôt à le rapprocher des troupes du général de Werder, opérant dans l'est, tantôt à le donner comme appui à la IIe armée. Du 15 au 30 décembre, il oscilla ainsi entre Châtillon-sur-Seine et Auxerre, n'ayant à combattre que quelques partisans ou francs-tireurs et retournant à l'est dès qu'il avait appuyé à l'ouest. Enfin, au commencement de janvier, il fut définitivement envoyé à Belfort avec le IIe corps. Nous les retrouverons tous deux lancés par le général de Manteuffel à la poursuite de l'armée de Bourbaki et la forçant à chercher un refuge en Suisse.

entreprendre, se montaient à 58,000 fantassins, 16,500 cavaliers et 324 bouches à feu. Elles comprenaient les IIIe, X[e], XIIIe corps d'armée et la moitié du IXe [1], plus les 1re, 2e, 4e et 6e divisions de cavalerie ; la 5e restait .chargée de couvrir le flanc droit. Cette énorme proportion de cavalerie, 39 régiments, est à remarquer, et il faut constater qu'elle fut plus embarrassante qu'utile ; car si, au début, elle servit à protéger la marche et à relier les colonnes, bientôt la nature du pays très coupé et l'état du sol couvert de neige et de verglas rendirent son service extrêmement difficile, pour ne pas dire impossible. Il arriva même que dans les derniers jours de la campagne, aux abords du Mans, les régiments de cavalerie, devenus un embarras, durent être relégués à la gauche des colonnes. L'artillerie elle-même, dont le terrain ne permettait pas le déploiement en masses, fut parfois une gène, à cause de son nombre ; voyant, dès le second jour de la marche, que son action ne pourrait guère s'exercer que par batterie au plus, peut-être par section et même par pièce, les généraux allemands modifièrent sa place habituelle dans les colonnes, et la rejetèrent vers la queue, ne laissant en tête que six ou douze pièces au maximum [2].

Les ordres donnés par le prince pour le 2 janvier n'avaient en vue que la concentration de ses troupes. Le XIIIe corps devait, ce jour-là, être réuni à Chartres, le IIIe à Beaugency, le IXe à Orléans, le Xe à Vendôme ; le 6, les points à atteindre étaient Brou (XIIIe corps et 4e division de cavalerie) [3], Vendôme (IIIe corps, dont l'avant-garde serait poussée à Azay-le-Rideau), Montoire (X[e] corps, 1re et 6e divisions de cavalerie), enfin Morée (IXe corps et 2e division de cavalerie). Les destinations définitives, indiquées immédiatement, étaient : Parigné-l'Évêque (X[e] corps), Ardenay (IIIe corps), Bouloire (IXe), Saint-Mars-la-Bruyère (XIIIe) ; elles devaient être atteintes le 9 janvier. On voit que la tactique de

1. La 25e division (hessoise) était laissée dans Orléans.
2. *La Guerre franco-allemande*, 2e partie, page 677.
3. Un fort détachement de flanc était envoyé à Nogent-le-Rotrou pour établir la liaison avec la 5e division de cavalerie.

Frédéric-Charles consistait uniquement à diriger concentriquement toutes ses troupes sur le Mans; quatre corps d'armée, partant d'une base longue de plus de 80 kilomètres, marchaient isolément vers le point même occupé par l'adversaire sans être en état, si une attaque se produisait contre l'un quelconque d'entre eux, de se prêter un appui mutuel. Existait-il donc des raisons assez puissantes pour amener dans les procédés allemands cette violation insolite des principes les plus élémentaires de leur stratégie, et faire fléchir des règles jusqu'alors si rigoureusement suivies? Assurément oui, et c'est bien là une preuve que la guerre ne peut jamais s'appuyer sur des préceptes inflexibles et que les circonstances sont maîtresses avant tout des décisions du commandement. Ici, Frédéric-Charles, qui avait besoin de gagner le Mans avec rapidité, ne pouvait se servir que des routes, uniquement. Il se rendait compte au surplus que, pour le battre en détail, l'armée française serait obligée de manœuvrer ; or il l'en connaissait incapable, tant par suite de son état de désagrégation qu'en raison de son épuisement complet. Il paya donc d'audace, et personne ne pourrait s'en étonner ; cependant la réunion de tous ces éléments d'infériorité chez son adversaire était bien indispensable, car, ainsi qu'on le verra par la suite, il faillit échouer au but.

Le pays que la IIe armée allemande allait parcourir est éminemment propice à la défensive : traversé par les divers affluents du Loir, que séparent de petits coteaux boisés, il est couvert d'arbres, de plantations, et parsemé de villages, de hameaux, de vastes fermes et de châteaux qu'entourent des parcs ou des jardins isolés par des haies, des fossés ou des murs. Il est donc très peu praticable à l'artillerie et à la cavalerie, dont le nombre devenait inutile, et se prête au contraire aux actions de détail, circonstance très favorable à des troupes jeunes comme les nôtres, qui n'avaient à opposer à la cohésion de l'adversaire que leur courage individuel et un fusil plus redoutable [1]. Il rendait en outre

---

1. Ceci s'applique à celles des troupes françaises qui étaient armées

très difficile la marche des corps ennemis, obligés de ne pas quitter les routes, et condamnés, au milieu de circonstances climatériques épouvantables, à franchir des étapes de durée très diverse pour arriver à se tenir à peu près à la même hauteur. Les III° et IX° corps, placés après la concentration au centre de la ligne, avaient à parcourir, pour arriver le 9 aux points fixés, un chemin beaucoup moindre que les X° et XIII° corps, placés aux ailes ; avec une moyenne de 13 kilomètres par jour, ils pouvaient arriver, tandis qu'une étape quotidienne de 18 kilomètres pour le X° corps, de 20 pour le XIII°, s'imposait. Nous allons voir que ces chiffres ne purent pas toujours être atteints, et que, par suite, les corps du centre se trouvèrent, pendant presque toute la marche, en avance sur les autres. Cette circonstance, jointe à l'éparpillement que nous avons constaté ci-dessus, aurait pu avoir pour la II° armée allemande des conséquences de la plus haute gravité.

Débuts de la marche. Journée du 6 janvier. — Les premières journées de marche s'écoulèrent sans autres incidents que quelques rencontres de francs-tireurs ; mais, dès le 5, les avant-gardes allemandes commencèrent à se trouver aux prises avec des difficultés sérieuses. A droite, le détachement du XIII° corps, envoyé pour effectuer la liaison avec la 5° division de cavalerie, par la route de Chartres à Nogent-le-Rotrou [1], fut arrêté à la Fourche [2] par la colonne Rousseau ; le lendemain, il revint à la charge, mais ne réussit à déloger nos soldats qu'après un combat qui dura jusqu'à deux heures de l'après-midi. Cette affaire nous coûtait plus de 200 hommes, dont 130 prisonniers, et trois canons, capturés, en dépit d'une vive résistance [3] ; mais elle retarda les Allemands qui, ne pouvant dépasser

---

du fusil modèle 1866. Malheureusement, elles ne formaient guère que la moitié de nos forces.

1. Une brigade d'infanterie, une brigade de cavalerie et deux batteries.

2. Au croisement des routes de Nogent-le-Rotrou, de La Loupe et de Courville.

3. *La guerre franco-allemande*, 2° partie, page 757. — La brigade allemande avait perdu 170 hommes environ.

la Fourche, foudroyée par nos mitrailleuses postées
dans les bois à l'ouest, durent y passer la nuit[1].
Pendant ce temps, la 4e division de cavalerie avait été
arrêtée par les mobiles de la Corrèze, et la 5e était refoulée de Regmalard sur la Fontaine-Bouvet par les
francs-tireurs Lipowski. C'étaient là des combats fort
honorables pour nos troupes, et dont le résultat gênait
les progrès ultérieurs du XIIIe corps. Ils n'étaient pas
les seuls de cette journée; au centre et à la gauche
de l'armée allemande, des événements s'étaient produits, qui présentaient une bien autre importance.

De ses positions de la Braye, le général de Jouffroy
avait eu vent des mouvements exécutés par le IIIe corps
pour se porter à Vendôme, sans cependant en connaître
ni la portée ni le but. Concevant des craintes pour le
général de Curten, qui était toujours à Château-
Renault, il s'était décidé à marcher à nouveau de l'a-
vant, afin d'opérer une diversion qui lui paraissait
nécessaire, et, dès le 5, avait fait refouler devant son
front, dans la direction de Vendôme, les avant-postes
ennemis. Le 6, il porta ses troupes sur Fortan et Lunay et s'avança avec assez de facilité pour supposer
qu'il n'avait devant lui que des reconnaissances; or,
on se rappelle que, ce jour-là même, le IIIe corps devait
arriver à Vendôme pour y relever le Xe, envoyé à Montoire; c'est donc à ce corps tout entier que le général
de Jouffroy se heurtait. Jusqu'à une heure cependant, la
lutte se borna à une action de mousqueterie sans importance contre les têtes d'avant-garde ; mais à ce moment débouchait de Courtiras sur Meslay, où avait été
jeté un pont de pilotis, toute la 6e division prussienne,
qui, appuyée de son artillerie, refoula nos troupes de
position en position jusqu'au ruisseau d'Azay. Vers
trois heures et demie, l'ennemi emporta Azay et obligea la gauche du général de Jouffroy à se replier sur le
plateau situé à l'ouest, d'où, « sous la protection de
deux batteries, celle-ci répondit par de vigoureux retours offensifs à la poursuite des compagnies brande-

---

1. Le reste du XIIIe corps atteignit Brou et les environs.

bourgeoises [1] ». Enfin, à cinq heures et demie, nos troupes durent se replier définitivement, tandis qu'un détachement prussien allait, plus au nord, occuper Danzé, après une mince escarmouche.

Pendant ce temps, la 5ᵉ division prussienne, qui avait marché plus au sud, s'était, elle aussi, heurtée à une résistance sérieuse [2]. Sa tête de colonne, débouchant par Villiers, avait cherché à franchir le vallon d'Azay, vers son point de jonction avec la vallée du Loir ; mais le terrain étant constamment balayé, tant par les balles des chassepots que par les obus des batteries en position entre Mazangé et Clouzeaux, elle avait dû cesser des attaques aussi infructueuses que meurtrières. Un instant, nos troupes essayèrent même de prendre l'offensive ; arrêtées presque aussitôt par des masses supérieures, qui successivement débouchaient de Villiers, et par le feu de 36 pièces de canon [3], elles ne purent réussir à refouler l'assaillant. Vers quatre heures et demie, Mazangé, enveloppé de trois côtés par des bataillons ennemis qui avaient franchi le ruisseau à gué, était emporté, et nos troupes, canonnées sans cesse par une artillerie qui avait fini, grâce à son nombre, par avoir raison de la nôtre, se repliaient, dans l'obscurité, sur Lunay. Le IIIᵉ corps, auquel ce combat coûtait une perte de 39 officiers et plus de 400 hommes, s'établit alors en cantonnements entre le Loir et le ruisseau d'Azay. Nous comptions 600 hommes hors de combat, dont près de 400 tombés aux mains de l'ennemi.

Tandis que les péripéties de cette chaude affaire se déroulaient à l'ouest de Vendôme, le Xᵉ corps avait, lui aussi, gagné du terrain. Dirigé sur Montoire en deux colonnes, l'une (20ᵉ division) qui allait de Vendôme sur les Roches, l'autre (19ᵉ division) qui, partie de Saint-Amand, où elle avait cantonné la veille, cheminait sur la route de Lavardin, il put, grâce à son artil-

---

1. *La Guerre franco-allemande*, 2ᵉ partie, page 761.
2. *Ibid.*
3. Quatre batteries divisionnaires et deux batteries de l'artillerie le corps, toutes en position sur le mamelon au nord du Coudray.

lerie qui canonnait de loin et refoulait vers le nord les
faibles troupes que le général de Jouffroy avait postées
aux Roches, rétablir le pont de Lavardin et gagner
ainsi sans grosses difficultés Montoire par les deux
rives du Loir. Mais une circonstance fortuite faillit
bientôt compromettre non seulement sa propre sécurité, mais le succès même de l'opération tout entière ;
tant il est vrai qu'à la guerre il faut toujours se considérer comme à la merci d'un incident.

Combat de Saint-Amand. — Le soin de couvrir le
flanc gauche de l'armée avait été confié à un détachement de la 19° division (une brigade et deux batteries,
renforcées de la 2° brigade de cavalerie), et cette flanc-
garde devait, le 6 au matin, gagner Montoire en se
rabattant vers la route de Château-Renault, tandis que,
plus au sud, la 6° division de cavalerie garderait les
routes conduisant de Tours à Vendôme [1]. L'ordre ne fut
pas exécuté, et la flanc-garde ne quitta pas Saint-
Amand [2]. Or, depuis plusieurs jours déjà, le général de
Curten, qui, on s'en souvient, occupait Château-
Renault avec une dizaine de mille hommes, huit escadrons et quatre batteries, avait poussé ses avant-postes
jusqu'à mi-chemin de Saint-Amand et menaçait fortement ce point par le sud. Afin de venir en aide au général de Jouffroy dont il connaissait la pointe sur Vendôme, il avait décidé, dès le 5, avec beaucoup d'adresse
et d'à-propos, de faire lui-même une diversion vigoureuse dans la direction de Vendôme et de Blois, et, ce
même jour, ses avant-postes s'étaient établis, face à
ceux de l'adversaire et tout près d'eux, sur une ligne
allant d'Authon au sud de Villeporcher, par Villechauve.
Le 6, il porta ses troupes en avant, et attaqua résolu-

---

1. *La Guerre franco-allemande*, 2° partie, page 764.
2. Il paraît qu'elle attendait, pour se mettre en mouvement, l'arrivée de la 6° division de cavalerie, venant de Marchenoir et Oucques,
et que celle-ci se trouva en retard. Le fait certain est qu'au moment
où l'attaque française se produisit, c'est-à-dire le 6 au matin, la cavalerie du duc Guillaume de Mecklembourg n'avait pas encore paru ;
toutefois la flanc-garde prussienne, fatiguée d'attendre, venait, juste
à ce moment, de mettre son avant-garde en marche. (*Ibid.*, page 767.)

ment Villeporcher, au moment même où la flanc-
garde prussienne allait s'ébranler. Les avant-postes
ennemis furent refoulés ; malgré le secours apporté par
le gros du détachement, par toute la 6e division de cavalerie, enfin arrivée, et par la 1re brigade de même
arme accourue vers une heure, les Allemands débordés
sur leurs ailes, se trouvèrent rejetés vers Saint-Amand,
et durent même bientôt évacuer le bourg[1]. Le duc de
Mecklembourg[2], qui avait pris le commandement, se
vit contraint d'ordonner la retraite générale ; l'infanterie l'effectua sur Huisseau-en-Beauce, où elle bivouaqua ; la cavalerie dans des directions divergentes et
même très éloignées[3]. Nous occupâmes Saint-Amand.

C'était là un brillant combat, dont les conséquences
auraient pu valoir beaucoup plus que les pertes qu'il
coûtait. Le flanc gauche, les derrières même de l'armée
prussienne se trouvaient menacés, et la marche sur le
Mans devait être fortement gênée si les Français sa-
vaient tirer parti de leur succès. Malheureusement,
chacun agissait alors à peu près pour son compte ; les
colonnes mobiles, livrées à elles-mêmes, manquaient
d'une direction d'ensemble pour coordonner leurs efforts,
et le général Chanzy, trop éloigné et trop occupé de la
réorganisation de ses propres forces, ne leur donnait
que des indications générales, sans grandes relations
entre elles. Au surplus, lui-même ne paraît pas avoir
soupçonné, jusqu'au 7 janvier pour le moins, ni la
marche ni les projets de l'adversaire. N'ayant pas à sa
disposition les moyens puissants dont celui-ci disposait
pour se renseigner, laissé par le gouvernement dans la
plus complète ignorance, voyant que les troupes aux-

1. La *Relation allemande*, page 768, excuse cette évacuation par
un malentendu, qu'elle n'explique pas d'ailleurs. Malentendu ou non,
Saint-Amand fut enlevé grâce à un effort concentrique exercé sur le
bourg par les troupes du général de Curten.

2. Il ne faut pas confondre le duc Guillaume de Mecklembourg,
commandant la 6e division de cavalerie, avec le grand-duc commandant l'*Armee-Abtheilung* et le XIIIe corps. Le premier est celui qui
fut blessé dans l'explosion de la citadelle de Laon.

3. La 6e division de cavalerie se replia sur Prunay et Amblóy, à
l'ouest, la 1re brigade sur Villeromain, à l'est. La 2e brigade resta
avec l'infanterie, moins un régiment qui alla à Amblóy.

quelles ses colonnes mobiles avaient maintenant affaire
étaient toujours les mêmes que celles avec lesquelles
elles avaient escarmouché depuis quinze jours autour
de Vendôme, il pouvait supposer que la recrudescence
d'intensité qui venait de se manifester dans les hostilités provenait uniquement de ce fait que les Allemands,
jaloux de leurs insuccès précédents, avaient purement
et simplement renforcé leurs avants-postes pour les
mettre à l'abri des insultes de nos coureurs. Il n'y
voyait nullement, cela ressort clairement de son récit,
les indices d'une offensive générale, et il ne considérait
pas le danger comme imminent. Pour lui, et à plus
forte raison pour le général de Curten, le combat de
Saint-Amand n'était qu'une affaire heureuse, dont il y
avait à envisager seulement le résultat immédiat[1]. C'est
ce qui explique que ni l'un ni l'autre n'ait songé à en
tirer parti, et qu'on se soit contenté, pour toute sanction, d'occuper le village.

D'ailleurs, tandis que ceci se passait à notre extrême
droite, le général de Jouffroy, voyant son attaque manquée. reculait vers la Braye. Peut-être aurait-il pu, surtout en présence de la mollesse montrée par l'ennemi
dans la poursuite, chercher à se rabattre vers le sud et
à donner la main, en vue d'un commun effort, au
général de Curten. Mais il lui aurait fallu pour cela
être mieux au courant de la situation générale, et il
n'en connaissait absolument rien.

Journée du 7. — D'autre part, le prince Frédéric-
Charles, informé de l'échec du duc Guillaume de Mecklembourg, en supputait avec quelque inquiétude les
conséquences possibles. Evidemment, le gros de l'armée
française n'avait pas bougé, et la colonne de Saint-
Amand, lancée en flèche, ne s'était montrée aussi auda-

---

1. « Ce brillant combat nous amena à occuper Saint-Amand et ne
nous coûta que peu de monde. Les Prussiens, au contraire, avaient
beaucoup souffert dans ce village et, en se retirant, ils avaient laissé
en notre pouvoir *une centaine d'hommes*, des caissons et des voitures... » (Général CHANZY, *loc. cit.*, page 270.) — A rapprocher,
sans commentaires, du supplément CXXII de la *Relation allemande*,
lequel accuse en tout et pour tout, à Saint-Amand, une perte de
81 hommes, *dont 2 disparus.*

cieuse que parce qu'elle ignorait totalement la marche offensive de l'ennemi ; du moins cela paraissait très vraisemblable [1]. Il était donc nécessaire de ne point interrompre celle-ci et de hâter le mouvement commencé contre le Mans, mais en prenant cependant les précautions que la situation commandait, précautions d'autant plus indispensables que si les Français venaient à soupçonner la réalité, il leur était loisible de se renforcer pendant la nuit, grâce aux voies ferrées dont ils disposaient, et de recommencer l'attaque dès le lendemain [2]. C'est pour parer à une semblable éventualité que l'ordre immédiat fut envoyé au général de Voigts-Rhetz, commandant le X° corps d'armée, de suspendre sa marche en avant et de diriger sur Saint-Amand les forces nécessaires, au besoin tout son corps d'armée, pour nous en déloger.

Le 7, dans la matinée, la 38° brigade prussienne, après avoir réoccupé Saint-Amand que nous ne défendîmes pas, se porta vers Villechauve, appuyée par une partie de la 37°. Un violent combat s'engagea, dans le brouillard, entre ces troupes et celles du général de Curten, qui soutinrent vigoureusement le choc, et se maintinrent, jusqu'à la nuit tombante, dans leurs positions de Villechauve et de Villeporcher [3] ; mais il était évident que leur situation devenait périlleuse et que la retraite allait s'imposer. Le 8 au matin, le général de Curten évacua la place et se dirigea sur Château-la-Vallière, position excentrique dans laquelle il se trouvait presque coupé du Mans. Ce choix regrettable, qui séparait définitivement cette colonne du reste de l'armée,

---

1. Quelques heures plus tard, Frédéric-Charles reçut du grand quartier général un télégramme annonçant que Bourbaki venait de partir pour l'Est avec son armée, et que Chanzy *allait reprendre l'offensive*. Cette nouvelle le confirma dans la pensée que, jusqu'à ce moment, ce dernier n'avait pas quitté le Mans.

2. *La Guerre franco-allemande*, 2° partie, page 770.

3. « De ce côté, la journée était encore toute à notre avantage malgré des pertes sensibles, parmi lesquelles le capitaine Frémiot, du 8° hussards, tué en chargeant à la tête de son escadron, et une grand'garde d'une centaine d'hommes du 25° mobiles qui, ne s'étant pas suffisamment éclairée, s'était fait enlever en **avant** de Villeporcher. » (Général CHANZY, *loc. cit.*, page 274.)

ne peut s'expliquer que par l'absence de tout renseignement. Quant au X° corps, il avait perdu toute une journée, et ne put, le 7, dépasser Montoire [1].

Cependant la marche des autres éléments de la II° armée allemande ne s'était pas effectuée sans amener de nombreux incidents. Tout à fait au nord, le XIII° corps, refoulant devant lui la colonne Rousseau, s'était, dès le matin, dirigé vers Nogent-le-Rotrou, en se couvrant sur son flanc droit au moyen d'une brigade de cavalerie. Vers deux heures, il occupa la ville, évacuée par nous, et lança sur la route de la Ferté-Bernard une partie de la 22° division [2]. chargée de consommer la poursuite. Cette avant-garde vint, vers quatre heures du soir, se heurter aux avant-postes du général Rousseau, établis devant le Theil, au Gibet et à Châteauroux, et, grâce à son canon, parvint à les déloger ; mais ce ne fut pas sans subir de lourdes pertes et sans être contrainte à de longs efforts [3]. Menacé d'être tourné, le général Rousseau se replia sur la Ferté-Bernard, où il arriva à une heure du matin, et de là à Connerré, où il put seulement rallier ses troupes, dispersées par cette marche de nuit [4]. Le XIII° corps, accompagné de la 4° division de cavalerie, cantonna à Nogent-le-Rotrou et à Authon (17° division).

Au centre, les III° et IX° corps avaient dû ralentir leur marche pour donner le temps au X° de se débar-

1. 20° division à Montoire, avec la 14° brigade de cavalerie ; 19° à Saint-Amand, avec la 15° brigade et toute la 1re division de cavalerie. — Dans la journée, la 14° brigade de cavalerie avait essayé de déloger quelques avant-postes du général de Jouffroy, placés au sud de Savigny. Mais son attaque, faite par des cavaliers pied à terre, avait été repoussée. (*La Guerre franco-allemande*, 2° partie, page 775.)

2. Un régiment d'infanterie, un régiment de cavalerie et une batterie.

3. *La Guerre franco-allemande*, 2° partie, page 772.

4. *La 2° armée de la Loire*, page 288. — Tandis que cette retraite s'exécutait, le colonel Lipowski était envoyé à Alençon pour observer l'ennemi, dont on avait vu les flanqueurs de droite au nord de Nogent-le-Rotrou, vers Regmalard et Bellême, dans la direction de Mortagne. Quant à M. de Cathelineau, il était rappelé de Vibraye, où sa position ne paraissait plus tenable longtemps, à Montfort-sur-Huisne, en arrière de Connerré. C'en était fait des colonnes et détachements mobiles, qui tous se repliaient sur le front ou les ailes de l'armée.

rasser de la colonne Curten et pour ne pas se trouver eux-mêmes trop en pointe. Néanmoins, sachant que la colonne de Jouffroy se repliait sur la Braye, le général d'Alvensleben, commandant le III° corps, qui marchait en tête, avait formé le projet de déborder sa gauche avant qu'elle ait franchi la rivière, afin de la refouler sur le X° corps placé à Montoire et qui était prêt à donner son concours à l'opération[1]. Fort heureusement pour nous, la retraite rapide du général de Jouffroy ne permit pas l'exécution de ce plan, et le mouvement du III° corps dut se réduire à une marche directe d'Azay sur la Braye, par Epuisay. Cependant, en arrivant devant ce point, la brigade d'avant-garde, accueillie par des coups de fusil, eut à attaquer le village, défendu par une barricade. Elle ne réussit pas à l'emporter et fut obligée de se déployer tout entière, voire même de recourir au concours de la 18° division d'infanterie pour en venir à bout[2]. Maîtres d'Epuisay, les Prussiens lancèrent à notre poursuite, sur la route de Saint-Calais, toute la 12° brigade ; mais des retours offensifs vigoureusement exécutés par le 33° de marche[3] tinrent celle-ci en respect. A quatre heures du soir seulement, après un violent combat mené dans un épais brouillard, l'ennemi parvint à s'emparer de la ferme du Poirier, notre seul point d'appui, et à pénétrer dans Sargé. Le colonel Thierry, qui commandait les forces françaises placées là, battit alors en retraite, par une nuit noire, sur Saint-Calais ; de là il rejoignit le reste de la colonne Jouffroy, repliée tout entière sur la rive droite de la Braye, mais trop au sud pour couvrir encore la route directe du Mans, puisque sa ligne de retraite, autrefois jalonnée par Saint-Calais et Bouloire, passait maintenant par Grand-Lucé[4].

---

1. *La Guerre franco-allemande*, 2° partie, page 773. — C'est pour établir la liaison entre les III° et X° corps que la 14° brigade de cavalerie avait fait, aux environs de Savigny, la tentative avortée dont il a été question ci-dessus.

2. *Ibid.*, pages 773 et 774.

3. « Un bataillon français débouchait sur la route, enseignes déployées. » (*La Guerre franco-allemande*, page 774)

4. Le colonel Thierry formait la gauche du général de Jouffroy, don

Ainsi, le 7 au soir, la II° armée allemande s'étendait sur un front de 75 kilomètres, entre Nogent-le-Rotrou, au nord, et Saint-Amand, au sud,[1]; le vide existant entre le XIII° corps et le centre était particulièrement sensible et eût constitué pour l'ennemi un sérieux danger, si nous avions été en état d'en tirer parti. Mais nos troupes légères, désorientées et refoulées séparément sans jamais s'être réciproquement soutenues, ne pouvaient plus faire qu'une chose: se replier sur leurs renforts. C'était là une conséquence regrettable, mais fatale, de cette dispersion des colonnes légères, aussi utiles pour harceler l'ennemi et éclairer l'armée, qu'impuissantes à arrêter une offensive sérieuse. Nous le répétons : Chanzy ne commença que le 7 à se rendre compte de la réalité des choses, et à comprendre que toutes les forces allemandes se portaient contre lui; or, à ce moment, il était déjà trop tard pour marcher à leur rencontre et il fallait les attendre sur la position où on se trouvait. C'est dire que, malgré les débuts heureux, le rôle des colonnes mobiles avait été stérile; au lieu de remplir l'office de couverture devant une armée prête à manœuvrer et à les appuyer au besoin, elles s'étaient finalement fait battre en détail, sans même réussir, autrement que par leur mise hors de cause définitive, à orienter le général en chef sur les véritables intentions de l'ennemi. Bien que résultant d'une idée juste et féconde, bien que vigoureusement conduites et coura-

---

la droite, après le combat de Mazangé, était à Lunay et Fortan. Ces derniers points avaient été évacués dès le 6 au soir, et le 7 au matin, le général de Jouffroy terminait sa retraite derrière la Braye, protégé par les éclaireurs algériens. Le colonel Thierry ne le rejoignit que tard dans la soirée.

1. Positions occupées par la II° armée allemande, le 7 au soir :

XIII° corps : *Nogent-le-Rotrou* (22° division et 4° division de cavalerie) et *Authon* (17° division).

III° corps : sur la ligne de la Braye, au sud de Sargé, ayant sur son flanc droit la 2° division de cavalerie, sur son flanc gauche la 5°.

IX° corps : (une division seulement) à *Épuisay.*

X° corps : *Montoire* (20° division et 14° brigade de cavalerie) et *Saint-Amand* (19° division, 1re division de cavalerie et 15° brigade de même arme).

Quartier général : *Vendôme.*

geuses jusqu'au bout, elles n'avaient donc obtenu que
des résultats presque nuls, payés au prix de pertes
sensibles et d'une désagrégation à laquelle il n'était
plus possible de remédier. Tout autres auraient pu être
leurs services, si, exécutant une mission mieux définie,
elles n'avaient pas agi chacune pour leur compte, et
presque sans aucune liaison[1].

Journée du 8. — Les opérations du 7 avaient été
entravées par le brouillard ; celles du 8 le furent par
un verglas qui rendit les mouvements d'une difficulté
extrême. Mais le prince Frédéric-Charles était trop
pressé d'arriver au Mans pour se laisser arrêter par des
circonstances climatériques ; le mouvement fut donc
poursuivi sur toute la ligne, autant du moins que le
permettaient les entraves qu'il rencontrait partout.

A gauche, le XIII° corps s'avança très lentement de
Nogent-le-Rotrou vers la Ferté-Bernard, où il s'arrêta,
jetant ses avant-postes sur les deux rives de l'Huisne[2].
Quelques escarmouches à soutenir avec les arrière-gardes
du général Rousseau, lesquelles, principalement vers Bellême, où elles arrêtèrent toute la 4° division de cavalerie
appuyée par un bataillon d'infanterie, eurent une très
ferme contenance, et ce fut tout. Le III° corps atteignit
Écorpain et le IX° Saint-Calais, sans rencontrer de
résistance sérieuse. Mais la 14° brigade de cavalerie,
chargée par le général de Voigts-Rhetz de maintenir la
liaison entre le X° corps et le IX°, se heurta, auprès de
Vancé, à la cavalerie (cuirassiers de marche et éclaireurs
algériens) qui couvrait la droite du général de Jouffroy,
en retraite dans la direction de Courdemanche. Trois

---

1. La liaison matérielle existait bien entre les deux colonnes
Jouffroy et Rousseau par suite de la présence entre elles des corps
Cathelineau et Lipowski. Mais l'indépendance avec laquelle elles
agissaient rendait cette liaison illusoire. Si nous insistons sur ce
point, c'est que le général Chanzy, d'ordinaire si modéré dans ses
appréciations, a rendu seul responsable de l'échec des colonnes mobiles le général de Jouffroy. Avec une aigreur inaccoutumée, il accuse
ce dernier d'avoir manqué à son rôle de directeur général des opérations. Or rien dans les instructions données au général de Jouffroy
(voir *La 2° armée de la Loire*, page 257) ne précise une situation
semblable, et c'est justement parce que celle-ci n'existait pas que la
mission des colonnes mobiles a avortée.

2. *La Guerre franco-allemande*, 2° partie, page 779.

pièces de sa batterie à cheval, amenées à grand'peine
sur un terrain coupé et glissant, ouvrirent le feu, tant
sur nos cuirassiers (3ᵉ de marche), qui, eux aussi, manœuvraient sur le verglas avec de grosses difficultés,
que sur les quelques contingents d'infanterie qui les
soutenaient. Une charge vigoureuse des éclaireurs algériens dégagea ces troupes compromises, et leur permit
de battre en retraite; les cavaliers mirent pied à terre et
se défendirent à coups de fusil. Puis tout le monde rom-
pit par un chemin creux où, malheureusement, les obus
ennemis tombaient à foison, traçant dans les rangs de
larges trouées sanglantes. Quand nos braves soldats
furent enfin hors de portée, les Arabes comptaient une
centaine des leurs tués ou blessés, et le 3ᵉ cuirassiers
avait son colonel et un officier blessés, plus vingt
hommes hors de combat[1]. Mais l'ennemi, surpris de
cette fière résistance, arrêtait la poursuite et rétrogradait
sur Vancé.

Quand au Xᵉ corps, il atteignit ce jour-là la Chartre,
sur le Loir, après une marche fort pénible. Obligé de
franchir une série de défilés et de s'avancer sur une
route coupée en maints endroits, il avait eu en outre à
soutenir plusieurs petits combats contre les troupes du
général Barry, qui jusqu'alors étaient restées immobiles,
mais commençaient maintenant à entrer en action. On
se souvient, en effet, que ce général, à la tête d'une
force de 12 à 15,000 hommes, tenait les ponts du Loir,
entre Pont-de-Braye et Château-du-Loir, avec mission
d'appuyer au besoin les colonnes de Jouffroy et de
Curten, mais surtout de protéger la voie ferrée du Mans
à Tours[2]. Informé de la retraite des deux colonnes mobiles, il avait pris certaines dispositions pour protéger
celle-ci et préparer la sienne propre sur le Mans, repliant
ses troupes avancées vers Poncé et Ruillé, que défendait

---

1. *La Guerre franco-allemande*, 2ᵉ partie, page 780. — *La 2ᵉ armée
de la Loire*, page 280.
2. Le général Barry avait sous ses ordres la 2ᵉ division du
16ᵉ corps, la 3ᵉ (Morandy) qui l'avait rallié après l'affaire de Chambord, et quelques troupes du 15ᵉ corps restées sur la rive droite de
la Loire après la perte d'Orléans. Mais il s'était pas mal affaibli par
l'envoi réitéré de renforts aux généraux de Jouffroy et de Curten.
(*La 2ᵉ armée de la Loire*, page 275.)

le 8ᵉ mobiles, et envoyant à Montrouveau, sur la rive
gauche, deux bataillons et deux pièces pour empêcher
les Allemands de tourner la gauche du général de Curten
en se glissant le long du Loir[1]. Le 8 au matin, l'avant-
garde du Xᵉ corps se présentait devant Poncé, après
avoir franchi la Braye à Pont-de-Braye[2], refoulait sur
Ruillé le 8ᵉ mobiles, et s'emparait du village après une
fusillade prolongée. Les troupes ennemies manœuvraient
avec peine[3], mais malgré les difficultés du terrain elles
parvinrent à mettre en batterie, à l'est de Ruillé, deux
pièces de 6 qui éteignirent assez rapidement le feu, très
gênant pour les Allemands, d'une section de mitrailleuses postée en travers de la route. Comme, d'autre
part, les troupes qui occupaient la Chartre, craignant
d'être coupées, s'étaient repliées sur Château-du-Loir,
l'ennemi put prendre la Chartre, où il cantonna, et
pousser même deux bataillons jusqu'à l'Homme, refoulant nos arrière-gardes des hauteurs et des fermes où
elles s'étaient postées, à l'est de la Venne. Ainsi, le 8 au
soir, une division du Xᵉ corps tenait les ponts du Loir
jusqu'à la Chartre; une brigade était échelonnée entre
ce point et Saint-Amand; une autre, encore à Saint-
Amand, avait, dans la journée, rejeté au sud de Villeporcher l'arrière-garde du général de Curten, et se préparait à venir, le lendemain, rejoindre le général de
Voigts-Rhetz. La IIᵉ armée s'étendait sur un front toujours très étendu, du Loir à la Ferté-Bernard, par Saint-
Calais.

Cependant, malgré les inquiétudes qu'il concevait
encore au sujet de Saint-Amand, le prince Frédéric-
Charles n'en persistait pas moins dans sa résolution de
poursuivre, en le précipitant le plus possible, le mouve-

---

1. *La 2ᵉ armée de la Loire.* — Le général de Curten, on s'en
souvient, battait en retraite, en ce moment, de Saint-Amand sur
Château-la-Vallière.

2. Le général Barry, inquiet de sa ligne de retraite, s'était évidemment trop pressé de replier ses troupes de Pont-de-Braye. Il
livrait à l'ennemi le passage d'une rivière qui eût pu et dû ainsi
être défendu.

3. *La Guerre franco-allemande,* 2ᵉ partie, page 782. — *La 2ᵉ armée
de la Loire,* page 277.

ARMÉE ALLEMANDE. — Gardes du corps

IV. 8

ment convergent de toutes ses forces sur le Mans[1]. A dix heures du soir, il expédiait partout ses ordres en conséquence, laissant le général de Voigts-Rhetz juge de l'opportunité de laisser encore des forces d'infanterie sur la route allant de Vendôme à Château-Renault. Mais une connaissance plus exacte de la situation véritable allait, au même moment, amener des modifications sensibles dans la manière d'opérer de l'état-major français.

Journée du 9. —Jusqu'ici, nous l'avons vu, les troupes françaises soumises à la poussée de la II° armée allemande se composaient exclusivement des colonnes lancées depuis plus de quinze jours en avant des cantonnements du Mans. Refoulées sur trois directions bien définies, elles se repliaient maintenant en combattant sans cesse, et l'étude suivie de leur marche rétrograde, envisagée dans son ensemble, démontrait clairement qu'elles avaient devant elles toute une armée qui se portait vers le Mans par trois voies principales : la vallée de l'Huisne, la route de Saint-Calais, la route du Grand-Lucé; la masse ennemie était flanquée par des forces imposantes de cavalerie, soutenues par de l'infanterie, qui se montraient au nord vers Bellême, au sud vers Saint-Amand[2]. Dans de pareilles conditions et les trois groupes de forces allemandes étant séparés par des distances considérables, le mieux eût été de se jeter avec toute l'armée française sur chacune de ces colonnes qui menaçaient de l'enserrer, et de les battre en détail; c'eût été profiter des avantages que nous donnaient notre position centrale et la dispersion de l'adversaire. Mais, pour cela, il eût fallu pouvoir manœuvrer; or l'armée de la Loire, épuisée, n'en était pas capable. Son chef le constatait avec regret et il se voyait contraint de renoncer à employer la seule tactique qui aurait pu lui donner des résultats féconds. Agir vigoureusement,

---

1. *La Guerre franco-allemande*, page 788.
2. Le général en chef avait, en outre, été informé, le 8, par M. Brunet, sous-préfet de Saint-Calais, venu à pied au Mans, de l'entrée dans la première de ces deux villes du prince Frédéric-Charles en personne, avec 10,000 hommes et 40 pièces de canon (du IX° corps.)

certes, il le voulait encore, il le voulait toujours; agir en vue d'un succès décisif, il ne le pouvait pas. Il dut donc se borner à un moyen terme, qui était de retarder le plus possible la marche de l'ennemi, en lançant, sur chacune des directions où celui-ci était signalé, des forces assez imposantes pour le forcer à combattre et à s'arrêter. Le 21e corps fut avancé sur la route de La Ferté-Bernard; sa 1re division vint à Connerré, la 2e en avant de Montfort et de Lambron; la 3e, postée à Savigné-l'Évêque et à la Frugalle, eut à surveiller les routes de Ballon et de Bonnétable; enfin la 4e occupa la Belle-Inutile et Montfort, où était le quartier général En même temps, le 17e corps portait à Ardenay, sur la route de Saint-Calais, la division Pâris (2e). Puis, afin de coordonner un peu les mouvements assez excentriques des colonnes mobiles, le vice-amiral Jauréguiberry, arrivé le 8 à Château-du-Loir, prenait le commandement supérieur des trois divisions Barry, Jouffroy et de Curten, sur la position exacte desquelles l'état-major du Mans n'était nullement fixé[1]. L'amiral devait les ramener sur le Mans par la route du Grand-Lucé.

Telles étaient la situation des forces françaises et les intentions, offensives dans une certaine mesure, de son commandant en chef, quand, le 9 au matin, l'armée allemande reprit sa marche en avant. La neige tombait à gros flocons; les vues, fort gênées déjà par la nature du terrain et les plantations, étaient rendues plus difficiles encore que les jours précédents[2]. Les nombreux combats de cette journée furent donc livrés à l'aveugle, droit devant soi, sans autre préoccupation que celle, pour les uns, d'arrêter un instant l'ennemi, pour les autres, de forcer l'adversaire à livrer la route. Ils

1. *La 2e armée de la Loire*, page 291. — Rappelons qu'à la date du 8, le général Barry occupait les environs de la Chartre et de Château-du-Loir; le général de Jouffroy était engagé dans des chemins de traverse, entre le Loir et le Grand-Lucé, le général de Curten effectuait sa retraite de Saint-Amand sur Château-la-Vallière.
2. *La Guerre franco-allemande*, 2e partie, page 784. — L'artillerie et la cavalerie durent mettre pied à terre pour avancer; le commandant du Xe corps voyagea sur un avant-train; tout son état-major marchait à pied. Partout l'artillerie de corps resta en arrière. (*Ibid.*, page 792.)

n'offrent aucun intérêt tactique et pourraient sans inconvénient être passés sous silence, si ce n'était pour
nous un devoir de rendre hommage à l'héroïque cons·
tance des braves soldats qui, mal vêtus, mal nourris
et brisés de fatigue, combattirent encore, dans la boue
et la neige, et soutinrent jusqu'au bout, de leurs forces
défaillantes, une lutte désormais sans espoir.

Le grand-duc de Mecklembourg avait, dès le matin,
mis le XIII⁵ corps en route dans la direction de Connerré, se couvrant à droite par la 4ᵉ division de cavalerie qui avait ordre de gagner Bonnétable par Bellême[1].
En arrivant devant Sceaux, l'avant-garde trouva postées
devant elle les troupes du général Rousseau, dont elle
délogea les avant-postes[2], et se porta sur Connerré; mais
là elle fut arrêtée par le 90ᵉ mobiles[3] et le 26ᵉ de ligne
qui, primitivement posté à Thorigné, venait d'en être
refoulé par une colonne allemande marchant latéralement à la grande route; ces deux régiments, sous les
ordres du colonel Feujeas, la continrent jusqu'à la nuit.

« Vers le soir, l'ennemi, maître de Vouvray, qu'il incendia, pro-
nonça un mouvement sur notre flanc droit. La menace était des
plus sérieuses et le moment critique. Le lieutenant-colonel Roux,
du 58ᵉ de marche, le commandant Lombard, du 13ᵉ chasseurs à
pied, et le chef d'escadron Dubuquoy, du 6ᵉ dragons, donnant
l'exemple aux troupes, les entraînèrent à une offensive vigoureuse
et refoulèrent l'ennemi, la baïonnette dans les reins, jusque dans
les bois d'où il était sorti. La colonne dégagée put, dès lors, se
replier, protégée par l'artillerie, que l'intensité de la neige qui ne
cessait de tomber depuis le matin avait, jusque-là, empêchée d'agir.

« A la nuit tombante, les fusiliers-marins et le 19ᵉ de ligne qui
gardaient la barricade de la Touche-de-Veau, à l'intersection de la
route de Connerré à Breil et de celle de Thorigné à Soulitré, tentèrent une attaque contre Thorigné. Un ordre, qui ne parvint pas
en temps utile aux troupes de renfort, fit échouer cette opération,
malgré le courage et le dévouement des marins, qui parvinrent
néanmoins à se dégager en ramenant leurs blessés. A neuf heures
du soir, l'ennemi se présenta à son tour par la route de la Ferté,
mais ne put en déloger le 5ᵉ bataillon de fusiliers marins qui la
gardait.

1. Arrêtée par nos avant-postes et les difficultés du terrain, elle
ne put dépasser ce dernier point.
2. Un bataillon de mobiles de l'Aude, posté à Vouvray.
3. Ce régiment était composé de deux bataillons de la Corrèze et
d'un de la Sarthe.

« La fatigue des troupes était extrême; le temps n'avait pas cessé d'être très mauvais depuis quelques jours, et les hommes étaient mouillés sans pouvoir se sécher. Ce n'était qu'à grand'peine qu'ils trouvaient le moment de toucher leurs vivres, de préparer leurs aliments et de manger.

« ...Le général Rousseau demanda à se retirer sur Montfort et Pont-de-Gennes. Sa division avait eu 24 tués, 98 blessés, 756 hommes disparus, parmi lesquels 5 officiers blessés et 1 fait prisonnier[1]. »

Nous évacuâmes Connerré à la nuit, comme il sera dit plus loin. Quant au XIII° corps, il cantonna vers Sceaux, avec un détachement autour de Thorigné. Il avait perdu 60 hommes environ, appartenant à l'infanterie de la 17° division, qui seule avait donné.

Tandis que ces événements se passaient à l'aile gauche française, le III° corps s'avançait de son côté sur trois colonnes. Celle du sud pénétra jusqu'au château de la Buzardière, à hauteur et au nord de Parigné-l'Évêque. Celle du centre enleva Ardenay à la division Pâris, mais seulement après un combat très vif. Partie, le 8 au soir, de Chauffour, à 8 kilomètres à l'ouest du Mans, cette division n'avait pu atteindre Ardenay que le lendemain, à quatre heures et demi du matin, après une marche exténuante sous la neige ; elle était dans un état lamentable de fatigue et d'épuisement. Ayant cependant posté une compagnie de grand'garde au château, et détaché sur la route du Breil à la Butte quatre compagnies de mobiles, que soutenaient quatre canons et deux mitrailleuses, elle s'installa dans Ardenay. Vers une heure, l'avant-garde de la 6° division prussienne débouchait des bois du Breil et déployait tout un régiment en première ligne, tandis que le reste tentait de déborder la position par le nord. Malgré une vigoureuse résistance, marquée de retours offensifs énergiques[2], le château ne tarda pas à être enlevé, et l'ennemi parvint à progresser sur notre flanc gauche. L'obscurité

1. La 2° armée de la Loire, page 290. — « Le colonel Feujeat, malgré deux blessures, était resté à son poste de combat, et ne s'était retiré qu'après avoir eu son cheval tué sous lui. » (Ibid., page 291.)
2. La Guerre franco-allemande, 2° partie, page 789. — La 2° armée de la Loire, page 283.

étant devenue presque complète, et la fatigue extrême
des soldats ne permettant plus de continuer la lutte,
le général Pâris se mit en retraite vers sept heures
et demie, après avoir fait filer ses convois; il se
dirigea sur le plateau d'Auvours, qu'il atteignit dans
la matinée du 10. Ainsi cette brave division avait
exécuté deux marches de nuit consécutives, par un
temps épouvantable, et combattu toute une journée;
elle comptait 2 officiers et 40 hommes tués, 10 officiers
et 210 hommes blessés [1]. Le III° corps allemand avait
perdu 160 hommes.

En même temps, la colonne de droite du III° corps
attaquait à la Belle-Inutile le 62° de ligne, avant-garde
de la division Gougeard [2], le rejetait, avec toute cette
division, sur Saint-Mars-la-Bruyère, et capturait une
partie du convoi de la 1re division du 21° corps, qui
avait été dirigé sur Montfort. Cette pointe de l'ennemi
menaçant de couper la retraite aux troupes de ce dernier corps encore à Connerré et à l'ouest de Thorigné, celles-ci se hâtèrent d'abandonner leurs positions et cherchèrent à contourner la Belle-Inutile par le
sud, afin de regagner les bivouacs du Mans. Elles
vinrent ainsi se heurter jusqu'après minuit aux cantonnements du III° corps allemand, autour d'Ardenay
et du Breil, et le tinrent en alarme par des attaques
soudaines qui l'empêchaient de prendre aucun repos [3].

Quoi qu'il en soit, ce corps avait réussi à atteindre,
à date fixe, les points à lui assignés six jours auparavant. De même, l'unique division du IX° corps était,
dans la soirée, arrivée à Bouloire. Mais le XIII° corps,

---

1. *La Guerre franco-allemande*, **2°** partie, page 789.— *La 2° armée
de la Loire*, page 283. — Le chef de bataillon Corcelet, du 51° de
marche, avait été mortellement atteint en défendant les abords d'Ardenay.

2. La division de Bretagne (division Gougeard), envoyée d'Auvours sur Thorigné, afin de soutenir la retraite du général Rousseau
et d'appuyer le mouvement offensif du général Pâris, avait son
avant-garde à la hauteur de la Belle-Inutile, quand elle fut subitement attaquée par la colonne de droite du III° corps. (Général
GOUGEARD, *La division de l'armée de Bretagne*, Paris, Dentu, 1871,
page 44.)

3. *La Guerre franco-allemande*, 2° partie, page 790.

et bien plus encore le Xe, se trouvaient toujours fort loin
de leurs destinations, et ce dernier ne paraissait pas devoir les atteindre de sitôt, étant donnée la tournure
des affaires de son côté. Toujours coupé en trois tronçons, l'un à Pont-de-Braye et environs, l'autre à la
Chartre, le troisième à Saint-Amand, il avait commencé,
le 9 au matin, une marche convergente sur le Grand-
Lucé, où il comptait arriver le soir. Mais, en débouchant devant Chahaignes, vers cinq heures du matin,
la colonne partie de la Chartre trouva devant elle la
division Barry retranchée sur des hauteurs que l'amiral
Jauréguiberry avait ordonné de défendre à tout prix.
Notre artillerie, placée derrière des épaulements, ouvrit
le feu immédiatement, et obligea l'ennemi à déployer
successivement trois batteries à hauteur de l'Homme;
mais, aveuglés par une tempête de neige, les canonniers
allemands durent, dès neuf heures, cesser de tirer[1].
Cependant l'infanterie ennemie refoulait peu à peu nos
avant-lignes derrière la Venne; ses progrès étaient si
lents que l'ordre fut envoyé au général de Woyna, qui
commandait la colonne partie de Pont-de-Braye, de se
rabattre vers le sud et de marcher au canon pour tomber sur le flanc gauche de nos positions[2]. Enfin, les
Allemands parvinrent à franchir la rivière sur une passerelle improvisée, et s'avancèrent contre Chahaignes :
alors, pressées par le nombre, écrasées de mitraille, nos
troupes se mirent en retraite, partie sur Château-du-
Loir, partie sur Jupilles. Elles laissaient sur le terrain
12 officiers et 350 hommes tués, blessés ou disparus[2].

Cependant, le général de Woyna s'était, suivant
l'ordre reçu, rabattu sur Brives. Comme il arrivait là,
à trois heures et demie du soir, alors que le combat de
Chahaignes était déjà terminé, son avant-garde essuya
un feu nourri parti des hauteurs au nord du village.
C'étaient des troupes que le général de Jouffroy, informé
de la retraite du général Barry, avait envoyées, sous
les ordres des colonels Thierry et Bayle, prendre posi-

1. *La Guerre franco-allemande*, 2e partie, page 792.
2. *Ibid.*
3. *La 2e armée de la Loire*, page 280.

tion à Maisoncelles et à Saint-Pierre-du-Lorouer. Elles
soutinrent vigoureusement le choc des Allemands, qui
les attaquèrent de front, par la route, l'état du sol inter-
disant tout mouvement tournant, mais elles ne purent
cependant garder leurs positions. Au soir, la division
Barry se replia sur le Mans par la route d'Ecommoy; la
division de Jouffroy, ralliée par les forces (38ᵉ et
46ᵉ de marche, 66ᵉ et 70ᵉ mobiles) qui avaient combattu à Brives, effectua sa retraite sur Grand-Lucé et
Pruillé-l'Eguillé. Malheureusement, une partie de son
convoi, engagé dans des chemins impraticables, dut
être abandonné à l'ennemi [1]. Celui-ci ne put dépasser
Brives (une division) et Vancé (une brigade), restant
ainsi en retard de plus d'une marche sur les IIIᵉ et
IXᵉ corps [2]. Quant à la colonne de Saint-Amand, laissée
en observation devant la division de Curten, elle s'aperçut le soir seulement de la retraite de nos troupes,
commencée depuis le matin et même en partie depuis
la veille. Le général de Curten avait eu la précaution de
laisser une faible arrière-garde en position devant
Château-Renault ; naturellement les Allemands, forts
d'une brigade d'infanterie, de deux brigades de cavalerie et de deux pièces, n'eurent pas grand'peine à
refouler celle-ci ; après quoi ils poussèrent jusqu'à
Château-Renault, d'où, quelques jours plus tard, ils partirent pour aller occuper Tours [3]. En résumé, le 9 au
soir, la IIᵉ armée s'étendait de Connerré à Brives, sur
un front de 38 kilomètres environ.

Bien qu'assez éloigné encore de la concentration de
forces qu'il avait espéré obtenir à cette date, le prince
Frédéric-Charles poursuivait sans modification aucune
la réalisation de son plan. La marche offensive devait
se continuer le lendemain, sans tenir compte du danger
que faisait courir aux corps de première ligne la distance

---

1. *Ibid.*, page 282.
2. La 14ᵉ brigade de cavalerie, chargée d'opérer la liaison entre
les Xᵉ et IIIᵉ corps, avait vainement cherché à pousser vers le nord ;
toujours elle s'était trouvée arrêtée par les troupes du général de
Jouffroy.
3. Cette fraction du Xᵉ corps ne prit aucune part à la bataille du
Mans.

des derniers éléments de l'armée, sans se préoccuper de l'intervalle qui les séparait. Tout au plus prenait-on la précaution de diriger la 4° division de cavalerie, avec quelques bataillons et de l'artillerie, sur Bonnétable, d'où, par la rive droite de l'Huisne, elle se rabattrait sur le Mans. C'était là plus que de la hardiesse; mais Frédéric-Charles espérait ainsi empêcher toutes les colonnes éparses qui battaient en retraite entre ses corps d'armée, de rejoindre nos lignes et d'y apporter ainsi de sérieux appoints. En réalité, cinq divisions françaises, c'est-à-dire presque la moitié de l'armée de la Loire, avaient été engagées dans des actions séparées et cherchaient péniblement à regagner leurs corps respectifs. Leur état matériel, autant que leur état moral, devait fatalement se ressentir des assauts qu'elles venaient de subir, et leur situation au milieu même des lignes de marche de l'adversaire semblait particulièrement difficile. Frédéric-Charles entendait donc agir vigoureusement, de manière à disperser au préalable ces colonnes éparpillées, et c'est pour cela que, malgré les risques, il préférait une attaque brusquée aux lenteurs d'une concentration qui aurait pour résultat de favoriser celle des Français.

Le général Chanzy, lui, témoignait toujours d'une énergie admirable, et qui croissait avec le péril. Ses ordres respiraient une confiance invincible, et, prêt aux efforts suprêmes, il adjurait une dernière fois officiers et soldats de faire encore tout leur devoir :

« Si l'ennemi avance aussi effrontément, disait-il, c'est, il est pénible de l'avouer, parce que nous ne lui opposons nulle part une résistance sérieuse, alors que nous disposons partout de forces au moins égales aux siennes. La retraite ne mène à rien, elle n'est que le principe d'un désordre que nous devons éviter à tout prix. Il faut donc que dès demain, dans toutes les directions et sur tous les points à la fois, on reprenne l'offensive.

« La cavalerie a abandonné ce soir, sans même avoir reconnu les forces qu'elle croyait devant elle, sans, par conséquent, avoir essayé la moindre résistance, les points importants de Parigné-l'Evêque et du Grand-Lucé. Le général commandant la cavalerie fera une enquête sur ces faits, et les officiers qui commandaient sur ces points auront à rendre compte. Le général en chef a donné l'ordre au général Deplanque de faire reprendre cette nuit la position de Parigné, et de porter demain au jour, sur ce point, toute une brigade de la 1ʳᵉ division du 16ᵉ corps. La cavalerie se reportera sur Grand-Lucé, en se mettant en relation avec le général de Jouffroy, qui a reçu l'ordre de faire occuper fortement ce point par de l'infanterie.

« Sur la rive droite du Loir, l'amiral Jauréguiberry, avec les troupes dont il dispose, tout en protégeant la retraite du général de Curten, dirigera une attaque sur le flanc gauche de l'ennemi, marchant de la Chartre sur le Mans. Sur la route de Saint-Calais, le général de Colomb fera attaquer l'ennemi à la pointe du jour, de façon à le rejeter au delà d'Ardenay. Sur l'Huisne, le général Jaurès, se portant de sa personne à Pont-de-Gennes, attaquera l'ennemi à Thorigné et à Connerré. *Nul ne doit songer à la retraite sur le Mans sans avoir tenu jusqu'à la dernière extrémité.* Ce n'est qu'alors qu'on pourrait songer à venir se replacer sur les positions de défense assignées primitivement à chaque corps, *et cela pour les défendre à outrance...* »

On le voit, Chanzy voulait reprendre partout l'offensive ; aussi, tout en ordonnant les mesures les plus sévères pour arrêter, en avant du Mans, les nombreux fuyards qui y affluaient, prescrivait-il par télégraphe de se préparer partout à combattre. « Il n'y a point à alléguer le mauvais temps, disait-il ; il est le même pour tous, et les Prussiens ne s'en préoccupent pas ; il faut en imposer à l'ennemi et éviter, surtout, ces retraites précipitées qui, avec des troupes nouvelles, tournent si facilement en panique et en débandade[1]. » Les trois quarts de l'armée allaient donc marcher à l'ennemi et combattre, le 10 janvier, en avant des lignes du Mans.

Journée du 10. — La neige tombait toujours en abondance, et les Allemands, suivant leur coutume dans cette période, ne s'ébranlèrent qu'assez tard[2]. Reconnaissant, d'après l'expérience des jours précédents, l'impossibilité de déployer de grosses colonnes, ils s'avançaient par groupes plus ou moins denses et sur un front très développé, au risque de ne pouvoir atta-

1. Ordre nᵒ 208, donné le 9 au soir.
2. Pendant cette partie de la guerre, les Allemands avaient pour principe de ne point se mettre en marche sans avoir fait prendre aux hommes un repas aussi substantiel que possible. Ils leur distribuaient aussi très abondamment le vin et l'eau-de-vie, ainsi que cela résulte de tous les récits particuliers et des documents divers dus aux acteurs mêmes de la lutte.

quer chaque point qu'avec des forces restreintes[1]. Quant aux Français, mis en mouvement de très bonne heure, d'après les ordres du commandant en chef, ils purent prendre ainsi l'initiative de l'attaque.

La brigade Pereira (2e de la division Deplanque, avait reçu la mission de réoccuper Parigné ; elle devait être soutenue en arrière par la 1re brigade (colonel Ribell), en position entre Changé et l'Huisne, tandis qu'une brigade du général de Roquebrune (1re division du 17e corps[2]) s'établirait le long du Chemin-aux-Bœufs, la droite appuyée à la route de Parigné. Les troupes du général Pereira partirent de Pontlieue à deux heures du matin, mais, retardées par l'état du sol et de la température, elles n'atteignirent Parigné qu'à neuf heures ; à peine y arrivaient-elles que le 3e chasseurs à pied de marche, qui formait l'avant-garde, se trouva aux prises avec une partie de la 9e brigade allemande[3]. La maintenant par son feu, il permit à la colonne de se concentrer à l'ouest du village, tandis que deux pièces, accourues au débouché oriental, battaient la route du Grand-Lucé. Bientôt le 39e de marche et le 75e mobiles se déployèrent à leur tour ; le reste de l'artillerie (1 batterie de mitrailleuses et 1 batterie de 4) fut amené par la route que l'on avait couverte de fumier et de sable[4], et put lutter avec succès[5] contre 7 pièces allemandes postées aux Blinières. L'ennemi dut arrêter sa marche[6].

A ce moment, onze heures du matin, apparurent

---

1. *La Guerre franco-allemande*, 2e partie, page 799.
2. L'autre brigade de cette division avait été envoyée au général de Jouffroy.
3. Le IIIe corps allemand marchait sur un front très large, entre la route de Saint-Mars-la-Bruyère et celle de Parigné. Plusieurs ordres et contre-ordres, ayant pour cause l'absence de renseignements précis sur nos positions et sur la marche du Xe corps, avaient amené dans ses colonnes un certain flottement, encore aggravé par les difficultés du terrain et la chute ininterrompue de la neige qui aveuglait bêtes et gens.
4. *La 2e armée de la Loire*, page 298.
5. *Ibid.* — *La Guerre franco-allemande*, 2e partie, page 801.
6. *Ibid.* — *La Relation allemande* explique cet arrêt par un ordre donné de traîner le combat en longueur en attendant des renforts. Ce n'est là qu'une défaite, à prendre pour ce qu'elle vaut.

sur la route du Grand-Lucé des troupes françaises.
C'était l'avant-garde du général de Jouffroy (70ᵉ mobiles, 2 mitrailleuses et 4 pièces de 4) qui précédait la colonne en marche vers le Mans ; au bruit du combat engagé, elle accourut se jeter dans Parigné, prêtant ainsi un appui précieux aux soldats du général Pereira. Malheureusement, cette avant-garde n'était point suivie par le gros ; le général de Jouffroy, cherchant à gagner au plus vite la position de combat que l'amiral lui avait assignée vers Changé, crut pouvoir arriver plus sûrement à son poste en obliquant à gauche par des chemins de traverse ; il abandonna la route de Parigné pour se diriger sur Mulsanne et manqua ainsi l'occasion de prendre en flanc la colonne de gauche du IIIᵉ corps allemand. Il y avait là deux brigades ennemies, fractionnées en plusieurs tronçons et marchant à travers bois dans des chemins d'une impraticabilité presque complète ; nul doute qu'une attaque brusquée les prenant d'écharpe n'eût produit dans leurs rangs un désordre irrémédiable et permis au général Pereira de prendre l'offensive afin de les achever.

Cependant la 10ᵉ brigade prussienne, après plusieurs tours et détours, était venue au secours de la 9ᵉ. L'attaque de Parigné, préparée par le feu de trois batteries, est exécutée, vers midi et demi, par toutes ces forces réunies ; le village, abordé principalement par le sud, est envahi, et une pièce de 4, qui, presque entièrement démontée, n'a pu être attelée, tombe entre les mains des Prussiens. « Nous allons perdre de même cinq mitrailleuses, lorsque le colonel Pereira, appelant les deux compagnies du 39ᵉ de marche qu'il avait en réserve au centre du village, et réunissant quelques mobiles, quelques artilleurs et quelques officiers qui ont ramassé des fusils, parvient à reprendre quatre de ces mitrailleuses ; la cinquième, dont l'attelage avait été tué, ne peut être sauvée [1]. » Il n'y avait plus qu'à se retirer ; la brigade Pereira se dirige sur Ruaudin ; quant au 70ᵉ mobiles, qui a sauvé son artillerie un moment

1. *La 2ᵉ armée de la Loire*, page 300.

compromise, il va rejoindre, à Brette, la colonne de Jouffroy[1]. Les Allemands reprennent alors leur marche sur le Mans, la 9e brigade par les Vernettes et Changé, la 10e par la route de Pontlieue,

Tandis que ces événements se passaient, la brigade Ribell s'était trouvée, à Changé, aux prises avec la 11e brigade prussienne. Elle était déployée de Changé à l'Huisne, couverte par des avant-postes qui, à la Girarderie, au Pavillon, au château d'Amigné et au passage du chemin de fer sur la route de Paris, résistèrent énergiquement jusqu'à cinq heures et demie du soir à la pression de l'ennemi. Les 37e et 62e de marche eurent là une attitude aussi ferme que vigoureuse; mais lorsque, sur le soir, les têtes de colonnes de la 9e brigade prussienne, venue de Parigné, se présentèrent sur notre flanc droit, force fut bien de reculer sur Changé. Le 33e mobiles (Sarthe) fut alors établi entre ce point et le gué Perray, ayant un bataillon au château des Noyers, et le 37e de marche garnit les barricades du village. Mais les attaques de l'ennemi devenaient de plus en plus pressantes; c'était maintenant la 10e brigade qui, un moment arrêtée par l'artillerie de la division Roquebrune[2], postée en travers de la chaussée de Parigné, s'était jetée à droite de celle-ci et s'avançait par Boyère et la Girarderie[3]; il n'était plus possible de tenir contre des forces aussi imposantes. Les Allemands se lancèrent sur Changé, que le 37e de marche défendit pied à pied avec sa bravoure accoutumée. Pendant une heure la lutte, une lutte acharnée, se

1. La brigade Pereira comptait 1 officier tué, 15 blessés et 1,870 hommes tués, blessés ou disparus. Ces derniers surtout étaient très nombreux, puisque, dans cette journée du 10, le IIIe corps allemand fit près de 5,000 prisonniers.

2. « La 10e brigade s'était trouvée en butte à une vigoureuse canonnade partant des châteaux de Chef-Raison et de la Paillerie. L'artillerie ennemie balayait la route sur toute son étendue, et deux pièces de la 1re batterie légère ne parvenaient point à la réduire au silence. » (*La Guerre franco-allemande*, 2e partie, page 806.) — Le général de Roquebrune avait en batterie deux pièces de 7 et deux mitrailleuses.

3. Elle n'avait laissé qu'un bataillon devant la division de Roquebrune.

poursuivit de maison en maison [1], jusqu'à ce qu'enfin il
fallut céder la place, en abandonnant près de 800 prisonniers aux mains de l'ennemi. Alors le colonel Ribell,
laissant au pont du moulin des Noyers deux bataillons
du 33ᵉ mobiles, ramena les débris de sa brigade au
château des Arches, où il arriva à neuf heures du soir,
ayant perdu 5 officiers tués, 35 blessés ou disparus, et
plus de 1,500 hommes [2]. Il espérait pouvoir y tenir le
lendemain ; mais, à minuit, le général en chef lui envoya l'ordre de se replier sur le tertre qui est à l'est de
l'Epau, pour garder cette position jusqu'à l'arrivée du
général de Jouffroy, ce qui fut fait. Dans toute cette
affaire, l'intervention de la division Roquebrune s'était
bornée à la canonnade de la Paillerie ; il semble qu'elle
eût pu être plus efficace.

Restait encore une brigade du IIIᵉ corps, la 12ᵉ, qui,
partie d'Ardenay à onze heures du matin, avait marché
sur Saint-Mars-la-Bruyère et Saint-Hubert. Le premier
de ces points fut conquis par elle sans grande difficulté,
car nous n'y avions qu'un petit poste ; mais, en arrivant
à Saint-Hubert [3], les Allemands se heurtèrent à la division de Bretagne, renforcée du 1ᵉʳ bataillon de l'Ouest
(zouaves pontificaux) et du bataillon des Côtes-du-Nord,
laquelle marchait de son côté à l'attaque de l'ennemi.
Celui-ci fut arrêté net [4], et, jusqu'à cinq heures, du soir
se borna à entretenir avec nos troupes un combat traî-
nant. A la nuit, le général Gougeard, pressé d'un peu
plus près, et craignant pour ses ailes qui n'étaient pas
suffisamment appuyées, donna à sa division l'ordre de
se replier sur Yvré-l'Evèque, en évacuant Champagné,
contre lequel l'ennemi dirigeait une attaque assez vive [5].

1. *La Guerre franco-allemande*, 2ᵉ partie, page 806.
2. *La 2ᵉ armée de la Loire*, page 302. — « Donnant lui-même
l'exemple, le colonel Ribell n'avait quitté le champ de bataille que le
dernier, son cheval couvert de blessures. »
3. L'ennemi captura là un convoi de vivres abandonné.
4 Là encore la *Relation allemande* excipe d'un ordre donné par
le général de Buddenbrock « afin, dit-elle, de maintenir la 12ᵉ brigade à hauteur des autres ».
5. La *Relation allemande* fait de cet épisode un récit dramatique
d'après lequel Champagné et Saint-Hubert auraient été enlevés de
haute lutte après que *deux pièces prussiennes*, seules en batterie,

Sur l'ordre même du général en chef, ce dernier village fut réoccupé dans la nuit par un bataillon du 25e de ligne, aux ordres du colonel Bell, qui s'y barricada [1].

Ainsi le IIIe corps, au prix de pertes sensibles (près de 500 hommes), avait pu, dans cette journée, s'emparer de la ligne Changé-Saint-Hubert. En contact immédiat avec nos avant-postes, il prit là des cantonnements précaires [2], qui laissaient ses flancs complètement à découvert [3], et ne lui permettaient de compter, pour le lendemain, que sur le concours tardif de l'unique division du IXe corps, laquelle n'avait pas quitté Bouloire. Une pareille posture ne laissait pas de préoccuper, avec quelque raison, le général d'Alvensleben ; mais il était trop tard pour qu'on pût reculer l'échéance d'un combat imminent.

Aux ailes de l'armée ennemie, la marche avait été plus lente que jamais. Cheminant sur les deux rives de l'Huisne, le XIIIe corps avança péniblement en luttant contre les troupes du général Rousseau. Il fallut à la 22e division, jetée sur la rive droite, toute la journée pour s'emparer de la station de Connerré, que nous tenions encore, et du château de Couléon ; de ce côté, l'ennemi gagna à peine quelques kilomètres. Quant à la 17e division, qui s'avançait difficilement sur la route de

auraient éteint le feu de toutes les nôtres. C'est là une **exagération** pure, à laquelle il y a lieu d'opposer le texte même du rapport du général Gougeard. « L'artillerie prussienne, dit-il, ne parvint pas à démonter une seule de nos pièces ; en revanche, nos deux mitrailleuses à biscaïens, pointées à grande distance, allèrent porter le désordre dans les rangs des premières réserves. Pendant deux heures, òn se fusilla dans les bois à bout portant, on s'aborda dans les champs, et jusque sur la route. Mais l'ennemi dut renoncer à forcer le passage ; *nous ne perdîmes pas un pouce de terrain*, et quand je donnai l'ordre de rentrer au camp, le mouvement s'exécuta avec calme, sans précipitation, sans désordre, les bataillons se reformèrent et rentrèrent à Yvré. »

1. *La 2e armée de la Loire*, page 304. — La division Pâris, après une faible tentative d'offensive qui, si elle eût été poursuivie, aurait probablement facilité beaucoup la défense de Changé, s'était repliée sur le plateau d'Auvours, où elle avait pris position.

2. *La Guerre franco-allemande*, 2e partie, page 808.

3. « Le corps d'armée était arrivé dans le voisinage immédiat du Mans... Mais le contact avec les corps des ailes n'existait ni à droite, ni à gauche. » (*Ibid.*)

Paris, *revêtu d'un miroir de glace*[1], elle ne put pousser plus loin que la Belle-Inutile, et ne parvint pas à ébranler, malgré tous les efforts de son artillerie, nos troupes en position à Pont-de-Gennes et à Montfort[2]. Le progrès le plus marqué fut celui d'une colonne de flanqueurs, jetée vers le nord pour appuyer le mouvement de la 4ᵉ division de cavalerie sur Bonnétable[3], qui, après avoir occupé ce bourg, défendu seulement par quelques francs-tireurs, vint, à la nuit tombante, butter à Chanteloup contre des troupes de la division de Villeneuve. Celles-ci, malgré une énergique résistance, durent lui céder le terrain ; elle entra donc dans le village, mais ne le dépassa point. A l'aile opposée, le Xᵉ corps n'avait eu à soutenir aucun engagement ; il avait dû cependant s'arrêter au Grand-Lucé, tant les chemins de son côté étaient mauvais[4].

Situation générale le 10 au soir. — Ainsi, le 10 au soir, l'armée allemande avait un de ses corps tout à fait en flèche, au contact même de nos lignes, et trois autres disposés en arrière sur un front concave, dont l'éloignement moyen était de 20 kilomètres environ, c'est-à-dire beaucoup trop grand pour que, étant donnés l'état des troupes et celui des routes, le premier pût compter absolument sur le concours des seconds[5].

Quant à l'armée française, elle occupait à peu de chose

1. *La Guerre franco-allemande*, 2ᵉ partie, page **811**.
2. *Ibid*.
3. Voir plus haut, page 360.
4. Dans la nuit du 10 au 11, un détachement du Xᵉ corps (30 chasseurs à pied et 7 pionniers) trouva le moyen de se glisser sur la neige à travers nos colonnes en retraite et d'aller, à plus de 20 kilomètres du Grand-Lucé, couper la voie ferrée au sud d'Écommoy.
5. Position des troupes allemandes, le 10 au soir :

    IIIᵉ corps : de Parigné-l'Évêque à Saint-Hubert.
    XIIIᵉ corps : Beillé (22ᵉ division) et Connerré (**17ᵉ**).
    IXᵉ corps : (18ᵉ division) à Bouloire.
    Xᵉ corps : Grand-Lucé.

Entre les XIIIᵉ et IXᵉ corps était la 2ᵉ division de cavalerie ; entre ce dernier et le Xᵉ, la 14ᵉ brigade de même arme.
La 15ᵉ brigade de cavalerie cantonnait à Montoire ; la 38ᵉ brigade d'infanterie et la 1ʳᵉ division de cavalerie à Château-Renault. Enfin, la 4ᵉ division de cavalerie était à Bonnétable, ayant devant elle, à Chanteloup, un détachement d'infanterie.

près les positions qui lui avaient été assignées pour la
défense du Mans ; seul, le 21° corps était encore sur la
rive gauche de l'Huisne, à 10 kilomètres environ des
lignes de Sargé qu'il aurait dû tenir. La colonne de
Jouffroy venait d'arriver à Pontlieue, prête, malgré son
état de fatigue et d'épuisement, à prendre son poste de
combat. Le général Barry était à Ecommoy avec ordre
de gagner Mulsanne, pour de là se porter le lendemain
sur Arnage, ou, s'il ne le pouvait pas, marcher au canon
là où il l'entendrait [1]. Les colonnes de Curten et Cléret,
qui n'avaient plus le temps de regagner le Mans en
temps opportun, étaient invitées à se porter, la première à la Suze, la seconde au Val de la Loire.

Les forces en présence atteignaient des chiffres élevés.
Du côté allemand, le nombre des rationnaires s'élevait
à 95,000 ; du côté des Français, il était, *sur le papier*,
de 120 à 130,000 hommes, la plupart épuisés par les
marches et les combats des jours précédents, et dont
beaucoup, en quantité impossible d'ailleurs à évaluer,
ne participèrent certainement pas à la bataille du lendemain. Le général Chanzy avait espéré pouvoir augmenter
son armée de 50 à 60,000 Bretons, amenés du camp de
Conlie, lequel venait d'être levé, après constatation de
son inutilité ; mais la plupart de ces hommes n'étaient
ni armés, ni équipés. Ils croupissaient depuis trois mois
dans un océan de boue, où ils avaient usé leurs forces
sans rien gagner en valeur militaire, et quand on eut
formé avec eux d'abord la division Gougeard, puis la
division Lalande, qui, forte de 9 à 10,000 mobilisés sans
instruction, sans organisation, sans équipement ni
munitions [2], rejoignit le Mans au commencement de
décembre, on s'aperçut que c'était là tout ce que pouvait
donner ce camp organisé naguère avec tant de tapage

---

1. Nos colonnes mobiles ont fait preuve ces jours-là d'une extraordinaire endurance au point de vue de la marche, et parcouru des
étapes que les Allemands s'étaient reconnus hors d'état d'exécuter.
Il est bon d'ajouter que leur épuisement était tel qu'elles se trouvèrent, le lendemain, hors d'état de combattre avec une vigueur
suffisante, tandis que les Prussiens, si fatigués qu'ils fussent, purent
encore soutenir les épreuves d'une longue journée de combat.

2. *La 2° armée de la Loire*, page 306.

et d'ostentation[1]. Le seul renfort que reçut la deuxième
armée de la Loire fut celui que l'amiral Jauréguiberry
ramena dans la journée du 11, et qui se montait à
9,000 hommes environ, épaves des colonnes mobiles
jetées autour de Château-du-Loir. C'est ainsi que la brigade Desmaisons et les troupes des colonels Jobey,
Bérard et Marty rejoignirent le Mans, les deux premières
à neuf heures du matin, la dernière à trois heures et
demie du soir. On forma avec les contingents des colonels Jobey et Bérard, une division de deux brigades,
dont le commandement fut donné au général Le Bouëdec,
récemment arrivé[2]. Mais c'était là un appoint bien peu
sérieux, car ces hommes, ainsi d'ailleurs que tous ceux
ayant fait partie des colonnes mobiles, étaient tombés
au dernier degré de l'épuisement[3]. Enfin, on avait
compté sur l'arrivée du 19e corps, en formation à Cherbourg ; comme il s'en fallait de deux ou trois jours qu'il
fût prêt, on ne put même le mettre en route.

Cependant, si l'armée se trouvait dans un état assez
triste, les positions à défendre étaient par contre assez
sérieusement protégées ; on avait construit des épaulements de batteries, des tranchées-abris et des barricades
vers Arnage, le long du Chemin-aux-Bœufs, aux Mortes-
Aures, vers l'intersection de la route du Grand-Lucé,

---

1. « M. de Kératry (commandant du camp de Conlie) parcourait
les départements, passait des revues, recueillait des engagements
volontaires, et, s'il perdit ainsi un temps qu'il aurait été facile d'employer encore mieux au travail d'organisation sérieuse, il n'est pourtant que juste de lui tenir compte du zèle qu'il parut déployer. »
— « On a fait bien des reproches au camp de Conlie ; dans notre
opinion, il les mérite tous. » (Général GOUGEARD, *loc. cit.*, pages
XVII et XVIII.) — C'est la faiblesse des mobilisés du général de Lalande qui amena, comme on le verra bientôt, le désastre du Mans.
2. 1re brigade, colonel Bérard : 41e de marche, un bataillon du
   74e mobiles et une batterie de 4.
   2e brigade, colonel Jobey : 40e de marche, 16e bataillon de
   chasseurs, une batterie de 4 et 250 cavaliers du 2e chasseurs mixte.

3. Du 25 novembre au 12 janvier, soit 49 jours, la colonne de
Jouffroy a eu 35 jours de marche, 10 jours de combat et seulement
4 jours de repos (14, 15, 21 et 22 décembre). Du 7 décembre au
12 janvier, soit 37 jours, la colonne Rousseau a eu 27 jours de
marche, 7 de combats et 3 de repos. Tout cela par quelle température et à travers quelles fatigues, on le sait !

IV.   24

enfin au Tertre. Des groupes de batteries étaient disposés sur les hauteurs à l'ouest d'Yvré–l'Évêque, d'autres sur le plateau d'Auvours. Des batteries et des tranchées existaient en grand nombre sur la partie septentrionale du plateau de Sargé. On avait fait aussi de nombreux abatis et pratiqué des coupures sur les routes[1]. Tout cela constituait un champ de bataille d'abords difficiles, sur lequel on pouvait espérer que viendraient se briser les assauts d'un ennemi dont la lassitude était visible, et qui ne pouvait utiliser qu'imparfaitement l'un des principaux éléments de sa supériorité, l'artillerie. En maintes occasions, nos jeunes formations s'étaient conduites au feu comme de vieilles troupes, et, malgré leur affaissement moral et physique indéniable, le général en chef comptait encore sur son inépuisable énergie pour les galvaniser une dernière fois. En tout cas, si menaçante que s'annonçât la lutte, il n'y avait plus à l'éviter.

III. — BATAILLE DU MANS (11 et 12 janvier 1871)[2].

Le 10 janvier, dans la soirée, le général Chanzy prit ses dispositions pour une bataille que la proximité du IIIe corps allemand rendait imminente[3], et envoya à tous ses corps des instructions, que nous croyons devoir presque intégralement transcrire, parce qu'elles éclairent d'un jour complet non seulement les tendances du commandement, mais encore l'état psychologique de ceux à qui elles étaient adressées.

1. Comme on le verra plus loin, certains de ces ouvrages furent inutiles ; ceux de Sargé restèrent inoccupés ; quant aux batteries d'Auvours, l'ennemi s'en empara assez aisément, le 12, et les retourna même en partie contre nous. Ajoutons que, comme il est d'usage, les coupures gênèrent beaucoup plus nos mouvements que ceux de l'ennemi.

2. Les Allemands comprennent dans la bataille du Mans la journée du 10 janvier, ce qui, à notre sens, est une erreur, cette journée n'ayant vu que la continuation de leur marche et non l'attaque même de nos positions.

3. Les avant-postes du IIIe corps n'étaient pas à plus de 5 kilomètres de la ville.

Les ordres 1 ormels du général en chef **n'ont pas été exécutés**, y était-il dit ; il en exprime tout son mécontentement aux généraux qui, sous leur responsabilité, ont pris sur eux de ne pas obéir. Cette inexécution d'ordres qui prescrivaient partout une offensive vigoureuse, parce que c'était le seul moyen d'arrêter l'ennemi, a eu pour conséquence de déterminer chez quelques-unes de nos troupes une véritable débandade et de laisser l'ennemi s'approcher de nos dernières positions du Mans.

La position est grave ; il s'agit **d'en sortir avec honneur et succès.**

Le général ordonne de la façon *la plus formelle, et sous la responsabilité personnelle* [1] des généraux commandant les corps d'armée, les divisions et les brigades, en ce qui concerne chacun d'eux, que les dispositions soient prises demain dès le matin : 1° pour repousser l'ennemi des positions dont il s'est emparé aujourd'hui en avant de nos lignes, et qui menaceraient directement ces lignes ; 2° pour assurer la défense des positions que nous devons conserver coûte que coûte et sans aucune idée de retraite. Ces dispositions sont les suivantes :

1° En avant de Pontlieue : les hauteurs qui vont d'Arnage jusqu'au-dessus de la gare d'Yvré-l'Évêque et que borde le Chemin-aux-Bœufs. La défense en sera assurée, entre la Sarthe et la route de Tours, par les troupes de Bretagne aux ordres du général Lalande ; de la route de Tours à celle de Parigné, par la division Deplanque, du 16e corps, laissant toutefois la brigade Ribell sur les hauteurs au-dessus de Changé, qu'elle a défendues aujourd'hui si vigoureusement, jusqu'à ce qu'elle ait pu être remplacée sans inconvénient par les troupes du 17e corps. De la route de Parigné-l'Évêque jusqu'à la gare d'Yvré-l'Évêque, par les divisions Roquebrune et Jouffroy, du 17e corps ; la 1re à droite, s'appuyant à la route de Parigné et menaçant ce village, qu'il serait important de reprendre à l'ennemi ; la 2e (Jouffroy), à hauteur de Changé, se reliant par sa gauche avec la division Pâris, établie au plateau d'Auvours.

Lorsque les 2e et 3e divisions du 16e corps seront rentrées dans leurs lignes, elles s'établiront en réserve autour de Pontlieue, et le vice-amiral Jauréguiberry prendra le commandement de tout le secteur qui vient d'être indiqué.

2° Entre l'Huisne et la route de Saint-Calais, par les troupes de la 2e division du 17e corps sous les ordres directs du général de Colomb, occupant fortement le plateau d'Auvours conjointement avec les troupes de la division Gougeard du 21e corps, en partie sur ce plateau et en partie le long de l'Huisne, pour garder les ponts et les villages de Champagné et de **Saint-Mars-la-Bruyère.** Tout ce secteur sera sous le commandement du général de Colomb, qui devra faire tous ses efforts pour refouler l'ennemi au delà d'Ardenay et pour occuper de fortes positions sur les routes de Paris et de Saint-Calais.

1. En italique dans le texte.

3° Entre l'Huisne et le cours supérieur de la Sarthe, à partir des hauteurs qui dominent Connerré sur la rive droite, par le 21ᵉ corps, selon les dispositions que prendra le général Jaurès pour conserver ces hauteurs, Pont-de-Gennes, Montfort, défendre les mamelons qui dominent Yvré-l'Évêque sur la rive droite, et parer à toute attaque venant des directions de Bonnétable ou de Ballon, sur les positions assignées au 21ᵉ corps en avant de Sargé.

Il faut sur ces positions résister à l'ennemi aussi longtemps que dureront ses efforts, avec la ténacité que la deuxième armée a mise à défendre ses lignes de Josnes... On prendra l'offensive partout où cela sera nécessaire et possible...

Personne ne devra s'éloigner des bivouacs et des positions à défendre. L'accès du Mans est *formellement interdit à la troupe et aux officiers de tout grade*[1]. Chaque corps d'armée fera garder ses derrières par de la cavalerie pour ramasser les fuyards et empêcher toute débandade. Les fuyards seront ramenés sur les positions et maintenus sur la première ligne de tirailleurs. *Ils seront fusillés s'ils cherchent à fuir*[2].

... Le général en chef n'hésiterait pas, si une débandade venait à se reproduire, à faire couper les ponts en arrière des lignes, pour forcer à la défense à outrance...

Les nouveaux contingents fournis par l'armée de Bretagne seront répartis, au fur et à mesure de leur arrivée, sur toutes les positions de la rive droite, occupées jusqu'ici par le 17ᵉ corps, depuis Saint-Saturnin par Milesse, Chauffour, Saint-Georges-du-Bois, jusqu'à Allonnes, gardant ainsi la vallée de la Sarthe sur la rive droite, les routes d'Alençon, de Conlie, de Sillé, de Laval, de Sablé, et la ligne d'Angers.

On voit, d'après cela, quelles étaient les intentions du général en chef. Pour les mieux affirmer, il parcourut, le 11 au matin, toutes les positions, annonçant que Gambetta lui avait donné le pouvoir de « récompenser sur le champ de bataille tous les dévouements, comme aussi de réprimer avec la dernière rigueur toutes les défaillances[3] ». Quant aux Allemands, ils ne semblent pas avoir formé d'autre projet que celui de foncer sur notre centre, vers Changé, et de nous y percer. En tout cas, la seule mesure prise par Frédéric-Charles, pour parer dans la limite du possible à l'isolement du IIIᵉ corps, et combler l'énorme vide existant

---

1. En italique dans le texte.
2. Ordre général n° 209
3. Dépêches datées de Bordeaux, le 11, à deux heures du matin et signées, la première par M. de Freycinet, la seconde par Gambetta.

entre lui et le XIII°, était l'ordre envoyé à la 18° division (IX° corps) de se trouver sous les armes, le 11 à onze heures du matin, à hauteur de Saint-Hubert.

Attaque du centre de la ligne française. — *Combat d'Auvours.* — Tout d'abord, vers neuf heures du matin, la 12° brigade prussienne se porta à l'attaque de Champagné, que nous avions, ainsi qu'il a été dit plus haut, réoccupé dans la nuit[1]. Après une lutte prolongée, soutenue jusqu'à onze heures dans les rues et surtout aux abords de l'église que les troupes du colonel Bell défendirent avec une opiniâtreté extrême[2], le village fut emporté et l'ennemi s'empara du pont de l'Huisne qu'il barricada. De là la 12° brigade marcha sur la lune d'Auvours et le château des Arches; mais, prise d'écharpe par le feu des batteries d'Auvours, elle dut reculer et chercher un détour par Amigné[3]. La situation semblait si peu avantageuse et le succès si problématique, qu'à ce moment (midi), le prince Frédéric-Charles envoya de Saint-Hubert l'ordre au X° corps de venir par la voie la plus courte sur le champ de bataille[4]. Fort heureusement pour lui, le général de Manstein allait entrer en ligne avec la 18° division et l'artillerie du IX° corps.

La neige couvrait le sol sur une grande épaisseur; le temps, très froid, s'était complètement dégagé, ce qui permettait aux batteries de voir mieux et d'agir plus efficacement que les jours précédents, bien que leurs manœuvres fussent toujours difficiles. La 18° division

1. Voir page 366. — La *Relation allemande*, toujours prodigue d'euphémismes, dit que les avant-postes prussiens s'étaient retirés de Champagné « par erreur » (page 815).
2. *La Guerre franco-allemande*, 2° partie, page 816. — Le colonel Bell fut tué là, ainsi que le commandant de Trégomain, du 25°.
3. Il y avait sur le plateau, position très forte coupée de bois e d'habitations que protégeaient des retranchements et des défenses, cinq batteries (trois de la division Pâris et deux de la réserve). Sur les hauteurs du Luart, où se trouvaient des épaulements, étaient en position cinq autres batteries (deux du 17° corps, trois de la division Gougeard) et une section de mitrailleuses américaines qui, postée sur la route, battait la vallée de l'Huisne. Le général en chef avait aussi envoyé au Luart, vers deux heures, une section de 12 de la réserve.
4 *La Guerre franco-allemande*, 2° partie, page 816.

ne s'était avancée qu'avec peine, et il était une heure
déjà quand des abords de Champagné, où elle se massait,
Frédéric-Charles la lança à l'attaque des hauteurs
d'Auvours.

Abordant alors le plateau par les crètes orientales,
les soldats du général de Manstein se portèrent sur
Villiers. Ils étaient couverts par quelques tirailleurs de
la 12ᵉ brigade, laissés à Champagné; deux batteries,
que l'on avait hissées à grand'peine sur un éperon au
sud-ouest de ce dernier village, les appuyaient de leurs
feux. Les mobiles du général Pâris, aidés par le 51ᵉ et
la batterie de mitrailleuses de la division, résistèrent
d'abord avec énergie; mais, vers trois heures, ils
commencèrent à reculer. Une partie de la 18ᵉ division,
en effet, marchant par la grande route, s'avançait sur
les pentes sud, mal contenue par nos batteries d'Yvré-
l'Evèque dont les vues étaient gênées par des bois
épais; trois compagnies ennemies, se jetant sur la
batterie établie au saillant sud-ouest du plateau, l'a-
vaient forcée à s'enfuir en abandonnant la moitié de ses
canons; enfin 12 pièces allemandes, s'avançant dans
la plaine, étaient venues prendre position à l'intersection
de la route et du chemin de Villiers, d'où, bien qu'en
contre-bas, elles battaient d'enfilade nos troupes occupées
à contenir les attaques venant de l'est. C'était assez
pour jeter le désordre dans leurs rangs. Lâchant pied
brusquement, la division Pâris abandonna le plateau,
poursuivie par les Allemands qui en couronnaient les
crètes et, malgré les efforts de son chef, malgré un
retour offensif vigoureusement tenté par un bataillon
du 48ᵉ, elle reflua en désordre, en abandonnant trois
mitrailleuses, jusque dans Yvré-l'Évèque, que tenait,
heureusement avec calme et solidité, la division Gougeard.

L'échec était grave; si cette division, entraînée par
l'exemple, abandonnait ses positions, l'ennemi, maître
d'une hauteur dominante, pouvait rapidement écraser
notre artillerie du Luart, lancer son infanterie sur les
ponts de l'Huisne et aller couper ceux de la Sarthe derrière nos troupes encore en ligne. Avec une énergie dont

il avait déjà donné maintes preuves, le général Gougeard braqua sur les fuyards deux canons chargés à mitraille, menaçant de faire feu si le désordre ne s'arrêtait à l'instant. A sa voix, et devant ce nouveau péril, la cohue demeura sur place, hésitante et comme paralysée; quelques affolés essayèrent de passer la rivière sur la glace et s'y noyèrent; enfin, des officiers courageux parvinrent à reformer les rangs tant bien que mal [1]. Pendant ce temps, le général Gougeard, à qui, sur ces entrefaites, le général de Colomb avait ordonné de reprendre Auvours coûte que coûte, réunit en hâte deux mille hommes environ (zouaves pontificaux, mobiles des Côtes-du-Nord, débris de la division Pâris [2]). Se mettant à leur tête, il fit sonner la charge; puis, sur ces nobles paroles adressées aux zouaves pontificaux, qui marchaient en première ligne : « Allons ! messieurs, en avant pour Dieu et la Patrie ! Le salut de l'armée l'exige ! » il entraîna sa petite colonne à l'assaut de la position d'Auvours.

« Les Prussiens, a-t-il écrit, nous attendaient de pied ferme, protégés par des haies ; vingt pas à peine nous séparaient d'eux, et pas un coup de fusil n'avait été tiré. La première décharge fut terrible, les premiers rangs furent anéantis; mais l'élan était donné et rien ne put l'entraver. Un bataillon de chasseurs de la division Pâris, qui n'avait pas quitté les pentes du plateau [3], nous apporta un secours bien nécessaire ; composé de gens de cœur, bien commandé, il fut pour nous un soutien précieux. A la nuit tombante, nous étions maîtres de la position, et il ne restait plus qu'à nous prémunir contre une nouvelle attaque que l'on pouvait prévoir pour le lendemain. Le général de Colomb prescrivit à la division Pâris de remonter sur les positions; nous lui envoyâmes, pour l'appuyer, une section d'artillerie et une section de mitrailleuses; à huit heures, nous rentrions à Yvré, où nous trouvions le reste de nos troupes sur les hauteurs du Luart, sur la chaussée du chemin de fer, au grand pont, partout où nous les avions laissées. L'ennemi avait échoué dans sa dernière tentative pour forcer le passage, et

1. Général GOUGEARD, *loc. cit.*, page 50.
2. La colonne du général Gougeard comprenait exactement : le 1er bataillon des volontaires de l'Ouest ou zouaves pontificaux, deux compagnies des mobiles des Côtes-du-Nord et trois compagnies des mobiles du Gers.
3. Ce n'était point un bataillon entier, mais quelques fractions du 4e bataillon de chasseurs.

nos mitrailleuses [1], habilement utilisées par le commandant Perron, l'avaient rejeté en désordre dans les bois [2]. »

Ainsi, abstraction faite de Champagné, nous restions les maîtres de nos lignes, et l'on peut dire, avec les Allemands que la charge du général Gougeard venait de sauver le centre de l'armée française [3]. Cette charge est un des plus brillants faits d'armes de la guerre ; « les volontaires de l'Ouest s'y sont montrés héroïques [4] », et son souvenir éclatant rend moins amère à nos cœurs la riste constatation du désastre final. Ce sont ces rayons de gloire allumés çà et là, à travers le ciel sombre de nos défaites, qui nous donnent le courage d'y penser et d'en parler encore, pour y puiser la force nécessaire aux luttes de l'avenir. Aussi quand, le soir même, Chanzy envoya au général Gougeard, qui n'avait échappé à la mort que par miracle [5], la croix de commandeur de la Légion d'honneur, ne fit-il que payer au brave commandant de la division de Bretagne une faible partie de la dette que l'armée et la France avaient contractée vis-à-vis de lui.

Combats des Arches, des Noyers et de Change. — Tandis que cette lutte mémorable se soutenait aux environs d'Yvré, le IIIe corps avait cherché à gagner le flanc gauche des lignes occupées par les divisions de Jouffroy et Roquebrune [6], lignes qu'il trouvait trop

1. Les mitrailleuses américaines postées sur la route d'Yvré.
2. Général GOUGEARD, *loc. cit.*, page 51. — La *Relation allemande* donne de cette affaire une version dont l'invraisemblance saute aux yeux. Suivant elle, la colonne Gougeard aurait été refoulée en une demi-heure, avec des pertes considérables ; néanmoins, ajoute-t-elle, les troupes prussiennes durent évacuer le plateau, parce qu'elles se trouvèrent, quelques instants après, menacées sur leur droite. Il eût été plus simple et plus franc d'avouer un échec qui n'entache en rien l'honneur des armes allemandes. Au surplus, le rédacteur officiel se contredit lui-même, comme on va le voir quelques lignes plus loin.
3. *La Guerre franco-allemande*, 2e partie, page 820.
4. *La 2e armée de la Loire*, page 315.
5. Le général Gougeard avait eu son cheval percé de six balles.
6. La division Jouffroy était déployée entre l'Épau et les Granges, ayant à sa droite la division de Roquebrune, à cheval sur la route de Parigné. La division Deplanque bordait ensuite le Chemin-aux-Bœufs jusqu'à la Tuilerie qu'occupait la division de Lalande, se reliant elle-même à droite à la division Barry, laquelle devait défendre les hauteurs comprises entre la route de La Flèche et celle de Tours.

redoutables de front, et qu'il ne se jugeait pas assez fort
pour déborder à droite [1]. Il comptait ainsi refouler la
seconde division sur la première, et percer entre elles
et Yvré-l'Évêque une trouée par laquelle il atteindrait
Pontlieue [2]. Obligé de retarder son attaque jusqu'à onze
heures, pour laisser le temps au général de Manstein de
venir prendre position à sa droite, le général d'Alvensleben mit d'abord en mouvement la 11e brigade, le long
du ruisseau du gué Perray ; mais, prise en flanc par les
feux d'Auvours et d'Yvré, celle-ci dut immédiatement
jeter trois compagnies et une pièce dans le château des
Arches, afin de se garantir de ce côté ; ces forces restèrent immobilisées là, ayant peine à tenir dans une
position que nos batteries du Luart écrasaient de projectiles [3]. Le reste obliqua vers la ferme des Granges,
où il se heurta à deux régiments de la division de Jouffroy,
bientôt soutenus par la brigade Desmaisons, que l'amiral
amena de Pontlieue où elle était en réserve, et par une
partie de la division Roquebrune [4]. La lutte fut bientôt
des plus vives ; l'ennemi dut appeler tous ses renforts et
même retirer deux compagnies du château des Noyers,
où il en avait préalablement jeté quatre ; les munitions lui
manquaient ; un de ses bataillons avait perdu la presque totalité de ses officiers [5]. Il resta là jusqu'à la nuit,
impuissant à garder la ferme des Granges, qu'il avait
tenue un instant, et bien heureux de ne pas être complètement refoulé, comme il le craignait [6].

---

1. *La Guerre franco-allemande*, 2e partie, page 820.
2. Il est à remarquer que cette trouée existait déjà de fait, puisque
entre l'Epau et le Luart nous n'avions personne. La présence d'un
pont au moulin des Noyers la rendait même particulièrement dangereuse, et, pour la protéger, une partie de la division de Jouffroy
avait dû faire face au nord-est.
3. *La 2e armée de la Loire*, page 314. — *La Guerre franco-allemande*, 2e partie, page 821. — La pièce allemande fut obligée de se
retirer.
4. Le commandant de Lambilly, chef d'état-major de l'amiral, fut
mortellement blessé en amenant ces renforts.
5. *La Guerre franco-allemande*, 2e partie, page 821.
6. « Cependant, quelle que fût sa supériorité numérique, l'ennemi
ne parvenait pas à rejeter la 11e brigade en arrière de La Landrière,
bien qu'elle ne comptât pas dans le rang plus de 2,900 fusils.
(*Ibid.*, page 821.)

Pendant ce temps, la 10ᵉ brigade, bientôt suivie de la 9ᵉ, avait débouché de Changé dans la direction de la ferme du Tertre (deux heures). Le combat gagna alors jusque vers la route de Parigné, où la division de Roquebrune, qui avait brûlé une grande partie de ses munitions[1], commença à faiblir ; l'ennemi s'avança jusqu'à Grand-Auneau, menaçant de près les batteries que nous avions à l'intersection de la route de Parigné et du chemin de Changé. Vers cinq heures, une attaque combinée des deux brigades prussiennes leur livra le Tertre, ainsi que deux pièces postées sur le Chemin-aux-Bœufs, à l'endroit où ce chemin est coupé par celui de la ferme. Mais, à ce moment, le colonel Bérard venait d'arriver avec sa brigade ; un bataillon du 41ᵉ de marche s'élança jusque sur les pièces, sans se laisser arrêter par le feu des renforts prussiens, vivement accourus[2]. Bien qu'il n'ait pu reprendre nos canons, son offensive hardie contint l'ennemi, qui, devant les contre-attaques que ne cessaient de faire les troupes des généraux de Roquebrune et Desmaisons, fut maintenu sur la ligne le Tertre-les-Noyers.

Quant à la 12ᵉ brigade, réduite à trois bataillons[3], elle avait enfin, après de longs détours, atteint le château des Arches et dégagé les trois compagnies de la 11ᵉ qui s'y trouvaient, en assez mauvaise posture d'ailleurs. Soumise, elle aussi, au feu violent de notre artillerie d'Yvré, qu'elle ne put éteindre, malgré l'appoint de 10 pièces amenées à grand'peine et bientôt retirées par ce qui leur restait de servants, elle demeura là jusqu'à nuit close, soumise à des pertes sanglantes et impuissante à déboucher.

L'offensive du IIIᵉ corps avait donc partout échoué devant la ferme attitude de nos jeunes soldats ; ses régiments, déjà si réduits, laissaient sur le terrain, à la fin

---

1. *La 2ᵉ armée de la Loire*, page 317. — Deux batteries postées sur la route de Parigné et sur le Chemin-aux-Bœufs avaient tiré ensemble 276 projectiles.

2. *La Guerre franco-allemande*, 2ᵉ partie, page 823.

3. Elle en avait laissé trois, soit à Champagné, soit à la lune d'Auvours.

de cette journée, 500 hommes pour le moins[1]. A sa droite, le XIII° corps n'avait pas été beaucoup plus heureux, comme on va le voir.

Combat sur le front du 21° corps. — L'intention du grand-duc avait été d'agir surtout par la rive droite de l'Huisne, en ne laissant que peu de monde sur la rive gauche devant Pont-de-Gennes. Il fit donc franchir la rivière, sur le pont de Connerré, à la plus grande partie de la 17° division, et après avoir consacré toute la matinée à remettre en main ses troupes assez désorganisées[2], il donna à onze heures seulement le signal de l'attaque. Les progrès de l'ennemi furent très lents ; la division Collin (2° du 21° corps) résista vigoureusement sur place aux efforts répétés des colonnes allemandes que protégeait le feu de deux batteries établies sur les hauteurs de Connerré. Mais comme elle avait, entre l'Huisne et Saint-Célerin, un front trop étendu et qu'elle souffrait beaucoup, son chef replia dans l'après-midi son aile gauche sur les hauteurs de Lombron. A quatre heures, des troupes de la 17° division prussienne se portèrent à l'attaque de cette aile et refoulèrent sur Lombron la gauche de notre 1re brigade ; mais elles ne poussèrent pas plus loin[3].

Le détachement du XII° corps envoyé la veille à Chanteloup, au lieu de pousser sur le Mans, s'était au contraire rabattu sur l'est, pour rejoindre la 22° division vers la Chapelle-Saint-Rémy ; la division Ville-

---

1. Exactement, d'après la *Relation allemande*, supplément CXXII, 34 officiers et 487 hommes. — Le grand état-major prussien écrit que « bien que réduit à ses propres forces, le général d'Alvensleben avait réussi à pénétrer *jusqu'au cœur de la position principale de l'ennemi devant le Mans* ». C'est là une exagération manifeste. Il n'y a d'ailleurs qu'à comparer les positions occupées par ce corps d'armée le 10 au soir avec celles qu'il occupait le 11 (rapprocher à cet effet le croquis inséré après la page 812 du 4° volume de la *Relation du grand état-major* avec celui de la page 834) pour se rendre compte que la bataille livrée ce dernier jour ne lui avait fait gagner qu'une portion de terrain insignifiante.

2. *La Guerre franco-allemande*, 2° partie, page 826.

3. « Le jour baissait cependant, et comme l'adversaire était établi en force à Lombron, le général de Rauch rétrogradait sur la Vallée et Grand-Vaux, en laissant des postes avancés auprès des Touches et des Jubaudières. » (*La Guerre franco-allemande*, 2° partie, page 828.)

neuve n'eut donc à livrer que des combats insignifiants et garda intégralement ses positions. Quant au détachement prussien, son rôle se borna à appuyer par le nord l'attaque assez molle de la 22ᵉ division contre l'aile gauche de la division Collin, jusqu'au moment où celle-ci prit sa deuxième position. Enfin, la fraction de la 17ᵉ division laissée sur la rive gauche échoua dans une tentative faite par elle pour s'emparer de Pont-de-Gennes eᵗ de Montfort. Des troupes qu'elle avait dans ce but lancées sur la rive droite furent arrêtées net par une compagnie de fusiliers-marins, trois compagnies du 94ᵉ et trois compagnies de marins, conduites par le général Jaurès en personne, et obligées de repasser l'Huisne[1]. Dans la soirée, le XIIIᵉ corps allemand s'établissait entre la Chapelle-Saint-Rémy et les Cohernières, en face des divisions Rousseau et Collin, qui s'étendaient de Pont-de-Gennes au nord de Lombron, les avant-postes en plein contact. On voit que ses progrès avaient été à peu près nuls[2].

En résumé, le 11 au soir, la situation des Allemands, à l'aile droite et au centre, était assez critique. Depuis deux jours, le grand-duc ne progressait pas; la 18ᵉ division, qui dans cette journée avait perdu 18 officiers et 275 hommes, sans pouvoir dépasser Champagné, le IIIᵉ corps, toujours en flèche du côté de Changé, étaient contraints, pour avancer le lendemain, soit de franchir l'Huisne sous le feu de nos batteries d'Yvré, soit de longer la rive gauche en prêtant le flanc à ces mêmes batteries. Les renseignements reçus par le prince Frédéric-Charles sur le compte du XIIIᵉ corps étaient vagues et peu rassurants; du Xᵉ corps, il n'avait aucune nouvelle[3]. En outre, il voyait ses troupes très·fatiguées[4]; la pénurie d'officiers commençait à se faire

1. *Ibid.*, page 829. — *La 2ᵉ armée de la Loire*, page 311. — Cette affaire coûtait aux troupes du général Jaurès 7 hommes tués et 50 blessés.

2. La 4ᵉ division de cavalerie, après avoir tenté sans succès de couper le chemin de fer d'Alençon et d'inquiéter la division de Villeneuve, revint coucher autour de Bonnétable. En arrière, la 12ᵉ brigade, de même arme, n'avait pas quitté Bellême.

3. *La Guerre franco-allemande*, 2ᵉ partie, page 825.

4. Voici ce que dit la *Relation allemande*, page 849, à ce sujet :

cruellement sentir[1], le ravitaillement en vivres et
munitions devenait extrêmement pénible et la vigueur
des attaques se ressentait manifestement de tant de
circonstances fâcheuses. Le commandant en chef de
l'armée allemande eut un instant, dit-on, l'idée de
renoncer à la lutte et de se retirer. Est-ce vrai ? Nul ne
le sait, car les documents, officiels ou autres, sont
muets à cet égard. Mais il était certainement en proie
à une inquiétude visible, comme le prouve l'ordre
envoyé au X° corps de se porter en hâte au secours du
III°. Quoi qu'il en soit, renonçant pour le lendemain
aux procédés suivis jusque-là et qui n'avaient rien
produit, il voulut combiner les attaques du III° corps
avec un mouvement tournant opéré contre la gauche
française[2]. Pour s'en faciliter les moyens, il ordonna
dans la soirée au IX° corps de s'assurer des passages
de l'Huisne, et ne crut pas trop faire en envoyant son
propre chef d'état-major, le général de Stiehle, conférer
avec le général de Manstein sur les moyens à prendre
dans ce but[3]. Un événement inattendu, qui venait de
se produire à la gauche allemande, lui évita la peine
de chercher de nouvelles combinaisons, et procura mal-

« Les opérations contre le Mans présentent cette particularité que
les engagements commençaient d'ordinaire assez tard dans la matinée, et que la nuit, qui tombait de bonne heure, empêchait de
poursuivre les avantages obtenus. *Mais la rigueur de la saison interdisait cependant de faire bivouaquer les troupes;* il leur fallait
chercher un abri qu'elles ne rencontraient le plus souvent que fort
en arrière du champ de bataille. Là, on devait procéder à la distribution des munitions, à la préparation d'un repas sommaire ; le
lendemain, il était donc toujours tard quand les troupes se trouvaient
reformées et prêtes à se porter en avant, et il en résultait pour elles
une double dépense de forces... La marche en avant se continuant
sans arrêt, il était difficile de faire rejoindre les hommes et le matériel de complément. Durant cette période où l'hiver sévissait dans
sa rigueur, où les bourrasques de neige et le verglas retardaient
les mouvements, *une partie de l'infanterie marchait en pantalon de
toile et avec des chaussures déchirées.* Les officiers n'étaient pas
mieux partagés. Depuis longtemps déjà leurs bagages étaient restés
en arrière, car les voitures n'avaient pu suivre par les mauvais
chemins... »
1. « Plus d'une compagnie était conduite par le feldwebel (sergent-
major). » (*La Guerre franco-allemande,* 2° partie, page 849.)
2. *Ibid.,* page 825.
3. *Ibid.,* en note.

heureusement à son armée un succès sur lequel elle n'était plus guère en droit de compter.

Opérations du Xe corps allemand. — Combat de la Tuilerie. — En vertu des ordres qu'il avait reçus la veille, le Xe corps était engagé dans des chemins de traverse qui devaient l'amener du Grand-Lucé à Mulsanne. Un détachement de flanqueurs (14e brigade de cavalerie et deux bataillons) marchait par la route de Parigné pour assurer tant bien que mal la liaison avec le IIIe corps; un autre, fort d'un bataillon seulement, avait été envoyé à Ecommoy, on verra tout à l'heure pourquoi. Le général de Voigts-Rhetz restait donc avec la valeur d'une division à peu près. Quand il reçut, à quatre heures et demie du soir, l'ordre de se rabattre au nord pour aller secourir le IIIe corps, la nuit commençait à tomber. Pour obéir il lui fallait s'engager à nouveau dans des chemins à peu près impraticables, où il aurait erré probablement une grande partie de la nuit avant de franchir les 12 kilomètres qui le séparaient de Changé. Ses troupes, exténuées de fatigue, n'avaient rien mangé de la journée[1]; elles allaient donc se trouver, le lendemain, dans des conditions déplorables pour participer à l'attaque que les Brandebourgeois devaient opérer sur notre centre. En outre, un mouvement latéral vers le nord avait pour résultat de dégager la droite française, de laisser libres les routes y aboutissant, et de permettre ainsi au général de Curten, que l'on savait aux environs d'Ecommoy, de rallier aisément la division Barry. Pour toutes ces raisons le général de Voigts-Rhetz prit sur lui de ne pas se rendre à l'appel du commandant en chef; il comprit que le véritable moyen de venir en aide au corps voisin était, non pas d'opérer une manœuvre dont certainement Frédéric-Charles, dans sa perplexité, n'avait pas envisagé les graves conséquences, mais de poursuivre sa marche droit sur le Mans, par la route de Mulsanne à Pontlieue où il venait d'arriver. Ce faisant il était certain d'atteindre le soir même les lignes françaises

─────────

1. *La Guerre franco-allemande*, page 832.

et non seulement d'apporter ainsi au III° corps un concours moral appréciable, mais même d'opérer en sa faveur une diversion plus avantageuse que n'eût pu être le secours problématique de ses quelques bataillons harassés.

Il reprit donc le mouvement en avant. Pendant ce temps, la colonne de flanqueurs de droite avait débordé un instant les châteaux de Chef-Raison et de la Paillerie ; mais la division de Roquebrune l'y avait refoulée à la nuit, après lui avoir fait subir des pertes sensibles et capturé 2 officiers avec 42 hommes [1]. Cavalerie et artillerie avaient même dû rétrograder jusqu'à Parigné [2]. Quant au gros, qui cheminait péniblement sur des routes glissantes en refoulant nos troupes avancées, il arriva, à la tombée de la nuit, devant les tranchées-abris que nous avions établies en avant des Mortes-Aures et qui étaient occupées par la division Deplanque et les mobilisés de Bretagne, aux ordres du général de Lalande. L'avant-garde les attaqua d'abord sans succès ; l'obscurité rendait les mouvements très difficiles ; on ne savait si on avait devant soi des ennemis ou des amis [3]. Des officiers s'avançaient, essayant de reconnaître, et la lutte, indécise, commençait même à s'éparpiller dans un désordre complet, quand tout à coup, du côté de la Tuilerie, un roulement de tambours se fit entendre, suivi d'un hourra. C'était un lieutenant prussien qui, avec sa compagnie, s'était glissé d'obstacle en obstacle, en silence et l'arme au bras à travers bois, et qui, après avoir rejoint par le sud la route de la Tuilerie, venait de lancer ses hommes à la baïonnette, en faisant battre la charge.

Aussitôt, un bataillon prussien s'élance de front contre les Mortes-Aures. Accueilli d'abord par une décharge meurtrière, il franchit néanmoins les tranchées et prend de front les mobilisés déjà assaillis sur leur flanc. Ceux-ci, pauvres diables arrivés depuis peu

1. *La Guerre franco-allemande*, 2° partie, page 830.
2. *Ibid.* — Toutefois, un bataillon put aller joindre le III° corps à Changé.
3. *Ibid.*, page 833 (*en note*).

du camp de Conlie, mal armés, nullement instruits et encore moins aguerris, ont peur et lâchent pied ; l'ennemi prend possession de la Tuilerie et de ses abords avec trois bataillons qui s'installent dans la position. Il était huit heures et demie du soir[1].

Aussitôt prévenu de ce déplorable incident, l'amiral Jauréguiberry s'était hâté d'amener sur le terrain les troupes qu'il avait pu trouver de la division Le Bouëdec, bivouaquée en avant de Pontlieue, et avait ordonné au général Roquebrune d'appuyer leur mouvement. Plusieurs retours offensifs furent tentés, mais en vain. « Malgré la vigueur, l'entrain et l'exemple du général Le Bouëdec, les compagnies reformées une à une s'arrêtaient ; les hommes harassés de fatigue, effarés par cette agression, au milieu des ténèbres, dont ils ne pouvaient se rendre compte exactement, faisaient quelques pas, s'arrêtaient et se couchaient sur la neige. Le colonel Marty, arrivé vers trois heures, après une marche des plus pénibles, ne réussissait pas mieux dans ses efforts[2]. » Les officiers se multiplient pour entraîner leurs hommes ; ceux-ci plient sans en venir à l'attaque et laissent des centaines de prisonniers aux mains des patrouilles allemandes qui les suivent. L'ennemi est dans nos lignes, et il a maintenant trois bataillons, soutenus en arrière par une division entière, dans une position plus rapprochée des ponts que les divisions Deplanque, de Roquebrune et de Jouffroy !

Cependant tout n'était pas fini de ce côté. Le général de Voigts-Rhetz, qui ne se doutait pas de toute l'étendue de son succès, avait donné l'ordre à une colonne de deux bataillons cantonnée à Ruaudin[3], de tâcher de gagner Pontlieue pour appuyer le flanc droit de l'attaque qu'il comptait diriger contre la Tuilerie *le lende-*

---

1. « Au nord des bois, dit la *Relation allemande*, les feux des grand'gardes françaises brillaient dans l'obscurité. En avant et sur la gauche, on entendait des clameurs confuses, un roulement de voitures et un bruit de trains qui s'éloignaient. »

2. *La 2ᵉ armée de la Loire*, page 326.

3. Cette colonne avait, pendant la marche de la 20ᵉ division, constitué une flanc-garde rapprochée du côté du nord.

main matin[1]. Cette troupe vint à deux heures de la
nuit, se heurter, aux Epinettes, contre les grand'gardes
de la division Deplanque, qu'elle aborda à la baïonnette, sans tirer un coup de fusil. Il se produisit là,
tout d'abord, un désordre analogue à celui de la Tuilerie, et 100 de nos soldats tombèrent aux mains de
l'ennemi; on finit cependant par se rallier et réoccuper
la lisière des bois, ainsi que les tranchées.

La 20° division prussienne resta sur les positions
conquises; la 37° brigade, avec le quartier général,
était à Mulsanne. Quant au détachement envoyé à
Ecommoy, il s'était butté, dans ce village, contre une
partie des forces du général de Curten, lequel, arrivé
le 11 à Mayet, et entendant le fracas de la bataille du
Mans, avait, bien qu'autorisé à battre en retraite directement vers l'ouest, marché au canon. Les francs-
tireurs des Deux-Sèvres, le 23° bataillon de chasseurs
et le 27° mobiles, jetés dans le village, s'y barricadèrent
et obligèrent l'ennemi, qui y avait un instant pénétré,
à se retirer.

Pendant toute la nuit, en avant de Pontlieue, l'amiral Jauréguiberry s'était épuisé en vains efforts pour
rallier ses troupes et les ramener sur les positions
abandonnées. A sept heures trois quarts du matin,
reconnaissant l'inutilité de toutes ses tentatives, il écrivit au général en chef cette phrase désespérée : « Je
suis désolé d'être obligé de dire qu'une prompte retraite
me semble *impérieusement*[2] commandée. » Il n'était
malheureusement pas seul à juger les choses ainsi; de
chaque point de nos lignes arrivaient des renseignements
lamentables. Ceux de nos soldats qui étaient jusqu'au
bout fidèles au drapeau et se serraient encore autour de
leurs chefs ne pouvaient réellement plus prendre
l'offensive nulle part[3]... Ainsi, un accident imprévu,

---

1. *La Guerre franco-allemande*, 2° partie, page 835.
2. En italique dans le texte.
3. Nous avons insisté déjà à plusieurs reprises sur l'état d'affaiblissement physique où étaient tombés nos soldats. A cet égard, les
Allemands n'avaient rien à nous céder, mais leur état moral était
incontestablement meilleur, et ceci s'explique. De vieilles troupes,
marchant depuis six mois de succès en succès dans un pays conquis,

une extraordinaire aventure, comme l'appelait l'amiral [1], venait de donner aux Allemands une victoire que ne méritait certainement pas l'excellence de leurs combinaisons. Car il n'y a pas à le nier : le IIIe corps, toujours en l'air, aurait dû être cerné, s'il avait eu affaire à des soldats moins affaiblis. Le prince Frédéric-Charles avait voulu ici, comme à Orléans, percer notre centre ; mais son attaque, exécutée par des troupes fatiguées, en nombre insuffisant et privées du secours puissant de leur artillerie, s'était brisée contre nos positions défendues avec énergie par des soldats qui n'avaient malheureusement plus de forces que pour la lutte passive. Et cependant le succès lui venait grâce à un concours de circonstances auxquelles il était resté complètement étranger, qu'il avait même tout fait pour empêcher. Que le général de Voigts-Rhetz eût exécuté ses ordres à la lettre, et, le 11 au soir, aucune de nos positions n'était entamée sérieusement ! Quel exemple plus éclatant peut-on donner des heureux résultats de l'initiative, à la condition qu'elle s'appuie sur l'unité de la doctrine, et sur le sentiment réel des exigences du but que l'on poursuit !

Jusqu'à une heure avancée de la nuit, le général Chanzy n'avait pas désespéré ; il comptait encore défendre ses positions et même peut-être profiter de l'occasion qui pouvait se présenter de battre l'ennemi, si un nouveau succès de notre part le forçait définitivement à la retraite [2]. Cette occasion, il le sentait, ne

toujours cantonnées et nourries, ne se peuvent, sous le rapport de la cohésion, comparer à des bandes improvisées, à peine militarisées, et supportant dans des bivouacs glacés toutes les rigueurs d'une saison impitoyable, au milieu de privations de toutes sortes. Au Mans, l'ennemi possédait encore quelque puissance offensive ; nous n'en avions plus aucune, et si la plupart des soldats ou mobiles français, entraînés par les exemples et les exhortations de chefs qui ont poussé au plus haut degré l'énergie morale, résistaient sur place avec un reste de vigueur, certains, frappés d'une irrémédiable défaillance, n'opposaient plus à l'adversaire, chose trop compréhensible, hélas ! qu'inertie et découragement. Aucun n'était plus capable de foncer de l'avant ! (Voir à ce sujet la correspondance de Chanzy avec ses généraux, citée aux appendices du titre IV de la 2e *armée de la Loire*.)

1. Dépêche adressée au général en chef le 11 au soir.
2. *La 2e armée de la Loire*, page 319.

tenait réellement qu'à un fil; lui, par son énergie indomptable et communicative, l'armée, par sa constance
dans des fatigues et des souffrances inouïes, méritaient
qu'elle surgît. Déjà, il avait donné des ordres pour une
reprise aussi vigoureuse que possible de l'offensive,
dès le matin du 12 janvier; ses ordres étaient, hélas!
inexécutables avant d'être dictés! Devant les rapports
qu'il recevait de toutes parts, devant le danger imminent que créait la présence de l'ennemi à la Tuilerie,
le général en chef dut se rendre à l'évidence et prescrire
l'abandon du Mans. D'ailleurs, la retraite était virtuellement commencée déjà.

Journée du 12. — Retraite du 21ᵉ corps. — Les
Allemands qui, en effet, ne se rendaient pas exactement
compte de la situation[1], avaient, pendant la nuit, pris
leurs dispositions pour continuer l'attaque. Avant
même les premiers coups de fusil, la division Barry,
à droite, la division Jouffroy, au centre, impressionnées
par l'incident des Mortes-Aures, s'étaient repliées;
quant à la division Deplanque, elle n'était pas encore
remise de son alerte de la nuit. Seul le général de
Roquebrune tenait encore quand le jour parut, mais
d'une façon si précaire que sa résistance ne pouvait pas
être bien longue. D'autre part, le IXᵉ corps avait repris
l'offensive et reconquis le plateau d'Auvours; de ce
côté, le général Pâris n'occupait plus qu'Yvré. « Le
cœur me saigne, écrivait Chanzy, en apprenant toutes
ces douloureuses nouvelles; je suis contraint de céder[2]. » L'armée reçut en conséquence l'ordre de se
retirer entre Prez-en-Pail et Alençon, où elle devait
trouver le 19ᵉ corps; le 21ᵉ corps, à l'aile gauche,
marchant directement sur ce dernier point; le 17ᵉ, au
centre, suivant la route de Conlie pour aboutir à Saint-
Denis-sur-Sarthon : le 16ᵉ, à l'aile droite, allant à Prez-
en-Pail, par Chauffour. Mais, pour éviter un désastre.
il fallait à tout prix protéger le passage des ponts et

1. S'ils l'avaient connue, ils pouvaient se jeter de très bonne
heure sur le pont de Pontlieue par lequel défilèrent, toute la matinée,
les débris de cinq divisions françaises.
2. Dépêche adressée à Gambetta dans la nuit du 11 au 12.

éviter l'encombrement des rues. Il fut heureusement possible d'y réussir.

Tout d'abord, le 21ᵉ corps, qui combattait au nord de la ville, put effectuer sa retraite en contournant celle-ci. Sa 1ʳᵉ division (Rousseau) prit, avec la division de Bretagne, la route de Fatines, puis celle de Sargé; seule, son artillerie, qui ne trouvait point de chemin praticable, dut s'acheminer vers le Mans où elle faillit être enlevée. L'ennemi y entrait en même temps qu'elle, et il fallut un vigoureux retour offensif exécuté par le 13ᵉ bataillon de chasseurs pour la dégager. La 2ᵉ division (Collin) eut, par contre, à soutenir quelques combats; poursuivie par les contingents du XIIIᵉ corps, qui avait trouvé intact le pont de l'Huisne à Pont-de-Gennes [1], elle s'écoulait des hauteurs de Lombron sur Saint-Corneille, quand sa 1ʳᵉ brigade fut attaquée, vers neuf heures du matin, et dut, pour se tirer d'affaire, abandonner une partie de son parc du génie, resté en arrière pour couper les routes [2]. A Courcebœuf, la division fut prise de flanc par des contingents de la 22ᵉ division prussienne [3], laquelle avait marché par le nord et s'avançait sur la route de Bonnétable avec la 4ᵉ division de cavalerie. Les francs-tireurs du Mans, le 1ᵉʳ bataillon de l'Orne et 3 compagnies du 41ᵉ de marche réussirent à contenir l'ennemi, dont les attaques étaient d'ailleurs extrêmement molles [4], et permirent à la division de gagner Ballon. Quant à la 3ᵉ division (de Vil-

---

1. La division Rousseau avait commis la faute de ne pas le détruire en se retirant.

2. *La 2ᵉ armée de la Loire*, page 335.

3. C'était une colonne, forte d'un bataillon, un escadron et quatre pièces, qui essayait de nous gagner de vitesse sur la Sarthe pour nous y couper la retraite.

4. La lecture de la *Relation allemande* donne une idée bien nette de la lassitude générale qui avait gagné les troupes ennemies. Partout on voit celles-ci s'arrêter, après la moindre attaque, et quelquefois même rétrograder devant les forces françaises dont le nombre les effraye, bien qu'elles sachent absolument à quoi s'en tenir sur leur état matériel. Extrêmement réduit, surtout en officiers (page 843), exténué de fatigue et privé du concours de sa cavalerie et de son artillerie, l'ennemi semble véritablement hors d'haleine; il ramasse des milliers de prisonniers, mais ne poursuit plus, au vrai sens du mot. On sent que son énergie est à bout et que, si nous avions pu disposer de quelques troupes fraîches, c'en était fait de lui.

leneuve), elle eut à lutter, à la Croix[1], contre la 22ᵉ division prussienne, et soutint là un combat assez prolongé, après lequel elle garda ses positions, non cependant sans avoir perdu une grande quantité de prisonniers. Pendant ce temps, sa 1ʳᵉ brigade engagée sur la route de Parigné-l'Évêque, contenait à Saint-Corneille et au château de Touvois la 17ᵉ division prussienne. C'est seulement à huit heures du soir que le général de Villeneuve put ramener tout son monde dans la direction de Souligné. Le 21ᵉ corps, dont les pertes étaient sensibles[2], gagna la Sarthe qu'il franchit, pendant la nuit et dans la journée du lendemain, aux ponts de la Guierche, de Montbizot (où passa également la division Gougeard) et de Beaumont. Quant aux Allemands, ils s'arrêtèrent, le 12 au soir, sur la ligne Bonnétable-Pont-de-Gennes, assez loin, on le voit, des troupes du général Jaurès[3].

Retraite des 16ᵉ et 17ᵉ corps. — Le général d'Alvensleben avait mis tout son monde sur pied de grand matin; il voyait encore en face de lui, sur les hauteurs d'Yvré, la division Páris, qui manifestait, croyait-il, des intentions offensives[4], et reconnaissant son impuissance à la déloger avec ses troupes épuisées, il s'était décidé à ne pas l'inquiéter, mais seulement à poursuivre l'attaque par son aile gauche, en avant de Changé[5]. Du côté d'Yvré, il n'y eut donc que quelques coups de fusil tirés aux avant-postes, avec une canonnade assez violente un instant; déjà, profitant du brouillard, le général Páris repliait ses troupes et les

---

1. 2 kilomètres sud de Chanteloup.
2. Surtout en prisonniers (près de 2,000).
3. Positions occupées par les Allemands pendant la nuit :

	17ᵉ division, entre Saint-Corneille et Pont-de-Gennes.
XIIIᵉ corps.	22ᵉ division, à Bonnétable et Aulaines.
	4ᵉ division de cavalerie, à Bonnétable et Chanteloup

IXᵉ corps : à Villiers, Champagné et Saint-Mars-la-Bruyère, avec une brigade à Fatines.

4. Plusieurs tentatives furent faites pour détruire le pont du Moulin-des-Noyers. (*La Guerre franco-allemande*, 2ᵉ partie, page 843.) En outre, toutes les positions occupées **par nous étaient très sérieusement organisées.** (*Ibid.*)

5. *Ibid.*

amenait jusqu'à la Sarthe, qu'elles franchirent sans encombre en amont du Mans. Malheureusement, il dut abandonner deux de ses pièces embourbées; en outre, son artillerie, prise dans l'encombrement des rues du Mans, où elle avait été dirigée dès le début de la retraite, y laissa six caissons que l'ennemi captura plus tard. Avant lui, la division de Jouffroy, partie la première, avait traversé la ville et passé la Sarthe; elle marcha droit sur le camp de Conlie, qu'elle atteignit sans incident.

Restait la division de Roquebrune, qui tenait toujours le Chemin-aux-Bœufs, perpendiculairement à la route de Parigné-l'Évêque. Jusqu'à onze heures du matin, elle contint vigoureusement les troupes du général d'Alvensleben, exécutant même des retours offensifs, et repoussant, en particulier du côté du Tertre, les attaques de l'ennemi. Informée à ce moment de la retraite, elle se replia avec calme, protégée par le 41° de marche, qui n'abandonna ses positions que successivement [1], et tint tête longtemps à la 20° division prussienne, laquelle maintenant s'avançait de Ruaudin vers le Mans par les Épinettes, cherchant à donner la main à la gauche du III° corps [2]. Quand tout son monde fut ainsi ramené du Mans, le général de Roquebrune passa la Sarthe et prit la route de Domfront.

Alors les III° et X° corps, dont la jonction s'était faite à hauteur du Tertre, s'avancèrent concentriquement sur Pontlieue, mais avec une lenteur qu'expliquent suffisamment et leur fatigue et leur ignorance de la situation, et la difficulté des chemins. Le 41° s'étant replié à son tour, ils n'avaient plus rien devant eux dans les bois. Ils allaient, vers deux heures du soir, atteindre l'Huisne, quand ils trouvèrent, déployés en avant de Pontlieue, la brigade Jobey, le 36° de marche et trois mitrailleuses que l'amiral, une fois son corps d'armée en sûreté de l'autre côté de la Sarthe, avait postés là

---

1. *La 2° armée de la Loire*, page 332. — *La Guerre franco-allemande*, 2° partie, page 846.
2. Cependant les troupes qui, la veille, avaient occupé la Tuilerie, y tenaient toujours, se gardant contre les retours offensifs.

pour former arrière-garde, sous les ordres du général
Le Bouëdec. La 20ᵉ division prussienne, qui marchait
la première, en colonnes serrées [1], amena sur la route
de Parigné 16 pièces de canon, qui ouvrirent le feu
contre le pont, le faubourg et même la ville. La résistance semblait impossible; aussi le général Le Bouëdec,
voyant les convois déjà loin en arrière, et tout le monde
sur la rive gauche de l'Huisne, donna l'ordre de la retraite. Les abords de Pontlieue furent donc évacués par
leurs derniers défenseurs, et le capitaine du génie
Legros alluma la mine qui devait faire sauter le pont;
l'ennemi n'en était plus qu'à quelques mètres [2]. Malheureusement, la précipitation avec laquelle on avait
préparé l'explosion fit que celle-ci fut incomplète. Deux
bataillons allemands purent s'avancer sur les décombres
fumants, gagner la rive droite, et ouvrir la route à ceux
qui les suivaient. Tandis que ces derniers refoulaient
devant eux le régiment de gendarmerie à pied, qui
jusqu'au dernier moment avait tenu derrière le pont de
Pontlieue et se retirait maintenant en se défendant dans
la grande avenue de Pontlieue et les rues adjacentes [3],
ils appuyèrent à gauche et se portèrent sur la gare, d'où
les derniers trains partaient au milieu de la fusillade;
chemin faisant, ils capturèrent un magasin de 1,000 quin-
taux de farine, 150 voitures de vivres, neuf machines
locomotives et un certain nombre de wagons [4].

Dans la ville, où maintenant les Allemands péné-
traient en foule, la résistance était très vive. Sur la
place des Jacobins, sur la place des Halles, nos arrière-
gardes cherchaient à protéger le départ des derniers
convois, dont la majeure partie était déjà en sûreté sous
la conduite du régiment de gendarmes à cheval, et les
Prussiens avaient peine à débusquer les fantassins pos-

1. *La Guerre franco-allemande*, 2ᵉ partie, page 846.
2. Le capitaine Legros fut grièvement blessé par l'explosion.
3. *La 2ᵉ armée de la Loire*, page 334. — Ce régiment qui, avec
deux mitrailleuses, avait opéré cette belle défense, dirigée par le
général Bourdillon, laissa là 2 officiers et 83 sous-officiers ou gendarmes. (*Ibid.*)
4. *Ibid.*, page 331. — *La Guerre franco-allemande*, 2ᵉ partie,
page 847.

tés dans les maisons. « La 3ᵉ compagnie *bis* du 1ᵉʳ régiment du génie avait poursuivi ses travaux au pont Napoléon, sur la Sarthe, sous le feu de l'ennemi ; mais, gênée par l'encombrement, elle n'avait pu réussir à en achever la destruction ; le capitaine Joly, qui la commandait, ne trouvant pas d'autre moyen d'assurer la retraite des dernières troupes engagées sur le pont, n'hésita pas à se jeter sur l'ennemi qu'il repoussa dans la rue Basse jusqu'au delà de la place des Halles, permettant ainsi à un nombre considérable de voitures, encore sur la rive gauche, de traverser le pont [1]. » Une maison de la place des Halles, le café de l'Univers, fut défendue à outrance, et il fallut recourir, pour la réduire, à une pièce de canon [2].

Il était fort tard quand le combat cessa, on peut dire faute de combattants, car nous n'avions plus dans la ville que quelques égarés, qui d'ailleurs furent pris. Le Xᵉ corps d'armée, les 9ᵉ et 10ᵉ brigades d'infanterie occupèrent le Mans en cantonnements d'alerte, sans chercher le moins du monde à nous poursuivre ; quelques avant-postes furent seuls placés aux débouchés ouest. Le reste de la IIᵉ armée allemande s'installa aux abords est et nord de la ville, sur les positions où il se trouvait.

Disons encore, pour en terminer avec cette journée, que la cavalerie du 17ᵉ corps, commandée par le général d'Espeuilles, eut à soutenir quelques engagements dans la direction du nord. Envoyée là pour protéger le flanc du 21ᵉ corps en retraite, elle se heurta, à Ballon, à Saint-Mars et à Courcebœuf, aux escadrons de la 4ᵉ division de cavalerie prussienne, lesquels, on l'a vu plus haut, cherchaient à nous gagner de vitesse sur la Sarthe. Elle fit bonne contenance. Dans une de ces escarmouches, elle fut appuyée sérieusement par la garde nationale de Ballon, qui montra là énergie et vigueur [3].

1. *La 2ᵉ armée de la Loire*, page 333.
2. *La Guerre franco-allemande*, 2ᵉ partie, page 848.
3. Ces combats furent d'ailleurs de peu d'importance. Le terrain ne se prêtait nullement à l'action de la cavalerie, et la proximité de nos bataillons en retraite rendait au surplus les escadrons allemands très circonspects.

Résultats de la bataille du Mans. — La terrible lutte de sept jours qui venait de prendre fin coûtait aux Allemands 200 officiers environ et 3,200 hommes ; l'armée de Chanzy avait perdu à peu près 6,000 hommes par le feu, mais elle laissait aux mains de l'ennemi 20,000 prisonniers, 17 bouches à feu et un matériel considérable. Au prix de coûteux sacrifices, et réduite à un état d'épuisement tel qu'il lui eût été probablement impossible de poursuivre son succès, s'il n'avait pas été décisif, la II° armée allemande avait donc atteint le but que se proposait le grand quartier général allemand, à savoir la mise hors de cause, au moins momentanée, de l'armée de la Loire. Mais il faut le dire encore, ce résultat n'était point dû aux combinaisons du prince Frédéric-Charles ; la position, constamment en flèche, du III° corps aurait pu amener pour lui un désastre, si nos troupes eussent été en état de marcher, et la chute de nos lignes de défense n'avait dépendu que d'une inspiration heureuse du général de Voigts-Rhetz, inspiration contradictoire avec les ordres du commandant en chef. Somme toute, c'est le III° corps d'armée qui à peu près seul a soutenu le poids de la lutte[1], et c'est grâce à cette circonstance que l'armée française a pu ne pas être anéantie complètement ; car il est clair que si le grand-duc de Mecklembourg avait agi plus vigoureusement et marché plus vite, notre retraite eût été fort compromise, et la deuxième armée de la Loire eût couru le risque d'être enveloppée presque complètement. Mais soldats et officiers allemands n'avaient plus l'enthousiasme du début ; la solidité des troupes était singulièrement réduite, et si les généraux ennemis montraient parfois une circonspection à laquelle ils ne nous avaient pas habitués, c'est que peut-être ils ne jugeaient plus leurs soldats capables de résister à un de ces vi-

---

1. « La tâche la plus lourde était échue au III° corps d'armée. La perte totale portait pour plus de moitié sur les contingents de Brandebourg. » (*La Guerre franco-allemande*, 2° partie, page 350.) — Rappelons que déjà, à Rezonville, c'était le III° corps qui seul avait, pendant la plus grande partie de la journée, soutenu le poids de la bataille.

goureux retours offensifs dont l'histoire de la campagne de la Loire offre plus d'un exemple éclatant.

De notre côté, on ne saurait trop admirer l'énergie surhumaine déployée par le général Chanzy, dont la seule volonté a maintenu sur leurs positions, jusqu'au 12 janvier, des troupes épuisées par les fatigues, les privations et les souffrances d'un hiver exceptionnel. Nous devons toutefois exprimer le regret qu'il n'ait pas cru devoir rompre délibérément avec des errements basés sur une fausse conception de la discipline, et cantonné ses hommes, au lieu de les tenir au bivouac; car c'est là, à n'en pas douter, une des causes dominantes de sa défaite. Certes, le chef est en droit d'exiger de ses soldats, quand il le faut, toutes les abnégations et tous les dévouements. Il dispose sans conteste de leur sang et de leur vie, mais il doit aussi se garder de les condamner, hors le cas de force majeure, à un épuisement prématuré. Le soldat français, si généreux dans le sacrifice, est souvent fragile dans la souffrance, et celles qui ont été imposées à la deuxième armée de la Loire dépassent certainement de beaucoup la moyenne à laquelle le commun des hommes est susceptible de résister. Aussi, quand est arrivé le moment du suprême effort, les chefs de cette armée, malgré leur énergie personnelle, malgré une puissance de moral qui, chez les Jauréguiberry, les Jouffroy, les Bourdillon, les Gougeard, les Deplanque, chez tous en un mot, ne se sont jamais démenties, les chefs de cette armée n'ont plus trouvé dans les misérables épaves du camp de Conlie, dans les débris des colonnes mobiles et dans les corps désagrégés qui depuis trois mois erraient au milieu de bivouacs glacés, que des forces éteintes et des âmes découragées. Sous l'étreinte de leurs mains vigoureuses, l'instrument, usé, se brisa, et ne leur laissa que des tronçons émoussés, dont la puissance était insuffisante pour frapper encore juste et surtout pour frapper fort.

IV. — RETRAITE SUR LA MAYENNE.

Le grave échec du Mans n'avait point abattu la constance du général Chanzy, ni même entamé son indestructible confiance, et quand, le 12 au matin, il fixait à l'armée Alençon comme position de repli, sa pensée était encore toute à l'action. Il entendait reprendre immédiatement la marche sur Paris, en passant par Evreux, en appuyant son flanc gauche à la Seine et en gardant pour dernier réduit, au cas où il serait encore refoulé, la presqu'île du Cotentin, fermée au sud par une ligne de fortifications sérieuses[1]. Mais, cette fois, le gouvernement de Bordeaux, avec une sagesse dont il faut lui savoir gré, se mit à la traverse d'un projet stérile à la conception duquel la bouillante ardeur de Chanzy avait seule participé, et qui présentait assurément les dangers les plus graves. On ne pouvait plus se dissimuler, en effet, que la défense de Paris touchait à son terme, et que, par suite, la délivrance de la capitale devait cesser d'être l'objectif de l'armée de la Loire. D'autre part, en marchant par Evreux sur Paris, cette armée eût décrit un arc de cercle dont l'ennemi pouvait aisément suivre la corde en se portant du Mans à Dreux ou à Mantes[2] ; elle eût donc été contrainte très probablement d'accepter la bataille dans une région favorable au déploiement des trois armes, et de subir l'assaut des forces allemandes dans les conditions les plus fâcheuses, puisque celles-ci auraient alors disposé sans contrainte des éléments qui avaient fait jusqu'alors le principal appoint de leur supériorité. Gambetta croyait qu'il y avait mieux à faire, et son plan, à lui, consistait à continuer la lutte dans le centre et le midi de la France, *même après la reddition de Paris ;* la Bretagne se dé-

1. Le général Chanzy comptait, pour cette opération, sur le concours du 19e corps ; mais les deux divisions de ce corps, péniblement formées à Alençon, et qui n'avaient pas pu se porter au secours de l'armée, pour la bataille du Mans, étaient encore hors d'état de se mobiliser pour des opérations de campagne.
2. Télégramme de Gambetta à Chanzy, daté de Bordeaux, le 13 janvier, à six heures du matin.

fendrait elle-même, et la deuxième armée de la Loire, abandonnant nos provinces de l'ouest, repasserait le fleuve, tandis que l'armée de Bourbaki agirait sur les communications de l'ennemi. En attendant, Chanzy replierait ses forces derrière la Mayenne, pour les reconstituer encore une fois.

C'est donc dans ce sens que, dès le 13 janvier, fut modifiée la direction des colonnes françaises [1], dont la marche, ainsi qu'on va le voir, ne s'effectuait point sans incidents ; car, bien que résolu à ne pas lancer à notre poursuite la masse de ses forces, dont il pensait avoir bientôt peut-être besoin ailleurs, Frédéric-Charles jugeait cependant qu'il y avait lieu de garder le contact avec l'armée de la Loire, et il avait confié ce soin tant au XIIIᵉ corps, accompagné de la 4ᵉ division de cavalerie, qu'à un détachement du Xᵉ [2], lequel, sous les ordres du général de Schmidt, venait d'être lancé sur la route de Laval.

Tout naturellement, il y eut ce jour-là, sur toute l'étendue de notre front de retraite, une série de combats d'arrière-garde, sans aucun intérêt d'ailleurs. Le soir, les Allemands atteignaient à peine la ligne de la Sarthe (le XIIIᵉ corps ne dépassait pas Ballon) et Chauffour (détachement du Xᵉ [3]). De notre côté, le 21ᵉ corps était arrivé à Sillé-le-Guillaume, le 17ᵉ était établi entre Saint-Symphorien et Rouez, le 16ᵉ occupait Joué-en-Charnie ; la division Barry, arrière-garde de ce dernier, était restée sur la Vègre, à Chassillé. Il y avait eu malheureusement beaucoup de désordre dans nos mouvements. Tout d'abord le 17ᵉ corps, très éparpillé, dut exécuter une série de contremarches fatigantes et pénibles pour prendre ses positions sur la Vègre [4] ; en

1. Le 17ᵉ corps, qui était à Conlie, dut prendre la route de Sainte-Suzanne ; le 16ᵉ corps fut dirigé de Chauffour sur Laval, par la grande route ; enfin, le 21ᵉ corps dut se rendre de Beaumont-sur-Sarthe à Sillé-le-Guillaume.
2. 4 bataillons, 11 escadrons et 10 pièces.
3. Dans la soirée, le IXᵉ corps cantonna au nord du Mans, entre Coulaines et le château de Chapeau ; la 2ᵉ division de cavalerie, à Montfort. Le IIIᵉ corps ne bougea que le lendemain, où il fut porté en ville tout entier.
4. Une de ses divisions ayant été jusqu'à Sainte-Suzanne, il avait

second lieu, les mobilisés de Bretagne, qui après leur panique de la Tuilerie s'étaient retirés pêle-mêle jusqu'à Evron, avaient entraîné dans leur déroute ceux de leurs camarades qui gardaient le camp de Conlie. Ceux-ci, après avoir pillé les approvisionnements, détruit les armes et saccagé la redoute, s'enfuirent, la plupart jusque dans leurs foyers, en sorte que, de 60,000 hommes qu'étaient au début les mobilisés bretons, c'est à peine si une poignée put être maintenue sous les drapeaux.

Combats de Beaumont et de Chassillé. — Sur ces entrefaites, les Allemands, grâce à certains documents capturés soit dans des voitures à bagages, soit au bureau télégraphique du Mans[1], avaient appris que les convois et les parcs du 21ᵉ corps devaient être dirigés sur Alençon. Frédéric-Charles en conclut aussitôt que la retraite de l'armée française s'opérait à la fois sur ce point et sur Laval, et ordonna au XIIIᵉ corps de prendre la direction d'Alençon pour nous y poursuivre. Le 14, comme la 22ᵉ division, qui marchait en tête, approchait de Beaumont-sur-Sarthe, elle rencontra en avant de la ville un détachement de mobilisés de la Mayenne, qui était chargé d'en garder le pont, et qui, à la première menace, s'enfuit en désordre, laissant aux mains de l'ennemi 300 prisonniers, 200 têtes de bétail et quelques voitures de vivres[2]. Malgré ce succès facile, les Allemands n'osèrent se risquer à franchir le pont, derrière lequel tenait encore le reste des mobilisés, et il leur fallut le concours de leur batterie d'avant-garde pour enlever la ville, à peine défendue par de pauvres diables n'ayant du soldat que le nom. Le XIIIᵉ corps s'y établit, lançant son avant-garde jusqu'à Piacé, et ses avant-postes jusqu'à la Hutte. Entre temps, une compagnie prussienne, envoyée en flanc-garde sur la gauche, s'emparait à Saint-Marceau de tout un convoi

fallu la ramener en avant ; une autre, qui s'était à tort portée sur Sillé, dut être repliée sur Rouez. « Tous ces faux mouvements avaient achevé de disloquer et de désorganiser ces troupes, déjà fatiguées par les marches et les combats des jours précédents. » (*La 2ᵉ armée de la Loire*, page 351.)

1. *La Guerre franco-allemande*, 2ᵉ partie, page 853.
2. *Ibid.*, page 856. — *La 2ᵉ armée de la Loire*, page 351.

de munitions; au total, les mobilisés avaient laissé 1,400 des leurs aux mains de l'ennemi.

Pendant ce temps, le 16e corps était attaqué, sur la Vègre, par le détachement du général de Schmidt. Refoulant d'abord l'extrême arrière-garde, qui, sous les ordres du général Le Bouëdec, occupait Longnes, ce détachement marcha sur Chassillé où le général Barry avait recueilli celle-ci. Le général de Schmidt fit canonner le village, puis prononcer contre lui une attaque de front combinée avec une forte démonstration sur le flanc droit. Après une résistance qui fut honorable, les troupes du général Barry durent se replier sur Joué-en-Charnie, perdant encore 400 prisonniers. Un retour offensif tenté, sur l'ordre du général Barry, par le 31e de marche, ayant échoué vers la fin de l'après-midi, et des troupes allemandes étant signalées vers Vallon et Louée, l'amiral jugea que la position de son corps d'armée à Joué-en-Charnie n'était pas assez sûre et rétrograda sur Saint-Jean-sur-Erve, où il arriva à minuit.

D'ailleurs, la démoralisation de ces malheureuses troupes faisait des progrès effrayants : « La cohue des fuyards est inimaginable, écrivait l'amiral; ils renversent les cavaliers qui s'opposent à leur passage; ils sont sourds à la voix des officiers. On en a tué deux, et cet exemple n'a rien fait sur les autres..... Je ne me suis jamais trouvé, depuis trente-neuf ans que je suis au service, dans une position aussi navrante pour moi[1]. » Au 17e corps, l'état moral n'était pas meilleur; vaincus par le froid, les privations et les souffrances, nos soldats étaient littéralement à bout. Chanzy, cependant, voulait toujours faire tête. « La retraite sans combattre, c'était la débandade, l'abandon d'une partie de notre matériel, et peut-être, si les Allemands étaient audacieux, la perte de l'armée[2]. » Mais il ne se faisait plus guère d'illusions; la retraite du 16e corps venait de découvrir l'aile droite du 17e; seul, le 21e corps, en assez bonne posture à Sillé-le-Guillaume, paraissait capable

---

1. *Lettre adressée le* 13 *janvier par l'amiral Jauréguiberry au général en chef.*
2. *La* 2e *armée de la Loire,* page 353.

de contenir un moment les troupes qui nous poursuivaient, et qui étaient déjà signalées à Conlie[1] ; il fallait donc qu'il résistât tant qu'il le pourrait.

Combat de Sillé-le-Guillaume. — Le 15 janvier, vers neuf heures et demie du matin, les éclaireurs algériens, envoyés en reconnaissance sur la route de Conlie, signalèrent l'approche de colonnes ennemies ; c'était le détachement du Xe corps, fort d'environ deux bataillons, dix escadrons[2] et une batterie, que le colonel de Lehmann acheminait dans le brouillard sur la route de Sillé et d'Évron. Aussitôt l'ordre fut donné de lui opposer tout ce qu'on pourrait de forces, tout en acheminant derrière, vers Mayenne et Laval, la grosse artillerie et les convois[3]. La division de Villeneuve (3e) établie, en travers de la route de Conlie, sur les crêtes qui dominent Sillé à l'est, laissa approcher l'ennemi jusqu'à 1,500 mètres environ, puis l'arrêta par le feu de ses mitrailleuses. Les Allemands ne pouvaient disposer que de quatre pièces, les autres étant restées en route, dans la neige ; en outre, le brouillard gênait leur tir ; enfin leur infériorité numérique était manifeste. Ils durent successivement déployer toute leur infanterie, ne gardant que deux compagnies en réserve, et couvrant leur flanc gauche au moyen de la 15e brigade de cavalerie. Contenus sur leur front, refoulés à leur aile droite, vers Crissé, par une vigoureuse contre-attaque du 5e bataillon de la Sarthe et d'un bataillon du 58e, ils furent bientôt rejetés sur Conlie, laissant sur le terrain 8 officiers et 99 hommes, parmi lesquels 1 officier supérieur[4] et 30 soldats étaient faits prisonniers.

1. Le 13 au soir, le général de Voigts-Rhetz, apprenant les désordres du camp de Conlie, avait expédié sur ce point un détachement commandé par le colonel de Lehmann, pour reconnaître s'il y avait lieu de craindre de ce côté une résistance quelconque. Le colonel Lehmann trouva, le 14, le camp évacué, mais y ramassa 8,000 fusils, 5 millions de cartouches, un canon et des affûts. (*La Guerre franco-allemande*, 2e partie, page 855, en note.)

2. La 15e brigade de cavalerie tout entière était venue le rejoindre à Conlie.

3. *La 2e armée de la Loire*, page 354.

4. Le général Chanzy (page 256) parle d'un major hanovrien. Il appartenait en réalité au 91e régiment d'infanterie, du grand-duché d'Oldenbourg.

Ce succès aurait certainement dû être complété par une poursuite sévère; mais nos troupes en étaient-elles capables?. Tel quel, il n'avait guère qu'une portée morale, et encore bien minime. D'autre part, le 17° corps, inquiet de la marche du général de Schmidt sur son flanc droit, avait abandonné ses positions et gagné Sainte-Suzanne. Le 21° était donc très en l'air, et malgré le résultat du combat de Sillé, le général en chef lui envoya l'ordre de se replier en arrière de cette position.

Combat de Saint-Jean-sur-Erve. — Pendant ce temps, le 16° corps livrait à Saint-Jean-sur-Erve le dernier combat sérieux de cette longue et terrible campagne. Arrivé la veille en ce point, dont la défense lui avait paru possible, l'amiral Jauréguiberry fit immédiatement pratiquer sur les hauteurs qui dominent le bourg à l'ouest, des travaux pour y établir quatre batteries, c'est en arrière, en effet, qu'il voulait combattre, Saint-Jean étant au fond de la vallée, et n'ayant aucune vue. La destruction du pont de l'Erve fut préparée en conséquence. Quant aux troupes (divisions Deplanque et Barry[1]), elles occupèrent également les hauteurs de l'ouest, la première à gauche, la deuxième à droite, ayant deux compagnies en avant du bourg sur la route du Mans.

Vers onze heures du matin, la colonne de Schmidt, précédée de deux escadrons de uhlans et d'une batterie, se présentait par la route de Joué-en-Charnie. Voyant les hauteurs fortement garnies, le général prussien déploya devant Saint-Jean un bataillon et huit pièces[2], protégées sur les deux flancs par des pelotons de cavalerie; puis, comme la position lui paraissait très difficile à enlever, il détacha vers le nord un bataillon, deux escadrons et deux pièces avec mission de s'emparer de

---

1. Ces deux divisions ne comptaient pas à elles deux plus de 6,000 combattants. (CHANZY, *loc. cit.*, page 358.) — La division de Curten, qui, après son affaire d'Ecommoy, s'était retirée par La Flèche et Sablé, ne rejoignit l'armée qu'à Laval, le 16.

2. Le 15, dans l'après-midi, le X° corps tout entier s'était mis en route dans la direction de Laval, pour appuyer le détachement de Schmidt. Une de ses batteries à cheval fut tout de suite envoyée en avant, et c'est ainsi que le général de Schmidt put, dès le début du combat, disposer de huit pièces.

Sainte-Suzanne, et de revenir ensuite prendre Saint-Jean
à revers par la rive droite de l'Erve. Pendant ce temps,
le combat de front s'était engagé avec une extrême violence, et nos quatre batteries, particulièrement, le soutenaient très énergiquement. Une attaque directe, tentée par un bataillon allemand le long de la route, était
repoussée, grâce au tir très efficace d'une batterie de
trois mitrailleuses, et l'artillerie ennemie était impuissante à protéger l'offensive de l'infanterie[1]. Vainement
le général de Schmidt essaya de renouveler ses attaques,
en les dirigeant principalement sur notre flanc droit; il
fut partout repoussé et ne parvint pas à s'emparer de
Saint-Jean. Vers six heures du soir cependant, une
compagnie ennemie réussit, après avoir refoulé le
22e mobiles qui ne se défendait presque pas, à se glisser jusque dans le village; le général de Schmidt, qui
n'avait plus comme réserve que trois compagnies et qui
voyait nos forces toujours en position sur les hauteurs,
jugea prudent de mettre fin au combat et de retirer ses
troupes en arrière de l'Erve, près des renforts que lui
envoyait le Xe corps. Quant au détachement lancé sur
Sainte-Suzanne, il en chassa très aisément les contingents épars du 17e corps, lequel reculait en désordre,
mais ne put, en raison de l'heure tardive, ni poursuivre
celui-ci, ni accomplir le mouvement débordant qu'il était
chargé de dessiner.

Les Allemands avaient subi dans cette affaire une
perte de 36 hommes et 1 officier; les nôtres, qu'aucun
document officiel n'établit, paraissent avoir été à peu
près équivalentes[2]. Cependant, malgré nos deux succès
relatifs de Sillé et de Saint-Jean, la situation de l'armée
n'en était pas meilleure pour cela, et le général Chanzy
ne se faisait guère d'illusions à cet égard. « Les convois et le matériel roulant, écrivait-il au ministre, par-

1. Le colonel Béraud, qui avait remplacé le commandant de Lambilly comme chef d'état-major du 16e corps, fut tué, près des batteries françaises, par un éclat d'obus qui avait traversé le cou du
cheval de l'amiral.
2. Le général Chanzy (page 360) les qualifie de numériquement
insignifiantes.

IV.   26

tout retardés par la neige et le verglas, n'ont pu marcher que lentement et obstruent les routes. Je suis obligé de les faire marcher toute cette nuit sur les directions qui les éloignent le plus de l'ennemi. *Je ne suis pas sans préoccupations,* car je n'ai autour de moi ici que le 17ᵉ corps débandé[1], et l'ennemi occupe Sainte-Suzanne..... J'ai eu ce soir à lutter contre les demandes instantes des généraux qui voulaient continuer la retraite cette nuit. » En outre, un combat qui, dans cette même journée, s'était livré près d'Alençon, montrait que l'adversaire se présentait à la fois dans toutes les directions où nous pouvions battre en retraite.

Combat d'Alençon. — Là, en effet, se trouvait, depuis le 9, le colonel Lipowski avec 2,000 francs-tireurs, 8 pièces de montagne et un escadron du 8ᵉ chasseurs[2]; nous ne parlerons que pour mémoire de 4,000 mobilisés de la Mayenne et de l'Orne, débris de la colonne précédemment chargée de garder le pont de Beaumont, et qui s'enfuirent au premier coup de canon[3]. Or, le 15, le grand-duc de Mecklembourg, continuant sa marche contre ce qu'il croyait être le 21ᵉ corps, avait prescrit à son corps d'armée de se porter sur Alençon, que menaçaient en même temps par l'est une brigade de la 4ᵉ division de cavalerie et la 12ᵉ brigade de même arme, venant de Mamers. La 22ᵉ division marchait en tête; quand son avant-garde, après avoir chassé de Bethon les mobilisés, s'approcha d'Arçonnay, elle trouva les francs-tireurs déployés sur une crête dominant la route du Mans, et appuyés par une artillerie avantageusement postée[4]. Les Allemands déployèrent d'abord leur batterie d'avant-garde à droite de la route, puis succes-

1. Le 16ᵉ corps s'était mis en retraite sur Laval, aussitôt après le combat de Saint-Jean-sur-Erve.
2. On se souvient que le corps Lipowski avait été envoyé à Alençon sur la demande du préfet de l'Orne, inquiet des mouvements exécutés du côté de Mortagne par le XIIIᵉ corps et la 4ᵉ division de cavalerie. Quant au corps Cathelineau, placé à l'aile gauche de l'armée française, il ne fut pas engagé et put gagner Laval, par Vilaine, sans incidents.
3. *La 2ᵉ armée de la Loire*, page 362. — Ces mobilisés avaient été envoyés au-devant de l'ennemi, à hauteur de Bethon.
4. *La Guerre franco-allemande*, 2ᵉ partie, page 861.

sivement leur infanterie et deux autres batteries, tout
cela sans succès. La résistance des francs-tireurs fut
extrêmement énergique ; un moment même, un retour
offensif exécuté par la compagnie du capitaine Ducamp,
jusqu'à trois cents mètres des pièces, détermina une
contre-attaque générale devant laquelle la ligne allemande fléchit[1]. Bref, le combat se prolongea pendant
toute l'après-midi, sans que l'ennemi, dont les batteries
avaient beaucoup souffert de nos feux de mousqueterie[2],
ait pu débusquer les braves soldats de Lipowski. Le
soir, le général de Wittich se replia sur Bethon, où il
cantonna, ayant derrière lui la 17ᵉ division. Il avait
perdu un officier, tué, et 25 hommes[3]. Quant à la cavalerie, sa coopération avait été assez peu sensible ; au
nord, elle occupa la Chaussée sans grande difficulté ;
au sud, l'infanterie qui accompagnait la 12ᵉ brigade
entra, vers cinq heures du soir, dans Saint-Paterne.

Mais déjà le colonel Lipowski, dont les pertes se
montaient à 160 hommes (dont 40 artilleurs) et qui
n'avait plus de munitions d'artillerie[4], avait pris le
parti d'évacuer Alençon et de se retirer à la faveur de
l'obscurité sur Saint-Denis, par Prez-en-Pail. Quand,
le lendemain, les Allemands reprirent leur marche, ils
trouvèrent vides les trois points de Sillé, de Saint-Jean-
sur-Erve et d'Alençon, devant lesquels, la veille, leurs
efforts s'étaient brisés. Ils les occupèrent, ainsi que
Conlie[5], mais ne poussèrent pas plus loin. « Le moment était arrivé, ont-ils dit, où, en raison de la situation générale de la campagne, il convenait de mettre
fin à une poursuite d'ensemble[6]. » La situation était

1. *La 2ᵉ armée de la Loire*, page 368. — « Les Français cependant résistaient avec une opiniâtreté extrême et ne se renfermaient
point dans une défensive passive. » (*La Guerre franco-allemande*,
2ᵉ partie, page 861.)
2. *Ibid.*, page 863.
3. D'après la *Relation allemande*. — Le rapport officiel du colonel
Lipowski parle de 8 à 900 hommes hors de combat. Il y a vraisemblablement exagération dans les deux sens.
4. *Rapport officiel* du colonel Lipowski.
5. Frédéric-Charles, inquiet de l'échec du colonel Lehmann, avait,
le 15, ordonné au IXᵉ corps et à la 2ᵉ division de cavalerie de se
porter à son secours, à Conlie.
6. *La Guerre franco-allemande*, 2ᵉ partie, page 863.

encore très tendue en effet dans le nord et dans l'est, et le grand quartier général avait jugé nécessaire, pour appuyer les forces opposées au général Faidherbe, de faire diriger sur Rouen le XIII° corps [1]. Réduit à deux corps et demi, Frédéric-Charles crut prudent de s'arrêter sur place et d'y attendre les événements [2]. Aussi bien l'armée française, dans un état pitoyable, il est vrai, mais assez concentrée, était maintenant tout entière derrière la Mayenne. L'ennemi se contenta de la faire observer, et, le 18, une reconnaissance envoyée par le général de Schmidt sur les routes du Mans et de Montsurs, fut vigoureusement refoulée, devant Sainte-Mélanie, par le 88° de marche, appuyé par des mitrailleuses et une batterie de 4, en position à la ferme du Pressoir [3]. Ce fut là la dernière affaire de la campagne ; elle coûtait au 88°, 2 officiers et 29 hommes hors de combat, aux Allemands, 5 tués (dont 1 officier supérieur) et 5 blessés [4].

L'armée de la Loire à Laval. — À Laval, où il était arrivé le 16 au soir, le général Chanzy s'était hâté d'installer ses troupes sur les positions qui lui paraissaient devoir assurer le mieux la défense de la nouvelle ligne

---

1. Ce mouvement permit, comme on le verra par la suite, au long cordon de troupes allemandes établi entre Laigle et Amiens de se transporter latéralement à lui-même vers le nord et d'assister en partie, le 19 janvier, à la bataille de Saint-Quentin.

2. Situation des forces allemandes le 16 :

> XIII° corps, à Alençon.
> IX° corps, entre Conlie et Sillé-le-Guillaume.
> X° corps, à Conlie, avec mission d'évacuer le matériel du camp et de détruire celui-ci.
> La 4° division de cavalerie devait former derrière la Sarthe, vers Alençon, la droite de l'armée. Le III° corps restait au Mans.

3. Entre le chemin de fer et la route du Mans.

4. Il est à peu près impossible, au milieu de documents absolument contradictoires, de fixer d'une façon sûre le chiffre des pertes dans toutes ces affaires. A en croire l'état-major allemand, c'est par centaines que se comptent les prisonniers dans chacune d'elles ; d'autre part, les chiffres donnés par le général Chanzy, en ce qui concerne l'ennemi, sont certainement supérieurs à la réalité, tandis que ceux qu'accusent les états de perte de source prussienne semblent réellement bien faibles. Enfin les historiques de régiments ne sont nullement d'accord. Force est donc de s'en tenir à des évaluations très approximatives.

où il comptait encore résister jusqu'à la dernière limite[1].
Les dispositions qu'il avait prises, assez semblables à
celles du Mans, assuraient la protection de la ville et
permettaient de vaquer aux soins d'une réorganisation
dont l'armée avait tant besoin. Nous n'entrerons pas à
ce sujet dans de plus grands détails, qui n'auraient
qu'un intérêt rétrospectif, puisque à dater de ce moment
le rôle de l'armée de la Loire était virtuellement terminé. Nous nous bornerons à citer ici une page écrite
par le général en chef ; elle montre de quelle trempe
extraordinaire était son âme, et quel précieux collaborateur l'organisateur de la défense avait trouvé en lui :

Si grands, si pénibles qu'eussent été les derniers revers, dit-il
la confiance du commandant de la deuxième armée n'avait pas été
ébranlée. Son but restait le même : arrêter l'invasion, et par des
efforts suprêmes, s'ils étaient bien combinés, aider les défenseurs
de Paris à rompre l'investissement qui les isolait du reste de la
France. Cette pensée a pu paraître chimérique à quelques-uns ;
quand les faits seront mieux connus et appréciés avec impartialité,
l'histoire dira si elle était réalisable ; mais elle n'en avait pas
moins sa grandeur, et ce n'est qu'en s'en inspirant que les nouvelles armées pouvaient trouver l'énergie dont elles avaient besoin
pour tenter, jusqu'aux limites du possible, de sauver le pays.

Toute préoccupation politique devant s'effacer en présence de
cette grande œuvre de la défense nationale, il était nécessaire que
tous, généraux, officiers et soldats, sussent, sans arrière-pensée,
qu'ils ne combattaient pas pour un parti, mais bien pour le salut
de la patrie. Le général en chef demanda au ministre[2] de l'affirmer devant tous les chefs supérieurs de la deuxième armée,
réunis à cet effet dans le salon de la préfecture. M. Gambetta,
animé des sentiments les plus patriotiques, le fit avec beaucoup
de force et d'éloquence, annonçant lui-même qu'il confiait aux
grands noms de la Bretagne, quelles que fussent leurs opinions, le
commandement des forces destinées à en interdire l'accès à l'ennemi. Les colonels Charette et Cathelineau, nommés généraux au
titre auxiliaire, reçurent chacun 15,000 mobilisés qu'ils devaient

1. *La 2ᵉ armée de la Loire*, page 379. — « La population, il faut
bien le dire, ne faisait pas preuve d'un grand enthousiasme. A peine
le général avait-il mis pied à terre, que le conseil municipal venait
lui demander qu'on ne fît pas sauter les ponts, *et qu'on n'exposât
pas la ville aux conséquences d'une défense.* Il rassura, autant qu'il
était en lui, les notables... tout en leur rappelant les nécessités de la
situation qui obligeaient à mettre le salut de la patrie au-dessus des
intérêts particuliers. » *Ibid.*, page 376.)

2. Gambetta venait, sur la demande du général Chanzy, d'arriver
à Laval.

réunir de suite à leurs volontaires. Le reste fut réparti entre les généraux Béranger, qui commandait à Nantes, et Lipowski, qui devait venir s'établir à l'aile gauche de la nouvelle armée [1].

Lorsque, en examinant les événements à travers leur reculée historique, on se rend un compte exact de la situation générale à la date qui nous occupe, on sent que les suprêmes espérances des deux ardents patriotes n'étaient plus, hélas! qu'illusions. Mais combien excusables et généreuses! Certes, ce n'était pas au moment où, après cinq mois de luttes stériles et de convulsions intestines, le sort de Paris, confié à des mains impuissantes, allait être définitivement décidé, et où l'armée de la Loire, réduite en dix jours de plus de 25,000 hommes, était presque entièrement désagrégée (le général Chanzy était obligé d'en convenir lui-même)[2], ce n'était pas en un pareil moment qu'il était possible d'escompter le succès. Il y a cependant quelque consolation et quelque orgueil à penser qu'au regard des faiblesses et des irrésolutions de tant d'autres, il s'est trouvé alors des hommes assez énergiques pour espérer quand même, assez dévoués pour se sacrifier sans réserve, assez stoïques pour ne pas craindre d'ajouter de nouvelles souffrances à celles déjà si cruelles qu'ils venaient d'endurer.

Aussi le souvenir de l'armée de la Loire reste-t-il, malgré l'insuccès définitif de ses efforts, comme la personnification la plus éclatante de cette résistance acharnée qui a tant surpris nos ennemis et assuré au peuple français, sinon les sympathies, du moins le respect de l'Europe. A plus de vingt ans de distance, on oublie volontiers que cette armée aurait peut-être pu, sans quelques défaillances, obtenir des résultats plus décisifs, et on ne se souvient que de ses longues misères, des privations supportées avec tant de courage et des combats glorieusement livrés. On lui sait gré d'avoir ramassé l'épée de la France, quand l'Allemand victorieux la croyait déjà brisée à tout jamais, et le seul fait

1. *La 2ᵉ armée de la Loire*, page 386.
2. *Ibid.*, page 385.

de l'avoir portée avec honneur lui est un titre impérissable à la reconnaissance nationale. Voilà pourquoi le
pays, qui depuis longtemps a pardonné à Chanzy et à
ses soldats de ne point l'avoir sauvé, identifie, au contraire et justement, leur mémoire avec ceux de ses plus
dévoués serviteurs.

Aussi bien nous arrêterons ici leur histoire, que si-
gnalent uniquement désormais, et jusqu'à la conclusion
de l'armistice, quelques rares escarmouches entre avant-
gardes et reconnaissances. Nous ne suivrons le général
Chanzy ni dans son œuvre de réorganisation immédiate, ni dans les intéressants projets de défense ultérieure qu'il formait pour le cas où l'armistice n'aurait
pas été suivi de la paix. L'exposition de ce plan de
campagne, que les événements rendirent inutile, nous
entraînerait trop en dehors du récit des faits de la
guerre, où nous devons nous renfermer[1]. Nous nous
bornerons donc à signaler la constitution ultérieurement décidée pour nos forces de l'Ouest et la scission
de la deuxième armée de la Loire, à la date du 27 janvier, en deux groupes distincts. Le premier, formé de
deux divisions du 17e corps, et des corps de Cathelineau,
Charette, Lipowski et Béranger, était, sous le commandement du général de Colomb[2], érigé en *Armée de
Bretagne*, et chargé de défendre à la fois cette province
et les positions occupées actuellement sur la Mayenne.
Le second, qui comprenait les 16e[3], 19e[4], 21e, et bientôt
après le 26e corps[5], franchit la Loire le 19 février, et
vint occuper une ligne s'étendant de Saumur à Château-

---

1. On le trouve d'ailleurs relaté, avec les détails les plus circonstanciés, dans l'ouvrage du général Chanzy, *livre cinquième*, et notes
de 23 à 27.

2. Ce choix était commandé par la nécessité de mettre un terme
aux tiraillements qui se produisaient entre les chefs des troupes de
Bretagne, lesquels « se faisaient avec peine à l'idée de céder à
d'autres un commandement qu'ils avaient exercé évidemment avec
le plus grand patriotisme, mais sans atteindre toujours le résultat
désirable, par suite de difficultés dont on ne peut les rendre responsables. » (*La 2e armée de la Loire*, page 394.)

3. Renforcé de la 1re division (Roquebrune), du 17e.

4. Voir à l'appendice la pièce no 5.

5. *Ibid.*, pièce no 6.

roux, par Loudun et Châtellerault. Une revue d'effectif passée le 8 février 1871 faisait ressortir un total de 4,952 officiers, 127,261 hommes et 26,797 chevaux ; la fraction de l'armée qui allait franchir la Loire comptait, dans ce chiffre, pour 128,733 hommes, 20,048 chevaux et 324 pièces [1].

Le 7 mars, la paix ayant été conclue, toutes ces forces furent dispersées. Gardes mobiles et mobilisés rejoignirent leurs foyers ; quant aux troupes régulières, dont le pays avait encore besoin pour lutter contre la hideuse insurrection de la Commune, ou réprimer celle que nos désastres venaient de susciter en Algérie, elles furent dirigées partie sur Paris, partie sur Marseille, partie enfin sur les grandes villes dont l'attitude semblait suspecte et l'effervescence à redouter. Mais, avant de les dissoudre, le gouvernement voulut leur donner un témoignage officiel de sa satisfaction et de sa reconnaissance, et le général Le Flô adressa à leur vaillant général la lettre suivante, aux termes de laquelle la postérité s'associera sans réserve, dans un souvenir sincère de gratitude et d'émotion.

Bordeaux, le 7 mars 1871.

Mon cher Général,

Un décret du Gouvernement, qui sera au *Moniteur* de demain, dissout toutes les armées ou corps d'armée du territoire, et supprime par conséquent tous les états-majors qui y étaient attachés. La deuxième armée est naturellement comprise dans cette mesure, et votre commandement cessera par conséquent à dater de demain. Au moment où vous rentrez dans la disponibilité [2], en at-

---

1. De pareils chiffres, s'ils font admirer sans réserve la vitalité de la France et l'activité surprenante qu'ont dû déployer les organisateurs de la défense, provoquent aussi, hélas ! de douloureuses réflexions. Leur comparaison avec les effectifs à peine équivalents de l'armée mise sur pied, le 15 juillet 1870, pour résister au choc de plus de 500,000 Allemands, montre à quel point étaient coupables les ministres sans caractère et les rhéteurs funestes qui, au lieu de constituer, avec toutes ces forces vives, une masse compacte et résistante, avaient, les uns par faiblesse, les autres par esprit d'opposition et de coterie, laissé décroître au point que l'on sait une puissance militaire naguère encore la première du monde.

2. Le général Chanzy avait été nommé député à l'Assemblée nationale par le département des Ardennes.

tendant que des circonstances plus heureuses me permettent d'utiliser vos talents et votre dévouement, je veux vous offrir toutes mes félicitations sur l'honneur que vous vous êtes fait et les brillants services que vous avez rendus. Dites à votre brave armée, officiers de tous grades et soldats, que je les remercie au nom de notre pays tout entier de leur courage et de leur patriotisme. Si la France avait pu être sauvée, elle l'eût été par eux. La fortune ne l'a pas voulu; résignons-nous momentanément, mais ne désespérons jamais de ses grandes destinées, que rien ni personne ne pourrait jamais arrêter.

Recevez, mon cher Général, l'assurance de mes meilleurs sentiments.

Le Ministre de la Guerre : Général LE FLÔ.

Dernières opérations sur la Loire. — Pour en finir avec le théâtre d'opérations de la Loire, nous devons relater maintenant divers épisodes, sans grande importance d'ailleurs, de la lutte engagée entre certaines fractions de la défense locale et celles que la 25ᵉ division (hessoise)[1] avait jetées en amont d'Orléans. Un détachement de cette dernière était toujours à Briare, sous les ordres du général de Rantzau, et si le départ maintenant connu de nos forces vers l'est avait fait cesser les inquiétudes que l'on concevait au sujet d'une attaque sérieuse, du moins ce détachement, qui avait pour mission d'éclairer vers Nevers et Clamecy, se trouvait-il journellement aux prises avec les troupes de la défense locale, 10 à 12,000 hommes de francs-tireurs, gardes mobiles et mobilisés que le général de Pointe de Gévigny avait réunis au camp d'instruction de Nevers. Le 14 janvier même, il faillit être enveloppé complètement, voici comment.

Depuis deux jours un groupe de forces françaises avaient chassé d'Ouzouer-sur-Trezée, au nord-est de Briare[2], le poste hessois qui occupait ce village, et menaçait même, par l'ouest, les derrières du général de

1. On se souvient que cette division, la seconde du IXᵉ corps, avait été chargée de la garde d'Orléans. Elle s'y était retranchée, avait établi sur la rive gauche une tête de pont armée de batteries qui commandaient les voies d'accès, et préparé des fourneaux de mine dans les deux ponts.

2. Le général de Rantzau avait, dans les premiers jours de janvier, réoccupé Briare, évacué par nous. (Voir page 336.)

Rantzau. Profitant d'un épais brouillard qui cachait ses mouvements à l'ennemi, il se glissa, le 14, jusqu'à la Loire, et forma autour des Allemands un arc de cercle s'appuyant au fleuve par ses deux extrémités, celle d'aval près du château de Rivoire, celle d'amont à la station d'Ousson. Malheureusement, son effectif n'était pas suffisant pour garnir en forces un aussi large espace, en sorte que l'ennemi put, par un vigoureux effort, le percer sur la route de Gien et se rouvrir une ligne de retraite. Mais le danger qu'avait couru le général de Rantzau l'impressionna à ce point qu'il recula jusqu'à Ouzouer-sur-Loire, et se hâta de faire aviser le prince Frédéric-Charles de la situation précaire où il croyait se trouver[1]. Aussitôt celui-ci ordonna au prince Louis de Hesse, commandant la 25e division, de se porter avec tout son monde sur Châteauneuf et d'y prendre énergiquement l'offensive[2]; quand celle-ci arriva, son concours était devenu inutile, nos troupes n'ayant pas osé poursuivre le général de Rantzau.

Pendant ce temps le détachement du Xe corps primitivement envoyé à Château-Renault[3] avait marché sur Blois, avec ordre d'occuper la ville, et de couvrir l'espace entre le Loir et la Loire en fermant les routes passant par Tours[4]. Le général de Hartmann, qui le commandait, laissant à Blois six compagnies et trois escadrons, poussait le 19 jusqu'à Tours, où il entrait sans rencontrer de résistance. La 1re division de cavalerie gagnait Monnaie, sur son flanc droit, et détruisait les ponts de la Loire, en aval de Tours, ainsi que celui du chemin de fer d'Orléans, à Montlouis.

Les choses en étaient là, quand l'état-major allemand apprit tout à coup la présence d'un nouveau corps français à Vierzon. C'était le 25e, commandé par le général Pourcet, qui venait de se constituer à grand'peine, les ressources en hommes et en matériel étant presque par-

1. *La Guerre franco-allemande*, 2e partie, page 870.
2. Il lui rendit même pour cela un de ses régiments, détachés à Blois.
3. Voir page 359.
4. *La Guerre franco-allemande*, 2e partie, page 870.

tout épuisées, et qui, par ordre du ministre, avait porté
le 22 une de ses divisions sur Clamecy. Aussitôt ordre
fut donné au IXe corps d'accourir de Conlie à Orléans.
De son côté, le général Pourcet marchait avec une autre
de ses divisions sur Blois; le 27, il attaquait le faubourg
de Vienne, refoulait, dans la ville, le bataillon de chasseurs hessois qui le défendait[1], mais était contraint de
rester sur la rive gauche, le pont de la Loire ayant sauté
devant lui.

Là se borna son offensive, car, dès le 29, il se repliait
sur le Beuvron, et il n'y eut plus alors en Sologne que
quelques escarmouches sans intérêt aucun. Sur la Loire,
les troupes du général de Gévigny avaient également re-
culé; car toutes ces opérations étaient exécutées en l'air,
sans but bien défini ni liaison entre elles. Le général de
Rantzau se reporta de l'avant jusque près d'Auxerre,
appuyé par une brigade du VIe corps, qu'on avait envoyée par chemin de fer de Paris à Joigny. Il cherchait
à débarrasser la région de tous les francs-tireurs qui y
étaient encore; mais, le 30, il était arrêté par l'armistice,
et la campagne de la Loire finissait.

---

1. Ce bataillon était venu, le 28, relever à Blois les troupes de la
88e brigade qui avaient alors rejoint le général de Hartmann à Tours.

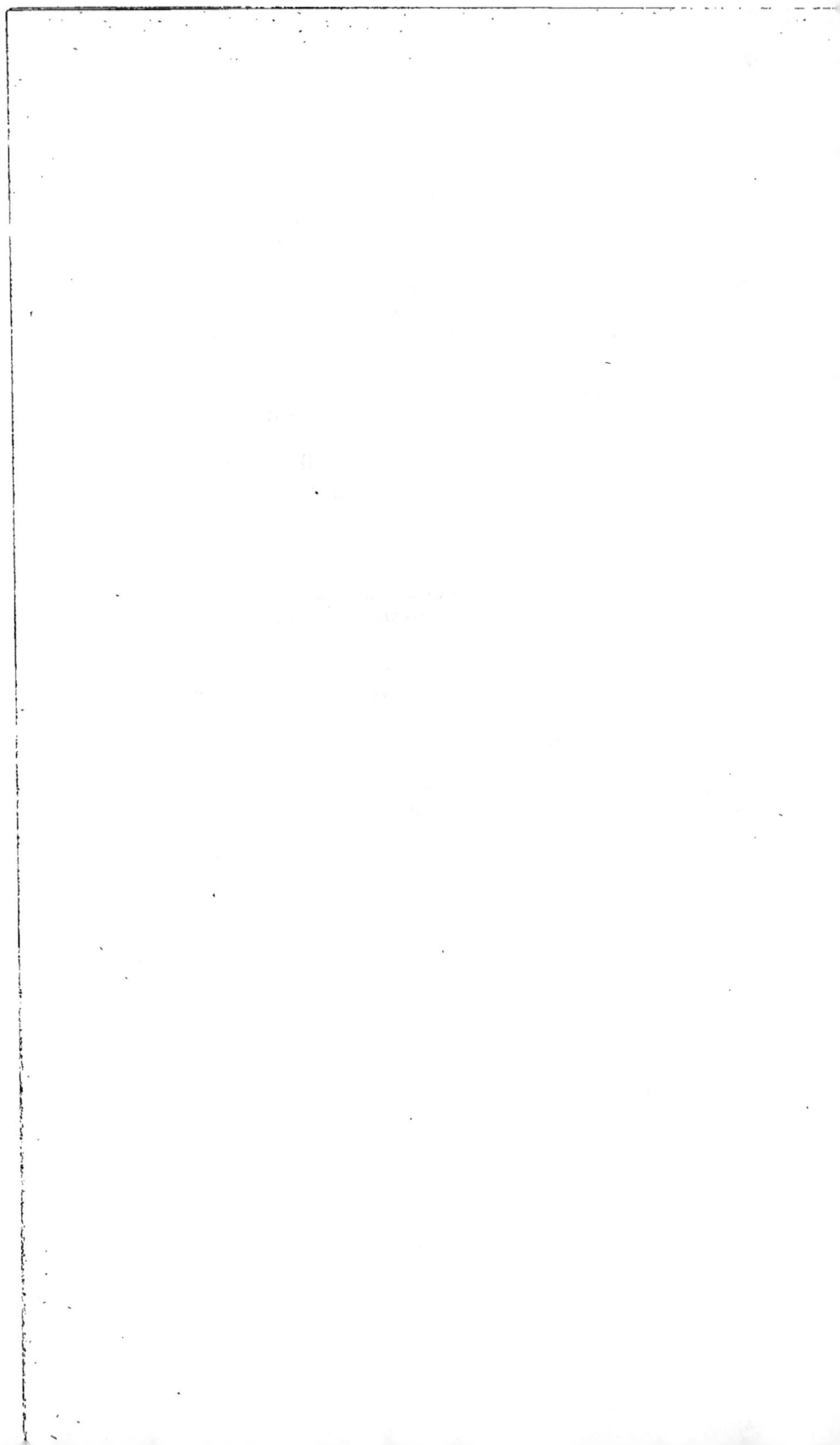

APPENDICE

———

Pièce nº 1.

ORDRE DE BATAILLE DE LA PREMIÈRE ARMÉE DE LA LOIRE AU 15 OCTOBRE 1870

15ᵉ CORPS D'ARMÉE

Commandant : Général de division D'AURELLE DE PALADINES [1].
Chef d'État-major : Général de brigade Borel [2].
Commandant de l'artillerie : Général de brigade DE Blois DE LA CALANDE.
Commandant du génie : Colonel DE Marsilly.

1ʳᵉ Division d'Infanterie : Général de division Martin des PALLIÈRES [3].

1ʳᵉ *Brigade :* Gᵃˡ DE Chabron [4].	2ᵉ *Brigade :* Gᵃˡ Bertrand [5].
4ᵉ batᵒⁿ de chasseurs de marche : Commᵗ DE Sicco.	Tirailleurs algériens : Lᵗ-Cᵉˡ Capdepont.
38ᵉ régᵗ d'infᵉ : Cᵉˡ Minot.	29ᵉ de marche : Lᵗ-Cᵉˡ Choppin-Merey.
1ᵉʳ zouaves de marche : Lᵗ-Cᵉˡ Chaulan.	Mobiles de la Charente : Lᵗ-Cᵉˡ d'Angélys.
Mobiles de la Nièvre : Lᵗ-Cᵉˡ DE Bourgoing.	
Un batᵒⁿ d'infⁱᵉ de marine : Commᵗ Laurent.	

Trois batteries de 4, une de mitrailleuses et une de montagne (de 4). — Une section du génie.

———

1. Succède le 11 octobre au général de la Motte-Rouge. Remplacé lui-même, le 16 novembre, à la tête du 15ᵉ corps, par le général Martin des Pallières, puis par le général de Colomb (11 décembre), et enfin par le général Martineau des Chenez (21 décembre).
2. Devient le 16 novembre chef d'état-major général et est remplacé par le colonel des Plas.
3. Jusqu'au 16 novembre.
4. Puis général Minot.
5. Le général Bertrand, n'ayant pas rejoint, a été remplacé par le général Questel.

2ᵉ Division d'Infanterie : Général de division MARTINEAU DES CHENEZ [1].

1ʳᵉ Brigade : Gᵃˡ D'ARIÈS.
5ᵉ batᵒⁿ de chasseurs de marche : Commᵗ CHAMARD.
39ᵉ régᵗ d'infⁱᵉ : Cᵉˡ DE JOUFFROY D'ABBANS.
Légion étrangère : Cᵉˡ DE CURTEN.
Mobiles de la Gironde : Lᵗ-Cᵉˡ D'ARTIGOLLES.

2ᵉ Brigade : Gᵃˡ RÉBILLARD.
2ᵉ zouaves de marche : Lᵗ-Cᵉˡ LOGEROT.
30ᵉ de marche : Lᵗ-Cᵉˡ DE BERNARD DE SEIGNEURENS.
Mobiles de Maine-et-Loire : Lᵗ-Cᵉˡ DE PAILLOT.

Deux batteries de 4 et une de mitrailleuses. — Une section du génie.

3ᵉ Division d'Infanterie : Général de brigade PEYTAVIN.

1ʳᵉ Brigade : Gᵃˡ JACOB DE LA COTTIÈRE [2].
6ᵉ batᵒⁿ de marche de chasseurs : Commᵗ REGAIN.
16ᵉ régᵗ d'infⁱᵉ : Lᵗ-Cᵉˡ BEHAGUE [3].
33ᵉ de marche : Lᵗ-Cᵉˡ THIERRY.
Mobiles du Puy-de-Dôme : Lᵗ-Cᵉˡ SERSIRON.

2ᵉ Brigade : Gᵃˡ MARTINEZ [4].
27ᵉ de marche : Lᵗ-Cᵉˡ PERAGALLO.
34ᵉ de marche : Lᵗ-Cᵉˡ MESNY.
Mobiles de l'Ariège : Lᵗ-Cᵉˡ ACLOCQUE.

Deux batteries de 4, une de mitrailleuses et une de montagne (de 4). — Une section du génie.

Division de Cavalerie : Général de division REYAU [8].

1ʳᵉ Brigade : Gᵃˡ de LONGUERUE [6].
6ᵉ régᵗ de dragons : Cᵉˡ TILLION.
6ᵉ régᵗ de hussards : Cᵉˡ GUILLON.

Trois batteries à cheval.

2ᵉ Brigade : Gᵃˡ RESSAYRE [7].
9ᵉ cuirassiers de marche : Cᵉˡ DE VOUGES DE CHANTECLAIR.
1ᵉʳ cuirassiers de marche : Cᵉˡ DE RENUSSON D'HAUTEVILLE.

Brigade de cavalerie MICHEL, puis DE BOÉRIO [9].
2ᵉ régᵗ de lanciers : Cᵉˡ MAILLARD DE LANDREVILLE.
5ᵉ régᵗ de lanciers : Cᵉˡ DE BOÉRIO, puis GAYRAUD.
3ᵉ régᵗ de dragons de marche : Lᵗ-Cᵉˡ D'AUDIFFRED.

Brigade de cavalerie DE NANSOUTY, puis D'ASTUGUE.
11ᵉ régᵗ de chasseurs : Cᵉˡ D'ASTUGUE, puis DE BAILLENCOURT.
1ᵉʳ régᵗ de chasseurs de marche : Cᵉˡ ROUHER.

1. Remplacé le 21 décembre par le général Rébillard.
2. Cette brigade avait été successivement commandée par les généraux Peytavin, Bressolles, Formy de la Blanchetée et Gaday.
3. En remplacement du général Jacob de la Cottière.
4. La 2ᵉ brigade de la division Peytavin était primitivement la brigade Dupré, envoyée le 2 octobre à Épinal et qui livra, le 6, le combat de la Bourgonce.
5. Remplacé, après Coulmiers, par le général de Longuerue.
6. Le commandant de cette brigade était, dans le principe, le général Jolif-Ducoulombier. Le général de Longuerue fut lui même remplacé par le colonel Tillion, puis par le général d'Astugue.
7. Remplacé successivement par le général de Brémond d'Ars et le colonel (depuis général) Tillion.
8. La constitution de la cavalerie de l'armée de la Loire fut modifiée

Artillerie de réserve [1] : Colonel CHAPPE.
Huit batteries de 8 (Reffye). — Une batterie de mitrailleuses (à 8 pièces).
— Deux batteries de 4 à cheval (à 4 pièces).
Parc d'artillerie. — Équipage de pont.
Réserve du génie.

Au 15⁰ corps étaient attachés un certain nombre de corps francs,
parmi lesquels celui de Catholineau (Vendée), de Bourras, etc.; la
plupart ne tardèrent pas à recevoir diverses destinations qui les dis-
persèrent. De même, on joignit au 15⁰ corps, en attendant la constitution du 16⁰, une division mixte, commandée par le général Faye
et composée d'une brigade d'infanterie et d'une brigade de cavalerie.
Aussitôt après Coulmiers, les divers éléments de cette division rentrèrent au 16⁰ corps.

16⁰ CORPS D'ARMÉE

Général de division CHANZY [2].
Chef d'État-major : Général VUILLEMOT [3].
Commandant de l'artillerie : Colonel ROBINOT-MARCY [4].
Commandant du génie : Général de brigade JAVAIN [5].

1ʳᵉ Division d'Infanterie : Contre-amiral JAURÉGUIBERRY [6]..

1ʳᵉ *Brigade* : G⁰ˡ BOURDILLON.	2⁰ *Brigade* : G⁰ˡ DEPLANQUE.
3⁰ bat⁰ⁿ de chasseurs de marche :	37⁰ de marche : L⁰-C⁰ˡ MALLAT.
Comm⁰ LABRUNE.	33⁰ mobiles (Sarthe) : L⁰-C⁰ˡ DE
39⁰ de marche : L⁰-C⁰ˡ PEREIRA.	LA TOUANNE.
75⁰ mobiles (Maine-et-Loire et	
Loir-et-Cher). L⁰-C⁰ˡ N.	

Deux batteries de 4 et deux de mitrailleuses. — Une section du
génie.

après la perte d'Orléans : les deux brigades indépendantes Boério et d'Astugue entrèrent dans la composition de divisions affectées l'une à la 1ʳᵉ,
l'autre à la 2⁰ armée. Il est d'ailleurs à peu près impossible de donner
des ordres de bataille fermes des armées de province, en raison des mu-
tations incessantes qui bouleversaient à chaque instant la composition des
corps d'armée et des divisions. Nous ne pouvons fournir ici que des indications générales, et renvoyer le lecteur au texte même de l'ouvrage, où
se trouvent indiqués à leur date respective les différents changements ap-
portés à la constitution des armées.
1. Sur les huit batteries de 8 de la réserve, trois appartenaient à l'artillerie de marine. L'une de ces dernières, dont le matériel avait été perdu
pendant la bataille d'Orléans, ne fut pas reconstituée.
2. Le 16⁰ corps eut successivement pour chefs les généraux d'Aurelle de
Paladines (4 octobre), Pourcet (13 octobre), Chanzy (2 novembre). Après la
constitution de la 2⁰ armée de la Loire, il passe aux ordres de l'amiral Jauréguiberry.
3. Devenu chef d'état-major général de la 2⁰ armée et remplacé par le
colonel Béraud (tué le 15 janvier), puis par le colonel Loizillon.
4. Devenu commandant de l'artillerie de l'armée et remplacé par le lieutenant-colonel de Noüe.
5. Devenu commandant du génie de l'armée et remplacé par le colonel La-
grenée.
6. Jusqu'au 16 décembre, date où l'amiral prend le commandement du
16⁰ corps. Il est alors remplacé par le général Deplanque.

2° Division d'Infanterie : Général de division Barry.

1° *Brigade* : C°¹ Desmaisons.
7° bat°⁰ de chasseurs de marche :
Comm¹ Gallimard.
31° de marche : C°¹ de Foulongue[4].
22° mobiles (Dordogne) : L¹-C°¹ de
Chadois.

2° *Brigade* : L¹-C°¹ Baille.
38° de marche : L¹-C°¹ Baille.
66° mobiles (Mayenne) : L¹-C°¹ de
la Charce.

Quatre batteries de 4 et une de mitrailleuses. — Une section du
génie.

3° Division d'Infanterie : Général de Morandy[2].

1° *Brigade* : G°¹ de Morandy,
puis C°¹ Le Bouédec.
8° bat°⁰ de chasseurs de marche :
Comm¹ Bertrand.
36° de marche : L¹-C°¹ Marty[3].
8° mobiles (Charente-Inférieure) :
L¹-C°¹ Vast-Vimeux.

2° *Brigade* : C°¹ Thierry.
40° de marche . L¹-C°¹ Bonnet[4].
71° mobiles (Haute-Vienne) : L¹-
C°¹ Pinelli.

Quatre batteries de 4. — Une section du génie.

Division de Cavalerie : Général de division Ressayre[5].

1° *Brigade* : G°¹ Tripart, puis de
Tuce.
1° hussards de marche : L¹-C°¹
Guyon-Vernier.
2° rég¹ de cavalerie **mixte** : L¹-C°¹
Dijon.

2° *Brigade* : G°¹ Digard.
6° lanciers : L¹-C°¹ de Lanauze.
3° rég¹ de cavalerie mixte : L¹-C°¹
Bonie.

3° *Brigade* : G°¹ Tripart, puis Guépratte.
3° rég¹ de marche de cuirassiers : L¹-C°¹ Tréboute.
4° rég¹ de marche de dragons : L¹-C°¹ Roze.
4° rég¹ de marche de cavalerie mixte : L¹-C°¹ N..

Une batterie à cheval.
Réserve d'artillerie : Colonel Chanal, puis de Miribel (auxiliaire).
Quatre batteries de 12. — Deux batteries de 7 (Reffye). — Trois bat-
teries de 4 à cheval. — Deux batteries de 4 de montagne.
Parc d'artillerie et réserve du génie.

Divers corps francs, parmi lesquels les francs-tireurs Lipowski, ceux
de la Sarthe (Foudras), ceux de Saint-Denis, etc.

Quand le général Chanzy prit le commandement en chef de la
2° armée de la Loire, il constitua avec les éléments disponibles un

1. Puis successivement les lieutenants-colonels Roude, Gueytat et Leclaire.
2. Succède au général Chanzy et est lui-même remplacé, le 4 janvier 1871,
par le général de Curten.
3. Opère isolément dans l'Eure et l'Eure-et-Loir jusqu'à la fin de novembre.
4. Puis Jobey, puis Basserie.
5. Le général Ressayre, blessé à Coulmiers, fut remplacé par le général
Michel.

certain nombre de corps divers, qui furent tous rattachés au grand quartier général. Ces corps étaient les suivants :

Éclaireurs à cheval : Capitaine BERNARD.
Régiment de gendarmerie à pied : Lᵗ-Cᵉˡ DE MORGAN.

1ᵉʳ régᵗ de gendarmerie à cheval : Lᵗ-Cᵉˡ GEILLE.
Éclaireurs algériens : Lᵗ-Cᵉˡ GOUR-SAUD.
Une compagnie de francs-tireurs.

COLONNE DE TOURS

Constituée le 27 novembre 1870, pour opérer contre le grand-duc de Mecklembourg sur le flanc gauche de l'armée de la Loire, elle fut chargée, au commencement de décembre, de couvrir le flanc droit de la 2ᵉ armée. Elle fut dissoute après le combat du 8 décembre, au cours duquel elle avait été dispersée, et l'on versa ses éléments reconstitués dans la 2ᵉ armée.

Commandant : Général de brigade CAMÔ.

1ʳᵉ *Brigade* : Lᵗ-Cᵉˡ MILLOT.
16ᵉ batᵒⁿ de chasseurs de marche : Commᵗ BÉCHET.
59ᵉ de marche : Lᵗ-Cᵉˡ ISNARD DE SAINTE-LORETTE.
Mobiles du Cantal : Lᵗ-Cᵉˡ CAMB-FORT.
Mobiles d'Indre-et-Loire : Lᵗ-Cᵉˡ DE COOLS.

2ᵉ *Brigade* : Lᵗ-Cᵉˡ DE MORGAN.
Régiment de gendarmerie à pied : Lᵗ-Cᵉˡ DE MORGAN.
Mobiles de l'Isère : Lᵗ-Cᵉˡ GUSTIN.
Francs-tireurs de l'Ain.

Brigade de cavalerie : Gᵉˡ TRIPART.
4ᵉ lanciers de marche : Lᵗ-Cᵉˡ DE RUOT.
8ᵉ hussards de marche : Lᵗ-Cᵉˡ DE NOIRTIN.
2ᵉ chasseurs de marche : Lᵗ-Cᵉˡ BOHIN.
7ᵉ cuirassiers de marche : Lᵗ-Cᵉˡ BERGERON.
1ᵉʳ régᵗ de gendarmes à cheval : Lᵗ-Cᵉˡ GEILLE.

Cinq batteries de 4 et une de mitrailleuses.

Pièce n° 2.

ORDRES DE BATAILLE DES 17ᵉ, 18ᵉ ET 20ᵉ CORPS

17ᵉ CORPS

Généraux : DURRIEU, DE SONIS, GUÉPRATTE, DE COLOMB.
Chef d'État-major : Lieutenant-colonel BOISGARD.

IV.   27

1ʳᵉ Division d'Infanterie : Général DE VAISSE-ROQUEBRUNE (auxiliaire).

1ʳᵉ *Brigade :* Capitaine de frégate BÉRAR.
41ᵉ de marche : Lᵗ-Cᵉˡ TARTRAT, puis CHEVREUIL.
Mobiles de Lot-et-Garonne : Lᵗ-Cᵉˡ FALCON.

2ᵉ *Brigade :* Lᵗ-Cᵉˡ FAUSSEMAGNE.
11ᵉ batᵉⁿ de chasseurs de marche.
Commᵗ FOUINEAU
43ᵉ de marche : Lᵗ-Cᵉˡ FAUSSE-MAGNE.
Mobiles du Cantal et de l'Yonne. Lᵗ-Cᵉˡ COURNIER.

Trois batteries de 4. — Une section du génie.

2ᵉ Division d'Infanterie : Généraux DUBOIS DE JANCIGNY, PARIS, CÉREZ.

1ʳᵉ *Brigade :* Cᵉˡ KOCH.
10ᵉ batᵉⁿ de chasseurs de marche : Commᵗ TARRILLON.
48ᵉ de marche : Commᵗ BOURREL.
Un batᵉⁿ du 64ᵉ de marche : Commᵗ JOLLIVET.
Un batᵉⁿ des mobiles de l'Isère : Commᵗ DE QUINSONNAZ.

2ᵉ *Brigade :* Cᵉˡ THIBOUVILLE (auxiliaire).
51ᵉ de marche : Cᵉˡ THIBOUVILLE.
Mobiles du Gers : Lᵗ-Cᵉˡ TABERNE.

Trois batteries de 4. — Une section du génie.

3ᵉ Division d'Infanterie : Général de brigade DEFLANDRE [1].

1ʳᵉ *Brigade :* Cᵉˡ TARTRAT.
1ᵉʳ batᵉⁿ de marche de chasseurs . Commᵗ LÉREAU [2].
45ᵉ de marche : Lᵗ-Cᵉˡ RODDE, puis PRUDHOMME.
Mobiles du Lot : Lᵗ-Cᵉˡ VIGOU-ROUX.

2ᵉ *Brigade :* Cᵉˡ SAUTEREAU.
46ᵉ de marche : Lᵗ-Cᵉˡ RÉNIER.
Mobiles de l'Aude, Ain et Isère (76ᵉ)· Lᵗ-Cᵉˡ D'HAUSSONVILLE.

Trois batteries de 4. — Une section du génie

Division de Cavalerie : Général de brigade GUÉPRATTE, puis DE VIEIL D'ESPEUILLES.

1ʳᵉ *Brigade :* Gᵃˡ MAILLARD DE LANDREVILLE.
4ᵉ régᵗ de cavalerie mixte : Lᵗ-Cᵉˡ DE JOYBERT.
6ᵉ régᵗ de cavalerie mixte : Lᵗ-Cᵉˡ VATA.

2ᵉ *Brigade:* Gᵃˡ de brigade BARBUT.
4ᵉ cuirassiers de marche : Lᵗ-Cᵉˡ DE TINSEAU.
7ᵉ cuirassiers de marche : Lᵗ-Cᵉˡ BERGERON.
5ᵉ régᵗ de cavalerie mixte : Lᵗ-Cᵉˡ BOULIGNY.

Artillerie de réserve : Lieutenant-colonel SMET.
Une batterie de 7. — Quatre batteries de 8. — Deux batteries de mitrailleuses à 8 pièces. — Deux batteries à cheval à 4 pièces.

Parc d'artillerie et réserve du génie.

Corps francs, parmi lesquels le régiment des Volontaires de l'Ouest (zouaves pontificaux) : Colonel DE CHARETTE.

1. Tué à Villorceau et remplacé par le général de Jouffroy d'Abbans.
2. Tué au Mans et remplacé par le commandant Strohl.

18ᵉ CORPS D'ARMÉE

Généraux : CROUZAT, ABDELAL, BOURBAKI et BILLOT.
Chef d'État-major : Colonel BILLOT ; Lieutenant-colonel DE SACHY.

1ʳᵉ Division d'Infanterie : Général de brigade FEILLET-PILATRIE.

1ʳᵉ Brigade . Cᵉˡ BONNET.
9ᵉ batᵉⁿ de chasseurs de marche :
Commᵗ DE BOISFLEURY.
42ᵉ de marche : Lᵗ-Cᵉˡ LECLAIRE.
Mobiles du Cher : Lᵗ-Cᵉˡ DE CHOU-
LOT.

2ᵉ Brig. : Gᵃˡ CHARVET (auxiliaire)
44ᵉ de marche : Lᵗ-Cᵉˡ ROBERT.
73ᵉ mobiles : Lᵗ-Cᵉˡ DE RAUCOURT.

Trois batteries de 4. — Une section du génie.

2ᵉ Division d'Infanterie : Colonel PERRIN (auxiliaire).

1ʳᵉ Brigade : Cᵉˡ PERRIN.
12ᵉ batᵉⁿ de marche de chasseurs :
Commᵗ DE VILLENEUVE.
52ᵉ de marche : Lᵗ-Cᵉˡ PROUVOST.
77ᵉ mobiles[1] : Lᵗ-Cᵉˡ DE LABRO.

2ᵉ Brigade : Cᵉˡ GADAY.
92ᵉ de ligne : Cᵉˡ BARDIN.
Régᵗ d'infⁱᵉ légère d'Afrique : Lᵗ-
Cᵉˡ GRATREAUD.

Trois batteries de 4. — Une section du génie.

3ᵉ Division d'Infanterie : Colonel du génie GOURY.

1ʳᵉ Brigade : Cᵉˡ GOURY.
4ᵉ zouaves de marche : Lᵗ-Cᵉˡ
RITTER.
81ᵉ mobiles[2] : Lᵗ-Cᵉˡ RENAUD.

2ᵉ Brigade : Cᵉˡ SAINT-HILAIRE.
14ᵉ batᵉⁿ de chasseurs de marche :
Commᵗ BONNET.
53ᵉ de marche : Lᵗ-Cᵉˡ BRÉMENS.
82ᵉ mobiles[3] : Lᵗ-Cᵉˡ HOMEY.

Trois batteries de 4. — Une section du génie.

Division de Cavalerie : Général MICHEL.

1ʳᵉ Brigade : Gᵃˡ CHARLEMAGNE.
2ᵉ hussards de marche : Lᵗ-Cᵉˡ DE
POINTIS.
3ᵉ lanciers de marche : Lᵗ-Cᵉˡ
PIERRE.

2ᵉ Brigade : Gᵃˡ GUYON-VERNIER.
5ᵉ dragons de marche : Lᵗ-Cᵉˡ
D'USSEL.
5ᵉ cuirassiers de marche : Lᵗ-Cᵉˡ
DE BRÉCOURT.

Réserve d'artillerie : Lieutenant-colonel DE MIRIBEL (des mobiles).

Deux batteries de 12. — Une batterie de 8. — Deux de mitrail-leuses (dont une des mobiles de l'Isère). — Deux batteries à cheval (de 4). — Une batterie d'obusiers de montagne (des mobiles de l'Isère).

Parc d'artillerie, réserve et parc du génie.

----

1. Tarn, Allier et Maine-et-Loire.
2. Charente-Inférieure, Cher et Indre.
3. Charente, Vaucluse et Var.

20° CORPS D'ARMÉE

Général CROUZAT (provisoire).
Chef d'État-major : Colonel du génie VARAIGNE (auxiliaire).

1re Division d'Infanterie : Général DE POLIGNAC (auxiliaire).

1re *Brigade* : C^{el} DE BERNARD DE SEIGNEURENS.
50° de marche : L^t-C^{el} GODEFROY.
55° mobiles (Jura) : L^t-C^{el} DE MONTRAVEL.
11° mobiles (Haute-Loire) : L^t-C^{el} POYETON.

2° *Brigade* : C^{el} BRISAC (auxiliaire).
67° mobiles (Haute-Loire) : L^t-C^{el} N...
Un bat^{on} de mobiles de Saône-et-Loire.
Francs-tireurs du Haut-Rhin : Comm^t KELLER.

Une batterie de 4 et une batterie mixte (4 et 12). — Une compagnie du génie.

2° régiment de lanciers de marche : Lieutenant-colonel BASSERIE.

2° Division d'Infanterie : Général de brigade THORNTON.

1re *Brigade* : Capitaine de vaisseau AUBE.
25° bat^{on} de chasseurs de marche : Capitaine PLANET.
34° mobiles (Deux-Sèvres) : L^t-C^{el} ROUGET.
Un bat^{on} de mobiles de la Savoie : Comm^t DUBOIS.

2° *Brigade* : C^{el} VIVENOT (auxil.).
3° zouaves de marche : L^t-C^{el} DE BRÊME.
68° mobiles (Haut-Rhin) : L^t-C^{el} DUMAS.

Deux batteries de 4. — Une compagnie du génie.

7° régiment de chasseurs de marche : Colonel DE RICAUMONT.

3° Division d'Infanterie : Général SÉGARD (auxiliaire).

1re *Brigade* : C^{el} DUROCHAT (auxiliaire).
47° de marche : L^t-C^{el} N...
Mobiles de la Corse : L^t-C^{el} PARRAN.
Une compagnie d'éclaireurs.

2° *Brigade* : C^{el} GIRARD (auxiliaire).
5 bataillons de mobiles (Pyrénées-Orientales, Vosges, Meurthe) et deux compagnies de francs-tireurs.

Deux batteries de 4. — Une compagnie du génie (ouvriers volontaires de Tours).

6° cuirassiers de marche : Lieutenant-colonel CHEVALS.

Réserve d'artillerie : Quatre batteries de 12. — Une batterie de mitrailleuses.

Parc d'artillerie, parc et réserve du génie.

Pièce n° 3.

ORDRE DE BATAILLE DU 21ᵉ CORPS

Commandant : Capitaine de vaisseau JAURÈS (Général de division auxiliaire).

Chef d'État-major : Général de brigade LOYSEL, puis Lieutenant-colonel MAGNAN.

1ʳᵉ Division d'Infanterie : Général ROUSSEAU.

1ʳᵉ *Brigade :* Lᵗ-Cᵉˡ Roux.
13ᵉ batᵒⁿ de chasseurs de marche : Commᵗ LOMBARD.
58ᵉ de marche : Lᵗ-Cᵉˡ Roux.
3ᵉ batᵒⁿ de mobiles de l'Aube.
4ᵉ batᵒⁿ de mobiles des Deux-Sèvres.
2ᵉ batᵒⁿ de mobiles de la Loire-Inférieure.
5ᵉ batᵒⁿ de mobilisés de la Sarthe.

2ᵉ *Brigade :* Lᵗ-Cᵉˡ DE TILLET DE VILLARS.
3 compagnies de marche du 26ᵉ régᵗ d'infⁱᵉ.
3 compagnies de dépôt du 94ᵉ régᵗ d'infⁱᵉ.
2 compagnies du 49ᵉ de marche.
2 batᵒⁿˢ du 90ᵉ mobiles (Sarthe et Corrèze).
Un batᵒⁿ de mobiles de la Corrèze.

Trois batteries de 4. — Une section de 12. — Une section de mitrailleuses.
Trois escadrons de cavalerie. — Corps francs divers.

2ᵉ Division d'Infanterie : Général de division COLIN (auxiliaire).

1ʳᵉ *Brigade :* Lᵗ-Cᵉˡ VILLAIN.
56ᵉ de marche : Lᵗ-Cᵉˡ VILLAIN.
Un batᵒⁿ de marche d'infⁱᵉ de marine.
Un batᵒⁿ de mobiles d'Indre-et-Loire.
Un batᵒⁿ de mobiles d'Ille-et-Vilaine.
Un batᵒⁿ de mobilisés de la Sarthe.

2ᵉ *Brigade :* Lᵗ-Cᵉˡ DES MOUTIS.
59ᵉ de marche : Lᵗ-Cᵉˡ BARILLES.
Un batᵒⁿ de marche d'infⁱᵉ de marine.
49ᵉ mobiles (Orne) : Lᵗ-Cᵉˡ DES MOUTIS.
Un batᵒⁿ de mobilisés de la Sarthe.

Trois batteries de 4. — Une section du génie.
Un escadron de hussards. — Francs-tireurs.

3ᵉ Division d'Infanterie : Général de brigade DE VILLENEUVE.

1ʳᵉ *Brigade :* Lᵗ-Cᵉˡ STEPHANI.
6ᵉ batᵒⁿ de fusiliers marins.
15ᵉ mobiles (Calvados) : Lᵗ-Cᵉˡ DE LA BARTHE.
78ᵉ mobiles (Vendée, Lot-et-Garonne et Gironde) : Lᵗ-Cᵉˡ RIGALAU.

2ᵉ *Brigade :* Gᵃˡ DU TEMPLE (auxiliaire) [1].
3ᵉ batᵒⁿ de fusiliers marins.
80ᵉ mobiles (Manche) : Lᵗ-Cᵉˡ LE MOYNE-DESMARETS.
92ᵉ mobiles (Manche et Calvados) : Lᵗ-Cᵉˡ DE TOCQUEVILLE.
Un batᵒⁿ de mobilisés de la Sarthe.

Deux batteries de 4. — Une batterie de mitrailleuses. — Une section de 8 (marine). — Une section du génie.

[1]. Capitaine de frégate.

4ᵉ Division d'Infanterie : Général GOUGEARD (auxiliaire)[1]

1ʳᵉ *Brigade* : Cᵒˡ BEL (des mobilisés).	2ᵉ *Brigade* : Cᵒˡ DE PINEAU.
3 batᵉⁿ˙ do mobilisés de la Loire-Inférieure.	Un batᵒⁿ du 19ᵉ de ligne.
2 compagnies de marche d'infᵗˢ.	2 batᵒⁿˢ de mobiles de Bretagne
Un batᵉⁿ (4 compagnies) du 62ᵉ de marche.	Une compagnie de la légion étrangère.
Un batᵐ du 97ᵉ.	Un batᵐ de mobilisés du Morbihan.
Un batᵒⁿ de mobilisés d'Ille-et-Vilaine.	Un batᵒⁿ de mobilisés de la Loire-Inférieure.
	Un batᵒⁿ des Volontaires de l'Ouest.

Une batterie de 12. — 14 pièces de 4 et 7 mitrailleuses (marins). — Une compagnie du génie.
Un escadron de lanciers. — Deux pelotons d'éclaireurs bretons.

Division de Cavalerie : Général de brigade GUILLON.

1ʳᵉ *Brigade* : Gᵃˡ DE TUCE.	2ᵉ *Brigade* : N...
1ᵉʳ hussards de marche : Lᵗ-Cᵒˡ DE BONNE.	8ᵉ cuirassiers de marche : Lᵗ-Cᵒˡ HUMBLOT.
3ᵉ régᵗ de cavalerie mixte : Lᵗ-Cᵒˡ BONIE.	6ᵉ dragons de marche : Lᵗ-Cᵒˡ N...
	8ᵉ régᵗ de cavalerie mixte : Lᵗ-Cᵒˡ PALANQUE.

Deux batteries à cheval.
Réserve d'artillerie : Cinq batteries de 4, 12 ou 8. — Deux batteries de mitrailleuses.

Pièce nᵒ 4.

LETTRE DU GÉNÉRAL CHANZY AU MINISTRE DE LA GUERRE

Au grand quartier général du Mans, le 2 janvier 1871.

Monsieur le Ministre,

Vous savez combien, en arrivant ici, la 2ᵉ armée avait besoin de se refaire. Nous avons mis le temps à profit, et dans quelques jours je compte être en mesure de marcher. J'ai voulu, avant de traiter avec vous la question des opérations à entreprendre, examiner ce que l'ennemi allait faire à la suite des derniers événements sur la Loire, attendre ce qu'allait produire le mouvement de la 1ʳᵉ armée, et arriver à connaître la répartition des forces dont nous disposons encore, et l'aide qu'elles pourraient donner à une entreprise d'autant plus sérieuse qu'elle peut être un coup décisif pour la grande cause qu'il s'agit de sauver.

---

1. Capitaine de frégate. Les troupes du général Gougeard sont souvent désignées sous le nom de *Corps* ou *Armée de Bretagne*.

Il ne faut pas se le dissimuler, le moment d'agir est arrivé ; la résistance de Paris a une limite que vous connaissez, le temps presse et le grand effort qu'il s'agit de faire n'aura de résultat certain que si toutes nos forces y concourent simultanément, d'après un plan bien arrêté, et par des opérations vigoureusement menées. Je n'ai malheureusement pas, quoi que j'aie pu faire, tous les renseignements qui me seraient nécessaires pour combiner ce plan. J'ignore où en est la 1re armée, quel est son objectif réel, quelle est la marche qu'elle compte suivre ; je ne sais rien de la situation dans le Nord, des projets du général Faidherbe, des obstacles qu'il a à surmonter. Je n'ai que de très vagues renseignements sur la composition des forces en Bretagne et au camp de Cherbourg, sur le rôle qu'elles sont appelées à jouer, et sur leur état au point de vue de ce qu'on peut en tirer quant à présent.

Quoi qu'il en soit, il est urgent de prendre un parti. Je m'inspire, pour celui que je propose, de la situation telle qu'elle ressort à mes yeux des données plus ou moins exactes que me fournissent les faits autour de moi et les détails que j'ai pu me procurer.

La situation me paraît être celle-ci :

Autour de Paris, une armée puissante qui résiste à tous les efforts faits pour rompre l'investissement ; *dans le Nord*, le général de Manteuffel assez fort pour menacer le Havre, tout en tenant en échec les troupes du général Faidherbe ; *dans l'Est*, les forces ennemies disséminées de Paris au Rhin pour couvrir les lignes d'opérations des Allemands, avec des groupes assez considérables pour maintenir les forces que nous pouvons avoir sur la rive gauche de la Saône, et opposer une résistance à la marche de la 1re armée ; *dans le Sud*, l'ennemi occupant fortement Orléans, et encore assez nombreux dans la vallée de la Loire, de Blois à Gien, pour être une menace sur Bourges, sur Tours et sur Nevers, et pour nous préoccuper sur la Loire et du côté du Mans si nous venions à quitter ces positions sans y laisser une force capable de les défendre ; *dans l'Ouest*, une armée prussienne comprenant qu'un effort doit être fait par nous vers Paris, et s'établissant fortement, pour y parer, sur la ligne de l'Eure, tout en battant le pays autour de Chartres pour maintenir ses communications avec celles de la Loire.

Disposé comme il l'est, l'ennemi cherche évidemment à se présenter successivement, et en forces, devant chacune de nos armées ; il manœuvre très habilement. Nous sommes généralement peu exactement renseignés sur ses grands mouvements, qu'il cache avec beaucoup d'art par des rideaux de troupes, et le seul moyen de déjouer des combinaisons qui lui ont si souvent réussi jusqu'ici est de le menacer à notre tour sur tous les points à la fois, le forçant ainsi à faire face de tous les côtés, et à ne plus présenter sur un point des masses avec lesquelles il cherche à nous écraser partiellement.

Il me paraît indispensable que la 1re, la 2e armée et celle aux ordres du général Faidherbe se mettent en marche en même temps ; *la 2e armée*, du Mans, pour venir s'établir sur l'Eure, entre

Evreux et Chartres, couvrant sa base et ses lignes d'opération qui sont la Bretagne et les lignes ferrées d'Alençon à Dreux et du Mans à Chartres ; *la 1ʳᵉ armée*, de Châtillon-sur-Seine, pour venir s'établir entre la Marne et la Seine, de Nogent à Château-Thierry, prenant sa base et ses lignes d'opération sur la Bourgogne, la Seine, l'Aube et la Marne ; *l'armée du Nord*, d'Arras, pour venir s'établir de Compiègne à Beauvais, avec sa base d'opération sur les places du Nord, et sa ligne principale par le chemin de fer de Paris à Lille.

Outre ces trois opérations principales, et pour y concourir, les forces de Cherbourg s'avanceraient, le long du chemin de fer de Caen, jusque sur la gauche de la 2ᵉ armée, ayant toujours leurs lignes de retraite assurées sur Carentan.

Les forces réunies en Bretagne et sur le cours inférieur de la Loire, occupant fortement la Sarthe, d'Alençon au Mans, et le Perche jusqu'au Loir, pour assurer les derrières de la 2ᵉ armée. Les corps francs de Cathelineau, Lipowski, en arrière du Loir et de Châteaudun, pour couvrir l'aile droite de cette même armée et observer les troupes ennemies de la vallée de la Loire ; le 15ᵉ corps, sans découvrir Bourges, entre le Cher et la Loire, pour tenir en échec, en menaçant successivement Blois, Orléans et Gien, le corps ennemi sur la Loire, et dans le cas où l'ennemi se replierait, se portant résolument sur Étampes.

Enfin l'armée de Lyon, remplacée sur ses positions actuelles par ce qu'on peut tirer du Midi, tenant en échec, avec les forces de Garibaldi et les corps qui se trouvent dans l'Est, l'armée de Werder.

Nos trois principales armées une fois sur les positions indiquées, se mettre en communication avec Paris et combiner dès lors les efforts de chaque jour pour se rapprocher de l'objectif commun, avec des sorties vigoureuses de l'armée de Paris, de façon à obliger les troupes ennemies d'investissement à se maintenir tout entières dans leurs lignes. Le résultat sera dès lors dans le succès d'une des attaques extérieures, et si ce succès est obtenu, si l'investissement peut être rompu sur un point, un ravitaillement de Paris peut devenir possible, l'ennemi peut être refoulé et contraint d'abandonner une partie de ses lignes, et de nouveaux efforts, combinés entre les armées de l'extérieur et de l'intérieur, peuvent, dans la lutte suprême, aboutir à la délivrance.

Je viens d'exposer mes idées au point de vue de l'ensemble des opérations ; il me reste à indiquer la marche de l'armée que je commande. Il faut, avec les troupes qui la composent, et en présence des forces qui nous sont opposées, marcher lentement ; les corps toujours prêts à combattre et assez rapprochés les uns des autres pour se prêter un mutuel appui, sans accepter les combats partiels que l'ennemi, en manœuvrant, pourrait tenter sur un point de la ligne.

C'est grâce à cet ordre de marche et de bataille que la 2ᵉ armée a pu opérer sa retraite le long de la Loire et sur le Mans, combattre, sans être entamée, successivement sur les lignes prises par elle à Josnes et à Vendôme, et présenter ainsi à l'ennemi des forces capables de lui résister. Il faut, du Mans-à Chartres, huit jours. Le but, après cette première marche, serait de s'établir sur l'Eure en attaquant les lignes ennemies dans les parties reconnues les plus faibles, tournant Chartres qui est un des principaux points de résistance, si cela est nécessaire, et cherchant, si le succès le permet, à couper l'ennemi sur ses lignes de retraite sur Etampes ou au delà de l'Eure.

Si ce plan est adopté, je puis l'entreprendre, pour ce qui me concerne, dès que le moment sera fixé (et j'insiste pour que ce soit aussitôt que possible), avec 120,000 hommes, sans compter les différentes troupes que je laisserai, conjointement avec celles tirées de Bretagne, sur les positions que je quitte et qu'il est indispensable de protéger et de conserver.

Il me tarde d'être fixé et d'agir. En attendant, je fais tâter l'ennemi dans toutes les directions sur le Loir et sur l'Huisne, menaçant à la fois Vendôme et par suite Blois et Orléans, et Chartres par Nogent, par des démonstrations sur Châteaudun.

Telles sont, Monsieur le Ministre, les propositions que j'ai l'honneur de vous soumettre. Nous ferons tous notre devoir, et j'ai confiance dans le succès, si nous le cherchons non plus dans des opérations décousues qui nous ont été si fatales jusqu'ici, mais dans un plan définitivement arrêté et rigoureusement suivi.

Veuillez agréer, etc.

Le Général en chef, signé : CHANZY.

Pièce n° 5.

COMPOSITION DU 19ᵉ CORPS (DÉCEMBRE 1870 ET JANVIER 1871)

Commandant : Général de division DARGENT.
Chef d'Etat-major : Lieutenant-colonel COLIN.

1ʳᵉ Division d'Infanterie : Général BARDIN.

1ʳᵉ Brigade : Généraux CAMÔ, puis RITTER.	**2ᵉ Brigade :** Gᵃˡ LUZENY (auxiliaire).
55ᵉ de marche : Lᵗ-Cᵒˡ FISCHER.	71ᵉ de marche : Lᵗ-Cᵒˡ ALEXANDRE.
66ᵉ de marche : Lᵗ-Cᵒˡ LECORBEILLER.	1ʳᵉ légion de mobilisés de la Gironde : Lᵗ-Cᵒˡ COULON.
96ᵉ régᵗ provisoire (1 batᵒⁿ de mobiles de la Gironde et un de la Charente) : Lᵗ-Cᵒˡ GAUTEREAU.	2ᵉ légion de mobilisés de la Gironde : Lᵗ-Cᵒˡ BARIL.

Deux batteries de 4. — Une batterie de montagne (marine). — Une section du génie.

2ᵉ Division d'Infanterie : Général de brigade SAURIN.

1ʳᵉ *Brigade :* Cᵉˡ LAPERRINE.
22ᵉ batᵒⁿ de chasseurs de marche : Commᵗ GATHE.
64ᵉ régᵗ de marche : Commᵗ JACQUES.
1ʳᵉ légion de mobilisés de la Seine-Inférieure : Cᵉˡ LAPERRINE.

2ᵉ *Brigade :* Gᵃˡ DESMAISONS.
Un batᵒⁿ de mobiles (Charente-Inférieure).
65ᵉ régᵗ de marche : Lᵗ-Cᵉˡ DE BRÊME.
70ᵉ régᵗ de marche : Lᵗ-Cᵉˡ FEYFANT.

Deux batteries de 4. — Une batterie de montagne (marine). — Une section du génie.

3ᵉ Division d'Infanterie : Général de brigade SAUSSIER.

1ʳᵉ *Brigade :* Gᵃˡ Roy (auxiliaire).
Mobiles de l'Ardèche : Lᵗ-Cᵉˡ THOMAS.
Mobiles de l'Eure : Lᵗ-Cᵉˡ POWEL.
3ᵉ légion de mobilisés du Calvados : Lᵗ-Cᵉˡ LABBÉ.
Douaniers et francs-tireurs.

2ᵉ *Brigade :* Cᵉˡ GOUYON DE BEAU-CORPS (auxiliaire).
Un batᵒⁿ de mobiles de la Loire-Inférieure.
2 batᵒⁿˢ de mobiles des Landes.
1ʳᵉ légion de mobilisés du Calvados.
2ᵉ légion de mobilisés du Calvados.
Francs-tireurs.

Une batterie de 4. — Une batterie de 12. — Une batterie de montagne. — Une section du génie.

Division de Cavalerie : Général ABDELAL.

1ʳᵉ *Brigade :* Cᵉˡ DE KERHUÉ.
3ᵉ hussards : Cᵉˡ DE KERHUÉ.
4ᵉ hussards de marche : Lᵗ-Cᵉˡ BAUVIEUX.

2ᵉ *Brigade :* Gᵃˡ DE VOUGES DE CHANTECLAIR.
8ᵉ dragons de marche : Lᵗ-Cᵉˡ LOIZILLON.
9ᵉ cuirassiers de marche : Lᵗ-Cᵉˡ GRANDIN.

Réserve d'artillerie : Lieutenant-colonel GEILLE.

Deux batteries de 12. — Une batterie à cheval. — Deux batteries de mitrailleuses (mobiles de la Gironde). — Deux batteries de 4 de marine.

Réserve du génie : Une section de sapeurs.

Une compagnie du train.

Pièce n° 6.

COMPOSITION DES 25ᵉ ET 26ᵉ CORPS

25ᵉ CORPS D'ARMÉE

Commandant : Général de division POURCET.
Chef d'État-major : Colonel FOURCHAULT.

1ʳᵉ Division d'Infanterie : Capitaine de vaisseau BRUAT (général de division auxiliaire).

1ʳᵉ *Brigade* : Gᵃˡ DE BERNARD DE SEIGNEURENS.	2ᵉ *Brigade* : Cᵉˡ DE MORDAN DE LANGOURIAN.
74ᵉ de marche : Lᵗ-Cᵉˡ LAURENCE.	75ᵉ de marche : Lᵗ-Cᵉˡ GUICHARD.
Régᵗ de marche d'infⁱᵉ de marine : Lᵗ-Cᵉˡ AZAN.	Régᵗ de fusiliers marins : Capitaine de frégate DUBROT.

Trois batteries de 4. — Une section du génie.

2ᵉ Division d'Infanterie : Général de division CÉREZ, puis CHABRON.

1ʳᵉ *Brigade* : Cᵉˡ CHAULAN.	2ᵉ *Brigade* : Cᵉˡ LECLAIRE.
7ᵉ batᵒⁿ (*bis*) de chasseurs de marche : Commᵗ DUBOIS.	77ᵉ de marche : Lᵗ-Cᵉˡ DUVAL.
6ᵉ batᵒⁿ de mobiles du Puy-de-Dôme.	Légion de mobilisés du Gers : Lᵗ-Cᵉˡ VERMEIL
Légion de mobilisés de l'Isère : Lᵗ-Cᵉˡ GAUBERT.	

3ᵉ *Brigade* : Commᵗ N...
3ᵉ légion de mobilisés de la Gironde : Lᵗ-Cᵉˡ RAINGOT.
4ᵉ légion de mobilisés de la Gironde : Lᵗ-Cᵉˡ PELLIAS.

Trois batteries de 4. — Une section du génie.

3ᵉ Division d'Infanterie : Général de brigade FERRI-PISANI-JOURDAN DE SAINTE-ANASTASE.

1ʳᵉ *Brigade* : Lᵗ-Cᵉˡ LAURENS.	2ᵉ *Brigade* : Lᵗ-Cᵉˡ BLOT.
78ᵉ de marche : Lᵗ-Cᵉˡ BARBIER.	79ᵉ de marche : Commᵗ BLANC.
Légion de mobilisés de la Dordogne.	Batᵒⁿ de mobilisés de la Côte-d'Or.

3ᵉ *Brigade* : Gᵃˡ BOURGEADE.
3 légions de mobilisés des Landes.

Trois batteries de 4. — Une section du génie.

Division de Cavalerie : Général TRIPART.

1ʳᵉ *Brigade* : Gᵃˡ DE BRUCHARD.	2ᵉ *Brigade* : Gᵃˡ DELHOSME.
9ᵉ dragons de marche : Lᵗ-Cᵉˡ CASTANIER.	9ᵉ régᵗ de cavalerie mixte : Lᵗ-Cᵉˡ MASSON.
Mobiles de la Dordogne (à cheval) : Lᵗ-Cᵉˡ DE BOURGOING.	10ᵉ régᵗ de cavalerie mixte : Lᵗ-Cᵉˡ DE BARBANÇOIS.
	Escadron d'éclaireurs des Deux-Sèvres.

1. Le 25ᵉ corps a été créé par décret du 1ᵉʳ janvier 1871. Il n'a été constitué que vers le milieu du mois.

Réserve d'artillerie : Chef d'escadron Vidal.

Trois batteries de 12. — Deux batteries à cheval. — Deux batteries de mitrailleuses (mobiles des Basses-Pyrénées).

26ᵉ CORPS D'ARMÉE[1]

Commandant . Général de division BILLOT.
Chef d'Etat-major : Colonel du génie Goury.

1ʳᵉ Division d'Infanterie : Général de division D'ARIÈS.

1ʳᵉ *Brigade* : Gᵃˡ Hue de la Colombe.
27ᵉ batᵒⁿ de chasseurs de marche : Commᵗ Fauquignon
80ᵉ de marche : Lᵗ-Cᵉˡ Grémion.
1ʳᵉ légion de mobilisés des Basses-Pyrénées.

2ᵉ *Brigade* : Cᵉˡ Delatouche (Infanterie de marine).
81ᵉ régᵗ de marche : Lᵗ-Cᵉˡ Marié.
2ᵉ légion de mobilisés des Basses-Pyrénées.

Deux batteries de 4. — Une batterie de mitrailleuses (mobiles de la Charente-Inférieure). — Une section du génie.

2ᵉ Division d'Infanterie : Général Formy de la Blanchetée.

1ʳᵉ *Brigade* : Lᵗ-Cᵉˡ Villain.
28ᵉ batᵒⁿ de chasseurs de marche : Commᵗ Vanleemputen.
82ᵉ de marche : Lᵗ-Cᵉˡ Chevreuil.
1ʳᵉ légion de mobilisés du Gers : Lᵗ-Cᵉˡ Kéva

2ᵉ *Brigade* : Cᵉˡ Collin (auxiliaire).
35ᵉ de marche : Lᵗ-Cᵉˡ Thomas.
2ᵉ légion de mobilisés du Gers : Lᵗ-Cᵉˡ Dufau.

Deux batteries de 4. — Une batterie de mitrailleuses (mobiles de la Vendée). — Une section du génie.

3ᵉ Division d'Infanterie : Général de brigade de Bouillé.

1ʳᵉ *Brigade* : Commᵗ X...
29ᵉ batᵒⁿ de chasseurs de marche : Commᵗ Defaucamberge.
86ᵉ de marche : Lᵗ-Cᵉˡ Gerder.
1ʳᵉ légion de mobilisés d'Indre-et-Loire.

2ᵉ *Brigade* : Gᵃˡ X...
87ᵉ de marche : Lᵗ-Cᵉˡ Lesur.
2ᵉ légion de mobilisés d'Indre-et-Loire.

Deux batteries de 4. — Une batterie de mitrailleuses. — Une section de mitrailleuses.

---

[1]. Le 26ᵉ corps ne fut organisé que pendant l'armistice. Constitué à Lyon, il transporta plus tard son quartier général à Poitiers. Il demeura toujours fort incomplet, n'eut jamais son cadre de généraux et ne fut pas rejoint par sa cavalerie.

Division de Cavalerie (pour mémoire) : Général DE BOÉRIO.

1re *Brigade* : Gal LÉTUVÉ.
1re cuirassiers de marche : L^t-C^{el} BAILLOD.
11e cuirassiers de marche : L^t-C^{el} TONDON.

2e *Brigade* : Gal POLLARD.
10e dragons de marche: L^t-C^{el} DE PITRAY.
6e lanciers de marche : L^t-C^{el} PIERRE.

Réserve d'artillerie : Lieutenant-colonel AVRIL. — Quatre batteries de 7. — Une batterie de mitrailleuses.

Note relative au combat de La Tour et de Neuville-aux-Bois (pages 210 et suivantes).

A propos du combat livré le 3 décembre 1870, par la 1re brigade de la division des Pallières, M. le général Minot, qui la comman·dait, m'a fait l'honneur de m'écrire pour me demander deux rec·tifications.

La première porte sur l'ordre donné à cette brigade de se re·plier sur Saint-Lyé, lequel, contrairement à ce qui est dit page 211, ne serait point parvenu à destination *parce qu'il avait été confié à un paysan.*

La seconde a trait à l'abandon de l'artillerie (page 212, note 1). Le général Minot affirme n'avoir point donné l'ordre d'abandonner les pièces, mais seulement « l'*autorisation* d'en arriver à cette « fâcheuse extrémité, dans le seul cas d'*impossibilité absolue* de « les sauver. Ce qui n'était pas le cas, ajoute-t-il ; l'une d'elles « l'ayant été, elles eussent pu l'être toutes, si le commandant de « la batterie eût fait preuve de plus d'énergie. Il eût dû au moins « en aviser le général Minot, qui se trouvait en tête de colonne, « pour parer aux éventualités qui pouvaient se présenter à la « sortie de la forêt. »

Enfin, M. le général Minot m'a demandé de publier les conclu·sions de la Commission d'enquête devant laquelle il a dû, après la guerre, répondre des actes de son commandement. Les voici textuellement :

« *Abandon d'un certain nombre de canons de 8 et de 4, dans la forêt d'Orléans, le 3 décembre 1870.*

« Après avoir constaté qu'il ressort de tous les documents qui « reproduisent cette accusation, que si l'officier, chargé de la con· « duite des pièces, peut être, à bon droit, considéré comme l'au· « teur principal de l'abandon des canons, sa culpabilité, tout en « dégageant, en partie, la responsabilité de M. le général Minot, « ne l'absout pas complètement ; la Commission estime néan· « moins qu'il n'y a pas lieu de revenir sur ce malheureux inci· « dent, alors surtout qu'il s'agit d'un officier général qui, jus· « qu'alors, avait fait preuve, dans sa carrière, de bravoure, d'in· « telligence et de fermeté. »

Versailles, 23 décembre 1872.

Le directeur du personnel,
Signé : RANSON.

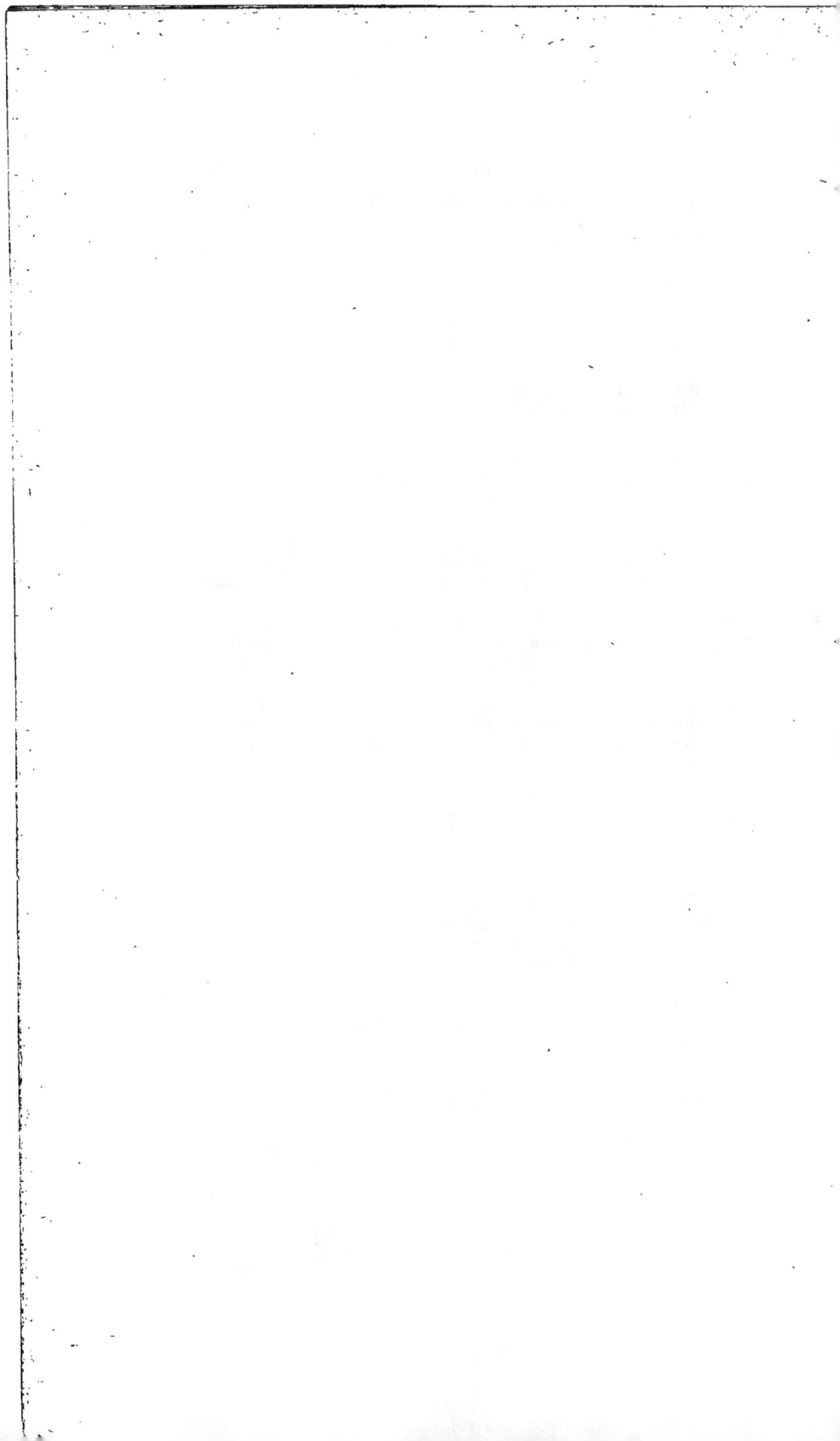

TABLE DES MATIÈRES

LES ARMÉES DE PROVINCE

LIVRE PREMIER

La 1ʳᵉ armée de la Loire.

LIVRE II

La 2ᵉ armée de la Loire.

APPENDICE

ÉMILE COLIN — IMPRIMERIE DE LAGNY

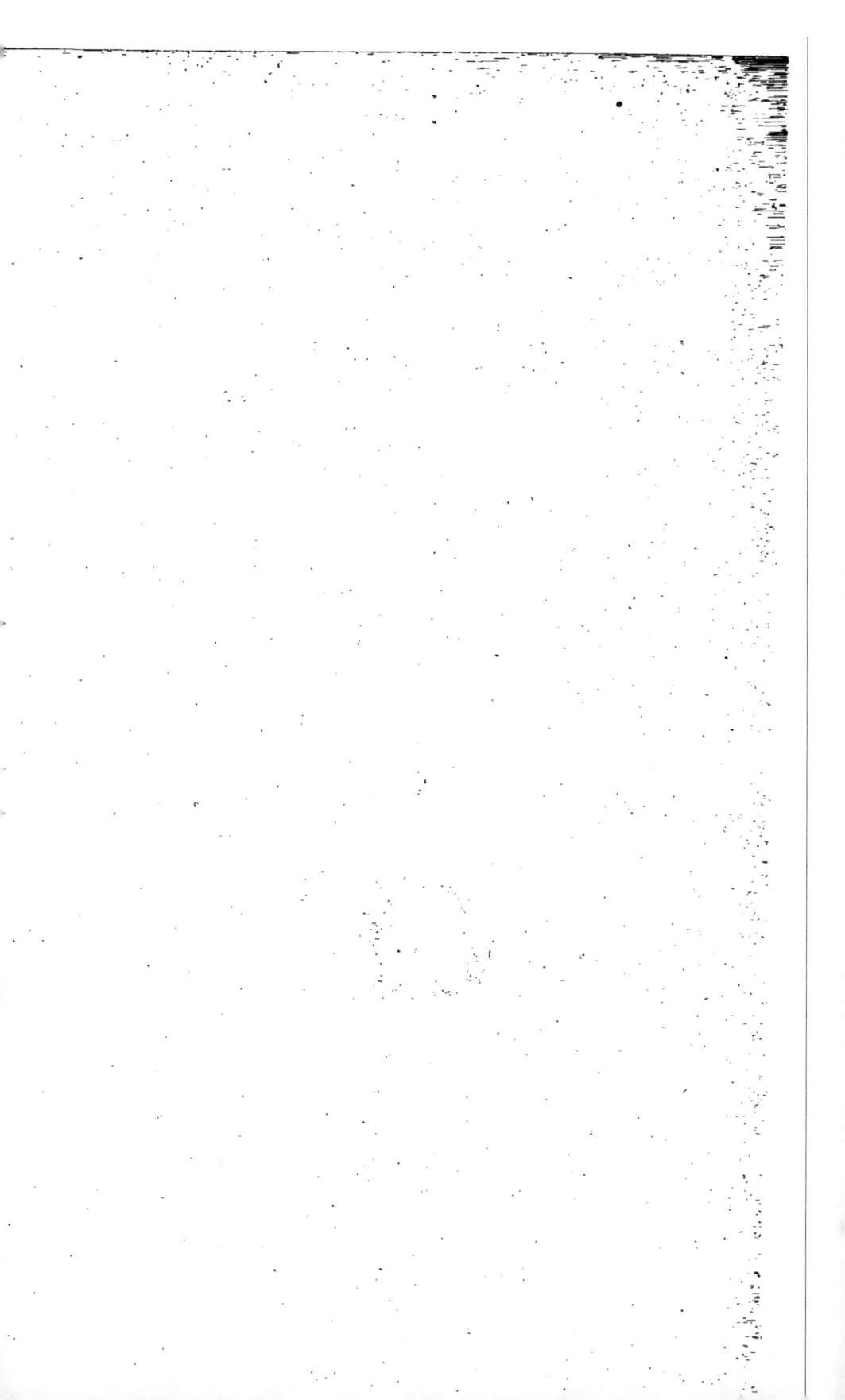

www.ingramcontent.com/pod-product-compliance
Lightning Source LLC
Chambersburg PA
CBHW060530220326
41599CB00022B/3484